"十四五"高等教育教材

无机稀土发光新材料与应用

Inorganic Rare Earth Luminescent New Materials and Applications

夏志国　主编

本书配有数字资源与在线增值服务
微信扫描二维码获取

首次获取资源时，
需刮开授权码涂层，
扫码认证

刮开涂层
扫码认证

授权码

化学工业出版社

·北京·

内容简介

无机稀土发光新材料是我国高效利用稀土战略资源的核心材料之一,是发光材料的研究热点,在照明、显示等应用领域处于主导地位。《无机稀土发光新材料与应用》是战略性新兴领域"十四五"高等教育教材体系——"先进功能材料与技术"系列教材之一。内容涵盖了稀土离子发光的基本原理、稀土固体发光材料的晶体结构和制备方法,进而总结了各类无机稀土发光新材料及其应用,旨在帮助读者全面掌握无机稀土发光新材料的相关知识。同时,本书还对无机稀土发光新材料的前沿交叉与未来展望进行了分析,为读者进一步打开了探索发光新材料世界的大门。

本书理论与实践并重,系统性强,也是稀土发光材料研究领域最新成果和进展的总结,适合材料科学与工程、化学、物理学以及光学等专业的高年级本科生、研究生以及相关领域的科研人员作为教材和参考书使用,尤其适用于无机功能材料、无机非金属材料、稀土发光材料与器件、光电材料与器件等课程的教学。

图书在版编目(CIP)数据

无机稀土发光新材料与应用 / 夏志国主编. -- 北京：化学工业出版社,2024.8. -- (战略性新兴领域"十四五"高等教育教材). -- ISBN 978-7-122-46496-5

Ⅰ.TB39

中国国家版本馆CIP数据核字第2024MX9850号

责任编辑：王　婧　　　　　　　　　　　加工编辑：王文莉　范伟鑫　杨振美
责任校对：李　爽　　　　　　　　　　　装帧设计：刘丽华

出版发行：化学工业出版社(北京市东城区青年湖南街13号　邮政编码100011)
印　　装：中煤(北京)印务有限公司
787mm×1092mm　1/16　印张18¼　字数416千字　2024年8月北京第1版第1次印刷

购书咨询：010-64518888　　　　　　　　售后服务：010-64518899
网　　址：http://www.cip.com.cn

凡购买本书,如有缺损质量问题,本社销售中心负责调换。

定　　价：89.00元　　　　　　　　　　　　　　　　　　　　　版权所有　违者必究

序

战略性新兴产业是引领未来发展的新支柱、新赛道，是发展新质生产力的核心抓手。功能材料作为新兴领域的重要组成部分，在推动科技进步和产业升级中发挥着至关重要的作用。在新能源、电子信息、航空航天、海洋工程、轨道交通、人工智能和生物医药等前沿领域，功能材料都为新技术的研究开发和应用提供着坚实的基础。随着社会对高性能、多功能、高可靠、智能化和可持续材料的需求不断增加，新材料新兴领域的人才培养显得尤为重要。国家需要既具有扎实理论基础，又具备创新能力和实践技能的高端复合型人才，以满足未来科技和产业发展的需求。

教材体系高质量建设是推进实施科教兴国战略、人才强国战略、创新驱动发展战略的基础性工程，也是支撑教育科技人才一体化发展的关键。华南理工大学、北京化工大学、南京航空航天大学、化学工业出版社共同承担了战略性新兴领域"十四五"高等教育教材体系——"先进功能材料与技术"系列教材的编写和出版工作。该项目针对我国战略性新兴领域先进功能材料人才培养中存在的教学资源不足、学科交叉融合不够等问题，依托材料类一流学科建设平台与优质师资队伍，系统总结国内外学术和产业发展的最新成果，立足我国材料产业的现状，以问题为导向，建设国家级虚拟教研室平台，以知识图谱为基础，打造体现时代精神、融汇产学共识、凸显数字赋能、具有战略性新兴领域特色的系列教材。系列教材涵盖了新型高分子材料、新型无机材料、特种发光材料、生物材料、天然材料、电子信息材料、储能材料、储热材料、涂层材料、磁性材料、薄膜材料、复合材料及现代测试技术、光谱原理、材料物理、材料科学与工程基础等，既可作为材料科学与工程类本科生和研究生的专业基础教材，同时也可作为行业技术人员的参考书。

值得一提的是，系列教材汇集了多所国内知名高校的专家学者，各分册的主编均为材料科学相关领域的领军人才，他们不仅在各自的研究领域中取得了卓越的成就，还具有丰富的教学经验，确保了教材内容的时代性、示范性、引领性和实用性。希望"先进功能材料与技术"系列教材的出版为我国功能材料领域的教育和科研注入新的活力，推动我国材料科技创新和产业发展迈上新的台阶。

中国工程院院士

前言

稀土是不可再生的重要战略资源，是高科技领域多种功能性材料的关键元素，因此，创制具有自主知识产权的高附加值稀土新材料，对于我国高效利用稀土资源，并推动我国现代工业及国防技术的发展具有深远意义。其中，稀土发光材料是稀土材料科学的重要分支，在照明与显示技术、信息探测与传感及生物医学等领域发挥着关键作用。随着科技的飞速发展，对高性能发光材料的需求持续增长，稀土发光材料因具有独特的电子结构、可调的发光特性和高性能、多场景应用等特点，逐渐成为材料科学研究的热点之一。因此，编辑出版关于稀土发光新材料的教材书籍，将有助于相关专业学生、从业人员及社会各界了解稀土发光材料的基础知识和学科发展动态。

本书旨在对无机稀土发光材料的基本原理和最新进展进行系统性的介绍：稀土离子的发光特性取决于其电子结构，稀土元素特有的4f电子层使得其具备独特的光谱特征和能级分裂。多样化的无机化合物基质晶体结构为稀土离子提供了可调控的晶体场环境，不同的电子跃迁形式及局域结构的差异使稀土离子展现出丰富多彩的发光性能。本书的特色亮点在于紧密围绕稀土发光材料的新兴应用领域，结合作者近二十年来在此领域的研究积累，从无机稀土发光材料的发光理论与晶体结构基础出发，依次介绍了稀土发光材料的发光基础理论、结构设计原则、发光性能与晶体结构的构效关系，进一步涵盖了多种材料制备方法及其在不同光功能应用领域的最新进展和前沿交叉。

本书内容新颖、实践性和综合性较强，为读者呈现了一个系统且全面的稀土发光新材料的知识框架。因此，本书既适合于高等院校无机材料、功能材料、材料物理以及材料化学等专业的专业课教学，也适合于从事发光材料领域研究、开发、生产和应用人员以及其他材料、化学、光学、电子信息等相关专业学生参考，助力稀土发光新材料的高效利用与创新发展。

本书围绕无机稀土发光新材料在相关应用领域的基础理论和材料创制的最新进展展开，共分为8章，分别为：稀土离子发光的基本原理、稀土固体发光材料的晶体结构基础、稀土发光材料的制备方法、稀土荧光粉与LED应用、稀土上转换荧光纳米晶与应用、稀土发光晶体、玻璃、陶瓷与光纤及应用、稀土长余辉及应力发光材料与应用、无机稀土发光新材料的前沿交叉与展望。本书主编为夏志国，主要参编人员为乔建伟（编写第2、4章）和赵鸣（编写第1、3、7章），李亮（编写第6、8章）、汪玉珍（编写第5章）、周新全、孙永胜、苏彬彬、张帅、胡桃和邝宇航参与了本书的组稿和校对，全书由夏志国统稿和定稿。

作为华南理工大学"十四五"普通高等教育规划教材，本书的编写得到了华南理工大学材料科学与工程学院出版基金、华南理工大学发光材料与器件国家重点实验室和化学工业出版社各位老师的支持和帮助。在此，我们谨向他们表示衷心的感谢！

随着对稀土发光材料基础和应用研究的不断深入，新观点、新材料和新应用必将不断涌现。受编者知识面、专业水平及编写时间所限，书中难免存在疏漏和不足之处，恳请各位专家学者和广大读者提出宝贵意见，以便在未来的修订中不断完善和提高。

编者

2024 年 8 月

目录

1 稀土离子发光的基本原理 —001—

- 1.1 稀土元素、价态和离子的电子组态 …… 001
  - 1.1.1 稀土元素的分类 …… 001
  - 1.1.2 稀土元素的电子层结构及价态 …… 002
- 1.2 稀土离子的光谱项与能级 …… 004
- 1.3 稀土离子的典型跃迁 …… 008
  - 1.3.1 f-f 跃迁 …… 008
  - 1.3.2 f-d 跃迁 …… 009
  - 1.3.3 电荷迁移跃迁 …… 011
  - 1.3.4 其他典型发光离子跃迁 …… 012
- 1.4 稀土离子发光的能量传递 …… 014
- 1.5 稀土离子发光特性的常用测量参数 …… 016
  - 1.5.1 光与颜色 …… 016
  - 1.5.2 吸收光谱和漫反射光谱 …… 017
  - 1.5.3 发射光谱和激发光谱 …… 018
  - 1.5.4 发光衰减 …… 019
  - 1.5.5 余辉光谱和热释光谱 …… 020
  - 1.5.6 发光效率 …… 020
- 习题 …… 021
- 参考文献 …… 021

2 稀土固体发光材料的晶体结构基础 —022—

- 2.1 固体能带理论与稀土离子发光 …… 022
  - 2.1.1 固体能带理论 …… 023
  - 2.1.2 稀土离子电子结构图的构筑 …… 027
  - 2.1.3 HRBE 和 VRBE 电子结构图的应用 …… 029
  - 2.1.4 稀土离子能级对基质能带的依赖性 …… 032
  - 2.1.5 电荷迁移带对基质能带的依赖性 …… 033
- 2.2 固体材料的结晶学基础与稀土离子占位 …… 035
  - 2.2.1 晶体结构与空间点阵 …… 035
  - 2.2.2 晶体场理论 …… 038
  - 2.2.3 稀土离子 4f-5d 跃迁晶体场劈裂与格位占据构效关系 …… 040

2.3 稀土固体发光材料的新基质结构发现 ……044
 2.3.1 晶体结构数据库筛选试错 …… 044
 2.3.2 基于矿物晶体结构模型设计 …… 045
 2.3.3 单颗粒诊断 …… 053
 2.3.4 高通量计算与预测 …… 054

2.4 组分调变及稀土离子发光的影响 …… 057
 2.4.1 基质阳离子取代调变发光 …… 057
 2.4.2 络合阳离子取代调变发光 …… 059
 2.4.3 阴离子取代调变发光 …… 059
 2.4.4 阳离子-阴离子共取代调变发光 …… 061

2.5 缺陷工程对稀土离子发光的影响 …… 063
 2.5.1 晶格中的主要缺陷 …… 064
 2.5.2 缺陷的构筑与表征 …… 064
 2.5.3 缺陷能级调控荧光热稳定性研究 …… 065
 2.5.4 缺陷工程调控长余辉性能研究 …… 066
 2.5.5 缺陷工程调控应力发光研究 …… 067
 2.5.6 晶格缺陷形成与自还原 …… 069

2.6 稀土固体发光材料的结构分析方法 …… 070
 2.6.1 X射线粉末衍射物相结构分析 …… 071
 2.6.2 X射线单晶结构分析 …… 074
 2.6.3 固体核磁结构分析 …… 076
 2.6.4 拉曼光谱结构分析 …… 078
 2.6.5 扩展X射线吸收精细结构分析 …… 080
 2.6.6 其他的结构分析方法 …… 082

习题 …… 083

参考文献 …… 084

3 稀土发光材料的制备方法

3.1 粉体材料及纳米晶的制备 …… 085
 3.1.1 稀土粉体发光材料的制备 …… 085
 3.1.2 稀土纳米发光材料的制备 …… 093

3.2 稀土发光玻璃及稀土掺杂玻璃光纤的制备 …… 098
 3.2.1 稀土发光玻璃的制备 …… 098
 3.2.2 稀土掺杂玻璃光纤的制备 …… 100

3.3 稀土荧光陶瓷的制备 …… 106
 3.3.1 粉体制备 …… 106
 3.3.2 成型技术 …… 106
 3.3.3 烧结方法 …… 109

3.4 稀土发光晶体生长 …… 113
 3.4.1 气相生长法 …… 113
 3.4.2 溶液生长法 …… 114
 3.4.3 熔融法 …… 116
 3.4.4 固相生长法 …… 117

习题 …… 117

参考文献 …… 117

4 稀土荧光粉与 LED 应用

4.1 稀土荧光粉转换型白光 LED 简介 ·················· 118
    4.1.1 单色 LED 工作原理 ············ 119
    4.1.2 白光 LED 的实现方式 ·········· 121
    4.1.3 稀土荧光粉的机遇与挑战 ······ 122

4.2 白光 LED 照明用稀土荧光粉简介 ·················· 124
    4.2.1 白光 LED 照明用蓝色荧光粉 ····· 125
    4.2.2 白光 LED 照明用青色荧光粉 ····· 125
    4.2.3 白光 LED 照明用绿色荧光粉 ····· 125
    4.2.4 白光 LED 照明用黄色荧光粉 ····· 128
    4.2.5 白光 LED 照明用红色荧光粉 ····· 130

4.3 新兴的 Eu^{2+} 激活近红外荧光粉 ·················· 132
    4.3.1 Eu^{2+} 激活氧化物近红外荧光粉 ··············· 132
    4.3.2 Eu^{2+} 激活氮化物近红外荧光粉 ··············· 134

4.4 背光源显示用窄带绿色和红色荧光粉 ················ 135
    4.4.1 窄带绿色荧光粉 ·············· 136
    4.4.2 窄带红色荧光粉 ·············· 138

4.5 照明显示用稀土荧光粉的热稳定性提升策略 ············ 140
    4.5.1 稀土掺杂荧光粉热猝灭机理 ···· 140
    4.5.2 结构刚性提升荧光热稳定性 ···· 141
    4.5.3 缺陷工程提升荧光热稳定性 ···· 143
    4.5.4 荧光粉包覆提升荧光热稳定性 ·············· 145
    4.5.5 复合玻璃技术提升荧光热稳定性 ············ 145

习题 ·· 146

参考文献 ·· 146

5 稀土上转换荧光纳米晶与应用

5.1 稀土离子的上转换发光机理与材料设计 ·············· 148
    5.1.1 上转换发光过程 ·············· 148
    5.1.2 上转换发光纳米晶 ············ 151

5.2 微结构调控对稀土纳米晶发光性质的影响 ············· 152
    5.2.1 晶相调控 ···················· 152
    5.2.2 核-壳结构上转换纳米晶 ······ 153

5.3 外场及温度调控对稀土纳米晶发光性质的影响 ·········· 156
    5.3.1 外场调控 ···················· 156
    5.3.2 温度调控 ···················· 160

5.4 稀土上转换纳米晶的应用 ······ 161
    5.4.1 生物成像 ···················· 161
    5.4.2 新型显示 ···················· 162
    5.4.3 信息加密与光学防伪 ·········· 163

5.4.4 温度传感 …………………… 164

习题 ………………………………… 168

参考文献 …………………………… 168

6 稀土发光晶体、玻璃、陶瓷与光纤及应用 —169—

6.1 稀土发光晶体材料与应用 ……… 169
6.1.1 稀土激光晶体 …………… 169
6.1.2 稀土闪烁晶体 …………… 178
6.1.3 稀土自倍频晶体 ………… 183

6.2 稀土发光玻璃与应用 …………… 185
6.2.1 激光钕、铒玻璃及应用 … 185
6.2.2 稀土光热敏折变玻璃及体光栅器件 ………………… 189
6.2.3 纳米晶复合玻璃闪烁体 … 191
6.2.4 稀土荧光玻璃 …………… 195

6.3 稀土发光陶瓷与应用 …………… 199

6.3.1 激光照明用透明陶瓷 …… 199
6.3.2 闪烁陶瓷 ………………… 201
6.3.3 固态激光器用发光陶瓷 … 204

6.4 稀土光纤与应用 ………………… 207
6.4.1 稀土光纤通信 …………… 207
6.4.2 稀土光纤激光器 ………… 211
6.4.3 稀土光纤传感器 ………… 215

习题 ………………………………… 217

参考文献 …………………………… 217

7 稀土长余辉及应力发光材料与应用 —218—

7.1 长余辉发光机理模型 …………… 218
7.1.1 全局长余辉发光机理模型 … 219
7.1.2 局域长余辉发光机理模型 … 221

7.2 应力发光机理模型 ……………… 224
7.2.1 断裂发光 ………………… 224
7.2.2 非破坏性应力发光 ……… 224

7.3 稀土长余辉发光材料与应用 …… 227
7.3.1 商用长余辉发光材料 …… 227
7.3.2 新兴长余辉发光材料 …… 231

7.3.3 可见光余辉测量标准 …… 233
7.3.4 长余辉发光材料的应用 … 234

7.4 稀土应力发光材料与应用 ……… 238
7.4.1 起源与发展 ……………… 238
7.4.2 重要发光参数 …………… 239
7.4.3 应力发光材料的应用 …… 240

习题 ………………………………… 245

参考文献 …………………………… 245

8 无机稀土发光新材料的前沿交叉与展望

- 8.1 有机发光二极管材料 ……………247
  - 8.1.1 OLED 的结构与发光机理 …… 247
  - 8.1.2 OLED 荧光和磷光材料 ……… 248
  - 8.1.3 OLED 延迟荧光材料 ………… 251
- 8.2 Ⅱ-Ⅵ族及钙钛矿量子点发光材料 ………………………253
  - 8.2.1 Ⅱ-Ⅵ族量子点成核理论与制备 ……………………… 254
  - 8.2.2 Ⅱ-Ⅵ族量子点的修饰工程 …… 255
  - 8.2.3 金属卤化物钙钛矿量子点的制备与应用 ……………… 260
  - 8.2.4 钙钛矿量子点的应用与展望…… 262
- 8.3 碳点发光材料 ………………263
  - 8.3.1 碳点的合成方法与分类 ……… 264
  - 8.3.2 碳点的发光起源与机理 ……… 265
  - 8.3.3 碳点发光材料的应用与展望…… 267
- 8.4 低维金属卤化物发光材料与展望 ……………………269
  - 8.4.1 低维金属卤化物发光材料的分类 ……………………… 269
  - 8.4.2 低维金属卤化物发光材料的制备与发光机理 …………… 274
  - 8.4.3 金属卤化物发光材料的应用与展望 ……………………… 277
- 习题 ……………………………281
- 参考文献 ………………………281

1

稀土离子发光的基本原理

在探索光与物质的相互作用中，稀土离子以独特的发光性质引领我们走向一个绚丽多彩的物理学、光子学、晶体化学与新材料科学交叉的学科研究领域。这类稀土元素之所以被称为"稀土"，并非因为其在地壳中的含量稀少，而是由于它们当初被发现时难以提纯。稀土离子发光不仅揭示了微观世界中电子能级跃迁的奥妙，同时也为现代科学技术与日常生活带来了系统性的变革。在照明与显示技术、信息探测与传感及生物医学等诸多领域，稀土离子发光都发挥着举足轻重的作用。稀土离子的发光性能源于其特殊的电子结构，这种结构使稀土离子具有多个未填满的 4f 电子壳层，从而拥有丰富的能级和多种可能的电子跃迁方式。

在本章中，我们将深入探讨稀土离子发光的基本原理，从稀土元素的定义、电子层结构及价态出发，详细解析稀土离子的光谱项与能级，这是理解稀土发光材料发光性能的物理学基础。本章还重点探讨稀土离子的几种典型跃迁方式，包括 f-f 跃迁、f-d 跃迁以及电荷迁移跃迁等，这些跃迁方式直接决定了不同稀土离子激活发光材料的发光特性，也是设计新型稀土发光材料的关键。同时，本章还将讨论稀土离子发光的能量传递现象。为了更全面地理解稀土离子的发光特性，本章还将介绍一系列常用的测量参数，如吸收光谱、发射光谱、发光衰减曲线等。这些参数不仅有助于读者定量地评估发光材料的性能，还能为材料的改进和优化提供有力的依据。通过本章的学习，读者将能够建立起对稀土离子发光材料的系统性认知，为后续章节的深入学习和实践应用奠定坚实的基础。

1.1 稀土元素、价态和离子的电子组态

稀土元素，作为元素周期表中的特殊一族，以其独特的电子结构和化学性质在科学领域占据重要地位。了解稀土元素及其离子的电子组态，是深入理解其物理化学性质和应用的基础。本节将主要介绍稀土元素的分类和稀土元素的电子层结构及价态。

1.1.1 稀土元素的分类

稀土（rare earth）是由元素周期表镧系的镧（La）、铈（Ce）、镨（Pr）、钕（Nd）、钷（Pm）、钐（Sm）、铕（Eu）、钆（Gd）、铽（Tb）、镝（Dy）、钬（Ho）、铒（Er）、铥（Tm）、镱（Yb）、镥（Lu）15 种元素，以及同一主族ⅢB 的 21 号元素钪（Sc）和 39 号元

素钇（Y）所组成，一共 17 种元素，如图 1-1 所示。根据稀土元素性质的差异及稀土矿物形成的特点，稀土元素通常分为"轻稀土元素"和"重稀土元素"。La～Gd 共 8 个元素为轻稀土元素，亦称为铈组稀土元素；Tb～Lu 和 Y 共 8 个元素为重稀土元素，亦称钇组稀土元素。有时还特别将 Sm～Dy 共 5 个元素称为中稀土元素。

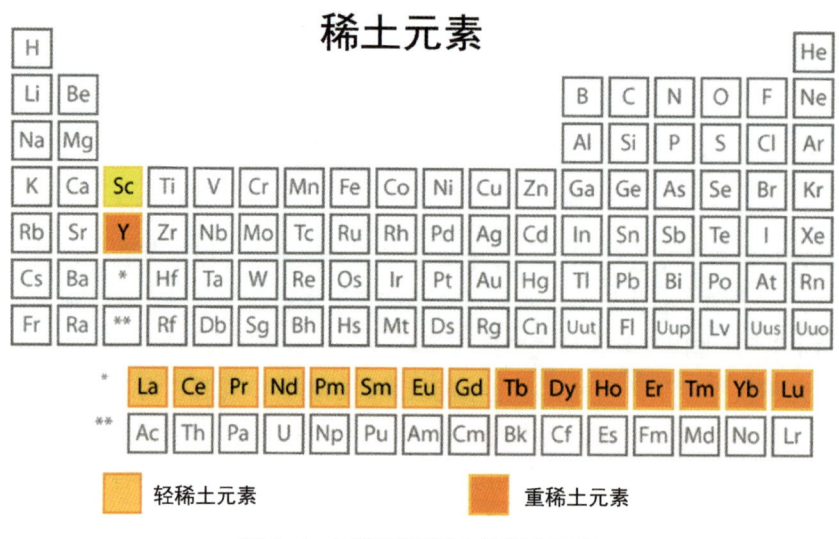

图 1-1　元素周期表中的稀土元素

1.1.2　稀土元素的电子层结构及价态

稀土优异的发光性能是由其特殊的电子层结构决定的。稀土元素钪和钇的电子层构型分别为：

Sc：$1s^22s^22p^63s^23p^63d^14s^2$ 或 $[Ar]3d^14s^2$

Y：$1s^22s^22p^63s^23p^63d^{10}4s^24p^64d^15s^2$ 或 $[Kr]4d^15s^2$

镧系原子的电子层构型为：

$1s^22s^22p^63s^23p^63d^{10}4s^24p^64d^{10}4f^{0\sim14}5s^25p^65d^{0\sim1}6s^2$ 或 $[Xe]4f^{0\sim14}5d^{0\sim1}6s^2$

其中，[Ar]、[Kr] 和 [Xe] 分别为稀有气体氩、氪、氙的电子层构型。镧系元素电子层结构的特点是电子在外数第三层的 4f 轨道上填充，4f 轨道的角量子数 $l=3$，磁量子数 m 可取 0、±1、±2、±3 等 7 个值，故 4f 亚层具有 7 个 4f 轨道。根据泡利（Pauli）不相容原理，在同一原子中不存在 4 个量子数完全相同的两个电子，即一个原子轨道上只能容纳自旋相反的两个电子，4f 亚层只能容纳 14 个电子，从 La 到 Lu，4f 电子依次从 0 增加到 14。虽然钪和钇没有 4f 电子，但其外层具有 $(n-1)d^1ns^2$ 电子层构型，在化学性质方面与镧系元素相似，因此将它们划为稀土元素。表 1-1 为稀土元素及离子的电子层结构（组态）和半径。在 +3 价稀土离子中，Sc^{3+}、Y^{3+} 和 La^{3+} 无 4f 电子，Lu^{3+} 的 4f 亚层全充满，都具有密闭的壳层和光学惰性，因此，它们适合作为发光材料的基质。从 Ce^{3+} 到 Yb^{3+}，电子依次填充在 4f 轨道，从 f^1 到 f^{13}，其电子层中都具有未成对电子，利用这些 4f 电子的跃迁可产生发光，这些离子适合作为发光材料的激活剂。

由于电子填入 4f 轨道，4f 轨道疏松，外层电子受到有效核电荷的引力增大，引起原子半径或离子半径缩小，出现镧系收缩现象。在镧系收缩总的趋势中，Ce、Eu 和 Yb 表现反常。金属的原子半径大致相当于最外层电子云密度最大处的半径，因此，在金属中最外层电子云在相邻原子之间是相互重叠的，它们可以在晶格之间自由运动，成为传导电子。对于稀土离子来说，一般情况下这种离域的传导电子是 3 个，由于 Eu 和 Yb 分别有半充满 $4f^7$ 和全充满 $4f^{14}$ 的电子层结构，因此它们倾向于只提供两个电子为离域电子，外层电子云在相邻原子之间的相互重叠很小，有效半径明显增大。相反，Ce 原子由于 4f 轨道中只有一个电子，故它倾向于提供四个离域电子而保持稳定的电子组态，重叠的电子云多了，就使它的原子间距离比相邻的其他稀土 La 和 Pr 都要小一些。从 La 到 Lu 电子结构单调变化使三价稀土离子半径呈现有规律的收缩。

表 1-1 稀土元素、离子的电子组态及半径

原子序数	元素名称	元素符号	填充情况	原子的电子组态					金属原子半径/Å	三价离子的电子组态	三价离子半径/Å[1]
				4f	5s	5p	5d	6s			
57	镧	La		0	2	6	1	2	1.877	$[Xe]4f^0$	1.061
58	铈	Ce		1	2	6	1	2	1.824	$[Xe]4f^1$	1.034
59	镨	Pr		3	2	6		2	1.828	$[Xe]4f^2$	1.013
60	钕	Nd		4	2	6		2	1.821	$[Xe]4f^3$	0.995
61	钷	Pm		5	2	6		2	(1.810)	$[Xe]4f^4$	(0.98)
62	钐	Sm	内部各层已填满46个电子	6	2	6		2	1.802	$[Xe]4f^5$	0.964
63	铕	Eu		7	2	6		2	2.042	$[Xe]4f^6$	0.950
64	钆	Gd		7	2	6	1	2	1.802	$[Xe]4f^7$	0.938
65	铽	Tb		9	2	6		2	1.782	$[Xe]4f^8$	0.923
66	镝	Dy		10	2	6		2	1.773	$[Xe]4f^9$	0.908
67	钬	Ho		11	2	6		2	1.766	$[Xe]4f^{10}$	0.894
68	铒	Er		12	2	6		2	1.757	$[Xe]4f^{11}$	0.881
69	铥	Tm		13	2	6		2	1.746	$[Xe]4f^{12}$	0.869
70	镱	Yb		14	2	6		2	1.940	$[Xe]4f^{13}$	0.858
71	镥	Lu		14	2	6	1	2	1.734	$[Xe]4f^{14}$	0.848
				3d	4s	4p	4d	5s			
21	钪	Sc	填满18电子	1	2				1.641	[Ar]	0.68
39	钇	Y		10	2	6	1	2	1.801	[Kr]	0.88

注：半径加括号表明放射性元素半衰期最长同位素质量数所对应的半径。

稀土元素最外层的电子构型基本相同，易失去 6s 亚层上的两个电子和次外层 5d 一个电子或 4f 一个电子而形成 +3 价态离子，电子层构型为 $[Xe]4f^{0\sim14}$。根据洪德定则（Hund's rule），当同一能级各个轨道上的电子排布为全满、半满或全空时，可使体系能量最低，亦更稳定。因此，La^{3+}（$4f^0$）、Gd^{3+}（$4f^7$）和 Lu^{3+}（$4f^{14}$）比较稳定。Ce^{3+} 比 $4f^0$ 多一个电子，Tb^{3+} 比 $4f^7$ 多一个电子，它们容易失去电子被氧化为 +4 价态；Eu^{3+} 比 $4f^7$ 少一个电子，

---

[1] 1Å=0.1nm。

Yb³⁺比4f¹⁴少一个电子，它们容易获得电子而被还原为+2价态。稀土离子变价的难易程度与其电负性、电荷迁移的能量和标准还原电位有关。图1-2为镧系元素价态变化，其横坐标为原子序数，纵坐标线的长短表示价态变化倾向的相对大小。非正常价态稀土离子的激发态构成与相应的三价稀土离子完全不同，其光谱特性与光谱结构将发生显著变化。

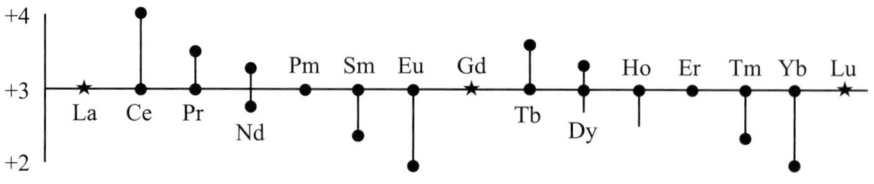

图1-2 镧系元素价态变化

1.2 稀土离子的光谱项与能级

镧系元素具有未充满的4f电子层，4f电子在不同的能级之间跃迁，产生大量的吸收光谱和荧光光谱的信息。因此，通过描述稀土4f轨道上电子的运动状态和能级特征，可以预测稀土发光材料的发光性质。对于不同的镧系元素，当4f电子依次填入不同磁量子数的轨道时，除了要了解它的电子层构型外，还必须了解光谱项。光谱项是采用若干量子数对电子某种能量状态的一种表征方式，用符号 ^{2S+1}L 表示。当电子依次填入4f亚层的不同 m 值的轨道时，组成了镧系基态原子或离子的总轨道量子数 L、总自旋量子数 S、总角动量量子数 J。$2S+1$ 为自旋多重性；S 为原子或离子的总自旋量子数沿 Z 轴磁场方向分量的最大值，$S=\sum m_s$；L 为原子或离子的总轨道量子数的最大值，$L=\sum m$，$L=0$、1、2、3、4、5、6、7、8时依次表示为S、P、D、F、G、H、I、K、L；J 表示轨道和自旋角动量总和的大小，$J=L\pm S$（当4f电子数目大于7时，即从La³⁺到Eu³⁺，$J=L+S$；当4f电子数目小于7时，即从Gd³⁺到Lu³⁺，$J=L-S$）。将 J 的取值写在字母右下角，称为光谱支项，每一个光谱支项相当于一个能量状态或能级。对于光谱支项，J 的数目为 $2S+1$ 个，取值分别为 $L+S$、$L+S-1$、$L+S-2$……$L-S$。

这里，本书分别以Eu³⁺和Tm³⁺为例来描述光谱项与能级的关系。例如，Eu³⁺有6个自旋平行的未成对4f电子，将所有电子的自旋量子数相加，得 $S=\sum m_s=1/2\times 6=3$；将所有电子的磁量子数相加，得 $L=\sum m=3+2+1+0-1-2=3$；$J=L-S=0$。因此，Eu³⁺的基态光谱项写作 ^7F，共有 $2S+1=7$ 个光谱支项，按能级由低到高依次为 $^7F_0$、$^7F_1$、$^7F_2$、$^7F_3$、$^7F_4$、$^7F_5$、$^7F_6$。Tm³⁺有12个4f电子，2个自旋平行的未成对电子，$S=\sum m_s=1/2\times 2=1$；$L=\sum m=|-2-3|=5$；$J=L+S=6$。因此，Tm³⁺的基态光谱项写作 ^3H，共有3个光谱支项，按能级由低到高依次为 $^3H_6$、$^3H_5$、$^3H_4$。

表1-2给出了所有三价镧系离子基态电子排布与光谱项，除La³⁺和Lu³⁺外，其他镧系元素的4f电子在7个4f轨道上任意排布，从而产生多种光谱项和能级，在三价镧系离子 $4f^n$ 组态中共有1639个能级，能级之间可能的跃迁数目高达199177个。但是能级之间的跃迁要遵循光谱选律，实际观察到的谱线不会达到难以估计的程度。通常，具有未充满4f电子亚层的原子或离子的光谱大约有30000条可被观察到的谱线，具有未充满的d电子亚层

过渡元素的谱线约有 7000 条，而具有未充满的 p 电子亚层的主族元素的谱线仅有约 1000 条。与普通元素相比，稀土元素的电子能级和谱线更加丰富。因此，稀土元素可以吸收或发射从紫外光、可见光到红外光区多种波长的电磁辐射，为人们提供多种多样的发光材料。

表 1-2 三价镧系离子基态电子排布与光谱项

镧系离子	4f电子数	4f轨道的磁量子数							L	S	J	$^{2S+1}L_J$	Δ /cm^{-1}	ζ_{4f} /cm^{-1}
		3	2	1	0	-1	-2	-3						
La^{3+}	0								0	0	0	$^1S_0$		
Ce^{3+}	1	↑							3	1/2	5/2	$^2F_{5/2}$	2200	640
Pr^{3+}	2	↑	↑						5	1	4	$^3H_4$	2150	750
Nd^{3+}	3	↑	↑	↑					6	3/2	9/2	$^4I_{9/2}$	1900	900
Pm^{3+}	4	↑	↑	↑	↑				6	2	4	$^5I_4$	1600	1070
Sm^{3+}	5	↑	↑	↑	↑	↑			5	5/2	5/2	$^6H_{5/2}$	1000	1200
Eu^{3+}	6	↑	↑	↑	↑	↑	↑		3	3	0	$^7F_0$	350	1320
Gd^{3+}	7	↑	↑	↑	↑	↑	↑	↑	0	7/2	7/2	$^8S_{7/2}$	—	1620
Tb^{3+}	8	↑↓	↑	↑	↑	↑	↑	↑	3	3	6	$^7F_6$	2000	1700
Dy^{3+}	9	↑↓	↑↓	↑	↑	↑	↑	↑	5	5/2	15/2	$^6H_{15/2}$	3300	1900
Ho^{3+}	10	↑↓	↑↓	↑↓	↑	↑	↑	↑	6	2	8	$^5I_8$	5200	2160
Er^{3+}	11	↑↓	↑↓	↑↓	↑↓	↑	↑	↑	6	3/2	15/2	$^4I_{15/2}$	6500	2440
Tm^{3+}	12	↑↓	↑↓	↑↓	↑↓	↑↓	↑	↑	5	1	6	$^3H_6$	8300	2640
Yb^{3+}	13	↑↓	↑↓	↑↓	↑↓	↑↓	↑↓	↑	3	1/2	7/2	$^2F_{7/2}$	10300	2880
Lu^{3+}	14	↑↓	↑↓	↑↓	↑↓	↑↓	↑↓	↑↓	0	0	0	$^1S_0$	—	

注：Δ为能量差，ζ_{4f}为自旋轨道耦合常数。

图 1-3 为 Ce^{3+} 到 Yb^{3+} 三价镧系离子在 40000cm^{-1} 以下的 4f^n 能级分布图，该能级是从 LaCl$_3$ 中稀土离子的光谱得到的，最早由 Dieke 给出，也称为 Dieke 图[1]，图中的横线宽度表示晶体场劈裂强度的大小。之后，Meijerink 等利用同步辐射装置对稀土离子真空紫外（VUV）波段的激发光谱进行了研究，成功地将 Dieke 图扩展到了 70000cm^{-1} 能量范围，如图 1-4 所示[2]。Dieke 图能够反映不同基质中三价稀土离子 4f^n 组态能级的共同特点，可以用来分析稀土化合物的光谱，确定能级位置，判断光谱产生的能级等。在不同基质中 4f^n 组态中的能级位置受晶体场的影响有所差别，但因为 4f^n 电子受到外层 5s^{2}5p^6 电子的屏蔽，晶体场作用对 4f^n 电子的影响较小，这种差别通常在几百个波数以内。除晶体场之外，镧系自由离子能级的位置和劈裂主要受电子之间的库仑作用和自旋轨道耦合作用的影响，受影响的程度大小如下：库仑作用＞自旋轨道耦合＞晶体场作用（图 1-5）[3]。4f 电子之间的库仑相互作用会将 4f^n 组态劈裂成一系列具有不同能量的状态，每个状态均由总轨道量子数 L 和总自旋量子数 S 表征，称为 LS 谱项，常表示为 ^{2S+1}L；在 Russell-Saunders 近似下，忽略 LS 不同谱项之间的混杂，自旋轨道耦合作用会将每个谱项劈裂成由 SLJ 表征的几个状态（J 多重态 $^{2S+1}L_J$）；处于晶体中的稀土离子，晶体场作用会将 $^{2S+1}L_J$ 能级分裂成若干间隔较近的 Stark 能级，它们不再具有确定的总角动量，而是由自由离子不同 J 的状态混杂在一起组成的。Dieke 图中的能级就是用相应状态中贡献最大的 Russell-Saunders 态（$^{2S+1}L_J$）来标记的。

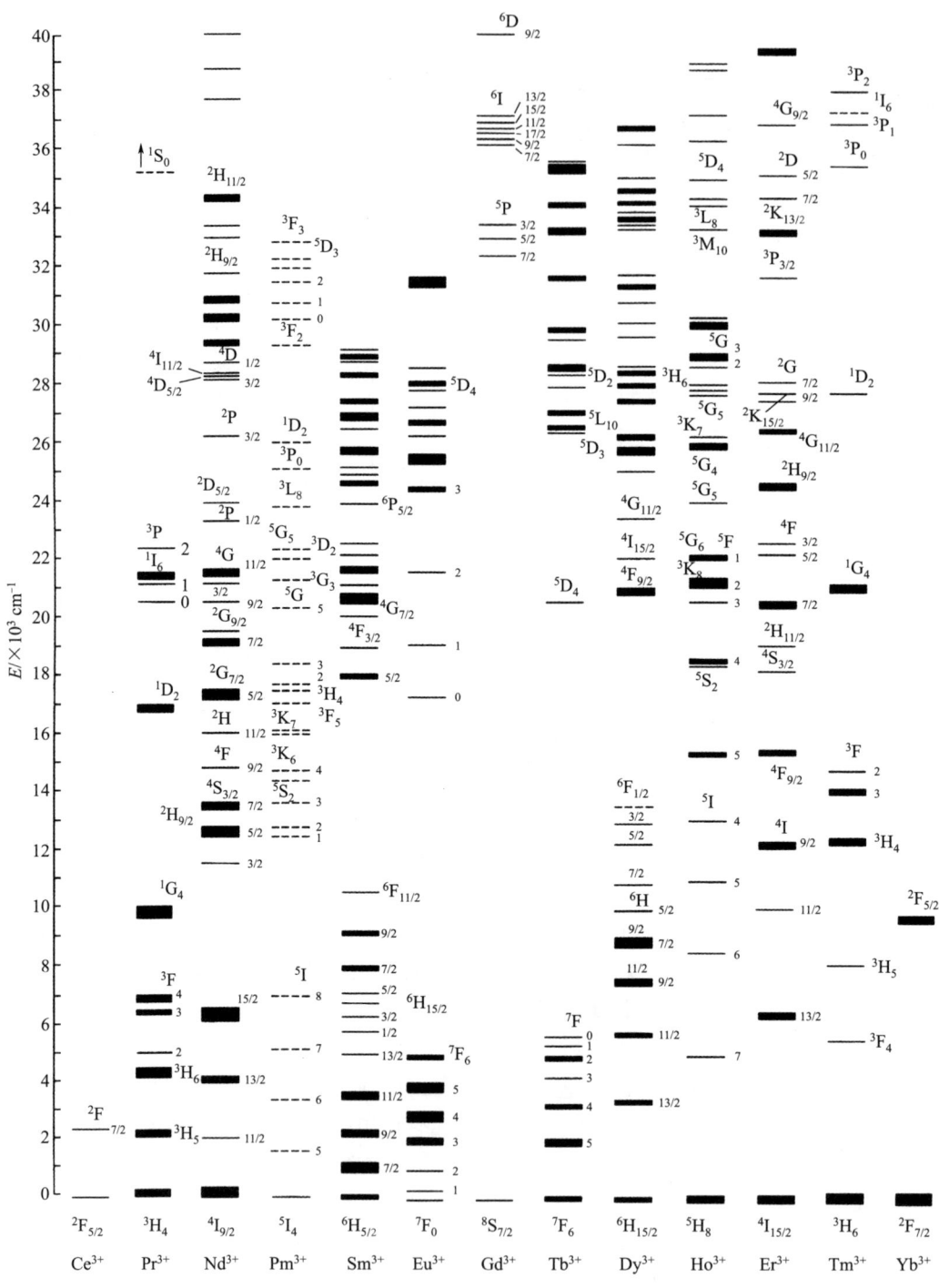

图 1-3　$LaCl_3$ 中三价镧系离子的 $4f^n$ 组态能级图 [1]

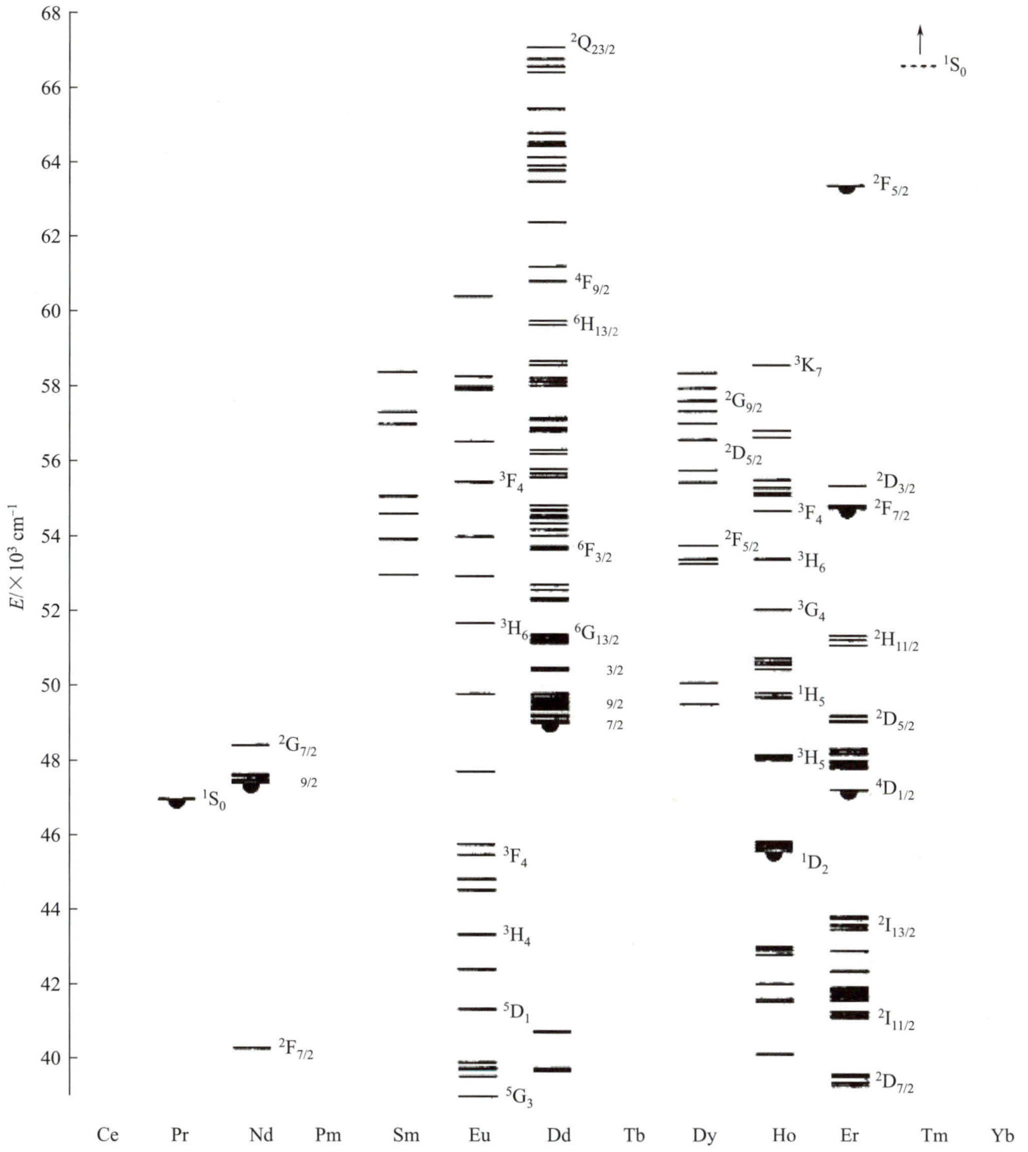

图 1-4 Dieke 图在 VUV 区域的扩展图 [2]

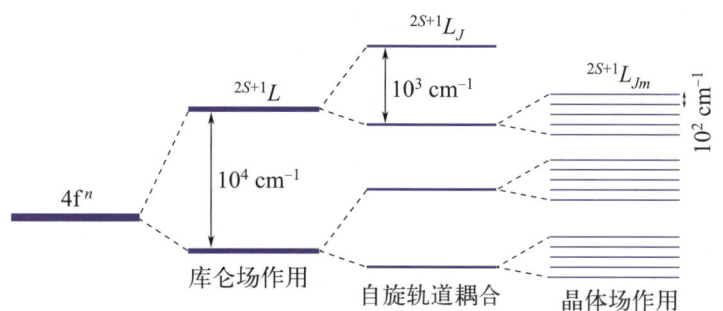

图 1-5 库仑场、自旋轨道耦合和晶体场相互作用对 $4f^n$ 组态劈裂影响 [3]

1.3 稀土离子的典型跃迁

稀土发光材料的发射光谱通常呈现线状和带状两种类型。线状光谱主要来源于稀土离子 $4f^n$ 组态内的能级之间跃迁（4f-4f 跃迁），带状光谱主要来源于 $4f^n$ 和 $4f^{n-1}5d$ 组态能级间的跃迁（4f-5d 跃迁）和电荷迁移跃迁。图 1-6 展示了稀土离子掺杂无机化合物中不同类型的电子跃迁 [4]。

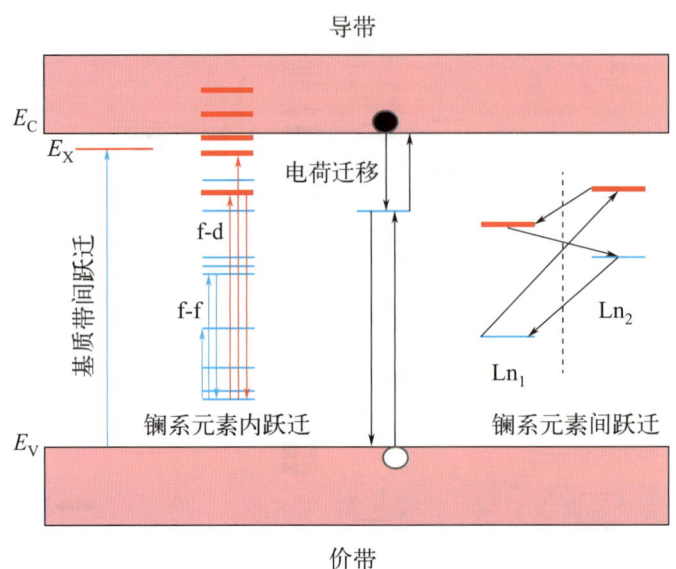

图 1-6 稀土离子掺杂无机化合物中不同类型的电子跃迁 [4]

1.3.1 f-f 跃迁

大多数三价稀土离子的发光源于 4f-4f 跃迁，由于 4f 电子被 $5s^25p^6$ 电子层的 8 个电子所屏蔽，晶体场对谱线位置影响较小，因此晶体场中的能级一般类似于自由原子的能级，呈现分立能级，发射光谱均呈线状。三价稀土离子的 4f-4f 跃迁发光一般都有各自对应的光谱支项符号，由于谱线位置比较固定，根据谱线的位置则可以确定该谱峰所属的光谱支项符号，可以判断该谱峰属于哪两个能级之间的跃迁。但需要指出的是，4f-4f 跃迁发光的峰位置比较稳定并不意味着一成不变或者单一峰值，在外界的作用下某个 4f 能级（光谱支项）同样会有劈裂，只不过程度很小，而且这种劈裂的能级差多数和热振动能级差在同一个数量级，研究这类型的劈裂需要高分辨低温光谱技术。

稀土离子的 f-f 跃迁分为电偶极跃迁、磁偶极跃迁和电四极跃迁。同一个 $4f^n$ 组态之间，按照选择定则，宇称相同的状态之间只能发生磁偶极跃迁和电四极跃迁，$\Delta l=0$ 的电偶极跃迁是宇称禁戒的。但实际上观察到的多数跃迁都是电偶极跃迁，这是由于 4f 组态与宇称相反的 g 或 d 组态发生混合，或对称性偏离反演中心，使 f-f 电偶极跃迁变为允许。这种跃迁的特点是激发态（亚稳态）的寿命较长，发光衰减寿命通常在 $10^{-6}\sim 10^{-2}$s 之间。虽然磁偶极跃迁是宇称允许的，但是按照磁偶极跃迁的选择定则，只有基态光谱项的 J 能级之间的跃迁才不是禁戒的。但由于在镧系离子中存在较强的自旋轨道耦合，致使按 L 和 S 的选择规则不再是很严格，因而，在其他能级之间的磁偶极跃迁也能观察到。例如，在 Eu^{3+} 的光谱中可观察到 $^7F_0 \to {^5D_1}$ 的跃迁（约526nm）和 $^5D_0 \to {^7F_1}$ 的跃迁（约590nm）。电四极跃迁的振子强度（10^{-11}）很弱，实验上探测不出来，可以忽略。振子强度的大小直接反映与吸收峰相对应的跃迁概率的大小。电偶极跃迁的振子强度大概为 $10^{-5} \sim 10^{-6}$，磁偶极跃迁的振子强度数量级略小（10^{-8}）。总的来说，稀土离子f-f跃迁的发光具有发射光谱呈线状、谱线丰富（紫外到红外）、谱线强度较低、发射波长受基质影响不大、浓度猝灭小、温度猝灭小、荧光寿命长等特征[5]。下面举例介绍 Eu^{3+} 的 4f-4f 跃迁。

Eu^{3+} 典型 4f-4f 能级跃迁是 $^5D_0 \to {^7F_J}$（J=0、1、2、3、4）跃迁。虽然 Eu^{3+} 还存在更高的激发态能级 $^5D_1$、$^5D_2$、$^5D_3$ 等，但是，除非 Eu^{3+} 所处的基质晶格热振动能量低，位于这些更高能量的激发态的电子无辐射跃迁到低能量激发态 $^5D_0$（即声子弛豫）的概率下降，这时才可能发生电子直接从这些更高能量的激发态到基态的跃迁，分别辐射出绿色（$^5D_1 \to {^7F_J}$）、绿色（$^5D_2 \to {^7F_J}$）以及蓝色（$^5D_3 \to {^7F_J}$）的荧光。Eu^{3+} 较强的能级跃迁一般体现为 $^5D_0 \to {^7F_1}$ 和 $^5D_0 \to {^7F_2}$ 两种，从人眼的视觉看，分别是橙光和红光。当 Eu^{3+} 处于有严格反演中心的格位时，将以允许的 $^5D_0 \to {^7F_1}$ 磁偶极跃迁发射橙光（590nm）为主[如图1-7（a）所示][6]，此时属于 C_i、C_{2h}、D_{2h}、C_{4h}、D_{4h}、D_{3d}、S_6、C_{6h}、D_{6h}、T_h、O 和 O_h 这12种点群对称性，它们不具有奇次晶体场项。当 Eu^{3+} 处于偏离反演中心的位置时，由于在4f组态中混入了相反宇称的组态，晶体中的宇称选择定则放宽，将出现 $^5D_0 \to {^7F_2}$ 等电偶极跃迁。当 Eu^{3+} 处于无反演中心的格位时，常以 $^5D_0 \to {^7F_2}$ 电偶极跃迁发射红光（610nm）为主。因此，Eu^{3+} 可以作为结构探针的基础，如 Eu^{3+} 掺杂的 Sr_2LaSbO_6，电偶极跃迁强度远大于磁偶极跃迁强度，表明在 Sr_2LaSbO_6 中的 Eu^{3+} 处在低对称的位置上[图1-7（b）][7]。J=0 $\to$ J=0 的 $^5D_0 \to {^7F_0}$ 跃迁不符合选择定则，原属禁戒跃迁。但当 Eu^{3+} 处于 C_s、C_1、C_2、C_3、C_4、C_{2v}、C_{3v}、C_{4v}、C_{6v}（即 C_s、C_n、C_{nv}）9种点群对称的格位时，晶体场势展开时包括线性晶体场项，将出现 $^5D_0 \to {^7F_0}$ 发射（约580nm）。因为 $^5D_0 \to {^7F_0}$ 跃迁只能有一个发射峰，故当 Eu^{3+} 同时存在几种不同的 C_s、C_n、C_{nv} 格位时，将出现几个 $^5D_0 \to {^7F_0}$ 发射峰，每个峰对应一种格位，从而可利用荧光光谱中 $^5D_0 \to {^7F_0}$ 发射峰的数目了解基质中 Eu^{3+} 所处的格位数。当 Eu^{3+} 处于对称性很低的三斜晶系的 C_1 和单斜晶系的 C_s、C_2 三种点群的格位时，$^7F_1$ 和 $^7F_2$ 能级完全解除简并，它们分别劈裂为3个和5个能级，在荧光光谱中出现1根 $^5D_0 \to {^7F_0}$、3根 $^5D_0 \to {^7F_1}$ 和5根 $^5D_0 \to {^7F_2}$ 的谱线，并以 $^5D_0 \to {^7F_2}$ 跃迁发射红光为主[8]。

1.3.2　f-d 跃迁

除 f-f 跃迁外，一些三价稀土离子，如 Ce^{3+}、Pr^{3+} 和 Tb^{3+} 的 $4f^{n-1}5d$ 的能量较低（$<50\times10^3 cm^{-1}$），可以观察到它们的 4f-5d 跃迁，而其他三价稀土离子的 5d 态能量较高，难以观察到。有些能稳定存在的二价稀土离子，如 Eu^{2+}、Yb^{2+}、Sm^{2+}、Tm^{2+}、Dy^{2+}、Nd^{2+} 等也能观察到 4f-5d 跃迁。越易氧化的稀土离子，其 4f-5d 谱带的能量越低，Ce^{3+} 是最易氧化的三价稀土离子，Eu^{2+} 是最易氧化的二价稀土离子，它们最容易产生 f-d 跃迁。因此，在稀土发光材料研究与应用中，最有价值的就是 Ce^{3+} 和 Eu^{2+} 的 4f-5d 跃迁。

$4f^n$ 和 $4f^{n-1}5d$ 组态能级间的跃迁为宇称允许跃迁，发光比 f-f 跃迁强 10^6 倍，跃迁概率也比 f-f 跃迁大得多，一般跃迁概率为 10^7 数量级。由于周围的晶体场环境对稀土离子外层

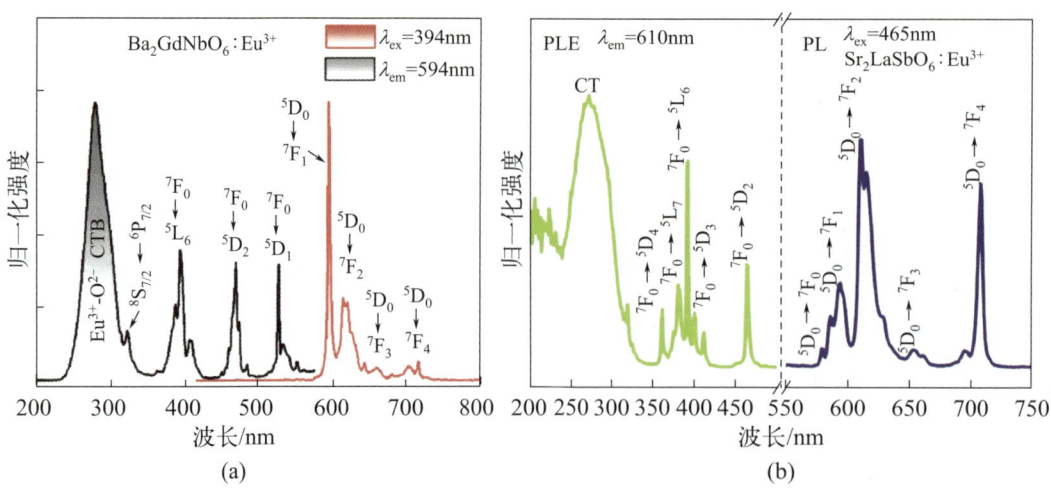

图1-7 Ba$_2$GdNbO$_6$:Eu^{3+}荧光粉的激发与发射光谱[6](a)及Sr$_2$LaSbO$_6$:Eu^{3+}荧光粉的激发与发射光谱(b)[7]

的5d电子作用较大，不仅使5d电子的能级产生劈裂形成带状，而且因电子云膨胀效应，5d能级产生较大的红移，因此，可以观察到紫外光或可见光区甚至近红外光的5d-4f跃迁宽带发光。综上所述，稀土离子f-d跃迁的发射光谱通常呈宽带，具有发射强度高、光谱受基质影响大、光谱可调（紫外到近红外）、温度对发光影响较大、荧光寿命短等特征[9]。下面举例介绍Ce^{3+}和Eu^{2+}的4f-5d跃迁。

铈原子的电子组态为[Xe]4f5d6s^2，Ce^{3+}会失去最外层的2个6s电子和1个5d电子，因此Ce^{3+}的电子组态为[Xe]4f。由于自旋轨道耦合作用，Ce^{3+}的基态光谱项^{2}F分裂成两个光谱支项，即$^2F_{5/2}$和$^2F_{7/2}$，在Ce^{3+}的自由离子中它们的能级差约为2253cm^{-1}。Ce^{3+}的4f电子可以激发到能量较低的5d态，也可以激发到能量相当高的6s态或电荷迁移态。Ce^{3+}自由离子5d激发态的电子组态为[Xe]5d，其光谱项为^{2}D，自旋轨道耦合作用使其劈裂为两个光谱支项$^2D_{5/2}$和$^2D_{3/2}$，其能级分别位于基态能级$^2F_{5/2}$之上的52226cm^{-1}和49737cm^{-1}，而6s态则位于86600cm^{-1}。由于5d轨道位于5s5p轨道之外，不像4f轨道那样被屏蔽在内层，因此，当电子从4f能级激发到5d态后，该激发态容易受到外场的影响使5d不再是分立的能级，而形成能带，所以从5d能级到4f级的跃迁也就形成带谱。一般来说，Ce^{3+}的5d态能量较高，5d→$^2F_{5/2}$和5d→$^2F_{7/2}$所产生的两个发射带通常位于紫外或蓝光范围内，但当5d能级受外场的作用时，其能级位置会降低很多，甚至使其发射带延伸至红光区。通常，只有在低温下才能清晰观察到5d→$^2F_{5/2}$和5d→$^2F_{7/2}$所产生的两个发射带，如图1-8（a）所示[10]。Ce^{3+}的发射带位置在不同基质中差别很大，可以从紫外光区一直到红光区，覆盖范围＞20000cm^{-1}。

铕原子的电子组态为[Xe]4f^{7}6s^2，Eu^{2+}会失去最外层的2个6s电子，因此Eu^{2+}的电子组态为[Xe]4f^7。基态中的7个电子自行排列成4f^{7}构型，基态的光谱支项为$^8S_{7/2}$，最低激发态可由4f^{7}组态内层构成，也可由4f^{6}5d^{1}组态构成。因此Eu^{2+}所处的晶体场环境不同，其电子跃迁形式也会不同。已观察到的Eu^{2+}的电子跃迁主要有两种：①f-d跃迁，是指从4f^{6}5d^{1}组态到基态4f^7（$^8S_{7/2}$）的允许跃迁；②f-f跃迁，是指同一组态内的禁戒跃迁，包

括 $4f^7$ (^6P_J) → $4f^7$ ($^8S_{7/2}$) 和 $4f^7$ (^6I_J) → $4f^7$ ($^8S_{7/2}$) 跃迁。一般情况下，室温时 Eu^{2+} 的 $4f^65d$ 组态能量比 $4f^7$ 组态的能量低，Eu^{2+} 自由离子的 5d 能级为 50803cm^{-1}，因此在大多数 Eu^{2+} 离子激活的材料中都观察不到 f-f 跃迁。与 Ce^{3+} 类似，Eu^{2+} 具有裸露在外未被屏蔽的 5d 电子，受晶体场影响显著。一般在固体中 5d 能级受晶体场影响而产生的劈裂大约为 10000cm^{-1}，由此导致其激发态的总构型非常复杂。Eu^{2+} 的发射带位置会随着基质环境的不同从紫外光区一直延伸到红光区甚至到近红外光区 [图1-8（b）][11]。

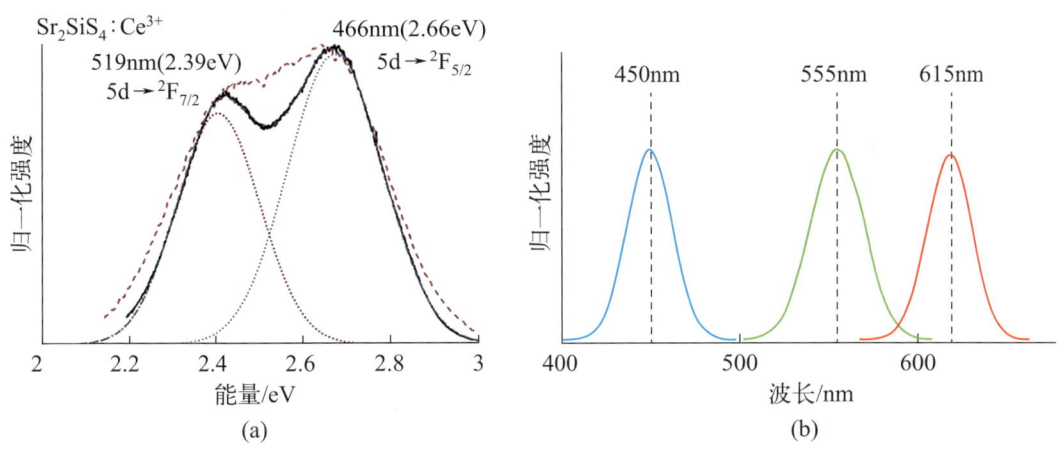

图 1-8　Sr_2SiS_4∶Ce^{3+} 的发射光谱（a）[10] 和 Eu^{2+} 的发射带位置（b）[11]

（a）中红线虚线为室温光谱，黑色实线为10K低温光谱

1.3.3　电荷迁移跃迁

除以上两种常见的跃迁外，稀土离子还存在电荷迁移跃迁，是指电子从配体（氧或卤素等）充满的分子轨道迁移至稀土离子部分充满的 4f 轨道上，从而在光谱中产生较宽的电荷迁移带。与 4f-5d 跃迁的宽带相比，电荷迁移带无明显的劈裂，而 4f-5d 跃迁可分解为几个峰的宽带。此外，电荷迁移带的半峰宽大约是 f-d 跃迁光谱宽度的 3~4 倍，在溶液中半峰宽通常为 3000~4000cm^{-1}，在固体中，由于环境作用较强，可以增大到 10000~20000cm^{-1}，且谱带位置也会受到晶体结构和组成的影响。目前已知 Eu^{3+}、Sm^{3+}、Tm^{3+}、Yb^{3+} 等三价稀土离子和 Ce^{4+}、Pr^{4+}、Tb^{4+}、Dy^{4+}、Nd^{4+} 等四价稀土离子具有电荷迁移带。通常，在吸收光谱或激发光谱中能够观测到电荷迁移带的吸收或激发峰，除了 Yb^{3+} 在一些晶体中可以观测到电荷迁移带的发射光谱外，其他的稀土离子几乎没有发现电荷迁移带的发射和荧光，可能是因为稀土离子的能级非常密集，电荷迁移带的能量容易与稀土离子能级间的能量差匹配，产生交叉弛豫后发生了能量转移，消耗了电荷迁移带的能量。在一些稀土发光材料中，由于 f-f 跃迁产生的线状光谱吸收较弱，不利于激发光能的吸收，可以通过电荷迁移带的吸收转移到稀土离子的 4f 能级上，提高稀土离子的发光效率。在具有电荷迁移带的稀土离子中，研究最多的是 Eu^{3+}，特别是 Eu^{3+} 在氧化物中的电荷迁移带，大量的报道揭示其位置一般位于 200~320nm 之间 [如图1-7（a）所示]，因此 Eu^{3+} 的电荷迁移带激发可以有效地转移到 Eu^{3+} 的 $^5D_0$ → ^7F_J 荧光发射中。综上，电荷迁移跃迁具有光吸

收能力强、电荷迁移能量高、受周围晶体场环境影响大以及 4f 电子数可以影响不同稀土离子电荷迁移位置的特征。

1.3.4 其他典型发光离子跃迁

除稀土离子外，还有 Cr^{3+}、Mn^{4+} 和 Mn^{2+} 等过渡金属离子以及主族金属离子 Bi^{3+} 可产生高效的发光，并用于新型无机发光材料的设计，且部分具有与稀土发光材料媲美的应用性能。一般地，过渡金属离子由于具有 $[Ar]3d^n$（$0<n<10$）电子组态，会产生 d-d 跃迁发光。根据选择定则，该跃迁是宇称禁戒的，但是 d-d 跃迁通过晶格振动的耦合或混入不同的宇称波函数，部分解除了宇称选择定则的限制。此外，基于自旋选择定则，某些涉及自旋多重度变化的跃迁也是禁戒的。在这种情况下，自旋选择定则往往可以通过自旋轨道耦合作用部分解除，从而混入具有不同自旋多重度的状态，产生光吸收和发射。这里，本小节将简单介绍几种典型的过渡金属离子如 Cr^{3+}、Mn^{4+} 和 Mn^{2+} 的跃迁机理，与此同时，本书的其他章节也有涉及含有这些过渡金属离子的发光材料与相关应用。

Cr^{3+} 的最外层电子构型为 $3d^3$，发光源于 3d 轨道内部的跃迁。在八面体的 O_h 对称性下，5 个 3d 能级首先劈裂为二重简并的 e_g 态和三重简并的 t_{2g} 态。在晶体场作用下能级将进一步劈裂，Tanabe-Sugano 能级图描述了 Cr^{3+} 能级随晶体场强度变化的情况 [图 1-9（a）][12]。Cr^{3+} 发光的关键是 Tanabe-Sugano 能级图中 $^4T_{2g}$ 能级与 ^2E_g 能级的交叉点，由于 $^4T_{2g}$ 能级与 ^2E_g 能级发光性质完全不同，导致 Cr^{3+} 发光产生巨大差异。^2E_g 能级向基态 $^4A_{2g}$ 的跃迁是自旋禁戒的，发射为锐线谱，并且 ^2E_g 能级受晶体场影响很小，发射峰值一般在 685～695nm 的红光范围内波动。$^4T_{2g}$ 能级向基态的跃迁是自旋允许的，发射为宽带谱，且能级位置对晶体场非常敏感，发射峰值可以覆盖 700～1000nm 的近红外区域。因此确定 $^4T_{2g}$ 能级与 ^2E_g 能级的相对位置是一项重要工作，衡量晶体场强度常用的参数为 $10D_q/B$，当 $10D_q/B$ 远高于交叉点时，^2E_g 能级为最低能级，发射 ^2E_g 能级的窄带红光。当 $10D_q/B$ 远低于交叉点时，$^4T_{2g}$ 能级为最低能级，发射 $^4T_{2g}$ 能级的宽带近红外光。而当材料处于中间场强时，两个激发态能级处于热平衡状态，可以同时观察到源于 ^2E_g 和 $^4T_{2g}$ 的发射 [图 1-9（b）][13]。

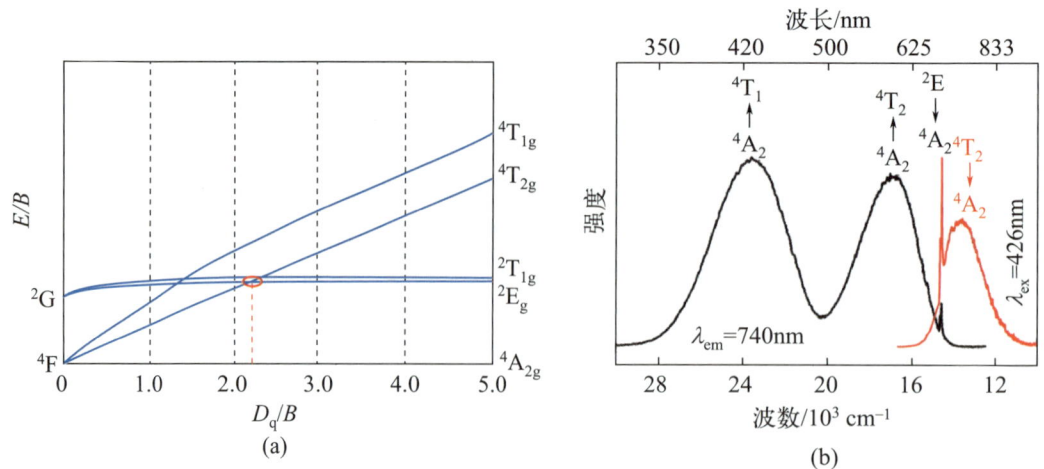

图 1-9　Cr^{3+} 在八面体场中的 Tanabe-Sugano 能级图（a）[12] 和 $GdAl_3(BO_3)_4:Cr^{3+}$ 荧光粉的激发和发射光谱（b）[13]

Mn^{4+} 最外层电子构型也为 $3d^3$,与 Cr^{3+} 具有相同的电子构型,因此,Mn^{4+} 的发光原理与 Cr^{3+} 基本相同,发射峰都位于红光区域,发光机理也主要是通过 Tanabe-Sugano 能级图来阐释 [图 1-10(a)][14]。需要注意的是,高电荷的 Mn 会导致很高的晶体场强度,其 D_q/B 的值一般都较大,所以 Mn^{4+} 产生的发射一般均来自 $^2E_g \to {^4A_{2g}}$ 跃迁,发射峰为锐线谱。$^2E_g \to {^4A_{2g}}$ 跃迁同时被宇称选择定则和自旋选择定则所禁戒,因此 Mn^{4+} 激活荧光粉通常表现出较长的荧光寿命,室温下一般在 2~9ms 之间。若将 Mn^{4+} 掺杂在具有畸变八面体配位的氧氟化物基质中制备混合阴离子化合物荧光粉,则可获得短荧光寿命[15]。

Mn^{2+} 最外层电子构型为 $3d^5$,在 5 个 3d 轨道中具有 252 种填充方式并构成 16 个光谱项:一个自旋六重态 ^6S,四个自旋四重态 ^4P、^4D、^4F、^4G 以及十一个自旋二重态 ^2S、^2P、$^2D(1)$、$^2D(2)$、$^2D(3)$、$^2F(1)$、$^2F(2)$、$^2G(1)$、$^2G(2)$、^2H 和 ^2I。在晶体场作用下,这些光谱项发生能

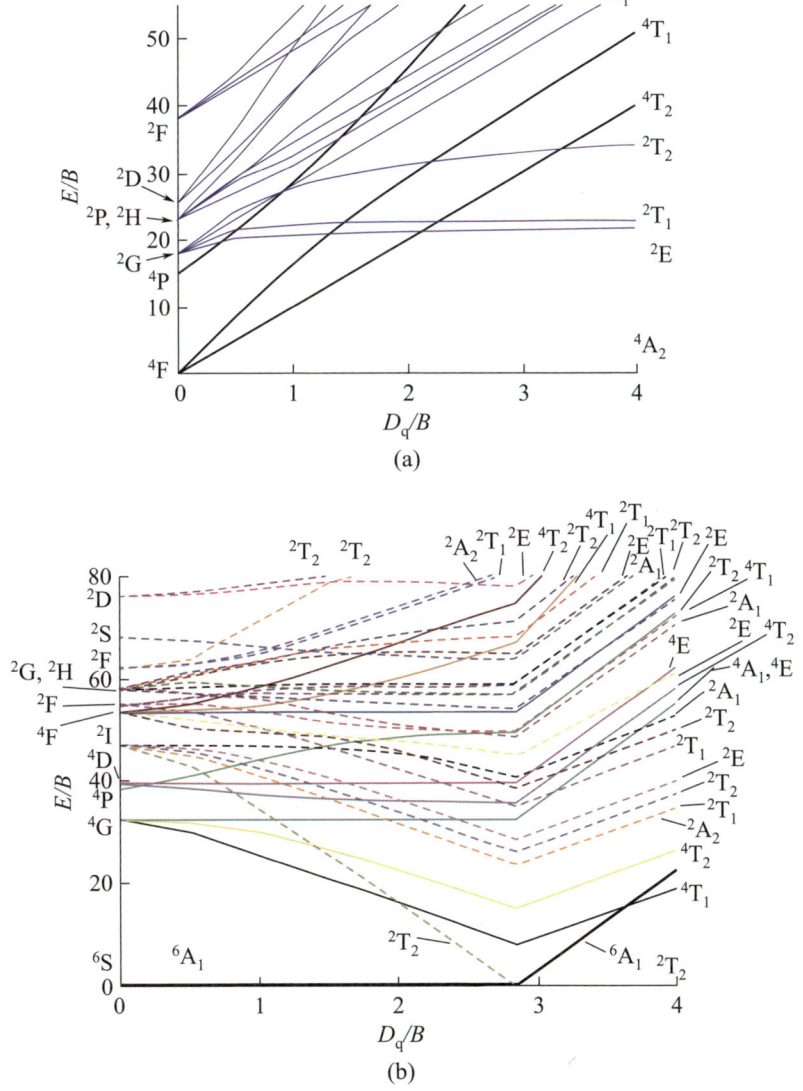

图 1-10 Mn^{4+} 在八面体场中的 Tanabe-Sugano 能级图(a)和 Mn^{2+} 在八面体场中的 Tanabe-Sugano 能级图(b)[14]

级分裂，其行为可以用 Tanabe-Sugano 能级图来描述，图 1-10（b）为八面体对称结构中 Mn^{2+} 对应的 Tanabe-Sugano 图[14]。Mn^{2+} 的发光来源于最低激发态 $^4T_1(^4G)$ 到基态 $^6A_1(^6S)$ 的跃迁，也属于宇称和自旋双重禁戒跃迁，因此其荧光寿命通常较长，为毫秒量级，且发光效率普遍较低。由于 Mn^{2+} 的 3d 电子裸露在最外层，其发光容易受到晶体场环境的影响，故可以通过改变基质材料来调控 Mn^{2+} 掺杂发光材料的发光颜色。Mn^{2+} 通常占据四面体和八面体的晶体学格位。一般来说，八面体的晶体场强度远大于四面体的晶体场强度，导致激发态劈裂更大，Mn^{2+} 在八面体晶体场的发射能较低。因此，占据八面体的 Mn^{2+} 通常发出橙色到红色的光，占据四面体的 Mn^{2+} 通常发出绿色的光。

1.4 稀土离子发光的能量传递

能量传递是发光学领域相当普遍而重要的物理现象，主要是指通过离子间匹配能级进行能量交换的物理过程。稀土离子具有丰富的能级，特别是在晶体中，晶体场作用使每个能级进一步劈裂，增加了能级的数量和密集程度，能级匹配机会增多，在多极矩的作用下，很容易发生两组能级对之间的辐射和无辐射过程，实现离子间的能量传递。能量传递可以发生在同种离子之间，也可以发生在不同离子之间。我们把在这个过程中失去能量的中心称为供体，获得能量的中心称为受体，在稀土发光材料中，供体一般称为敏化剂（sensitizer，S），受体称为激活剂（activator，A）。这一点与有机发光材料中所涉及的给体（donor）和受体（acceptor）有明显不同，请读者注意区分。

能量传递的方式一般可分为两类：辐射传递过程和无辐射传递过程。辐射传递是一个离子的辐射光被另一个离子再吸收的过程，这两种发光离子可以看出是相互独立的体系，没有直接的相互作用，因此，辐射传递并不会影响敏化剂 S 的寿命。辐射传递距离可近可远，传递过程几乎不受温度的影响，只要求发射的能量谱带和吸收带相互重叠。在稀土离子中，如果跃迁形式属于 f-f 跃迁，那么无论是发射和吸收都不会很强，辐射传递的效率较低。

无辐射传递过程是在多极矩作用下使一种离子的某组能级对的能量无辐射地转移到另一种离子能量相等的能级对上。在这种能量传递的过程中，敏化剂自身产生的辐射较弱，能量传递效率较高，是稀土离子能量传递的主要方式。无辐射能量传递过程可以分为三种：共振能量传递、交叉弛豫能量传递和声子辅助能量传递。这三种形式如图 1-11 所示。

图 1-11（a）表示共振能量传递过程。共振传递是指激发态中心通过电偶极子、电四极子、磁偶极子或交换作用等近场力的相互作用把激发能传递给另一个中心的过程。结果是敏化剂 S 从激发态返回到基态，而激活剂 A 由基态变为激发态，两个中心能量变化值相等。这种过程要求敏化离子 S 和激活离子 A 有相同位置和匹配的能级对，敏化离子 S 跃迁时将能量传递给激活离子 A，反过来，激活离

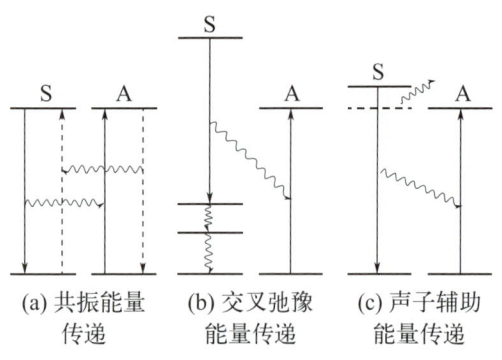

图 1-11　无辐射能量传递方式

子 A 做同样的跃迁也可以传递给敏化离子 S，两者是可逆的。当激活离子 A 的有效跃迁概率小于敏化离子 S 的传递概率时，这种过程才是有效的。该过程敏化剂的寿命会减小，可以通过寿命的变化来计算能量传递效率。泰克斯特（Dexter）首先把这种传递机理用于固体材料中发光中心间的能量传递过程，并认为中心之间的相互作用力应根据中心的具体情况，考虑电偶极子、电四极子和磁偶极子之间的相互作用。中心间相距越近，量子力学的交换作用会显得越重要，其相互作用的强度将会超过电偶极子和磁偶极子的作用。根据 Dexter 能量传递理论，共振能量传递是通过敏化离子 S 和激活离子 A 之间的电偶极 - 电偶极、电偶极 - 电四极以及电四极 - 电四极相互作用力或交换作用完成，这几种作用的强弱程度依上述顺序逐渐减小。能量传递概率和距离间的关系取决于相互作用的类型。对于电多极子相互作用，传递概率与距离 R^{-n} 成正比（R 为 S 和 A 两个离子之间的距离），$n=6$、8、10，分别对应于电偶极 - 电偶极相互作用、电偶极 - 电四极相互作用及电四极 - 电四极相互作用，即距离越近，传递概率越大。对于交换作用，传递概率与距离呈指数关系，因为交换作用需要波函数重叠。从作用距离上看，相互作用有效半径最大的是电偶极子相互作用，为 1.2～3nm；其次是电偶极 - 电四极相互作用，为 0.5～1.5nm；交换作用最短，为 0.4～0.6nm。此外，传递概率与敏化剂 S 激发态的寿命成反比，寿命越长，越不容易将能量传递给激活剂 A。

一般地，为了获得较高的能量传递概率，必须满足以下条件：①共振强度大，即敏化剂 S 的发射带与激活剂 A 的吸收带有尽可能大的重叠；②相互作用大，它可以是多极与多极作用类型，也可以是交换作用类型。交换作用类型的传递只有在某些特殊情况下才会出现。光跃迁的强度取决于电多极相互作用的强度。如果所涉及的光跃迁是允许的电偶极跃迁，能量传递概率也会更高。例如，以 Ce^{3+} 为代表的 5d-4f 跃迁是自旋允许的电偶极跃迁，其在不同基质中光谱的覆盖范围很广，有利于与其他掺杂稀土离子的吸收带匹配，且 5d 组态的电子寿命非常短（一般为 30～100ns），具有较高的能量传递概率[8]。在大多数基质中，Ce^{3+} 的吸收带在紫外光或紫光区，而其发射峰在紫光区和蓝光区，因此 Ce^{3+} 更适合作为敏化离子。Ce^{3+} 可以敏化 Pr^{3+}、Nd^{3+}、Sm^{3+}、Eu^{3+}、Tb^{3+}、Dy^{3+} 和 Tm^{3+} 等稀土离子，也能敏化 Mn^{2+}、Cr^{3+} 等非稀土离子。人们利用能量传递的基本理论研究表明，Ce^{3+} 与 Ce^{3+} 之间、Ce^{3+} 与 Eu^{2+} 之间的能量传递机理以电偶极与电偶极相互作用为主，与其他离子之间的能量传递的机理主要是电偶极与电四极相互作用。

图 1-11（b）表示交叉弛豫能量传递，在这一过程中，敏化离子 S 有一对和激活离子 A 匹配的能级对，但它们的位置不同，这两对能级对在多极矩作用下可以产生无辐射能量传递，该过程是不可逆的，并且是有效的。例如 Sm^{3+} 和 Yb^{3+} 之间的能量传递，Sm^{3+} 的 $^4F_{5/2}$-$^4I_{15/2}$ 的跃迁能量与 Yb^{3+} 的 $^2F_{7/2}$-$^2F_{5/2}$ 的跃迁能量相互匹配，形成能级对之间的交叉弛豫过程，能量可以由 Sm^{3+} 传递给 Yb^{3+}，其传递是不可逆的，因此，Sm^{3+} 在某些基质中可以敏化 Yb^{3+}。

图 1-11（c）表示声子辅助能量传递过程，敏化离子 S 的一个能级对的能量和激活离子 A 的一个能级对的能量不十分匹配，且相差不多，相当于体系中声子的能量，这样，在声子参与的电子 - 声子跃迁中通过放出或者吸收一个声子使得敏化离子 S 和激活离子 A 的能级对之间实现能量匹配，完成共振能量转移。声子的分布与温度密切相关，在低温下，声子强度很弱，能量传递可能被阻止。

目前，人们在相同稀土离子之间、不同稀土离子之间以及稀土离子与非稀土离子之间观察到了大量的能量传递现象，利用这些能量传递，人们研发了许多高效的稀土发光材料。

1.5 稀土离子发光特性的常用测量参数

在稀土发光材料的研究与应用中，准确测量和评估其发光特性至关重要。发光特性的测量参数能够为我们提供材料性能的关键信息，从而指导材料的设计和优化。本节将介绍一系列常用的测量参数，包括光与颜色、吸收光谱、发射光谱、发光衰减曲线、余辉光谱、热释光谱以及发光效率。

1.5.1 光与颜色

稀土发光材料所发射的光，包括荧光和磷光，主要是指可见光，一般认为可见光的波长范围为 400~700nm，即能被人视觉感知的光。此外，稀土离子也可以产生近红外发光（波长范围 700~2500nm），并由此衍生出近年来的一个研究热点，即近红外发光材料及其新兴光源器件，本书第 4 章将专门介绍。实际上，可见光波长范围还与光的强度和环境的明暗状况有关，并非一个严格的界限。人眼的主观感觉按照光的波长从短到长表现为紫、蓝、青、绿、黄、橙、红色。从图 1-12 电磁辐射波谱可以看到，可见光在电磁辐射波谱中仅占很小的一部分。

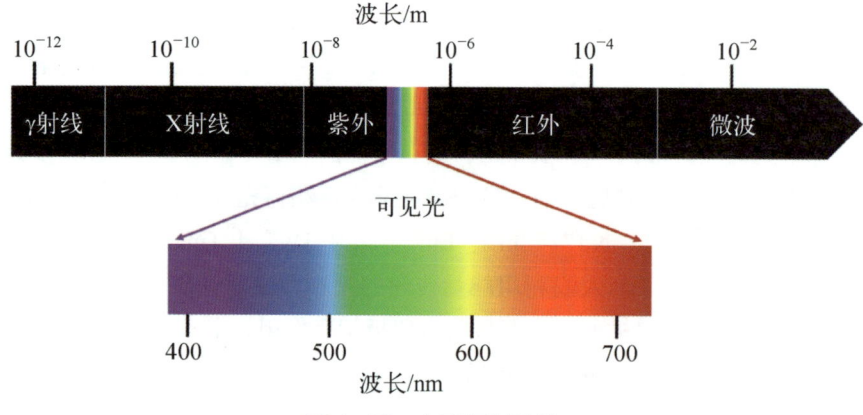

图 1-12 电磁辐射波谱

光源与显示器件发射的可见光辐射刺激人眼引起的明暗和颜色的感觉，除了取决于辐射对人眼产生的物理刺激外，还取决于人眼的视觉特性、光源与显示器件的特性，包括构成其发光材料的性能，仅用能量参数来描述是不够的，因为发光效果最终是由人眼来评价的，能量参数并未考虑人眼的视觉作用，发光效果须用基于人眼视觉的光量参数来描述。因此，在讨论发光材料及其器件的性能时，有必要了解人眼的视觉特性。

人眼的视网膜上布满了大量的感光细胞，感光细胞有两种：①杆状细胞，灵敏度高，能感受极微弱的光；②锥状细胞，灵敏度较低，但能很好地区分颜色。人眼的视觉特性和大脑视觉区域的生理功能决定了客观光波刺激人眼而引起的主观效果。不同波长的光，人眼的感受程度不同，即人眼对各种颜色光感受的灵敏度不同。根据人眼对不同波长光的敏感程度，可以绘制出视觉函数曲线，如图1-13所示。国际照明委员会（CIE）于1924年和1951年分别公布了明视觉和暗视觉条件下的视觉函数曲线。当人眼处于几个尼特（cd/m²）以上的强光环境下，形成的视觉称为明视觉，这时起视觉作用的是锥状体细胞，人眼对555nm的绿光最为敏感；在百分之几尼特的弱光环境下，形成的视觉称为暗视觉，起视觉作用的是杆状体细胞，这时曲线向短波移动，峰值为507nm。如果环境亮度介于明视觉和暗视觉对应的亮度水平之间，所形成的视觉就称为介视觉，这时两种感光细胞同时起作用。

人眼对颜色的感觉是一种主观感受，而不是客观世界的属性。为了能精确地表征颜色，人们曾建立了各种色度系统的模型，其中CIE标准色度系统是比较完善和精确的系统，在其逐步完善的过程中，派生出多种不同用途的色度系统，应用最为广泛的是CIE 1931标准色度系统[5]，如图1-14所示。任何一种颜色H_o都能用某种线性方程定量表示：$H_o = xx_o + yy_o + zz_o$，其中x_o、y_o、z_o和三基色的比例有关，CIE规定，波长为700nm的红光为红基色光，波长为546.1nm的绿光为绿基色光，波长为435.8nm的蓝光为蓝基色光，而x、y、z色坐标与平面方程相关：$x+y+z=1$，可见其中只有两个独立的变量，一般使用x和y两个值来表征色坐标，就可以避免三维而只用二维色度图来表示发光颜色。自然界中每一种可能的颜色在色度图中都有其相应的位置。色度图上每一点(x, y)都代表一种确定的颜色。某一指定点越靠近光谱轨迹（即曲线边缘），颜色越纯，越鲜艳，即色饱和度越好。中心部分接近白色。

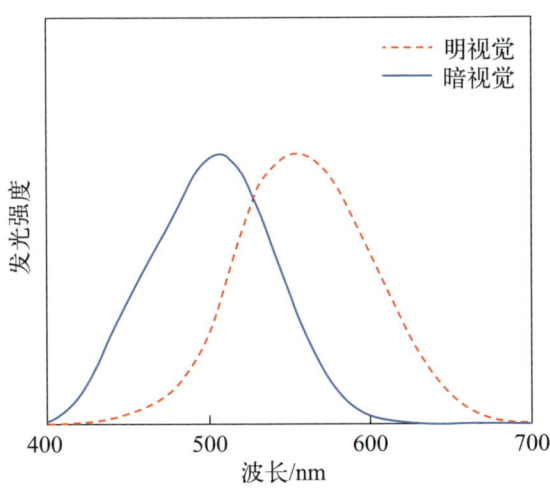

图1-13 明视觉函数曲线和暗视觉函数曲线

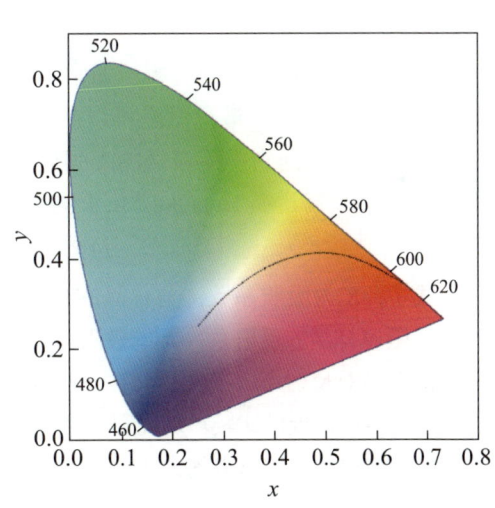

图1-14 CIE 1931色度图

1.5.2 吸收光谱和漫反射光谱

当光照射到发光材料上，一部分被反射、散射，一部分透过，剩下的光被吸收。只有那些被吸收的光才可能对发光起作用，但也不是所有被吸收的各个波长的光都能起激发作用。哪些波长的光能被吸收，吸收多少，取决于发光材料的特性。发光材料对光的吸收和一般物质一样，都遵循以下的规律[16]：

$$I(\lambda) = I_0(\lambda) e^{-k_\lambda x} \tag{1-1}$$

式中，$I_0(\lambda)$ 为波长 λ 的入射光强度；$I(\lambda)$ 为光通过厚度 x 的发光材料后的强度；k_λ 为吸收系数，不依赖光强，但随波长变化。

$I(\lambda)$ 随波长（频率）的变化称为吸收光谱。纳米晶溶液的吸收光谱如图 1-15（a）所示[17]。发光材料的吸收光谱由基质、激活剂和其他掺杂离子共同决定，它们可以产生吸收带或吸收线。因此，吸收光谱可以给出材料基质和激活离子激发态能级的位置以及它们的分布情况。

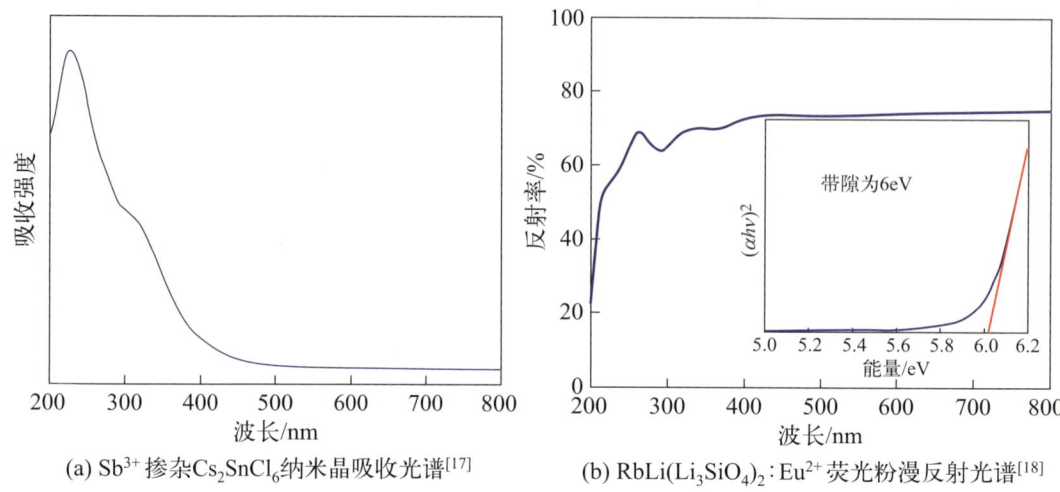

(a) Sb^{3+} 掺杂 Cs_2SnCl_6 纳米晶吸收光谱[17]　　(b) $RbLi(Li_3SiO_4)_2:Eu^{2+}$ 荧光粉漫反射光谱[18]

图 1-15　吸收光谱和漫反射光谱

通常，对于不透明的材料，如常见的稀土荧光粉为粉末材料，我们无法测试到它的透射光，得不到吸收光谱，但是可以测试它的反射光来表征吸收能力。测试经过多次折射、散射及吸收后返回到样品表面的光强度随波长变化的光谱称为漫反射光谱，如图 1-15（b）所示[18]。漫反射遵循 Kubelka-Munk 方程：

$$F(R_\infty)=(1-R_\infty)^2/(2R_\infty)=K/S \tag{1-2}$$

式中，K 为吸收系数，与样品的化学组成有关；S 为散射系数，与样品的物理特性有关；R_∞ 为无限厚样品的反射系数 R 的极限值；$F(R_\infty)$ 为减免函数或 K-M 函数。

由于绝对反射率 R_∞ 难以测得，实际测试中，一般使用积分球收集漫反射光，将样品的测试数据与标准白板做比较，从而得到相对反射率曲线，标准白板通常选取硫酸钡或者聚四氟乙烯，测试波段的反射系数约为 1。利用稀土发光材料的基质漫反射光谱可以求得基质材料的禁带宽度。基于 Tauc 方程：

$$[F(R_\infty)h\nu]^n = A(h\nu - E_g) \tag{1-3}$$

式中，h 为普朗克常量；ν 为光频率；A 为比例常数；E_g 为禁带宽度。

直接允许跃迁 $n=2$，直接禁戒跃迁 $n=3/2$，间接允许跃迁 $n=1/2$，间接禁戒跃迁 $n=3$。然后，利用上述公式作图，以能量 $h\nu$ 为 x 轴，以 $[F(R_\infty)h\nu]^n$ 为 y 轴画图，在 $([F(R_\infty)h\nu]^n)'=0$ 时，对应的横坐标 x 的值即为带隙 E_g 的值。

1.5.3　发射光谱和激发光谱

当发光材料被某一特定波长的光（通常是紫外光 - 蓝光）照射时会产生荧光，该荧光被送入荧光分光光度计或光谱辐射计的入射狭缝，经系统处理后得到辐射功率/强度随发射波长变化的光谱，称为发射光谱。发射光谱反映了某一固定激发波长下所测量荧光的波长分布。从光谱外形上看，有些发射光谱呈宽带，有些呈窄带，还有些是线状谱。显然，发射光谱的形状取决于发射体。通过分析发射光谱，可以知道材料在某种激发条件下的发光颜色，可以分析稀土离子的跃迁方式以及其能级在晶体场中的劈裂情况等。在实际测量时，会出现用不同的波长激发，不但发光强度不同，而且发光光谱也可能不同的情况。这是因为不同激发波长所激发的发光中心可能不同。如果发射光谱是完全一样的，说明它们来自同一发光中心。

当我们把分光光度计的发射单色仪固定在某一波长和一定带宽，通过扫描连续改变激发光的波长，就会得到特定波长辐射随激发波长变化的光谱，称为激发光谱。激发光谱反映了在某一固定的发射波长下所测量的荧光强度对激发波长的依赖关系。根据激发光谱可以确定发光材料发光所需要的激发光波长范围和最佳的激发光波长。激发光谱与漫反射光谱相关，但不完全一致。漫反射光谱仅表示了材料对光的吸收情况，而激发光谱反映了材料对光的吸收并转换成发射光的总效率。图 1-16 为 $Y_3Al_5O_{12}:Ce^{3+}$ 的激发和发射光谱图[19]。

1.5.4 发光衰减

发光体在激发停止后会持续发光一段时间，这就是发光的衰减。发光是以指数形式衰减的，当激发停止后，发光材料的荧光强度降到激发时最大强度的 1/e 所需的时间即为激发态的荧光寿命，它表示粒子在激发态下存在的平均时间。通过瞬态发光测试可以得到监控给定发射光强度随时间的衰减曲线，拟合曲线一般采用多指数加和项：

$$I(t) = \sum_{i=1}^{n} A_i \exp(-t/\tau_i) \quad (1-4)$$

式中，τ 为衰减时间；I 为发光强度；t 为时间；i 为各发射光组分的序号，取值为 1、2、3……n 等；A 为分项常数，正比于激发停止瞬间各发射光组分的光强，以下标 i 相区别[20]。当只有一个发光中心时，衰减曲线通常呈现单指数衰减。通过测试和拟合发光衰减曲线，可以初步判断发光材料的发光中心种类和发光中心个数。图 1-17 为笔者课题组报道的 $Rb_3YSi_2O_7:Eu^{2+}$ 荧光粉发光衰减曲线[21]。

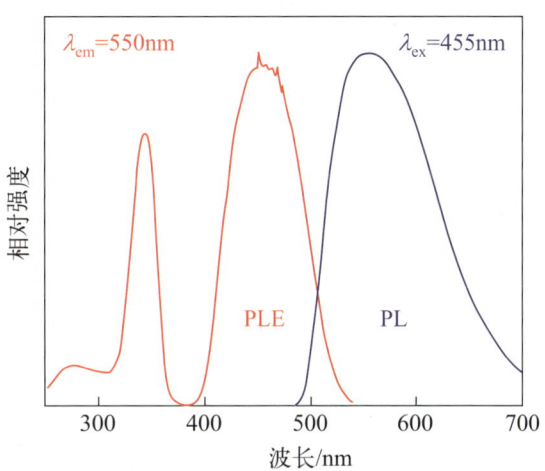

图 1-16　商用稀土荧光粉 $Y_3Al_5O_{12}:Ce^{3+}$ 的激发（PLE）与发射（PL）光谱图[19]

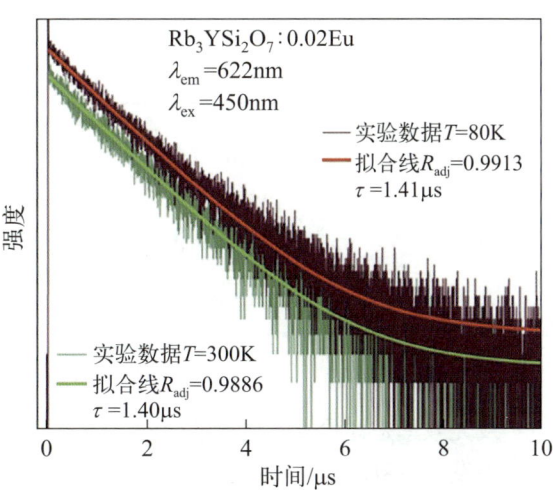

图 1-17　$Rb_3YSi_2O_7:Eu^{2+}$ 荧光粉发光衰减曲线[21]

1.5.5 余辉光谱和热释光谱

当激发停止后,发光的延续被称为余辉。测试余辉衰减曲线即可得到余辉光谱,但余辉和发光衰减在时间尺度上相差很大,发光衰减一般指激发停止后立即测量的发光延续,而余辉的计量与激发之间可以相隔很长的时间。一般认为激发停止后发光衰减到初始亮度10%的时间为余辉时间,有时也可以指发光衰减到发光停止的时间。目前没有严格地定义发光延续多长时间可以称为长余辉,不同的应用场景有不同的要求。产生余辉通常是因为电子-空穴对的辐射复合因电子或空穴被陷阱捕获而严重延迟。余辉的性能与室温可释放电子的陷阱深度、陷阱浓度和释放电子(空穴)的速率有关。

热释光是固体被加热时表现出的一种发光现象,是稀土发光领域常用的缺陷表征手段。由于缺陷能够俘获电子,形成所谓的"陷阱",深浅不同的陷阱束缚电子的能力不同,电子逃离陷阱所需的动能(即加热温度)也不同,因此热释光谱图能够给出缺陷的数目以及浓度,依据理论模型可以进一步给出陷阱能量甚至陷阱寿命等。根据电子捕获与释放机制的不同,热释光可分为一级动力学、二级动力学以及一般级动力学。不同级别动力学的热释光曲线是不相同的。此外,通过测试不同激发波长下的热释光曲线,将这些曲线的积分强度对激发波长作图,即可得热释光激发光谱。热释光激发光谱可以给出长余辉发光材料热释光强度随激发波长的变化关系,可以得知长余辉发光材料在什么波长的激发光下可以有效存储电子的信息。图 1-18 为 $Ca_5Ga_6O_{14}:Tb^{3+}$ 长余辉材料的余辉衰减曲线和热释光谱[22]。

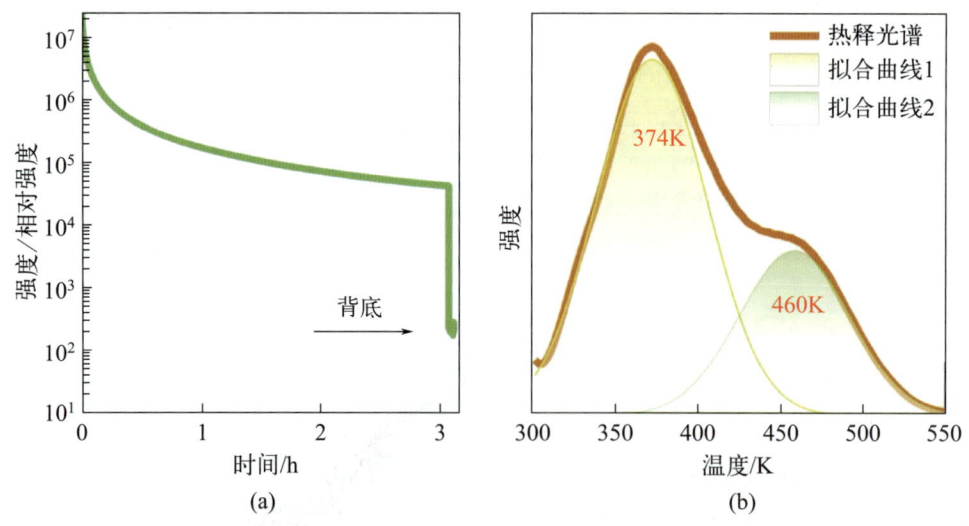

图 1-18 $Ca_5Ga_6O_{14}:Tb^{3+}$ 长余辉材料的余辉衰减曲线(a)和
$Ca_5Ga_6O_{14}:Tb^{3+}$ 长余辉材料的热释光谱(b)[22]

1.5.6 发光效率

发光效率是评价发光材料性能的一个重要物理参数,在实际应用中,效率越高越好。对于光致发光材料,通常用量子效率表示。量子效率分为外量子效率和内量子效率。外量子效率只考虑输出的光能与激发的能量之比,是吸收的能量转化为光能的纯转化效率;内量子效率是输出的光能与真正用于发光激发的能量（激发的能量除去材料反射和再吸收后的能量）之比。因此，内量子效率是指发光材料发射的光子数 N_0 与激发时吸收的光子数 N_i 之比：$\eta_i = \dfrac{N_0}{N_i}$；而外量子效率是指发光材料发射的光子数 N_0 与激发光的总光子数 N 之比，$\eta_e = \dfrac{N_0}{N}$。由于反射和再吸收损失能量总是存在的，因此，外量子效率总是小于内量子效率，后者才是反映能量转换过程的真实参数。图 1-19 为 β-SiAlON：Eu^{2+} 商业窄带绿粉发光效率测试图 [18]。

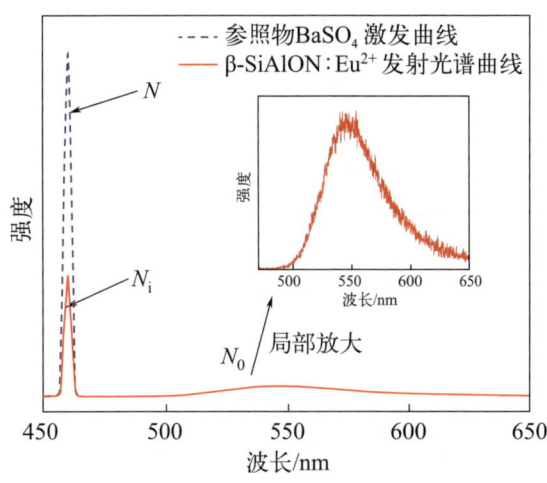

图 1-19 β-SiAlON：Eu^{2+} 商业窄带绿粉发光效率测试图 [18]

习 题

1.1 描述稀土元素电子层结构的特点，并解释为什么这种结构使得稀土元素具有丰富的能级结构。
1.2 哪些稀土离子适合作为发光材料的激活剂离子？原因是什么？
1.3 列出 Pr^{3+} 的基态光谱项和所有的光谱支项。
1.4 稀土离子的 f-d 跃迁与 f-f 跃迁有何不同？请列举它们的主要特点。
1.5 请给出 Eu^{2+} 和 Eu^{3+} 的价电子结构，并对比其发光具有哪些异同点？
1.6 简述稀土离子发光的能量传递过程，包括能量传递的方式和影响因素。
1.7 发光衰减曲线可以提供稀土发光材料的哪些信息？
1.8 请解释外量子效率的物理含义。

参考文献

2

稀土固体发光材料的晶体结构基础

稀土元素具有特殊的4f轨道和丰富的能级结构，可呈现出差异化、可调控的发光性能。稀土固体发光材料的发光性能与晶体结构的结构类型、局域结构环境和晶体缺陷等密切相关。不同的晶体结构会影响稀土离子的能级结构和跃迁概率，进而影响其发光颜色、发光效率等性能。稀土离子通常占据晶体中与该离子半径相近的特定晶体学格位，可以通过其局域结构环境的调节，实现发光性能的调控。晶体中存在诸如空位、填隙原子、反占位和位错等缺陷，它是一把双刃剑，对稀土离子的发光既有利处也有弊处。例如长余辉发光材料在光停止辐照后，表现出的长时间持续的光发射；力致发光材料在机械力刺激下，呈现出的短暂而瞬时的光发射；缺陷能级能够参与电子的捕获与释放进程，进而提升稀土发光材料的发光热稳定性，这些现象是缺陷赋予发光材料奇异发光性能的典型例子。深入研究稀土固体发光材料的晶体结构，对于创制高性能发光材料具有重要意义。

对稀土固体发光材料的晶体结构的认识与理解是调控其发光性能、创制新材料和探索新应用的基础。因此，通过合理设计和调控晶体结构及其局域结构，可以调制稀土固体发光材料的发光性能，实现其在高端发光器件、生物成像等领域的功能化应用。不难看出，深入研究稀土固体发光材料的晶体结构，对于发展高性能的发光材料具有重要意义。本章内容首先从固体能带理论及稀土离子电子结构的构筑机理出发，理解稀土离子能级在能带中的相对位置及对基质能带的依赖性；其次从晶体结构学理论基础出发，探究了稀土离子格位占据与发光性能之间的构效关系，这也是笔者课题组的研究特色；之后汇总了稀土固体发光材料的新基质结构开发策略、组分调变及缺陷工程对稀土离子发光的影响；最后还介绍了用于稀土发光材料晶体结构研究的常用结构分析方法。

2.1 固体能带理论与稀土离子发光

稀土离子的掺杂会影响基质材料的能带结构和能级分布，从而改变材料的光电性质和电学性质。因此，研究稀土离子的发光性能需考虑稀土离子能级和能带整体的效应，如晶体结构、表面结构和络合体等的影响，当难以用孤立的原子、离子或基团来解释时，就需要采用以原子能级组合及电子尽可能占据低能轨道为出发点而得到的能带模型。这种发光机制与常规基团的复合发光既有联系又有区别。首先，能带机制不否认常规发光中心的结果，其相应的能级跃迁机制仍然有效，不同的是，这时发光中心的能级跃迁必须纳入能带的范畴，在能带中找到对应的位置，然后再以最终的能级图来解释各种发光跃迁机制，这就是能带机制的基本概念。目前所讨论的稀土离子掺杂发光，发光中心离子能级一般都是位于禁带中，能带机制所依据的通用模型如图 2-1 所示。

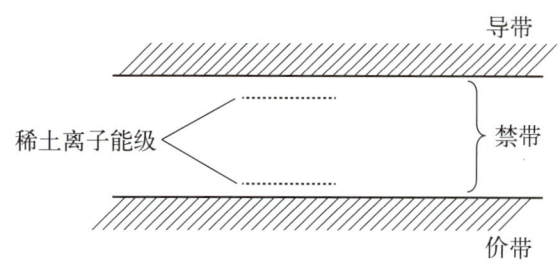

图 2-1 稀土离子能级与能带关系模型

能带发光跃迁机制包括纯半导体的发光跃迁以及在这种本征跃迁基础上的掺杂离子调制两大部分，实际后者更为重要。半导体的吸收和发射光谱源于电子的价带-导带跃迁，吸收边就是禁带宽度，发射光谱理论上属于窄带型。当半导体材料存在缺陷或掺杂发光离子时，就会在本征能带结构中引入新的能级，这些能级的存在导致在能量更低的范围出现新的吸收和发射带。因此，稀土离子能级在能带中的相对位置是材料发光性能调控的关键。本节将介绍固体能带理论、稀土离子电子结构图的构筑、基质基准结合能（host referred binding energy，HRBE）和真空基准结合能（vacuum referred binding energy，VRBE）模型电子结构图的应用、稀土离子能级对基质能带的依赖性和电荷迁移带对基质能带的依赖性等。

2.1.1 固体能带理论

能带理论（energy band theory）是研究晶体（包括金属、绝缘体和半导体晶体）中电子的状态及其运动的一种重要的近似理论。它把晶体中每个电子的运动看成是独立在一个等效势场中的运动，即是单电子近似的理论。对于晶体中的价电子而言，等效势场包括原子核的势场、其他价电子的平均势场和考虑电子波函数反对称而带来的交换作用，是一种晶体周期性的势场。能带理论认为晶体中的电子是在整个晶体内运动的共有化电子，并且共有化电子是在晶体周期性的势场中运动。随着能带理论的深入发展和实验技术的逐渐完善，能带理论由最初的能带位置、间隙的浅层分析发展到了对于晶体内部关于能带结构的模拟和计算。

（1）布洛赫定理

晶体是由大量电子和原子核组成的多粒子系统，晶体的许多电子过程仅与外层的价电子有关，因此，研究晶体的性质必须首先了解晶体中电子的运动状态。根据布洛赫定理，可以把晶体中电子的波函数写成：

$$\psi(\boldsymbol{r}) = \mathrm{e}^{i\boldsymbol{k}\cdot\boldsymbol{r}}u(\boldsymbol{r}) \tag{2-1}$$

式中，$u(\boldsymbol{r})$ 具有与晶格相同的周期性，即 $u(\boldsymbol{r}) = u(\boldsymbol{r}+\boldsymbol{R}_n)\mathrm{e}^{i\boldsymbol{k}\cdot\boldsymbol{r}}$，它不是一个常数，而与位置有关，并且具有晶格周期性；$\mathrm{e}^{i\boldsymbol{k}\cdot\boldsymbol{r}}$ 为一个平面波；$u(\boldsymbol{r})$ 为平面波的振幅。布洛赫波函数奠定了晶体能带理论和能带计算的基础。

(2) 近自由电子近似

该模型的基本出发点是晶体中的价电子行为很接近自由电子，周期势场的作用可以看作是很弱的周期性起伏的微扰处理。模型认为金属中价电子在一个很弱的周期场中运动（图 2-2），价电子的行为很接近自由电子，又与自由电子不同。这里的弱周期场设为$\Delta V(r)$，可以当作微扰来处理，即：

① 零级近似时，用势场平均值$\bar{V}$代替弱周期场$V(r)$；

② 所谓弱周期场是指比较小的周期起伏$V(r)-\bar{V}=\Delta V(r)$作为微扰处理。

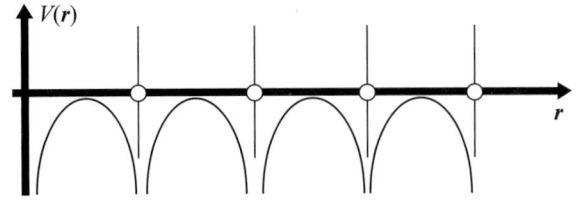

图 2-2　一维单电子的周期性势场

波动方程可写为：

$$\left[-\frac{\hbar}{2m}\nabla^2 + V(\boldsymbol{r})\right]\psi(\boldsymbol{r}) = E(\boldsymbol{r}) \tag{2-2}$$

式中，$V(\boldsymbol{r})=V(\boldsymbol{r}+\boldsymbol{R}_m)$，$\boldsymbol{R}_m=m_1\boldsymbol{a}_1+m_2\boldsymbol{a}_2+m_3\boldsymbol{a}_3$。

零级近似电子波函数：

$$\psi_k^0 = \frac{1}{\sqrt{V}}\mathrm{e}^{i\boldsymbol{k}\cdot\boldsymbol{r}} \tag{2-3}$$

电子能量：

$$E_k^0 = \frac{\hbar^2\boldsymbol{k}^2}{2m} + \bar{V} \tag{2-4}$$

(3) 晶体能带的形成及其类型

在零级近似中，电子作为自由电子，其能量本征值E_k^0与波矢k呈抛物线关系，如图 2-3 所示。当$k \neq \pm\frac{n\pi}{a}$时，E_k与k的关系同自由电子情况相同，又因晶体中电子数是宏观数量级，故可认为k是连续变化的；在周期势场的微扰下，C曲线在$k=\pm\frac{n\pi}{a}$处断开，能量突变值为$2|V_n|$，在各能带断开的间隔内不存在允许的电子能级，称为禁带。禁带的位置及宽度取决于晶体结构和势场函数。

另外，对于波矢$k=\frac{l}{N}\times\frac{2\pi}{a}$而言，$N$很大，故$k$很密集，可以认为，$E_n(k)$是$k$的准连续函数，这些准连续的能级被禁带隔开而形成一系列能带 1、2、3……不难算出，每个能带所对应的k的取值范围都是$\frac{2\pi}{a}$，即一个倒格子原胞长度，而所包含的量子态数目是N，等于晶体中原胞的数目。$E_n(k)$总体称为能带结构（n为能带编号），相邻两个能带$E_n(k)$与$E_{n+1}(k)$之间可以相接、重叠或是分开。对于一维周期性势场来说属于分开情况，则出现带隙——禁带。

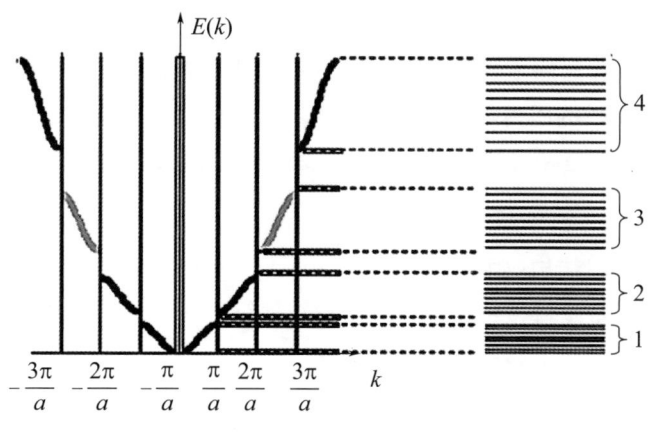

图 2-3 近自由电子近似能带

(4) 能带结构与不同类型晶体特性

在能带理论的基础上，第一次对为什么固体可以区分为导体、绝缘体、半导体的问题提出了理论上的说明，这是能带理论发展初期的一个重大成就，一些有关导体、绝缘体、半导体的现代理论也是由此而发展起来的。从微观结构上来看，金属、半导体和绝缘体的差别主要取决于几个方面，我们从以下三方面来考虑电子结构层次上的差别：带的宽窄；价带是充满的还是只部分被充满；满带和空带之间能隙的大小。

如果晶体的能带中，除了满带外，还有未充满电子的能带，则这种晶体就是金属，如图 2-4 所示。若晶体的原胞含有奇数个价电子，这种晶体必是导体。原胞含有偶数个价电子的晶体，如果能带交叠，则晶体是导体或半金属；如果能带没有交叠，禁带窄的晶体就是半导体；禁带宽的则是绝缘体。

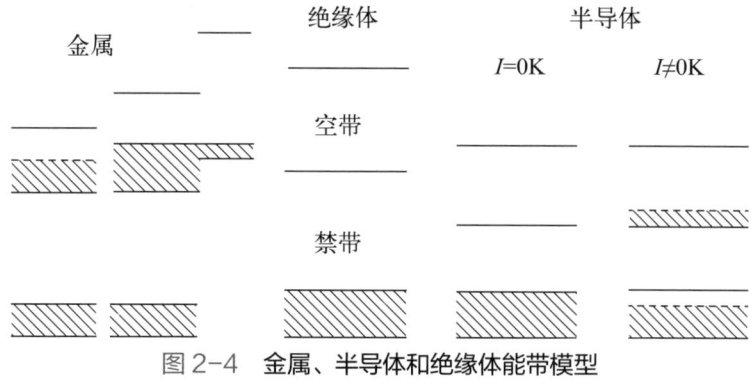

图 2-4 金属、半导体和绝缘体能带模型

(5) 金属、半导体、绝缘体的转化

能带理论极好地解释了不同类型晶体各自不同的特性，从能带结构上看，半导体、绝缘体的能带是类似的，仅仅禁带宽度不同；而导体的能带或者是半充满，或者是有交叠存在。这种差别就导致了它们在电导率的变化规律上有明显差异。那么，若使它们的结构有某种改变，是否有某种转化存在呢？我们已看到导体、半导体、绝缘体的差别就是是否有禁带，根据紧束缚近似法的结论，当固体中点阵距离缩小时，能带的宽度会有所增加，禁

带相应缩小，因此可以预测，在足够高的压力下，所有的固体都将呈现出导电性，即使是那些标准的绝缘体，在高压下它们的最高填充带和最低空能带之间也有交叠。如：现已发现氢在 4.2K、几个兆帕的压力下呈现出导电性；金刚石和硅在高压下也都可以转变成金属的形式，石墨→金刚石是因为高压下原子间距变小，能带宽度变宽，最后重叠。

（6）金属晶体

典型的空间密堆积结构（如 Cu 为 A_1、K 为 A_2、Mg 为 A_3）晶体中不存在由共价键连接的原子基团，其能带是直接由金属原子轨道线性组合而成的。且金属原子价电子少，故其价层能带都为导带。当金属的两个区域之间加有一定电势差时，低能级上的电子被激发到同一能带内的空能级上，从而形成了电子的流动，这是典型金属均为良导体和具备其他金属性的根源。结构属于 A_4 型的锗、锡等极少数金属，因其晶体中形成了由共价键连接的 $[XX_4]$ 原子基团的三维连续分布，晶体能带不再是直接由金属原子轨道线性组合得到，因而它们不具备典型金属的性质。

（7）分子晶体

如固态氢，是弱的范德华力将 H_2 结合在一起，在含 N 个 H_2 的晶体中，N 个 σ_{1s} 和 N 个 σ_{1s}^* 分别组合成氢晶体的 N 级 σ_{1s} 满带和 σ_{1s}^* 空带。由于分子间作用力相当弱，导致形成的这两个能带都比较狭窄，二者之间不可能重叠，故其没有导带，且禁带较宽，因而固态氢不具有金属性。像氦原子晶体这样的单原子分子晶体，其能带如图 2-5 所示。因其 1s 能级远在 2s 能级之下，使 1s 满带和 2s 空带间禁带极宽，所以固态氦是一种良好的绝缘体。离子晶体的能带结构也可以由原子轨道推引得到。如 NaCl 晶体，具有由 Cl^- 3p 能级组成的满带和 Na^+ 3s 能级组成的空带，因是两种不同离子的 3s 和 3p 能级，能量相差很大，故其禁带较宽，所以 NaCl 等离子晶体均是绝缘体。凡由饱和价的原子或分子形成的晶体以及离子晶体都具有上述类似的能带结构，因而都具有与金属截然不同的性质。

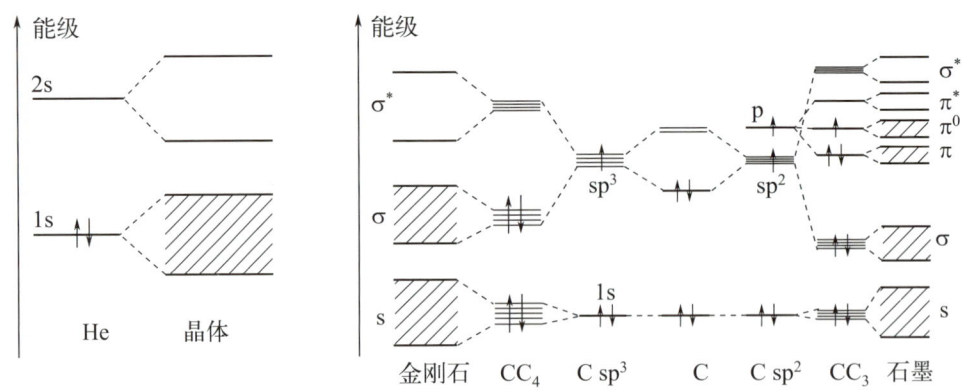

图 2-5　He 晶体、金刚石和石墨能带模型

（8）共价键型晶体和混合键型晶体

分析碳的两种不同晶型——金刚石和石墨的能带形成即可理解其各自不同的特性，金刚石是四面体结构的 CC_4 基团的三维连续分布，每个 CC_4 中，中心 C 以 4 个 sp^3 杂化轨道

与 4 个邻近的 C 形成 4 个 σ 键和 4 个 σ* 键。来自中心 C 的 4 个电子和来自每个邻近 C 的 1 个电子（共 8 个电子）正好填满这 4 个 σ 轨道，对应的 4 个 σ* 全空着，多个 CC_4 基团形成金刚石时，多个 σ 和 σ* 轨道分别形成晶体的最高满带和最低空带，禁带极宽（$E_g \geqslant 7eV$），故金刚石是绝缘体，如图 2-5 所示。

层状结构的石墨中，层上的每个 C 都以 sp^2 杂化轨道与 3 个邻近的 C 成键，每个 CC_3 基团包含 3 个 σ 轨道和 3 个 σ* 轨道，且每个 C 上尚有一个未参与 sp^2 杂化的 p 轨道，4 个 p 原子轨道并肩形成 4 个 π 型分子轨道，其中一个 π、一个 π*、二个 $π^0$（非键）。组成 CC_3 的 10 个电子填满 σ 和 π 轨道，并使 π 轨道半满。于是石墨中就有了部分填满的导带，为它的金属特征提供了解释。

(9) 能带结构与半导体性能

如上所述，在金刚石型结构的晶体中形成 [XX_4] 基团的共价键越弱，则 σ 满带和 σ* 空带间的禁带越窄，较高能量的激发条件就会使满带上的电子向空带跃迁，该晶体即会产生电导性。但这种激发跃迁比同一导带内不同能级间的激发跃迁要求条件要高，该晶体电阻率一定较大，故只能是半导体。所以与金刚石不同，硅、锗、锡等晶体都具有典型的半导体性能。当然，它们的禁带宽度比导体仍大得多，所以硅、锗等纯物质的电导率相当小，如将适当的物质作为杂质掺入，有时杂质的局部能级恰好处于禁带的位置，从而改变了半导体性能。这种掺杂的情况与晶体中存在的晶格缺陷极为相似，而晶体表面则正是缺陷所在之处，故上述观点也有效地解释了半导体表面的电子能级和因长程有序被部分破坏的非晶体材料的半导体性能。

2.1.2 稀土离子电子结构图的构筑

稀土掺杂发光材料的发光性能，包括激发和发射谱的峰位、发光热稳定性、闪烁性能以及长余辉性能等，这些主要取决于稀土离子相对于基质材料导带底和价带顶的电子能级结构[1-3]。第 1 章中提到的 Dieke 图（图 1-3）给出了自由三价稀土离子能级的相对位置[4-5]。2003 年，Dorenbos 在 Dieke 图的基础上，结合光谱数据和稀土离子电子结构信息构筑电子结构图，给出了二价、三价稀土离子的 4f、5d 各能级相对于基质化合物导带底和价带顶的能量位置以及它们相对于真空的能量位置，此图称为 HRBE 图和 VRBE 图[6-8]。HRBE 图假定基质化合物价带顶的能量为 0eV，能够提供二价、三价稀土离子的 4f、5d 能级和基质化合物导带底的相对能量位置。VRBE 图则是在 HRBE 图的基础上，通过化学位移模型得到稀土离子 4f 和 5d 能级以及基质的价带顶和导带底相对于真空（0eV）的绝对能量位置。因此，电子结构图不仅可以预测十四种稀土离子的能级结构[9]、预测材料导带底和价带顶相对于真空的能量位置和预测稀土离子在材料中的价态[10-11]，而且能够为理解、预测、设计和调控发光材料的性能提供重要的科学依据[3]。

图 2-6 为商业黄光荧光粉 $Y_3Al_5O_{12}:Ce^{3+}$ 的 HRBE 图和 VRBE 图[12]。图中双"之"字形曲线①和③分别连接二价稀土离子 Ln^{2+} 和三价稀土离子 Ln^{3+} 的 4f 基态电子能量；曲线②和④分别连接 Ln^{2+} 和 Ln^{3+} 的最低 5d 激发态电子的能量。大量的理论和实验证明，在所有的无机化合物中，HRBE 图中四条曲线的形状几乎不变[6,9,13]。基于自由二价和三价稀土离子的电离能数据，使用化学位移模型、镧系收缩模型以及大量的实验数据进行修正。

2017 年,Dorenbos 给出了 $\Delta E_{vf}(Ln^{2+})$(Ln^{2+} 和 Eu^{2+} 的 4f 基态能级的能量差)以及 $\Delta E_{vf}(Ln^{3+})$(Ln^{3+} 和 Eu^{3+} 的 4f 基态能级的能量差),如表 2-1 所示。Ln^{2+} 和 Eu^{2+} 的 5d 能级的能量差 $\Delta E_{vd}(Ln^{2+})$ 可以由以下公式得到:

$$\Delta E_{vd}(Ln^{2+})=\Delta E_{vf}(Ln^{2+})+\Delta E_{fd}(Ln^{2+},free)-\Delta E_{fd}(Eu^{2+},free) \quad (2-5)$$

式中,$\Delta E_{fd}(Ln^{2+},free)$ 为自由稀土离子 f-d 跃迁所需能量;$\Delta E_{fd}(Eu^{2+},free)$ 为自由离子 Eu^{2+} f-d 跃迁所需能量。使用同样的方法可以得到 $\Delta E_{vd}(Ln^{3+})$(Ln^{3+} 和 Eu^{3+} 的 5d 能级的能量差),具体数值列于表 2-1 中 [9]。

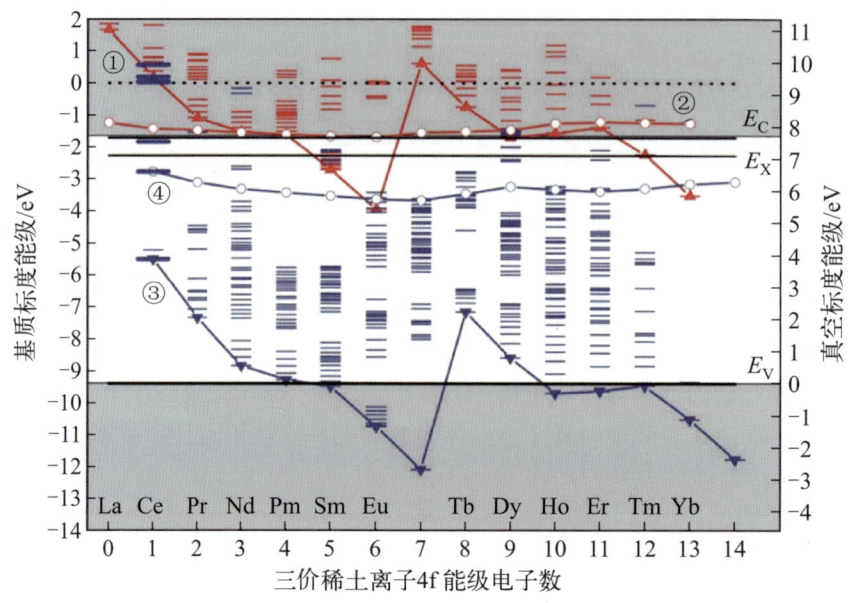

图 2-6　$Y_3Al_5O_{12}$:Ce^{3+} 的 HRBE 图和 VRBE 图 [12]

如图 2-6 所示,HRBE 图的构筑主要基于 3 个参数:①基质化合物导带底和价带顶之间的能量差,即带隙能量 E_g;② Ln^{2+} 的 4f 基态相对于基质价带顶的能级位置;③ Eu^{2+} 和 Eu^{3+} 基态 4f 电子的能量差 $U(6,A)$ [12]。基质带隙 E_g 可以由激子能量 E^{ex} 得到,根据经验公式:

$$E_g(A)=1.08E^{ex}(A) \quad (2-6)$$

式中,激子能量 E^{ex} 可以通过紫外-可见漫反射或真空紫外激发光谱得到 [14-15]。Ln^{2+} 的 4f 基态相对于基质带隙的能级位置,目前主要有两种获得途径:一是通过激发使电子直接从价带进入 Ln^{3+} 的 4f 壳层,使 Ln^{3+} 变为 Ln^{2+},即电荷迁移(charge transfer)。Ln^{3+} 的电荷迁移带(charge transfer band)峰位对应的能量即为价带顶和 Ln^{2+} 的 4f 基态能级之间的能量差 [6,16];二是通过光子激发 Ln^{2+},使电子从 4f 基态直接进入导带,并检测光电流强度。相应峰位对应的能量即为 Ln^{2+} 的 4f 基态能级和导带底的能量差。其中,Eu^{2+} 和 Eu^{3+} 基态 4f 电子的能量差 $U(6,A)$ 也被称为 4f 电子间库仑排斥能 [17]。由于 $U(6,A)$ 与 Ce^{3+} 的 5d 能级质心移动 $\varepsilon_c(1,3+,A)$ 都取决于晶格中稀土离子周围的配位环境,2013 年 Dorenbos 在大量实验数据的基础上提出使用 $\varepsilon_c(1,3+,A)$ 计算 $U(6,A)$ 的经验公式 [15,18]:

$$U(6,A) = 5.44 + 2.834e^{-\varepsilon_c(1,3+,A)/2.2} \tag{2-7}$$

当 Ln^{2+} 和 Ln^{3+} 的 4f 基态能级位置确定后，通过光谱数据，可以容易地得到其最低 5d 激发态电子的能级位置，完整地绘制出 HRBE 图。

表 2-1 电子结构图曲线形状参数表

Ln	ΔE_{vf} (Ln^{2+})	ΔE_{fd} (Ln^{2+}, free)	ΔE_{vd} (Ln^{2+})	ΔE_{vf} (Ln^{3+})	ΔE_{fd} (Ln^{3+}, free)	ΔE_{vd} (Ln^{3+})
La	5.61	−0.94	0.45	—	—	—
Ce	4.13	0.38	0.29	5.24	6.12	0.86
Pr	2.87	1.59	0.24	3.39	7.63	0.52
Nd	2.52	1.87	0.17	1.9	8.92	0.32
Pm	2.34	1.96	0.08	1.46	9.24	0.2
Sm	1.25	3	0.03	1.27	9.34	0.11
Eu	0	4.22	0	0	10.5	0
Gd	4.56	−0.2	0.14	−1.34	11.8	−0.04
Tb	3.21	1.19	0.18	3.57	7.78	0.85
Dy	2.27	2.17	0.22	2.15	9.25	0.9
Ho	2	2.25	0.03	1.05	10.1	0.65
Er	2.58	2.12	0.48	1.12	9.86	0.48
Tm	1.72	2.95	0.45	1.28	9.75	0.53
Yb	0.43	4.22	0.43	0.236	10.89	0.626
Lu	—	—	—	−1.01	12.26	0.75

目前，探测真空环境中稀土离子电子在基质化合物中电离能的实验方法非常有限，主要依靠 XPS（X 射线光电子能谱）和 BIS（轫致辐射等色光谱）等光电子能谱技术，且使用该技术探测表面附近的结合能需要超高真空环境。为了简便地得到稀土掺杂化合物的 VRBE 数据，Dorenbos 建立了化学位移模型。考虑 Eu^{2+} 的 4f 电子和周围化学环境的交互作用，假设周围电荷平均分布，得到化学位移值 $E_{4f}(7, 2+, A)$，即在化合物 A 中 Eu^{2+} 的 4f 电子电离能，与 $U(6, A)$ 的关系公式[10,19]：

$$E_{4f}(7,2+,A) = -24.92 + \frac{18.05 - U(6,A)}{0.777 - 0.0353U(6,A)} \tag{2-8}$$

由于各镧系离子之间 4f 以及 5d 能级的相对能量在化合物中保持不变，所以根据化合物中 Eu^{2+} 4f 电子电离能可以得到该化合物中所有二价和三价镧系离子的 4f 以及 5d 电子的电离能，完整地绘制出 VRBE 图。

2.1.3 HRBE 和 VRBE 电子结构图的应用

（1）稀土离子能级结构的预测

如前所述，无机化合物的 HRBE 图中四条曲线的走势几乎不变。2017 年，Dorenbos 基于自由二价和三价稀土离子的电离能数据，使用化学位移模型、镧系收缩模型以及大量的实验数据进行修正，给出了电子能级结构图中曲线形状的相关参数，如表 2-1 所示。因此，在化合物中，只要得到任何一种稀土离子的能级结构信息，根据曲线形状参数，可以直接预测其他 13 种稀土离子在该化合物中的能级结构。

（2）稀土离子稳定价态的预测

稀土离子在化合物中的稳定价态与稀土离子基态能量和无机化合物费米能的相对大小密切相关。Dorenbos 假定费米能（E_f）位于导带底和价带顶的中间位置，如图 2-7 所示。进一步假设少量稀土掺杂几乎不影响化合物的费米能，则低于费米能的能级应被占据，而高于费米能的能级应被闲置，即稀土离子价态取决于 Ln^{2+} 4f 基态电子电离能和费米能级的能量差 $E_{Ff} = E_{4f}(Ln^{2+}) - E_f$。若化合物中 $E_{Ff} < 0$，则稀土离子倾向于以二价态存在；若 $E_{Ff} > 0$，则稀土离子倾向于以三价态存在。例如，在图 2-7 所示的 $CaGa_2S_4$ 中，Eu 和 Yb 的 $E_{Ff} < 0$，则其倾向于以二价态进入化合物。其余稀土离子 $E_{Ff} > 0$，故倾向于以三价态稳定存在于化合物中。

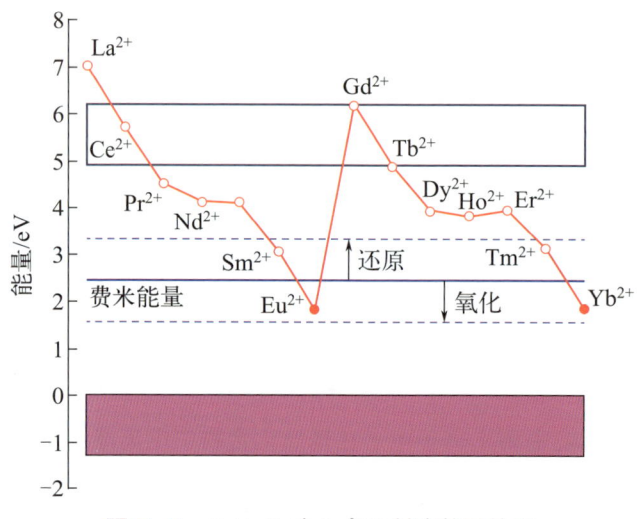

图 2-7 $CaGa_2S_4$ 中 Ln^{2+}4f 基态能量位置

虚线代表氧化或还原下的费米能量[11]

（3）稀土离子发光热猝灭特性的研究

发光热猝灭是发光材料的一个重要特性，在实际光电子器件应用中起着关键作用[20]。目前，研究者主要采用位形坐标模型和热离化模型理解稀土发光材料的发光热稳定性能。在热离化模型中，高温下 5d 电子可被激活进入导带成为离化电子。热离化电子非定域化，并在整个晶体中自由移动，这极大地增加了其被陷阱以及发光猝灭中心捕获的概率，使其以非辐射跃迁的形式释放激发能量从而导致发光猝灭[21-22]。另一方面，被陷阱捕获的电子也可能被热激发到导带，从而重新回到发光中心产生余辉发光。因此，发光热稳定性和 Ce^{3+}/Eu^{2+} 激发态 5d 电子到导带底的能量差密切相关。5d 电子到导带底的能量差越小，越容易离化到导带，发光热稳定性越差。电子能级结构图可以提供 5d 电子和导带底的相对能量位置，因而可以帮助理解分析以及设计调控材料的发光热稳定性[23]。刘泉林等借助电子能级结构图，采用热离化模型阐明了窄带红光荧光粉 $SrLiAl_3N_4:Eu^{2+}$ 的发光热猝灭温度高于

同结构类型化合物 $SrMg_2Al_2N_4:Eu^{2+}$ 和 $SrMg_3SiN_4:Eu^{2+}$ 的原因。HRBE/VRBE 能级图可以清晰地解释这一实验现象的物理机制，与 $SrLiAl_3N_4$ 相比，$SrMg_2Al_2N_4$ 和 $SrMg_3SiN_4$ 中 Eu^{2+} 的最低 5d 能级更接近导带边缘，容易引起 Eu^{2+} 的发光热猝灭，致使其室温发光效率和热稳定性能低于 $SrLiAl_3N_4:Eu^{2+}$[23]。Ueda 等通过稳态激发、发射光谱和变温光电流激发光谱证实了钇铝镓石榴石固溶体 $Y_3Al_{5-x}Ga_xO_{12}:Ce(x=0\sim5)$ 的热猝灭机理为 5d 激发态电子热离化到导带以非辐射跃迁形式释放，如图 2-8 所示[24]。

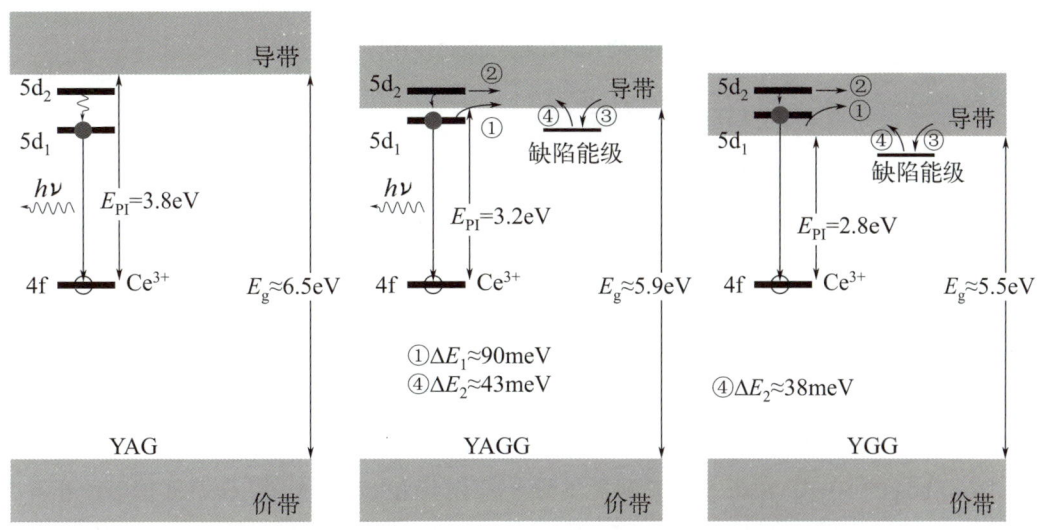

图 2-8 YAG、YAGG 和 YGG 的带隙及 Ce^{3+} 能级图[24]

（4）长余辉发光材料性能的调控

长余辉发光材料在激发光源关闭后，依然可以持续发光，其发光性能通常与缺陷有关，缺陷能级的深度对长余辉发光材料的长余辉性能起决定性作用。根据 Dorenbos 模型，共掺 Ln^{3+} 可以在材料中引入缺陷，从而调节长余辉性能。在余辉激励过程中，Ln^{3+} 作为陷阱捕获电子形成 Ln^{2+}，因此 Ln^{3+} 引入的陷阱深度对应于 $Ln^{2+}4f$ 电子的电离能，即为 HRBE 图中 $Ln^{2+}4f$ 基态能级与导带底的能量差。因此，HRBE 图和 VRBE 图不仅为分析材料的长余辉机理提供依据，还同时提供两种调控长余辉发光材料性能的途径，分别称为能带工程和缺陷工程。能带工程即通过阴/阳离子取代的方式，改变基质材料的带隙，从而改善其长余辉性能。缺陷工程即通过选择合适的稀土掺杂离子，调控陷阱能级与基质带隙能级结构的相对位置，调节其长余辉性能[25-30]。

（5）闪烁材料的性能调控

闪烁材料是指能吸收高能粒子或射线发出可见光子的一种特殊发光材料。无机闪烁材料广泛应用于电离辐射探测领域[31-32]。为了最大程度消除能量累积造成的重影，闪烁材料要求具有较快的衰减时间[33-34]。材料中缺陷的存在会延长其衰减时间，因此，可以利用电子能级结构图，调节材料带隙和缺陷能级之间的相对能量，设计调控闪烁材料的性能。Fasoli 等通过 Ga 共掺降低 $Lu_3Al_5O_{12}:Ce(LuAG:Ce)$ 导带底能量，使得缺陷能级深入在导带中，从而提高了 $Lu_3(Al,Ga)_5O_{12}:Ce(LuGaAG:Ce)$ 的闪烁性能，如图 2-9 所示[35]。

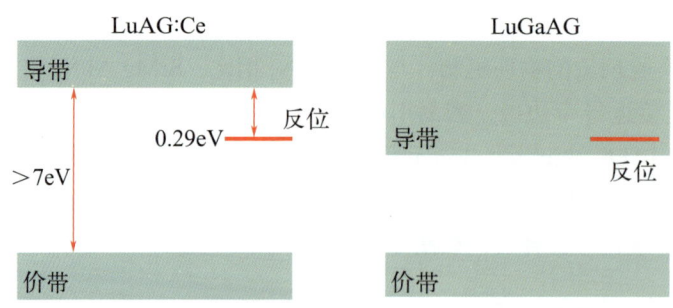

图 2-9　Ce 掺杂 LuAG 和 LuGaAG 带隙变化图[35]

2.1.4　稀土离子能级对基质能带的依赖性

从大量的光谱实验结果可以知道，任何一个稀土离子的 $^{2S+1}L_J$ 能级在不同的晶体中位置是不同的。产生这种现象的原因是很复杂的，一般将它归结为晶体间结构和组成的差别。到现在为止，人们还不能用理论方法来预测一个新晶体中稀土离子能级的确切位置，只能通过光谱的实验结果来确定。然而，在光谱中直接观测到的能级是 Stark 能级，它们是 $^{2S+1}L_J$ 能级被晶体场作用后产生的子能级。由于仪器的精度，在实验上完整地测出每个 $^{2S+1}L_J$ 能级的 Stark 能级是非常困难的，如果 Stark 能级不完整，$^{2S+1}L_J$ 能级重心也不能从实验结果中确定，这使得光谱的研究和分析很不方便。因此，在理论上给出一种方法确定 $^{2S+1}L_J$ 能级位置是非常重要的。

Dorenbos 的 HRBE 图和 VRBE 图提供稀土离子 4f 和 5d 能级，以及基质价带顶和导带底相对于真空（0eV）的能量信息，这使得所有基质化合物处在价带顶和导带底的电子能量具有可比性。电子结构图不仅可以预测十四种稀土离子的能级结构、材料带隙结构和稀土离子价态，而且可以帮助我们通过调节镧系离子基态、激发态能级和基质晶格价带、导带的相对位置，改善稀土掺杂无机发光材料的发光性能。由于不同无机化合物中稀土离子 4f 基态电子能量相对于真空几乎不变，通过对比不同化合物的 VRBE 图（图 2-10），我们可以得到不同化合物价带顶和导带底电子能量随其化学组分和结构的变化规律，从而用于分析和预测化合物的电子结构和性能，同时帮助设计满足应用需求的新型发光材料[36]。

由于 5s、5p 壳层的屏蔽，f^N 和 f^{N+1} 组态的基态能级基本不随晶体结构的不同而改变。而 5d 轨道和配体之间的相互作用很强，基质对其能级位置的影响很大，可以使 5d 轨道的能级重心移动产生 Stark 能级等，这些变化直接影响稀土离子的发光性能。目前关于带隙宽度与稀土离子能级位置构效关系的研究，都是对已有荧光粉发光性能和带隙宽度统计得出的经验性推断，还未能实现新基质材料中稀土离子激发、发射波长的精准预测。如 Wang 等采用密度泛函对窄带红光发射荧光粉的电子结构研究，发现采用 PBE 泛函和 HSE 杂化泛函计算获得红色发光荧光粉的带隙宽度值 E_g 需分别在 2.42～3.58eV 和 3.68～4.76eV 范围内，且窄带红光发射 Eu^{2+} 激活荧光粉的 4f 电子结构特征需满足 $\Delta E_s > 0.1eV$[37]，如图 2-11 所示。

Smet 等基于 Dorenbos 模型及 $M_2Si_5N_8$:Eu 体系荧光粉的吸收和发射能量、斯托克斯位移、热猝灭温度和基质的光学带隙构建了能级方案，如图 2-12 所示[38]。由于 5d 激发带的重叠，较高的 5d 激发态能级确切位置很难确定，导致其能级位置存在一些不确定性。可以看出，最低 5d 能级热激活到导带所需要的热激活能为 Ca < Ba < Sr，所以 $Ca_2Si_5N_8$ 中 Eu^{2+}5d 电子更容易热激发到导带，具有较差的发光热稳定性和较好的余辉性能，$Sr_2Si_5N_8$ 则与之相反。

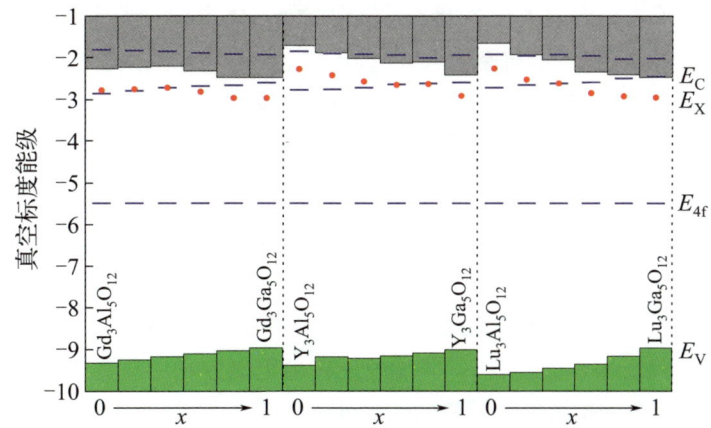

图 2-10　$RE_3(Al_{1-x}Ga_x)_5O_{12}$ 石榴石化合物 VRBE 堆垛图[36]

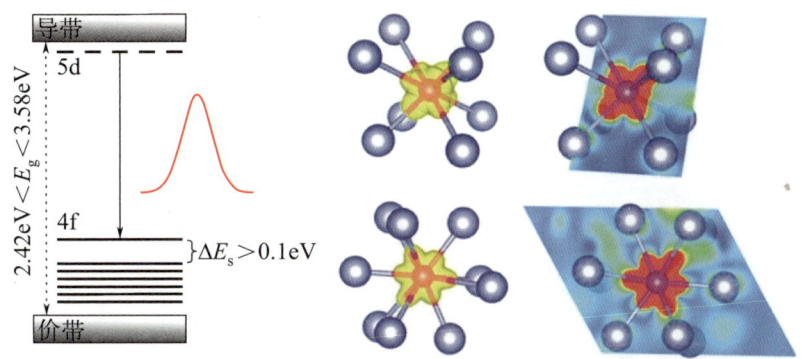

图 2-11　发射带宽与 Eu^{2+} 4f 带能级关系及最高 4f 能级的部分电荷密度[37]

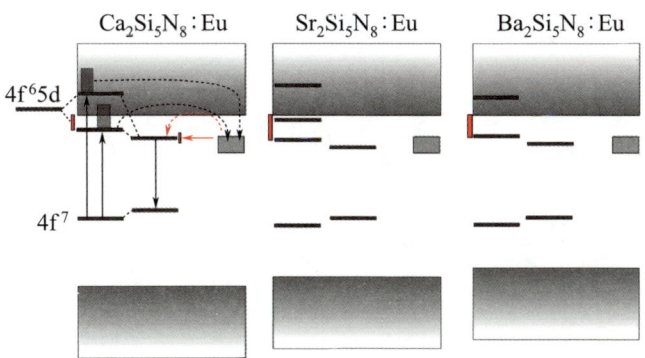

图 2-12　$M_2Si_5N_8$：Eu(M=Ca,Sr,Ba) 的电子能级结构图[38]

2.1.5　电荷迁移带对基质能带的依赖性

电荷迁移过程是化合物中离子和离子之间经常发生的物理化学过程，电荷可以由金属离子迁移到阴离子配体，也可以由配体迁移到金属离子，迁移后体系中的离子电荷有了新的分布，状态也相应发生改变。比如，配体的一个电子迁移到金属离子上，金属离子的化合价将降低，化合物的价带也因为失去一个电子而出现空穴，体系相对于原来的状态发生了变化。若假设化合物中金属离子原来的价态为 A^{n+}，则迁移上一个电子后的价态应为 $A^{(n-1)+}$。

稀土离子的电荷迁移带是一种宽带谱，比 f-d 跃迁的光谱更宽，通常在吸收光谱和激发光谱中能够发现电荷迁移带的吸收或激发峰。Dorenbos 从光谱中总结了近 200 种化合物中 Eu^{3+} 离子电荷迁移带的能级位置，探讨了电荷转移能量与带隙能量之间的关系[39]。激子态能级的能量位置决定了材料的带隙大小。带隙越大，激子态能级的能量就越高，光子激发激子的能量就越大。稀土离子的电荷迁移带与其他的光谱性质一样受到晶体结构和组成的影响。很多实验发现，同一稀土离子在不同的晶体中电荷迁移带的位置变化很大，比如 Eu^{3+} 在氟化物中电荷迁移带的位置为 7~8eV，在稀土氧化物中则为 3~4eV，实验结果清楚地表明了电荷迁移带的位置对于基质的依赖性，如图 2-13 所示。

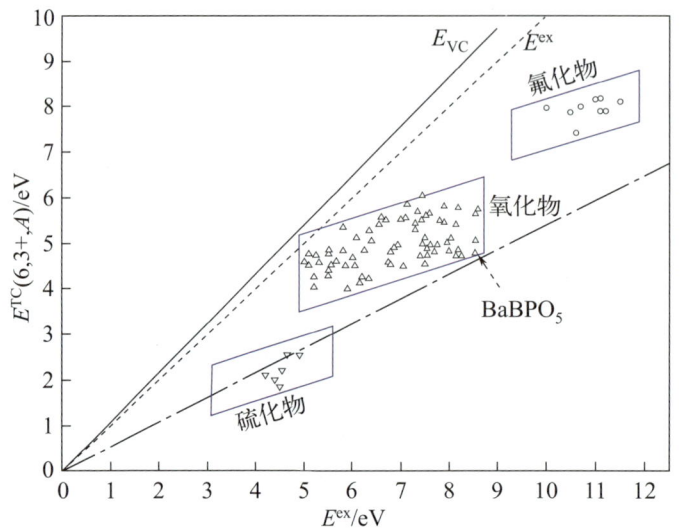

图 2-13　氟化物、氧化物和硫化物中激子能量与电荷迁移带能量相对位置图[39]

晶体环境如何影响电荷迁移带的位置，电荷迁移带与晶体环境的哪些因素有关，经过研究发现，主要的依赖因素是稀土离子的配位数、稀土离子与配体的共价性、化学键体积的极化率和配体在化学键中的呈现电荷，这些因素形成一个环境因子，与电荷迁移带的位置存在一定的规律性。张思远在稀土离子的光谱学中定义，环境影响因子[40]

$$h = \left[\sum_i \alpha(i) f_c(i) Z(i)^2 \right]^{1/2} \tag{2-9}$$

式中，$\alpha(i)$ 为第 i 个化学键体积的极化率；$f_c(i)$ 为中心离子和第 i 个配体间化学键的共价性；$Z(i)$ 为第 i 个配体与中心离子形成化学键时所呈现的电荷；$\sum$ 为阳离子周围的所有配体的求和。

据此，研究者还对电荷迁移带对基质依赖性的机理进行分析。所谓电荷迁移态，是指在激发过程中电子从一个离子转移到另一个离子的电荷转移过程。在一般情况下，指的是电子从周围配位的阴离子迁移到发光中心的稀土离子上，此后体系的稀土离子和价带空穴共同形成的状态称为电荷迁移态（CTS）。电荷迁移态电子跃迁的可能性依赖于 f 开壳层的填充程度和稀土离子对电子的吸引能力，并遵循整个镧系元素的 2 价 /3 价氧化还原电位的变化规律和符合 2 价态的稳定能变化。其中 $Eu^{3+}(4f^6)$ 和 $Yb^{3+}(4f^{13})$ 较容易得到一个电子成为半满或全满的组态。另外，电荷迁移态的能量与配体的电负性及配体和金属离子之间的距离都密切相关[40]。

图 2-14 为 Eu^{3+} 的电荷迁移带。电荷迁移带的初始状态是基质的价带，末态是二价镧系离子的基态能级。图中 E_{CT} 是晶体中 Eu^{3+} 的电荷迁移能。由于离子的 4f 能级受外界环境影响较小，可以认为在晶体中 $4f^N$ 能级位置几乎是不变的，而稀土离子的 5d 电子处于外层电子轨道，环境因素对它的影响比 f 电子强烈很多。稀土离子的 5d 能级位置与基质的导带形成密切相关，在不同的晶体中，稀土离子的 5d 能级重心位置将发生改变，这种改变将影响到离子配体形成的最高占据轨道和最低未占据轨道。电荷迁移能是由价带的最高占据轨道到二价镧系离子的基态能级的能量差，由于不同晶体中二价镧系离子的基态能级基本是不变的，而 5d 电子能级则因为在不同晶体中与配体的化学键性质的差异，5d 能级重心和晶体场能级的位置都将发生不同的变化，从而导致了不同晶体中的 Eu^{3+} 电荷迁移能的差别。

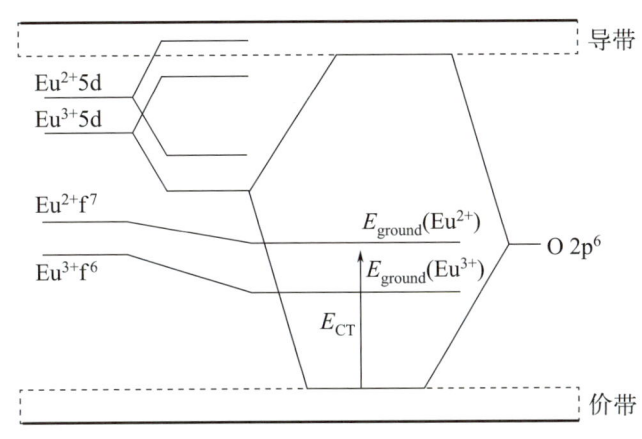

图 2-14　电荷迁移带及能带

2.2　固体材料的结晶学基础与稀土离子占位

晶体结构与性能的关系是材料科学领域的一个重要基础理论研究课题，稀土发光材料的研究也不例外。材料的性能受其晶体结构的影响，如果不理解晶体结构与其性能间的构效关系，就很难更好地提出新的研究课题，包括创制新材料、提出新理论和发展新应用。在材料组成、晶体结构与性能三者的关系中，结构上承组成，下启性能。因此，晶体结构是关键因素，它将各因素结合成一个物性整体。自然界中的许多物质都具有结晶的构造，它们通常由许多小的单晶体即晶粒聚集而成。晶体几何学认为，晶体中原子按照一定规则周期性地排列，形成空间点阵，点阵排列方式决定了晶胞类型，晶胞则是晶体的基本单元。本节将简要介绍晶体几何学知识，简单讨论晶体的基本类型及其对稀土离子占位的影响。

2.2.1　晶体结构与空间点阵

材料的宏观物理性质、化学性质取决于构成材料的元素种类，更取决于这些组成元素的原子以何种质点形态（原子、离子、分子或它们的基团）及何种方式排列于材料之中。质点在固体中的空间排列方式称为晶体结构，晶体结构的最大特点在于其周期性，即构成晶体的质点在三维空间做周期性的重复排列。质点可以是原子，例如低温下的惰性气体；可以是离子，例如碱卤族化合物以及化合物半导体。如 20 世纪 90 年代发现的 C 晶体，其中每个质点都是由 60 个碳原子组成的笼状分子；这种组成基元也可以是它们的基团，例如硅、锗中的质点就可看作是两个原子构成的基团。然而，尽管这些质点形态各异，但都可以先将它们抽象成一个点，这些点在空间的排列就代表相应的晶体结构。

晶体是由原子在三维空间中周期性排列而构成的固体物质。晶体物质在空间分布的这种周期性，可用空间点阵结点的分布规律来表示。按照晶体对称性进行分类，可分成七个晶系，包括了所有类型的晶体，14 种布拉维点阵，如图 2-15 所示。

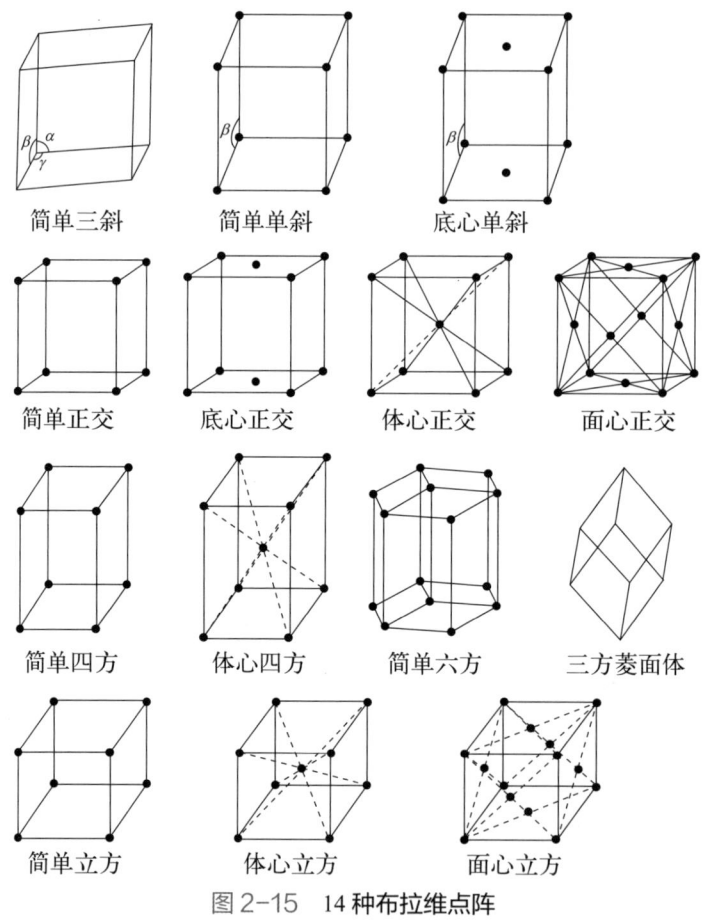

图 2-15　14 种布拉维点阵

（1）点阵和晶体的关系

晶体是具体的客观存在，而点阵是抽象的概念。离子、原子或分子按点阵结构排布的物质就叫作晶体。点阵中阵点是抽象的，而晶体中点阵结构上的点是具体的微粒（即离子、原子或分子）。点阵划分的最小单位，即单元平行六面体，在晶体结构中就称作晶胞。点阵划分最小单位有素单位、复单位之分，晶胞也有素晶胞和复晶胞之别。晶胞是组成晶体的最小单位，或者说是晶体结构中的最小单位。只要充分掌握晶胞中离子、原子或分子的分布情况，也就知道晶体中所有离子、原子和分子分布的情况，从而了解晶体的内部结构。空间点阵可以从各个方向划分成许多组平面点阵。表 2-2 列出了晶体与点阵的对应关系。

表 2-2　晶体与点阵的对应关系

空间点阵(无限)	空间格子	阵点	点阵单位	平面点阵	直线点阵	点阵参数	抽象的
晶体(有限)	晶格	单元	晶胞	晶面	晶棱	晶胞参数	具体的

(2) 晶体结构确定与解析

物质种类及其结构千差万别，即使同种物质，如果制备或加工过程不同，其晶体结构也存在较大差别。根据 X 射线的衍射理论，利用实测衍射谱线的位置及强度，可以分析和计算测试样晶体结构参数。这是因为，晶体可看成由平行的原子面组成，晶体衍射线则是原子面的衍射叠加效应，也可视为原子面对 X 射线的反射，导致不同晶体结构具有不同的衍射图谱，这也是导出布拉格方程的基础。XRD 图谱也因此被称为无机化合物的指纹谱。

考虑同一晶面组二层原子的散射线叠加条件，图 2-16 中假设一束平行单色 X 射线，以 θ 角分别入射到晶面 AA 和 BB 原子层的 M_2 与 M_1 位置上，在对称侧 R_1R_2 部位可观察到散射线强度。如果入射线在 L_1L_2 位置的周相相同，若要使经晶面散射并到达 R_1R_2 后的周相也相同，就要求路程 $L_1M_1R_1$ 与 $L_2M_2R_2$ 之差等于 X 射线波长的整数倍。由此得出布拉格方程：

$$2d\sin\theta = n\lambda$$

式中，d 为晶面间距；θ 为入射线（反射线）与晶面之夹角，即布拉格角；n 为整数即反射的级数；λ 为辐射线波长。入射线与衍射线之间的夹角则为 2θ。布拉格方程的表达形式简单，能够说明 d、λ 及 θ 三个参数之间的基本关系，因而应用非常广泛。在实际应用中，如果知道其中的两个参数，就可通过布拉格方程求出其余的一个参数。

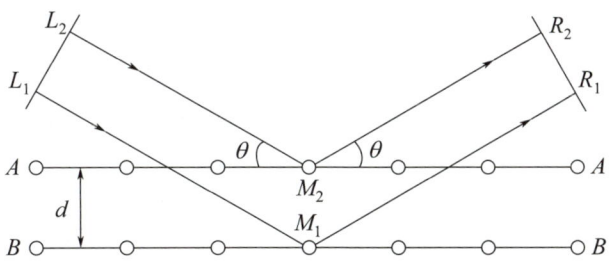

图 2-16　两层原子的 X 射线反射

利用 X 射线衍射方法研究物质的晶体结构，主要内容包括晶体结构类型、点阵参数、晶胞中原子数及其位置等。通过分析一系列衍射谱线的位置，并结合不同晶系的消光规律，可以判断出晶体结构的类型即晶系，同时也能确定衍射线的晶面指数，故又称为衍射线的指标化。采取一些降低测量误差的有效措施，可精确测得晶面间距并计算出点阵参数，这是研究晶体结构的重要环节。根据不同晶面衍射强度之间的关系，可以确定晶胞中原子数、原子排列以及异类原子在晶胞中位置等结构参数，称为晶体结构模型分析。详细的晶体结构解析方法将在 2.6 节介绍。

2.2.2 晶体场理论

晶体场理论（crystal field theory，CFT）的基本思想是由汉斯·贝特和约翰·哈斯布鲁克·范·弗莱克于20世纪30年代提出的。这一理论当时能够定性地理解过渡金属盐的颜色和磁性质。原始理论具有两条主要推理线索。首先，利用群论论证来预测由于晶体中对称性降低而导致简并态分裂。其次，通过点电荷模型对对称性受限的晶体场相互作用进行参数化，可以计算分裂能。在这个模型中，晶体的原子，或更具体地说是第一配位层中的阴离子，被建模为点电荷。后来，人们建立了更先进的参数化方案，例如配位场理论（ligand field theory，LFT），从现代的量子化学角度来看，CFT可以被视为从基质晶格和核心电子的中心场源出发，对荧光中心的相关d或f价电子进行最小的多构型描述。CFT所基于的对称性分析以及提供关于分裂、简并和能级数量的信息对于构建和分析目标量子化学计算本身是有用的。

与自由原子的离散能量不同，固体中的可用能级形成能带，其中的每个原子都受到周期性排列的势阱影响。电子的薛定谔方程的解表明，电子的允许能量仅存在于"允许区"，每个区之间有一个能隙。能带理论中的一个重要参数是费米能级，它是绝对零度时最高能量的占据电子轨道。对于半导体和绝缘体，费米能级下方的能级被完全填满，称为价带。费米能级上方的能级完全为空，称为导带。当给予价电子足够的能量以越过能隙 E_g 达到导带时，光吸收可能发生。通常，光吸收仅发生在频率高于 E_g/h（h 是普朗克常量）的情况下。然而，每当晶格缺陷发生或晶格中存在杂质时，晶体结构的周期性被破坏，电子有可能在能隙中具有能量。也就是说，材料中的结构缺陷或杂质的引入可能导致晶格扭曲，形成能隙内的局部能级。引入的能级可以是离散的或连续分布的，具体取决于缺陷和基质晶格的性质。用于处理光谱学的基本理论已在半经验的框架中发展，试图识别在激活剂离子的电子系统中起作用的有效相互作用，以重现观察到的光谱结果。对于荧光粉中的激活剂离子，哈密顿量可以写成[41-42]：

$$H = H_{FI} + H_{CF}$$

式中，自由离子哈密顿量 H_{FI} 描述了激活剂独立于固体其余部分的情况。H_{FI} 的本征态为 $^{2S+1}L_J$。晶体场哈密顿量 H_{CF} 描述了激活剂受到平均静态环境的影响。对于掺杂离子，H_{CF} 是其晶体场哈密顿量。

讨论能级的一个很好的例子是荧光粉中稀土离子的 $4f^N$（$N=1\sim13$）构型。对于 $4f^N$ 构型，由于电子的 $5s^2$ 和 $5p^6$ 外层壳层的屏蔽作用，H_{CF} 相对较弱。因此，我们首先考虑自由离子哈密顿量 H_{FI}，然后通过微扰理论考虑晶体场哈密顿量 H_{CF}。$4f^N$ 构型状态的自由离子哈密顿量可以写成：

$$H_{FI} = H_0 + H_C + H_{SO} + H_{others}$$

式中，H_0 描述了离子核与光学活跃电子的相互作用，该项表示了基态与 $4f^N$ 构型重心之间的能量差异；H_C 描述了 4f 电子之间的库仑相互作用，导致 $4f^N$ 构型状态分裂为具有不同能量的多个状态。每个状态都由总自旋角动量（S）和轨道角动量（L）的特定数值来表征。H_C 的表达式为：

$$H_C = \sum_{k=2,4,6} F^k f_k$$

式中，F^k 为 Slater 径向积分；f_k 为静电相互作用波函数的角度部分。H_{SO} 描述了自旋轨道耦合，即电子自旋磁矩与其轨道磁矩的相互作用。H_{SO} 可以写为：

$$H_{SO} = \sum_i \xi(r_i) S_i l_i$$

式中，r_i 为径向坐标；S_i 为第 i 个 4f 电子的自旋；l_i 为轨道角动量；$\xi(r_i)$ 为自旋轨道耦合参数。H_{SO} 将每个 LS 项分裂为多个状态，每个状态由量子数 SLJ（J 是总角动量，范围从 $L-S$ 到 $L+S$）来表征。在实际中，H_{SO} 混合了相同 J 但不同 LS 项的状态。中间耦合本征态可以用 Russell-Saunders 基态（$|\alpha SLJ\rangle$）来表示：

$$\left|[\alpha'S'L']J\right\rangle = \sum_{\alpha SL} C_{(\alpha SL)} \left|\alpha SLJ\right\rangle$$

系数 $C_{(\alpha SL)}$ 通常通过对 $H_C + H_{SO}$ 矩阵进行对角化来获得。$\alpha'S'L'$ 对应于最大贡献的 Russell-Saunders 态。能级示意图可能会给我们更直观的感觉。$4f^2$ 构型能级在 H_C 的作用下发生 LS 分裂，进一步在 H_{SO} 的作用下分裂成 SLJ 多重态。

H_{others} 描述了与更高构型的其他相互作用，包括双电子和三电子库仑相关贡献，以及更高阶的自旋相关效应。H_{others} 的效应通常较小，但在一些精确计算中非常重要。因此，$4f^N$ 构型状态的自由离子哈密顿量可能需要通过实验拟合。对于一个自由离子，每个 4f 能级是 $2J+1$ 重简并的，当稀土离子置于晶格中时，每个 4f 能级在环境产生的电场影响下进一步分裂（即晶体场效应）。换句话说，晶体场哈密顿量 H_{CF} 表示与晶格的非球形相互作用部分，导致自由离子能级的分裂。一些晶体场能级可能仍然是简并的，这取决于晶体场的对称性。H_{CF} 的表达式为：

$$H_{CF} = \sum_{kq} B_q^k C_q^{(k)}$$

式中，B_q^k 被视为经验参数；$C_q^{(k)}$ 为球张量算符。对于 $4f^N$ 构型，$k=2,4,6$，而 q 值取决于晶格中激活剂的位点对称性。Dieke 中 4f 态以 $^{2S+1}L_J$ 的形式标记，晶体场分裂的大小由垂直条的长度表示。Dieke 图可用于确定几乎任何荧光粉系统中三价稀土离子的可能跃迁通道。

讨论能级的另一个例子是来自 3d 系列的过渡金属离子，涉及以下构型：d^1（Ti^{3+}，V^{4+}）、d^2（V^{3+}，Cr^{4+}，Mn^{5+}，Fe^{6+}）、d^3（V^{2+}，Cr^{3+}，Mn^{4+}）、d^4（Mn^{3+}）、d^5（Mn^{2+}，Fe^{3+}）、d^7（Co^{2+}）和 d^8（Ni^{2+}）。对于 $3d^N$ 构型，晶体场效应比稀土离子大，因为 3d 电子对晶体环境非常敏感。此外，过渡金属离子的自旋轨道耦合通常较弱，因此自旋轨道耦合的影响相对于晶体场来说较小。因此，通常采用强场方案，首先考虑 3d 轨道受到周围离子静电场的影响。我们将过渡金属离子置于八面体对称的环境中来处理它们，这将使五重简并的 d 轨道分裂为一个二重简并的 e_g 态和一个三重简并的 t_{2g} 态。

对于过渡金属离子，自旋轨道相互作用比稀土离子要弱，因此，在过渡金属离子掺杂的荧光粉中，计算能级时通常忽略了 H_{SO}。然而，H_{SO} 相互作用可能会将 $S\Gamma$ 项分裂为多重态，对应于光谱测量中的尖锐线。Tanabe 等计算了八面体晶体场中的 $3d^N$ 构型，并将结果总结在 Tanabe-Sugano 图中，如图 2-17 所示[43]。

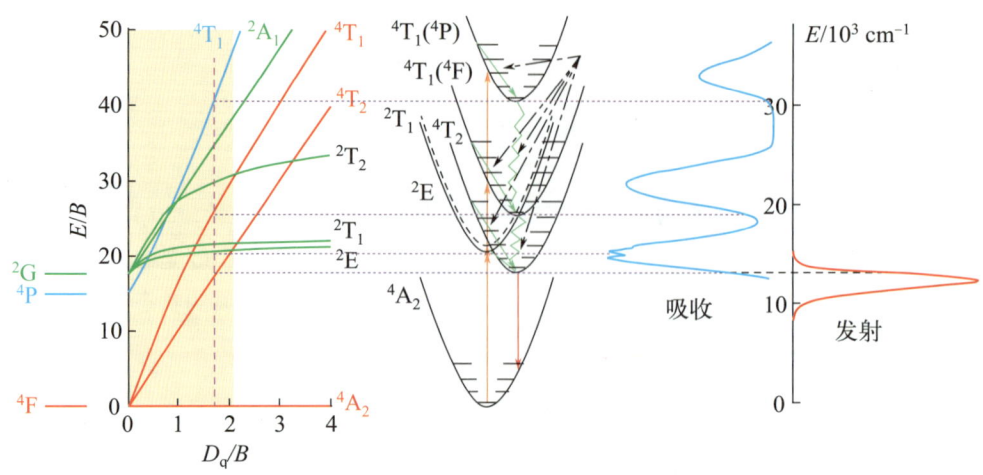

图 2-17　八面体晶体场中 $Cr^{3+} 3d^3$ 能级[43]

2.2.3　稀土离子 4f-5d 跃迁晶体场劈裂与格位占据构效关系

晶体场理论认为：中心阳离子对阴离子或偶极分子负端的静电吸引类似于离子晶体中的正、负离子之间的相互作用，着眼于中心原子的 d 轨道在各种对称性配体静电场中的变化，简明直观，方便结合实验数据进行定量或半定量的计算。由于在实际配合物中纯离子键或纯共价键都比较罕见，现代配合物结构理论兼有晶体场理论和分子轨道理论的优点，形成了配位场理论[44]。

晶体场理论认为，配合物中心原子处在配体所形成的静电场中，两者之间完全靠静电作用结合，类似于正负离子之间的作用。在晶体场影响下，五个简并的 d 轨道发生能级分裂，d 电子重新分布使配合物趋于稳定。d 原子轨道分为 d_{z^2}、d_{xy}、d_{yz}、d_{xz} 和 $d_{x^2-y^2}$ 五种，其空间取向各不相同。在一定对称性的配体静电场作用下，由于与配体的距离不同，d 轨道中的电子将不同程度地排斥配体的负电荷，d 轨道开始失去简并性而发生能级分裂。能级分裂与以下因素有关：金属离子的性质；金属的氧化态，高氧化态的分裂能较大；配合物立体构型，即配体在金属离子周围的分布；配体的性质。

最常见的配合物构型为八面体，中心原子位于八面体中心，而六个配体则沿着三个坐标轴的正、负方向接近中心原子。

先将球形场的能级记为 E_s。d_{z^2} 和 $d_{x^2-y^2}$ 轨道的电子云极大值方向正好与配体负电荷迎头相碰，排斥较大，因此能级升高较多，高于 E_s。d_{xy}、d_{yz} 和 d_{xz} 轨道的电子云则正好处在配体之间，排斥较小，因此能级升高较小，低于 E_s。

因而 d 轨道分裂为两组能级：①d_{z^2} 和 $d_{x^2-y^2}$ 轨道能量高于 E_s，记为 e_g 或 d_r 轨道；②d_{xy}、d_{yz} 和 d_{xz} 轨道能量低于 E_s，记为 t_{2g} 或 d_e 轨道。e_g 和 t_{2g} 来自群论的对称性符号。两组轨道之间的能级差为 Δ_0 或 $10D_q$，称为分裂能。量子力学指出，虽然晶体场对称性可能有变化，但受到微扰的 d 轨道的平均能量是不变的，等于 E_s 能级。选取 E_s 能级为计算零点，则有：

$$E_{e_g} - E_{t_{2g}} = 10D_q$$

$$2E_{e_g} - 3E_{t_{2g}} = 0 \tag{2-10}$$

解得：

$$E_{e_g} = 6D_q \tag{2-11}$$

$$E_{t_{2g}} = -4D_q \tag{2-12}$$

正八面体场中 d 轨道能级分裂的结果与 E_s 能级相比，e_g 轨道能量升高 $6D_q$，而 t_{2g} 轨道能量则降低了 $4D_q$。类似地可求出其他多面体场中的能级分裂结果，如图 2-18 所示。

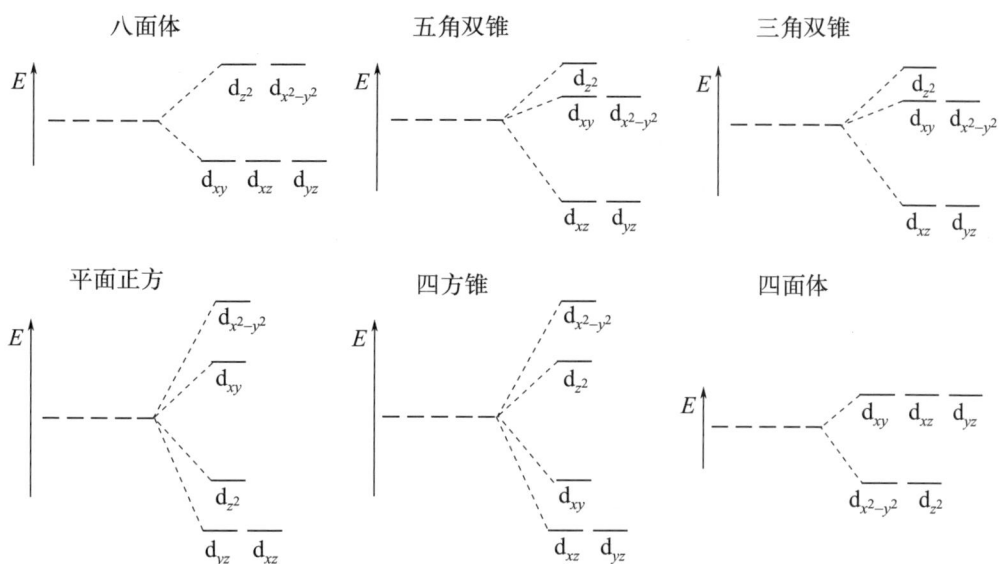

图 2-18　能级分裂图（该图仅为示意图，图中距离和能级的实际分布不完全一致）

分裂能（Δ）的大小既与配体有关，也与中心原子有关。中心原子一定时，分裂能随配体不同而改变，主要遵循以下的顺序：$I^- < Br^- < S^{2-} < SCN^- < Cl^- < NO_3^- < N^{3-} < F^- < OH^- < C_2O_4^{2-}$。由于分裂能值由光谱确定，故该顺序也称为光谱化学序列，用以表示配位场强度顺序。该顺序可用配位场理论来解释。配体一定时，Δ 随中心原子改变。同一元素中心原子电荷越大，Δ 值也越大。不同周期的中心原子，Δ 值随周期数增大而增大。Δ 值随配位原子半径减小而增大：$I < Br < Cl < S < F < O < N < C$。

Ce^{3+}/Eu^{2+} 掺杂无机发光材料的发光过程可以分为能量吸收、无辐射弛豫和辐射跃迁发光三个阶段：①当受到激发时，激活剂离子 Ce^{3+}/Eu^{2+} 吸收能量使得电子从 4f 基态跃迁至 5d 激发态；②由于 5d 电子和晶格声子发生耦合作用，部分激发能量以无辐射跃迁的形式散失，激发态弛豫到最低激发态；③弛豫后的 5d 激发态电子跃迁至 4f 基态发光。因此，荧光粉的激发能量取决于 Ce^{3+}/Eu^{2+} 激活剂离子的 4f 和 5d 能级之间的能量差。不同类型的基质对 5d 能级的影响不同，如图 2-19 所示[45-46]。

在基质材料中，由于共价键效应，电子间斥力减少，5d 能级会向低能方向移动，平均能量的下移称为质心移动。此外，根据激活剂离子占据的晶体格位的对称性，简并的 5d 能级最多可分裂为五个不同的 5d 态；晶体场劈裂 ε_{cfs} 则为最高 5d 能级和最低 5d 能级之间的能量差。质心移动和晶体场劈裂的整体效应导致 5d 和 4f 能级之间的能量差减小，直接决

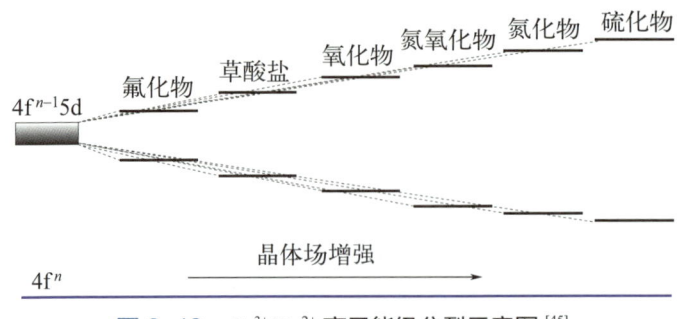

图 2-19　Ce^{3+}/Eu^{2+} 离子能级分裂示意图[45]

定了材料的激发光谱所处的位置和带宽。在已知激发谱的情况下，发射谱和峰位主要由电子-声子耦合和斯托克斯位移 ΔS 决定。稀土离子的电子在从激发态回到基态发光之前，会与晶格声子发生耦合使其部分激发能，以非辐射跃迁形式散失，导致发射光相对于激发光红移。这种相同电子态间电子跃迁的吸收和发射能量的差值称为斯托克斯位移[47]。

基质中 Ce^{3+}/Eu^{2+} 5d 能级的平均能量（质心）低于自由离子中 5d 能级的平均能量，平均能量降低的大小称为质心移动。质心移动通常被认为与电子云膨胀相关，称为电子云扩展效应或共价键效应，与 5d 轨道和阴离子 p 轨道的共价性密切相关。共价性使镧系阳离子的电子间平均距离增大，从而减少了库仑斥力，产生质心移动。1980 年，Morrison 首次提出配位极化模型，强调 5d 电子和阴离子配位电子的交互作用对质心移动的重要作用。在配位极化模型中，金属电子的瞬时位置使周围配体极化，极化的配体又作用于金属电子本身。这种自感电势减少了金属电子间的库仑排斥，从而导致电子能量质心位置降低，即质心移动。

晶体场劈裂由 5d 电子和阴离子配体之间的交互作用、泡利作用以及库仑作用共同引起。Dorenbos 通过分析六十多种 Ce^{3+}/Eu^{2+} 掺杂荧光粉（包括卤化物、氧化物、硫化物和硒化物）的光谱和结构数据，揭示了晶体场劈裂和 Ce^{3+}/Eu^{2+} 周围的配位环境之间的关系[48]。结果表明晶体场劈裂和激活剂离子的配位数、配位多面体的类型和尺寸密切相关，而与配位阴离子的种类无关。在 Ce^{3+}/Eu^{2+} 占据相同配位多面体的化合物中，晶体场劈裂可以表达为：

$$\varepsilon_{cfs} = \beta_{poly}^{Q} R_{av}^{-2} \tag{2-13}$$

式中，β_{poly}^{Q} 为常数，与配体类型相关；R_{av} 定义为：

$$R_{av} = \frac{1}{N}\sum_{i=1}^{N}(R_i - 0.6\Delta R) \tag{2-14}$$

式中，R_i 为未弛豫晶格中镧系离子到 N 个配位阴离子的键长；$\Delta R \equiv R_M - R_{Ln}$，其中，$R_M$ 是被离子半径为 R_{Ln} 的镧系元素 Ln 取代的金属阳离子的离子半径；$0.6\Delta R$ 为键长弛豫的估计值。通过分析拟合具有 6 配位八面体（octa）、8 配位六面体（cubal）和 12 配位立方八面体（cubo）荧光粉的结构和光谱数据，Dorenbos 得到了具有不同配位环境荧光粉的 β_{poly}。不同配位环境中的 Ce^{3+} 和 Eu^{2+} 的 β_{poly} 值具有相同的比值，即 $\beta_{octa}:\beta_{cubal}:\beta_{cubo}=1:0.89:0.44$。此外，通过进一步分析拟合得到了 Ce^{3+} 和 Eu^{2+} 晶体场劈裂之间的关系[49]：

$$\varepsilon_{cfs}(Eu^{2+}) = 0.77\varepsilon_{cfs}(Ce^{3+}) \tag{2-15}$$

最近，刘泉林课题组研究了 Ce^{3+}/Eu^{2+} 掺杂氮化物荧光粉中 5d 能级的晶体场劈裂与基质材料结构和组分之间的相关关系[50]，得到了晶体场劈裂与配位多面体类型和尺寸的关系。

结果表明，晶体场劈裂随着配位数的增加而减小。在配位数相同的情况下，晶体场劈裂 ε_{cfs} 与平均配位键长 R_{av} 的平方成反比。通过对比分析在相同氮化物中占据相同阳离子格位的 Ce^{3+} 和 Eu^{2+} 的晶体场劈裂数据，得到了线性相关关系：

$$\varepsilon_{\text{cfs}}(7,2+,A) = 0.76\varepsilon_{\text{cfs}}(1,3+,A) \tag{2-16}$$

即在相同氮化物中占据相同阳离子格位的 Eu^{2+} 的晶体场劈裂是 Ce^{3+} 的 0.76 倍。Ce^{3+}/Eu^{2+} 掺杂氮化物荧光粉的分析结果与 Dorenbos 在氟化物、氯化物、氧化物中得到的结论一致，进一步证实晶体场劈裂主要取决于阳离子的配位多面体类型和尺寸，与阴离子类型无关。

关于晶体场劈裂，可通过点电荷静电模型（PCEM）进行计算和解释。八面体、立方体和立方八面体配位多面体分别包含一个上下表面有 0、2 或 6 个配体的三棱柱和反三棱柱[51]。Görller-Walrand 等提出晶体场参数 B_0^2 和 B_0^4 可以表达为：

$$B_0^2 = Ze^2 \frac{\langle r^2 \rangle}{R^3} \left[p - \frac{n}{2} + 3(3\cos^2\theta_{\text{pr}} - 1) \right] \tag{2-17}$$

$$B_0^4 = Ze^2 \frac{\langle r^4 \rangle}{R^5} \left[p + \frac{3n}{8} + \frac{3}{4}(35\cos^4\theta_{\text{pr}} - 30\cos^2\theta_{\text{pr}} + 3) \right] \tag{2-18}$$

式中，Z 为配体电荷；R 为键长；r 为离子半径；p 为三次对称轴平面的数量；n 为垂直三次对称轴的平面数量；θ_{pr} 为三次对称轴和从原点到六个棱柱顶点阴离子的矢量之间的夹角。括号中的表达式表示角部分 θ_q^k，描述了阴离子的几何构型对晶体场参数的影响。八面体、立方体和立方八面体配位的 θ_0^2 约等于 0，θ_0^4 分别为 2.33、2.07 和 1.17，比值为 1∶0.89∶0.5，与以上使用经验公式拟合得到的结论基本一致。

值得关注的是，晶体场劈裂不仅取决于发光中心与配体的距离 r，还取决于配位多面体的几何构型，即角部分。在晶体材料中，配位多面体相互之间通过共顶点、共棱或共面连接。通过掺杂引起本身和相邻配位多面体形状和大小的协同变化，导致晶体场劈裂出现复杂的变化规律，比如在 $YAG:Ce^{3+}$ 材料体系中[52]。深入理解这些变化规律，需要对局域结构和晶体场进行深入的分析。将质心移动与晶体场劈裂理论相结合，可以帮助预测和调控 Ce^{3+}/Eu^{2+} 掺杂的无机发光材料的吸收光谱和激发光谱。

以 Eu^{2+} 为例，其发射光谱的半高宽易受晶体场环境干扰，如何在 Eu^{2+} 掺杂的荧光粉中获得窄带发射是目前荧光粉研究面临的挑战之一。一般而言，需考虑以下几个方面：①基质的结构，具备刚性和有序的框架；②单一的晶体学格位，即晶体只包含一个可替代阳离子位点或多个可替代的阳离子位点局域环境几乎相同；③稀土离子所占格位的高对称性，包括高配位数，稀土离子与各配体之间的键长相同等。因此，在开发用于背光源显示的窄带发射荧光粉时，结构是决定性因素之一。其中最有代表性的是 UCr_4C_4 型稀土发光材料，如图 2-20 所示。UCr_4C_4 在四面体体系空间群为 $I4/m$，紫色、绿色和深蓝色的球体分别代表 U、Cr 和 C 原子，而蓝色多面体则是 CrC_4 四面体。四面体通过角和边共享连接，形成 vierer 环的通道（vierer 环指连接形成环的四个多面体，是一种命名法），Eu^{2+} 位于由四面体组成的通道中，形成致密度高的刚性框架。基于结构模型 UCr_4C_4 创制新的材料，研究者相继开发出 $SrLiAl_3N_4:Eu^{2+}$、$SrMg_2Al_2N_4:Eu^{2+}$、$SrMg_3SiN_4:Eu^{2+}$、$RbLi(Li_3SiO_4)_2:Eu^{2+}$ 等多种稀土红色、绿色、青色和蓝色窄带荧光材料[53]。

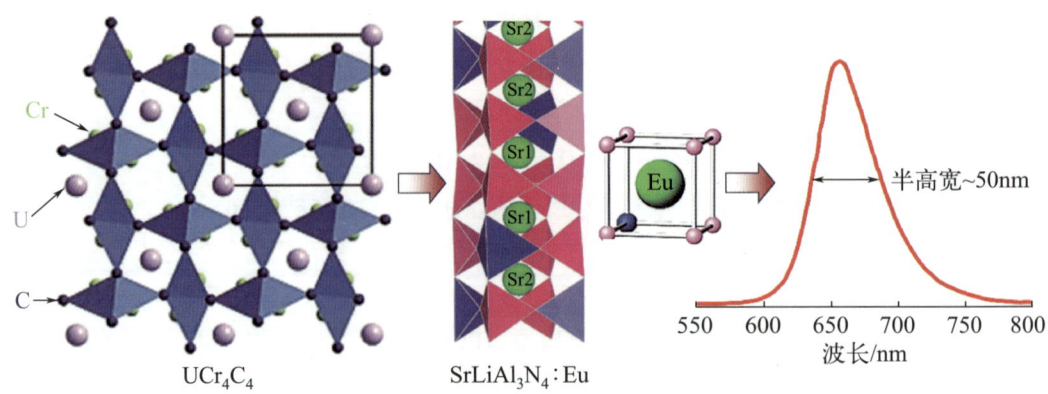

图 2-20　UCr_4C_4 型化合物晶体结构及窄带发射光谱[53]

2.3 稀土固体发光材料的新基质结构发现

稀土发光材料是照明、显示、传感及信息探测器件的核心材料之一。以照明、显示领域为例，光源器件类型及其对应的稀土发光材料也在不断更新换代。伴随着过去十年的半导体材料技术创新和制造工艺的提升，荧光转换型 LED 因其高光效、低能耗、无污染、长寿命等优点得到了快速发展，正在逐渐取代传统的荧光灯，并已完全替代了早期的白炽灯。然而，在白光 LED 照明领域，商用荧光粉中 $YAG:Ce^{3+}$ 在红光区域（600～700nm）内光谱的缺失，导致白光 LED 色温高（CCT＞4500K）和显色指数低（CRI＜75），不利于健康照明[54]。在显示领域，商用窄带绿色荧光粉 $β-SiAlON:Eu^{2+}$ 具有较高的半高宽（＞55nm），无法满足超高清、广色域显示的需求[55]。在特种 LED 光源应用领域，亟须创制可被蓝光激发的宽带近红外光发光材料，获得一系列 700～2500nm 发射波长可调、半峰宽可控的高效率、高热稳定性发光新材料[56]。鉴于发光材料直接决定了光源器件的光效和品质，现有商用铝酸盐荧光粉的激发、发射特性及稳定性已不能满足第三代半导体高密度能量激发需求，因此需创制新型稀土固体发光材料以满足不同光源器件应用需求。本节将介绍几种发现稀土固体发光材料新基质的方法，包括晶体结构数据库筛选试错、基于矿物晶体结构模型设计、单颗粒诊断和高通量计算与预测。

2.3.1 晶体结构数据库筛选试错

材料学传统的研究方法是试错，更多的是靠直觉和经验，然后在实验中反复尝试直到达到预期目的。固体发光材料新基质的传统研发流程也类似，包括数据库筛选—合成—检测—分析—再合成。试错法常用的无机材料数据库主要是无机晶体结构数据库（inorganic crystal structure database，ICSD），由德国 Fach-informationszentrum Karlsruhe（FIZ）和美国国家标准与技术研究院（NIST）合作制作，目前收集了 10 万多个无机材料晶体结构条目。典型的条目包括化学名称、分子式、晶胞、空间群、完整的原子参数（包括原子位移参数）、位置占用因子和文献引用。除了 ICSD 数据库，其他一些数据库如材料项目数据库（materials project，MP）、剑桥晶体结构数据库（Cambridge crystallographic data centre，CCDC）也经常用于新材料基质的研发，这些数据库的绝大多数数据都来自 ICSD 中的化合物。

通过在 ICSD 结构数据库中筛选候选材料，并采用试错法，人们陆续发现了包括著名的黄色发射 YAG：Ce^{3+}、红色发射 $CaAlSiN_3$：Eu^{2+}、绿色发射 β-SiAlON：Eu^{2+}、黄色发射 $La_3Si_6N_{11}$：Ce^{3+} 和红色发射 $Sr_2Si_5N_8$：Eu^{2+} 等多种著名的稀土荧光材料。这种方法是早期探索新型发光材料的主流方法，但由于缺乏理论指导，试错法不仅耗时而且费力。此外，用试错法很难发现新型荧光粉，因为几乎所有可能的候选荧光粉在过去几十年里都经过了筛选和研究。因此，亟须引入新的研究方法开发新型荧光粉基质材料。

2.3.2 基于矿物晶体结构模型设计

矿物是一种天然存在的物质，具有独特的固有晶体结构和特定的化学成分，因此，原始矿物结构模型可作为构建新型固态化合物的理想结构基础。笔者课题组在国际上率先提出了基于矿物原型和结构模型启发的方法，用于构筑新的无机发光材料。事实上，许多重要的 LED 荧光粉的基质结构实际上都是基于已有的矿物结构模型构建的。经典的稀土荧光粉矿物模型举例如下。

（1）石榴石型结构模型

商用黄色荧光粉 $Y_3Al_5O_{12}$：Ce^{3+}（YAG：Ce^{3+}），其基质原型结构为钇铝石榴石，具有简单的立方对称晶体结构。在该荧光粉中，Ce^{3+} 作为激活剂，在蓝光激发下呈现出峰值位于 550nm 的宽带黄光发射。石榴石的通式为 $A_3B_2C_3O_{12}$，其中 A、B 和 C 是不同对称位置的阳离子，分别对应于 12 配位 Y、6 配位 Al（1）和 4 配位 Al（2），如图 2-21 所示[57]。根据设计阳离子亚晶格中的不同化学成分，可实现对石榴石荧光粉发光性能的调控。例如，Y（钇）可以被 Gd（钆）、Tb（铽）或 Lu（镥）替代，Al（铝）可以被 Ga（镓）替代等。

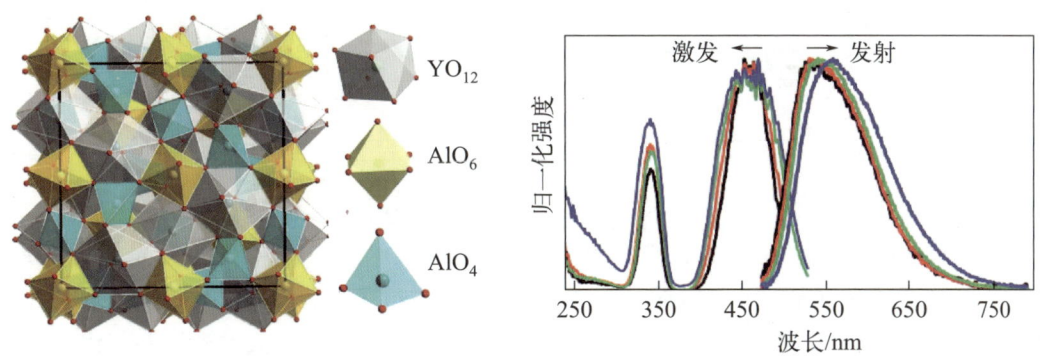

图 2-21　$Y_3Al_5O_{12}$：Ce^{3+} 的晶体结构及激发、发射光谱[57]

采用 Ca^{2+}-Si^{4+} 对 YAG：Ce^{3+} 进行改性的灵感来自天然矿物钙矾石 $Ca_3Al_2(SiO_4)_3$。Katelnikovas 和 Vijay 设计的新型 $CaY_2Al_4SiO_{12}$：Ce^{3+} 和 $CaLu_2Al_4SiO_{12}$：Ce^{3+} 石榴石荧光粉，实现了发射光谱的蓝移[58]。而 $Ca_3Sc_2Si_3O_{12}$ 可视为是由 $Y_3Al_5O_{12}$ 中的 Y^{3+}-Al^{3+}-Al^{3+} 与 $Ca_3Sc_2Si_3O_{12}$ 中的 Ca^{2+}-Sc^{3+}-Si^{4+} 的单元置换结构演化而来的。除化学成分不同外，两种晶体的结构特征相同。基于钇铝石榴石模型，采取类似的化学取代模式衍生出了包括 $Ca_2YZr_2Al_3O_{12}$、$Ca_2LaZr_2Ga_3O_{12}$、$Mg_3Y_2Ge_3O_{12}$、$Lu_3MgAl_3SiO_{12}$、$Ca_3Hf_2SiAl_2O_{12}$ 等多种新型

Ce^{3+} 掺杂石榴石荧光粉[59]。由于新型石榴石结构中化学成分及阳离子的配位环境不同，新型石榴石荧光粉表现出与 YAG:Ce^{3+} 不同的发光性能，如 $Ca_2YZr_2Al_3O_{12}$:Ce^{3+} 和 $Ca_2LaZr_2Ga_3O_{12}$:Ce^{3+} 分别发射出峰值位于 495nm 和 515nm 的青光和绿光[60-61]。

(2) Si_3N_4 型结构模型

Si_3N_4 有三种晶体学结构，分别为 α、β 和 γ 相。α-Si_3N_4 和 β-Si_3N_4 的结构分别为三方晶系（空间群 $P31c$）和六方晶系（$P6_3$），由 SiN_4 四面体共角连接而成。作为对比，立方 γ-Si_3N_4 具有尖晶石型结构，其中两个 Si 原子由六配位的 N 原子组成八面体，一个 Si 原子由四配位 N 原子组成四面体[62]。α-Si_3N_4 是常温晶型的 Si_3N_4，经过热压烧结后会转变成棒状的 β-Si_3N_4。γ-Si_3N_4 只能在特殊条件下制备。基于 Si_3N_4 结构模型，稀土 Eu^{2+} 掺杂 M-α-SiAlON（M= 金属阳离子）和 β-SiAlON 荧光粉相继被开发出来。其中，α-SiAlON 晶体结构由 α-$Si_{12}N_{16}$ 经 Al^{3+}/O^{2-} 部分置换 Si^{4+}/N^{3-} 形成，并且可以在 (Si,Al)-(O,N) 四面体连接构成的间隙通道位置引入 Li、Mg、Ca 或稀土等阳离子，使其结构进一步稳定。因此，"α-SiAlON" 型化合物具有通式 $M_x^{v+}Si_{12-(m+n)}Al_{m+n}O_nN_{16-n}$，其中 $x=m/v$（v 是 m 的价态），m 是稳定阳离子。在 α-Si_3N_4 结构中，每个单胞有两个间隙位置，可被阳离子 M 部分占据，晶体结构如图 2-22 所示[63]。β-SiAlON 可以看作是通过 Al-O 对 Si-N 的等效取代生成的 β-Si_3N_4 的结构衍生物，一般化学成分可以写成 $Si_{6-z}Al_zO_zN_{8-z}$（$0<z<4.2$），其中 z 表示 Al-O 对代替 Si-N 对的数量。β-SiAlON 具有六角形空间群（$P6_3$ 或 $P6_3/m$），晶格结构中包含平行于 c 方向的连续通道（图 2-22）。

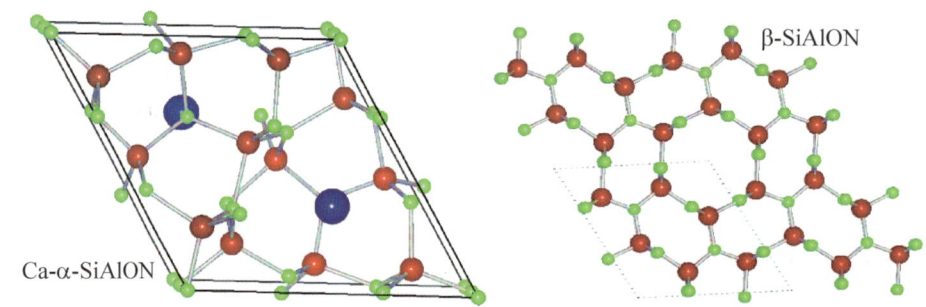

图 2-22　Ca-α-SiAlON 及 β-SiAlON 的晶体结构[63]

基于 Si_3N_4 模型，Hintzen 等首次研究了 Ca-α-SiAlON 中 Ce^{3+} 的光致发光[64]。随后，Xie 等对分子式为 $(Ca,Ce)Si_9Al_3ON_{15}$ 的 Ca-α-SiAlON 进行了广泛的研究，发现在近紫外光激发下，该荧光粉发射出峰值位于 490nm 的宽带绿光[65]。此外，其发光性能与化学成分（即 m 和 n）密切相关，通过化学成分比例调控，$m=0.625$ 和 $n=0.10$ 的 Ca-α-SiAlON:Eu^{2+} 荧光粉实现了可被蓝光激发的峰值位于 592nm 的宽带橙光发射[66]，异常的长波激发和发射带归因于 α-SiAlON 中处于富氮局域环境的 Eu^{2+} 的 $4f^65d$-$4f^7$ 跃迁。典型的 Eu^{2+} 掺杂 β-SiAlON 的分子式为 $Eu_{0.00296}Si_{0.41395}Al_{0.01334}O_{0.0044}N_{0.56528}$（β-SiAlON:$Eu^{2+}$），其激发光谱覆盖了紫外到可见光范围，并且在不同激发波长（303nm、405nm 和 450nm）激发下呈现出位于 535nm 窄带绿光发射。由于其独特的窄带绿色发光性能，β-SiAlON:Eu^{2+} 荧光粉也成为目前显示和激光 LED 技术应用的研究热点。此外，β-SiAlON:Ce^{3+} 荧光粉在 405nm 和 330nm 激发下，发射出峰值位于 465nm 的不对称宽带蓝光，归因于 Ce^{3+} 的 $4f^05d^1 \rightarrow 4f^1$ 能级电子跃迁[67]。

(3) 磷灰石型结构模型

磷灰石型结构的化合物属于六方晶系（空间群 $P6_3/m$，$z=2$），其化学通式为 $A_{10}[XO_4]_6Z_2$，其中 A 通常表示二价阳离子，如 Ca^{2+}、Sr^{2+}、Ba^{2+}、Mg^{2+}、Fe^{2+}、Mn^{2+}、Pb^{2+}，稀土离子或碱金属离子（Na^+ 和 K^+）也可以同构取代占据 A 位；$X=P^{5+}$、As^{5+}、Si^{4+} 等，Z 为卤素离子 F^-、Cl^-、Br^- 或 O^{2-}、$(OH)^-$ 和空位[68-70]。磷灰石结构中丰富的可被取代的阳离子格位，使其成为新型荧光粉基质材料探索的最佳晶体结构之一。如图 2-23 所示，在 $Sr_5(PO_4)_3Cl$ 的磷灰石型结构中，Sr^{2+} 是可以被稀土离子取代以形成发射中心的阳离子，$(PO_4)^{3-}$ 是阴离子基团，Cl^- 充当离子通道。磷灰石结构包含两种阳离子晶体学格位，具有局域对称性 C_3 和 C_s，分别对应于位于 4f 的 9 配位格位和 6h 的 7 配位格位[71]。另一种具有代表性的磷灰石 $Ca_2Gd_8(SiO_4)_6O_2$，两个阳离子格位之间的主要区别在于 6h 位置存在所谓的"自由"氧离子，但它不作为 SiO_4 四面体的顶角，密度泛函理论（DFT）计算证明 Ce^{3+} 掺杂后占据 7 配位和 9 配位的多面体（图 2-23）[72]。

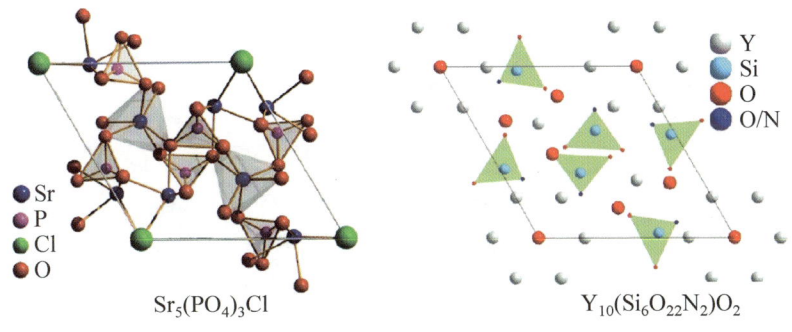

图 2-23 $Sr_5(PO_4)_3Cl$ 和 $Y_{10}(Si_6O_{22}N_2)O_2$ 的晶体结构[71]

基于磷灰石结构的灵活性并且存在多个不同的阳离子格位和不同的局域环境，可通过化学组分取代策略实现不同波长的激发、发射。截至目前，研究者们已经设计合成了多种用于 LED 器件的新型磷灰石类荧光粉，如 $M_5(PO_4)_3Cl$（M=Ca、Sr、Ba）、$Y_{10}(Si_6O_{22}N_2)O_2$、$Ca_6Y_2Na_2(PO_4)_6F_2$ 等[73-74]。其中氧铝酸盐由于其刚性的晶体结构及优异的热性能、力学性能和化学性能而备受关注。氧铝磷灰石晶格包括两个阳离子格位：4f（9 配位）和 6h（7 配位）。这两个格位都很适合不同的 RE^{3+} 进行掺杂，例如 $M_2Ln_8(SiO_4)_6O_2$（M=Ca、Mg、Sr，Ln=Y、Gd、La）等。此外，也有一些类磷灰石结构被相继开发，如 $Sr_5(PO_4)_2(SiO_4)$ 和 $Ca_5(PO_4)_2(SiO_4)$，它们具有 $Pnma$ 空间群，可以视为磷灰石相的衍生物[75]。$Y_{10}(Si_6O_{22}N_2)O_2$ 基质是一种磷灰石 - 氮硅酸盐荧光粉，与普通的硅酸盐荧光粉相比，氮氧化物荧光粉除了具有优异的化学和热稳定性外，还具有更长波长的激发和发射带。考虑到静电强度和泡利电价原理，Mn^{2+} 可能占据 4f 格位，通过 Ce^{3+}、Mn^{2+} 离子掺杂浓度调节，可以实现 $Y_{10}(Si_6O_{22}N_2)O_2$：Ce^{3+}，Mn^{2+} 的可调发光。

(4) 黄长石型结构模型

黄长石类化合物的通式为 $A_2BC_2X_7$，其中 A 是具有方形反棱镜配位的单价、二价或三价阳离子（Na^+、Ca^{2+}、Sr^{2+}、Y^{3+}、La^{3+} 等），并且在某个格位，可能存在一个或两个不同的阳离子，B 是四面体中半径较小的二价或三价阳离子（Mg^{2+}、Mn^{2+}、Fe^{2+}、Zn^{2+}、Cd^{2+}、Al^{3+}、Fe^{3+}、Ga^{3+} 等），C 是另一种四面体中的小半径阳离子（Al^{3+}、Si^{4+}、Fe^{3+}、Ga^{3+}、Ge^{4+} 等），X 是阴离子（如 O^{2-}、F^-、S^{2-} 等）[76]。两种著名的具有黄长石结构的化合物是钙镁黄长石 $Ca_2MgSi_2O_7$ 和钙铝黄长石 $Ca_2Al_2SiO_7$，它们均具有四方相，空间群为 $P\overline{4}2_1m$。黄长石结构中有三种阳离子格位，不同的离子可以进入相应的格位以保持黄长石骨架结构的电荷平衡。基于不同位置的阳离子/阴离子取代或共取代，目前已经发现了多种具有不同化学组分的 $A_2BC_2X_7$ 基黄长石化合物，其晶体结构如图 2-24 所示。可以看出，三种不同的化合物 $Ca_2Al_2SiO_7$、$CaLaGa_3S_6O$ 和 $Y_2Si_3O_4N_3$ 分别属于硅酸盐、氧硫化物和氮氧化物，尽管化学组分不同，但它们具有相同的结构特征[77]。$Y_2Si_3O_4N_3$ 可视为 Y 替换 Ca、Si 替换 Mg、N 替换部分 O 所形成的 $Ca_2MgSi_2O_7$ 的衍生物。基于黄长石模型，一些其他黄长石化合物相继被开发作为荧光粉基质材料，稀土离子可以进入不同的阳离子格位实现不同颜色的发光，如 $M_2MgSi_2O_7$:Eu^{2+}(M=Ca,Sr)、$Ca_{2(1-x)}Sr_{2x}Al_2SiO_7$:$Eu^{2+}$、$GdSrAl_3O_7$:$Eu^{3+}$、$SrLaGa_3S_6O$:$Eu^{2+}$ 和 $Y_2Si_{3-x}Al_xO_{3+x}N_{4-x}$:$Ce^{3+}$ 等荧光粉[78-82]。

图 2-24　$Ca_2Al_2SiO_7$、$CaLaGa_3S_6O$ 和 $Y_2Si_3O_4N_3$ 的晶体结构转变[76]

$A_2BC_2X_7$ 基黄长石 $Ca_{2(1-x)}Sr_{2x}Al_2SiO_7$:$Eu^{2+}$ 固溶体荧光粉于 2008 年被报道，其端元化合物 $Ca_2Al_2SiO_7$ 和 $Sr_2Al_2SiO_7$ 属于同构化合物[79]。该固溶体荧光粉具有 350~450nm 范围内的宽激发带，与近紫外 LED 芯片的波长相匹配。通过控制基质成分，可以获得从蓝绿色到黄绿色的可调发射。基于黄长石结构的灵活性，发现了氧硫和硫化物基质以及相应的荧光粉。由于硫的电负性比氧的电负性小，掺杂 Eu^{2+} 将产生更强的电子云扩散效应，激发光谱可能扩展到可见光区域（400~500nm），且发射出更长波段的光。例如，$CaLaGa_3S_7$:Eu^{2+} 可以用作 LED 用黄绿色荧光粉[83]。此外，与硅酸盐相比，Ce^{3+} 激活的氮氧化物黄长石型荧光粉 $Y_2Si_{3-x}Al_xO_{3+x}N_{4-x}$:$Ce^{3+}$ 也观察到了长波长的发光[81]。在这种晶体结构中，激活剂离子与 N^{3-} 的直接配位具有比 O^{2-} 更高的电荷和更低的电负性，将导致晶体场劈裂加剧，实现光谱红移。

(5) M_3AX_5 型结构模型

M_3AX_5（M=Sr、Ba、Ca 或稀土，A=Al、Si，X=O、F）化合物可视为是从 Cs_3CoCl_5 矿物晶体结构演变的人造化合物。其中，Sr_3SiO_5、Ba_3SiO_5 和 Ca_3SiO_5 属于空间群 $P4/ncc$ 的四方晶系，由 M^{2+}、O^{2-} 及孤立的 $[SiO_4]^{4-}$ 四面体构成，如图 2-25 所示[84-85]。Ce^{3+} 或 Eu^{2+} 掺杂到具有该特征结构的基质材料中，较短的 M^{2+}—O^{2-} 键长会引发大的晶体场劈裂和低能

量的 $4f^{n-1}5d^1 \to 4f^n$ 跃迁发射。例如，与高能量发射的 $Ba_2SiO_4:Eu^{2+}$（$\lambda_{max} \approx 504nm$）绿色荧光粉相比，$Ba_3SiO_5:Eu^{2+}$ 发射出峰值位于 570nm 的黄光；$Sr_3SiO_5:Eu^{2+}$ 发射出峰值位于 581nm 的橙光，而 $Sr_2SiO_4:Eu^{2+}$ 发射峰位于 570nm[86-87]。不同能量的发射归因于 Sr_3SiO_5 和 Ba_3SiO_5 与 $Ba_2SiO_4:Eu^{2+}$ 的结构类型不同，以及相应结构中 Eu^{2+} 局域环境不同[88]。此外，通过部分 F 取代 O，Al/Ga 取代 Si 可以设计另一种重要的荧光粉基质材料 Sr_3AO_4F（A=Al、Ga）[89]。Sr_3AO_4F 呈现层状晶体结构，MO_4 四面体层和 Sr_2F 层相互间隔分离，如图 2-25 所示。除了氟氧化物外，基于 A_3MX_5 模型还衍生出新型铝酸盐 Sr_2RAlO_5（R=La 或 Gd），其可视为在母体 Sr_3SiO_5 基础上，采用较大的 R^{3+} 阳离子替换一个 Sr^{2+} 阳离子进行改性，并用 Al^{3+} 置换 Si^{4+} 来进行电荷补偿，获得化合物 Sr_2RAlO_5[90-91]。

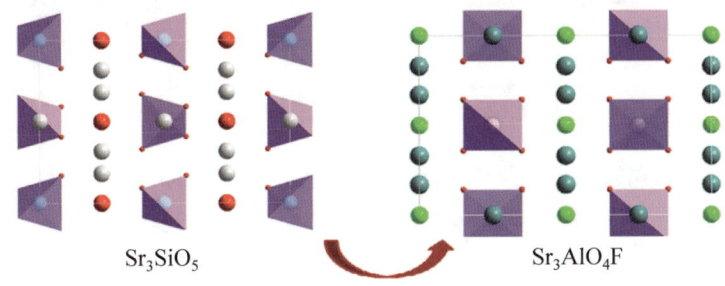

图 2-25　Sr_3SiO_5 和 Sr_3AlO_4F 的晶体结构及其相关系对照[84]

作为三种典型的 M_3AX_5 型化合物，Ce^{3+} 掺杂 Sr_3SiO_5、Sr_3AlO_4F 和 $LaSr_2AlO_5$ 荧光粉表现出优异的发光性能，并在一段时间内受到了研究者的广泛关注。如 $La_{0.975}Ce_{0.025}Sr_2AlO_5$ 具有从近紫外光（400nm）到蓝光（450nm）的宽带吸收，且 Ce^{3+} 5d-4f 电子跃迁发射出 556nm 的宽带黄光；$Sr_3SiO_5:Ce^{3+},Li^+$ 激发带覆盖 250～500nm，呈现出峰值位于 540nm 的宽带发射[92-93]。因三种化合物具有相似的晶体结构，通过化学成分比例调控可设计合成多种固溶体，如 $(LaSr_2AlO_5-Sr_3SiO_5):Ce^{3+}$、$(LaSr_2AlO_5-Sr_3AlO_4F):Ce^{3+}$、$(Sr_3SiO_5-Sr_3AlO_4F):Ce^{3+}$ 等，实现有效地发光调控。如 $Sr_{1.975}Ce_{0.025}Ba(AlO_4F)_{1-x}(SiO_5)_x$ 固溶体，随着 x 的增加，发射光谱逐渐向长波方向移动[94-97]。与商用 $YAG:Ce^{3+}$ 荧光粉相比，所设计的固溶体荧光粉具备优越的发光性能，具有潜在的应用前景。

(6) UCr_4C_4 型结构模型

UCr_4C_4 矿物结构原型属于四方晶系，空间群为 $I4/m$，Cr 与 C 相连形成 CrC_4 四面体，四面体相连构成骨架，U 离子填充在这些四面体之间。UCr_4C_4 矿物结构模型可写成一个化合物通式：$M(A,B)_4X_4$，其中 M 为碱金属离子或碱土金属离子，A 和 B 为离子配位实现原子和电荷平衡，如 Li、Al 和 Si 等。在结构上，$[AX_4]$ 和 $[BX_4]$ 四面体通过共边和共顶点的方式连接形成高致密度的三维骨架，致密度 $k=AB/X=1$，M 离子位于 [001] 方向的 vierer 环中。该类型化合物的结构刚性强，且具有高度对称的阳离子格位 M，在被具有 4f-5d 跃迁的 Eu^{2+} 取代之后，有助于降低晶体场效应而导致峰展宽效应[98]。图 2-26 展示了基于 UCr_4C_4 矿物结构模型的演变，获得了 $NaLi_3SiO_4$ 的原型结构化合物，进一步获得了 $CaLiAl_3N_4$ 和 $CaMg_3SiN_4$ 两种典型窄带红光发射氮化物基质的结构转变示意图[98-99]。因此，可通过 UCr_4C_4 矿物模型演变，设计和发现多种窄带荧光粉。

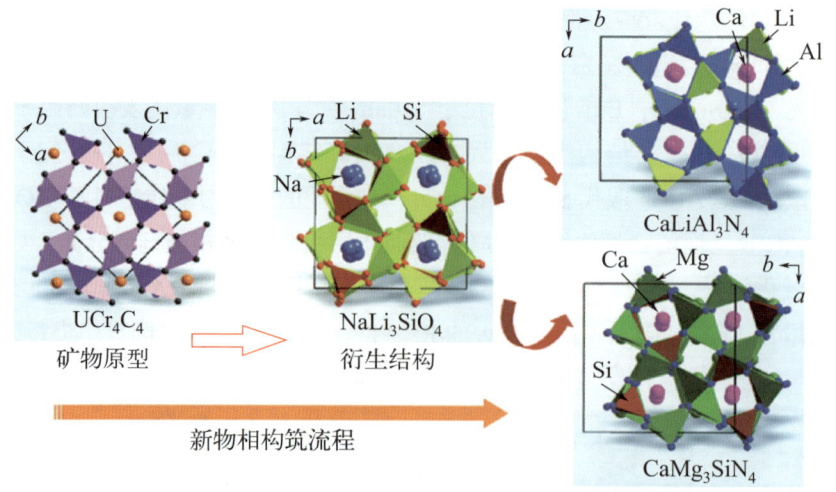

图 2-26　基于 UCr$_4$C$_4$ 矿物模型演变设计荧光粉新基质[98]

氮化物荧光粉研究领域的先驱者、德国慕尼黑大学 Schnick 教授课题组在国际上最早报道了 UCr$_4$C$_4$ 型窄带红色稀土发光材料 Sr[LiAl$_3$N$_4$]:Eu^{2+}，但其报道中并未构建结构模型与 Eu^{2+} 窄带发光材料的构效关系。Schnick 教授课题组还陆续研发出 Ca[Mg$_3$SiN$_4$]:Ce^{3+}、Sr[Mg$_3$SiN$_4$]:Eu^{2+}、M[Mg$_2$Al$_2$N$_4$]:Eu^{2+}（M=Ca、Sr、Ba）和 M[LiAl$_3$N$_4$]:Eu^{2+}（M=Ca、Sr）等新型氮化物荧光粉[100-101]。Sr[LiAl$_3$N$_4$] 与 UCr$_4$C$_4$ 不同构，属于三斜晶系，空间群为 $P\bar{1}$，与 Cs[Na$_3$PbO$_4$] 同构，类属 UCr$_4$C$_4$ 结构的衍生物。如图 2-27 所示，角共享和边共享的 LiN$_4$ 四面体和 AlN$_4$ 四面体形成了高度致密的三维骨架，Sr^{2+} 沿 [001] 方向填充在 vierer 环通道中。Sr[LiAl$_3$N$_4$] 具有两种 Sr 格位，所有的 Sr^{2+} 都与 8 个 N^{3-} 配位形成高对称性的立方多面体（图 2-27）。Sr[LiAl$_3$N$_4$]:Eu^{2+} 呈现 375～625nm 的宽激发带，最佳激发波长为 466nm；在蓝光激发下，窄带发射主峰位于 654nm，半峰宽为 50nm（约 1180cm^{-1}）。2019 年，奥地利因斯布鲁克大学 Huppertz 等研发了更具商业价值的 UCr$_4$C$_4$ 型窄带氮氧化物荧光粉 Sr[Li$_2$Al$_2$O$_2$N$_2$]:Eu^{2+}。Sr[Li$_2$Al$_2$O$_2$N$_2$] 属于四方晶系，空间群为 $P4_2/m$，结构如图 2-27 所示，AlON$_3$ 四面体和 LiO$_3$N 四面体相连形成高度致密的骨架和两种类型的通道，Sr^{2+} 填充在其中一种通道中，与 4 个 N^{3-} 和 4 个 O^{2-} 配位。Sr[Li$_2$Al$_2$O$_2$N$_2$]:Eu^{2+} 可被蓝光激发，最佳激发峰位于 450nm，发射峰位于 614nm，半峰宽为 48nm（约 1286cm^{-1}）。与 Sr[LiAl$_3$N$_4$]:Eu^{2+} 相比，Sr[Li$_2$Al$_2$O$_2$N$_2$]:Eu^{2+} 的发射峰位于更高能量处，增加了发射峰与人眼视觉曲线的重叠，可以显著提高白光 LED 器件的流明效率。

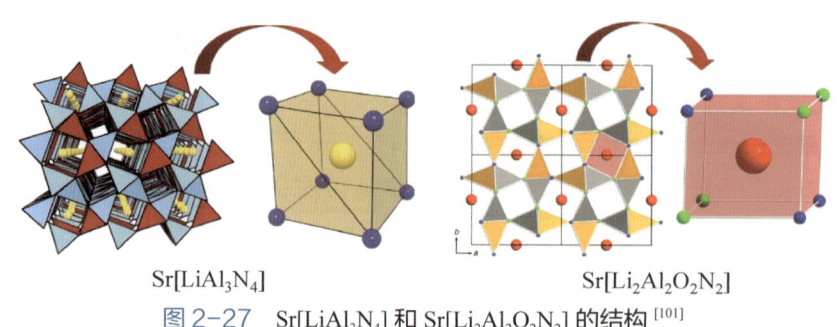

图 2-27　Sr[LiAl$_3$N$_4$] 和 Sr[Li$_2$Al$_2$O$_2$N$_2$] 的结构[101]

除了上述 UCr_4C_4 型氮化物和氮氧化物稀土荧光粉的报道，UCr_4C_4 型稀土窄带氧化物荧光粉成为近年来的一个研究热点，本书在这里也简单回顾一下此类稀土发光材料的研究历史，由此鼓励中青年科研人员与广大青年学生投身于创制新型稀土发光材料，并将大有可为。2016 年 9 月，本书笔者课题组申请了国家自然科学基金-重大研究计划培育项目"UCr_4C_4 基新物相结构设计、可控制备与稀土掺杂发光性能研究"（资助号：91622125）。2018 年 2 月，德国欧司朗公司首次公开了研究内容为 UCr_4C_4 型氧化物荧光粉的德文专利 [WO2018029299（A1）]，其优先权于 2016 年 8 月开始。不难看出，国内外研究者几乎同时独立地开展了这一领域的研究。在文献公开报道方面，笔者课题组和欧司朗专利合作者之一奥地利因斯布鲁克大学 Huppertz 课题组在 2018 年 8 月，几乎同时报道了系列 UCr_4C_4 型氧化物荧光粉，包括 $NaK_7[Li_3SiO_4]_8:Eu^{2+}$、$NaLi_3SiO_4:Eu^{2+}$ 和 $RbNa_3(Li_3SiO_4)_4:Eu^{2+}$ 等[102-104]。随后，鉴于窄带发射稀土荧光粉在新型显示领域的强烈应用背景，国内外研究者及时跟进报道了这一领域的研究。目前已报道的 UCr_4C_4 型硅酸盐荧光粉通式为 $A_4(Li_3SiO_4)_4$（A 为 Cs、Rb、K、Na 和 Li 中的 1 种或多种，其原子总和为 4），举例来看，研究者通过 Rb 原子取代 $NaLi_3SiO_4$ 中的一个 Na 原子得到了 $RbNa_3(Li_3SiO_4)_4$，该物质具有三个阳离子格位，分别为 Rb、Na1 和 Na2。由于结构刚性强，阳离子格位对称性高，$RbNa_3(Li_3SiO_4)_4:Eu^{2+}$ 呈现主峰位于 471nm 的窄带蓝光发射，半峰宽为 22.4nm（980cm^{-1}），是目前发现的最窄蓝色荧光粉。低温下，可以清晰看见该荧光粉的三个窄带峰，分别对应三个格位。此外，基于 UCr_4C_4 矿物模型，本书笔者课题组还设计了新型窄带绿色荧光粉 $RbLi(Li_3SiO_4)_2:Eu^{2+}$。该材料呈现主峰位于 530nm 处的绿光发射，其半峰宽为 42nm，且具有优异的热稳定性，但化学稳定性稍差。相比于商业窄带绿色荧光粉 β-SiAlON:Eu^{2+}，该材料合成工艺简单、色纯度更高、半峰宽更窄、热稳定性更好。

(7) β-$Ca_3(PO_4)_2$ 型结构模型

β-$Ca_3(PO_4)_2$ 结构的空间群为 $R3c$（Z=21），该结构中包含五种阳离子晶体学格位，分别为 M(1)、M(2)、M(3)、M(4) 和 M(5)，每个格位对应的配位数分别为 7、8、8、6、6。其中，M(1)、M(2)、M(3) 和 M(5) 格位被 Ca^{2+} 100% 占据，而 M(4) 格位 50% 由 Ca^{2+} 占据，50% 为空位，如图 2-28 所示[105-106]。由于 β-$Ca_3(PO_4)_2$ 具有丰富的阳离子格位，通过化学取代可以生成多种 β-$Ca_3(PO_4)_2$ 衍生物。如 Ca^{2+} 可以被同族的 Ba^{2+}、Sr^{2+} 取代，形成典型的 $M_3(PO_4)_2$（M=Ca，Sr，Ba）化合物。其次，Ca^{2+} 可以被异价离子或空位所取代，形成新型 β-$Ca_3(PO_4)_2$ 化合物，图 2-28 展示了 4 种新型 β-$Ca_3(PO_4)_2$ 化合物的结构构筑过程，包括 $Ca_8ALn(PO_4)_7$（A=Mg、Zn、Mn，Ln=Cr、Y、Sc、稀土离子）、$Ca_9Ln(PO_4)_7$、$Ca_9AR(PO_4)_7$（R=Li、Na、K）、$Ca_{10}R(PO_4)_7$。$Ca_8ALn(PO_4)_7$ 的物相构筑过程为：Ca(1),Ca(2),Ca(3) —— A^{2+}，0.5Ca(4)+Ca(5) —— Ln^{3+}+ □，其中 11.1% 的 Ca(1)、Ca(2)、Ca(3) 离子被二价 A^{2+} 取代，而 Ca(4)、Ca(5) 格位分别由空位和 Ln^{3+} 离子填充[107-108]。$Ca_9Ln(PO_4)_7$ 物相构筑过程为：$3Ca^{2+}$ —— $2Ln^{3+}$+ □，其中少部分 Ca(1)、Ca(2)、Ca(3) 被 Ln^{3+} 离子取代，Ca(4) 格位由空位 100% 填充[109-110]。$Ca_9AR(PO_4)_7$ 物相构筑过程为：0.5Ca(4)+Ca(5) —— R^++A^{2+}，其中 Ca(4) 格位被一价 R^+ 占据，Ca(5) 格位被二价 A^{2+} 取代[111]。$Ca_{10}R(PO_4)_7$ 物相构筑过程为：0.5Ca(4) —— $2R^+$，其中一个 Ca(4) 格位被两个一价的 R^+ 所取代，所有格位都被 100% 填充[112]。

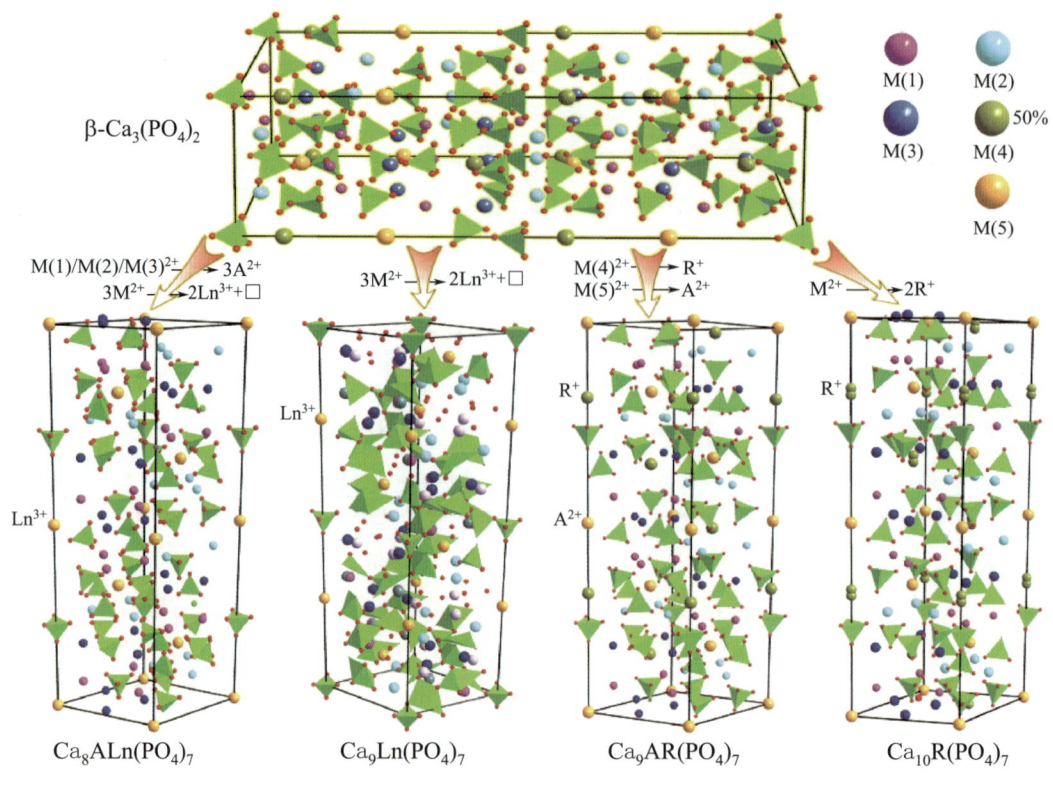

图 2-28 新型 β-Ca$_3$(PO$_4$)$_2$ 物相的构筑过程[105]

(8) β-K$_2$SO$_4$ 型结构模型

室温下 β-K$_2$SO$_4$ 的晶体结构为正交晶体，空间群 $Pnam$[113]。β-K$_2$SO$_4$ 晶格结构中两个 K 多面体的大小以及配位数不同，为具有不同半径的离子取代提供了可能性，因此衍生了由多种不同化学成分组成的 β-K$_2$SO$_4$ 无机化合物，包括磷酸盐、硅酸盐、氮氧化物等。作为两种最著名的 β-K$_2$SO$_4$ 结构类型的荧光基质材料：碱土正交硅酸盐 M$_2$SiO$_4$（如 Ba$_2$SiO$_4$）和正交磷酸盐 ABPO$_4$（如 KSrPO$_4$）备受关注。如正交硅酸盐荧光粉 Ba$_2$SiO$_4$:Eu^{2+}，在近紫外光激发下，发射出高效率的绿光，已成为一种荧光粉转换型 LED 商用绿色荧光粉[87,114]。Ba$_2$SiO$_4$ 晶体结构中存在两种 Ba^{2+} 格位：其中 M(Ⅰ) 格位为 10 氧配位，M(Ⅱ) 为 9 氧配位。Eu^{2+} 在 Ba$_2$SiO$_4$ 基质中同时占据两种格位，占据 M(Ⅰ) 格位的 Eu(Ⅰ)，其离子键较长、晶体场较弱，发射出短波长的光；占据 M(Ⅱ) 格位的 Eu(Ⅱ)，其离子键较短、晶体场较强，发射长波段的光。通过 Sr/Ba 组分调控，Sr$_x$Ba$_{2-x}$SiO$_4$ 固溶体实现了绿光（511nm）到黄光（574nm）的可调发光。

基于 β-K$_2$SO$_4$ 组分结构灵活可调的特性，Schnick 课题组研发了两种有趣的氮氧化物基质材料：Ca$_2$PO$_3$N 和 Sr$_2$PO$_3$N。该系列化合物是首个含有离散 [PO$_3$N]$^{4-}$ 阴离子基团的 β-K$_2$SO$_4$ 型碱土-邻氧硝基磷酸盐[115]。Ca$_2$PO$_3$N:Eu^{2+} 在 400nm 激发下，呈现发射峰位于 528nm 的绿光。此外，基于 β-K$_2$SO$_4$ 结构，设计合成了碱土氧氮杂化硅酸盐橙红色荧光粉 LaSrSiO$_3$N:Eu^{2+} 和 LaBaSiO$_3$N:Eu^{2+}[116]。其中，LaSrSiO$_3$N:Eu^{2+} 在 405nm 激发下，发射出 640nm 的红光。与具有 β-K$_2$SO$_4$ 结构的 Eu 掺杂正硅酸盐 Sr$_2$SiO$_4$ 和 Ba$_2$SiO$_4$ 相比，在

LaSrSiO$_3$N:Eu^{2+} 基荧光粉中，Eu—N 共价键的增强，导致 Eu^{2+} 发射波长从 490～570nm 红移至 640～675nm。正磷酸盐荧光粉 ABPO$_4$:Eu^{2+}（A=Li、Na、K、Rb，B=Ca、Sr、Ba、Mg）因其合成温度低、物理化学性质稳定、发光颜色可调以及具有优异的热稳定性，已被广泛研究。正磷酸盐 ABPO$_4$ 具有多种不同的结构类型，其结构类型取决于 A、B 离子的半径大小。其中 ABPO$_4$（A=Na$^+$、K$^+$ 和 B=Ca^{2+}、Sr^{2+}、Ba^{2+}）相与 β-K$_2$SO$_4$ 结构类型相关（NaBaPO$_4$ 除外）。一些典型的 β-K$_2$SO$_4$ 型 ABPO$_4$ 基荧光粉，如 KSrPO$_4$:Eu^{2+}、NaCaPO$_4$:Eu^{2+} 和 KCaPO$_4$:Eu^{2+} 因其优异的热稳定性及发光效率在新型 LED 荧光粉领域受到了广泛关注。如 KBaPO$_4$:Ln（Ln=Eu^{2+}、Tb^{3+} 和 Sm^{3+}）的热稳定性优于商用荧光粉 YAG:Ce^{3+}，K$_2$BaCa(PO$_4$)$_2$:Eu^{2+} 实现了零热猝灭发光[117]。

除了上述八种主要的结构模型外，其他矿物如萤石、霞石、堇青石、尖晶石等也被作为矿物模型用于新型荧光粉基质材料的探索，特别是近年来在 Cr^{3+} 掺杂的近红外荧光粉的创制中也涌现出一批极具价值的新型发光材料。总体而言，基于矿物模型研发新型荧光粉的本质是在已有材料基础上进行化学取代，这不仅对无机发光材料的性能调控具有意义，还将有助于指导其他功能特性的新材料创制与性能提升。

2.3.3 单颗粒诊断

高温烧结合成的稀土荧光粉通常由大量尺寸在几微米到几十微米之间的发光颗粒组成，这些结晶的发光颗粒一般为微晶。如果能将这些微小的单晶颗粒从粉末混合物中精确分离，并进一步用于结构测定和性能测量，就可以确定出具有新晶体结构和成分的荧光粉。然而，想要通过粉末结构精修确定这些形貌不规则或结构不完美的小单晶颗粒的晶体结构，一直是一个巨大挑战。厦门大学解荣军教授（日本原国立物质研究所主席研究员）于 2014 年率先报道了以解析微小粉末单晶的晶体结构和发光性能的单颗粒诊断技术，为荧光粉新物相的研发开启了新的大门[118]。单颗粒诊断主要采用配备电荷耦合器件（CCD）检测器和多层聚焦镜的超高分辨率单晶 X 射线衍射仪来进行晶体结构分析；进一步采用单粒子荧光光谱系统评估已经识别荧光粉粒子的光致发光特性（如光致发光光谱、热稳定性和量子效率），如图 2-29 所示。采用该系统可精准测量 20μm×20μm×45μm 大小的 Ca-α-SiAlON:Eu^{2+} 颗粒的发光性能，研究也发现单晶和粉末具有相同的发射光谱。

单颗粒诊断方法包含五个关键步骤。①通过固相反应方法合成随机选择元素的粉末库化合物。具有 4f-5d 电子跃迁的 Eu^{2+} 或 Ce^{3+} 的发光与配位环境及局域结构密切相关，因而选择其作为晶体结构的发光探针。图 2-29 为所合成的粉末库，在紫外光激发下呈现各种颜

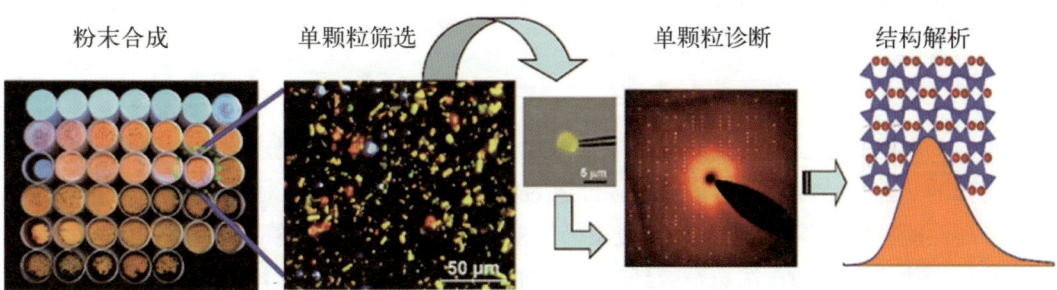

图 2-29 单颗粒诊断发现稀土荧光粉新物相流程[118]

色。②采用数字光学显微镜区分和选择发光粒子。合成的荧光粉末是包含多种不同类型的发光粒子的混合物，不同的发射颜色表示不同的晶体结构或组成，根据这些荧光粉颗粒的尺寸、发射颜色及形貌进行选择分类。③采用单晶 X 射线衍射仪获得所选发光粒子的晶格参数。通过搜索匹配 ICSD 和 ICDD-PDF 数据库中的晶格参数，那些结构未知的粒子即为新型荧光粉。④确定新荧光粉的详细晶体结构和化学成分，并通过单粒子荧光光谱系统研究光致发光特性。⑤采用给定的化学组成，开展宏量相纯荧光粉的批量合成。

单颗粒诊断方法是一种从含有无限数量元素的粉末混合物中快速发现新荧光粉的简单有效实验方法。自从单颗粒诊断方法创建以来，解荣军教授课题组从随机合成的粉末中筛选了 50 余种新物质和新型氮化物荧光粉。以 $La_{26-x}Sr_xSi_{41}O_{x+1}N_{80-x}:Eu^{2+}$ （$x=12.72\sim12.90$）为例，从具有不同 La∶Sr∶Si∶O∶N 比率组成的荧光粉末中精确定位不同发光的颗粒；分别采集单晶颗粒的 X 射线衍射数据，并与无机晶体数据库中的晶格参数进行匹配；最终通过结构精修识别出一种新型紫外光激发下呈现深红色发光的荧光粉颗粒 $La_{26-x}Sr_xSi_{41}O_{x+1}N_{80-x}:Eu^{2+}$；按分子式配比、采用气压烧结法进行大批量 Eu^{2+}、Ce^{3+} 掺杂粉末荧光粉合成。此外，一些其他的新型氮化物如 $Ba_5Si_{11}Al_7N_{25}:Eu^{2+}$、$Ba_2LiAlSi_7N_{12}:Eu^{2+}$、$Ca_{1.62}Eu_{0.38}Si_5O_3N_6:Eu^{2+}$、$Sr_2B_{2-2x}Si_{2+3x}Al_{2-x}N_{8+x}:Eu^{2+}$、$La_{2.5}Ca_{1.5}Si_{12}O_{4.5}N_{16.5}:Eu^{2+}$ 等荧光粉相继被发现[119]。该方法也可用于探索其他发光材料体系，如氧化物、氟化物、硫化物等。例如，通过单颗粒诊断方法发现了 $Ca_{1.5}Mg_{0.5}Si_{1-x}Li_xO_{4-\delta}:Ce^{3+}$ 黄绿色氧化物荧光粉[120]。

与传统方法相比，单颗粒诊断方法具有以下优点：①不需要合成纯相粉末，并且可以从具有混合相的粉末中识别出新的荧光粉；②无须生长大尺寸和高质量的单晶，这将节省大量的材料合成时间；③可以在一个粉末库中同时识别多个新的荧光粉，加快材料研发；④与计算预测不同，所发现的荧光粉是热力学稳定的。因此，这种方法可以大大降低能耗、成本和劳动强度。然而，它仍然是一种基于实验的方法，而不是一种面向理论/计算的方法。

2.3.4 高通量计算与预测

通常，稀土固体发光材料新基质材料的探索方法都是基于爱迪生式的艰苦实验进行的，并且在很大程度上依赖于经验。在大数据时代，计算正在成为实验材料研究的重要补充，材料计算在筛选和发现具有特殊性能的新材料方面受到了广泛关注，特别是高通量计算已成功用于筛选和发现热电材料、电池材料、催化剂和高温合金等。最近，机器学习方法也被用于新型发光材料的研发，该方法包括以下几个步骤：①构建已知发光材料的组成结构-性能关系数据库；②建立用于材料筛选的可量化光致发光相关描述参数，例如发射波长、半高宽、量子效率和热猝灭等；③确定化学空间，筛选潜在基质材料，并绘制相图；④鉴别发现具有预期光致发光特性的新材料。

(1) 窄带荧光粉

作为一种有应用前景的荧光粉，必须满足一系列苛刻的性能要求，例如良好的相稳定性、优异的热猝灭特性、高量子效率、合适的发射峰值和带宽以及对紫外/蓝光的强吸收。目前，高性能窄带红色发光荧光粉的数量仍然相对匮乏，为了加速窄带荧光粉的研发，迫切需要构建一个用于高通量筛选窄带红光发射的量化描述参数。Ong 教授等通过比较已有荧光粉的电子能带结构，发现所有窄带荧光粉的两个最高 Eu^{2+} 的 4f 能级之间都存在大的能量间隙（$\Delta E_s > 0.1\text{eV}$）[121]。相反，宽带荧光粉的多个 Eu^{2+} 的 4f 能级均匀分布，且最高两个 4f 能级之间的能量间隙在 0.1eV 范围内（$\Delta E_s < 0.1\text{eV}$），4f 能级重叠导致宽带发射，理论预测的 ΔE_s 值和实验半高宽之间成反比关系。基于该参数，采用高通量筛选方法从 2259 个候选样品中发现窄带红色荧光粉，包括 203 个三元结构和 156 个四元结构，以及基于 $(Ca/Sr/Ba)_x(Li/Mg)_y(Al/Si)N_n$ 公式进行离子替换算法预测的 1900 个四元结构。在第一个筛选阶段，筛选出 $E_{hull} > 50\text{meV}$ 的所有材料；随后，进一步筛选出符合 $2.42\text{eV} < \text{HSE } E_g < 3.58\text{eV}$ 的候选材料，以确保红光发射；之后，计算 4f 能级，以找到 $\Delta E_s > 0.1\text{eV}$ 的窄带发射；最后，计算所有剩余材料的 HSE E_g 和德拜温度 θ_D。使用智能分层高通量筛选，预测得到 5 种新型具有良好的稳定性、红光发射、窄带发射和良好的热猝灭性能的红色荧光粉基质材料：$SrMg_3SiN_4$、$CaLiAl_3N_4$、$BaLiAl_3N_4$ 和 $SrLiAl_3N_4$。

（2）全新物相荧光粉

Ong 教授等通过统计分析 2017 版 ICSD 中的所有荧光粉基质材料化合物，构建了"固态照明"周期表[122]。荧光粉的构成元素通常由碱土金属（Mg/Ca/Sr/Ba）、碱金属（Li/Na/K）、主族元素（Al/Si/P/B）和阴离子（O/N/S/F/Cl）组成。对 ICSD 数据库检索发现 Ba/Sr/Ca-Li-Al-O、Sr-Li-P-O、Ba/Sr-Y-P-O 和 Ba-Y-Al-O 元素组合的化合物未曾报道。通过应用离子置换算法数据挖掘，在这些未探索的四个化学系统中生成了 918 个具有新晶体结构的候选晶体。特别是对廉价且地球富含元素的 Sr-Li-Al-O 组合进行了大量的研究，离子置换高通量计算筛选工作流程如图 2-30 所示。通过一系列分层 DFT 计算，发现存在 Ba_2LiReN_4（ICSD-411453）衍生的新物相 Sr_2LiAlO_4（空间群：$P2_1/m$）具有热力学和动力学稳定性。PBE E_g、HSE E_g 和 G_0W_0 的计算值分别为 4.19eV、5.91eV 和 6.00eV。在 Sr_2LiAlO_4 晶体结构中存在两个对称性不同的 8 配位 Sr 晶体学格位，之后成功合成了 Eu^{2+} 激活的 Sr_2LiAlO_4 荧光粉。在 394nm 激发下，荧光粉显示出峰值位于 512nm 和 559nm 的黄绿色发射。这种新发现的荧光粉可作为一种低成本、高显色指数白光 LED 器件的备选材料。

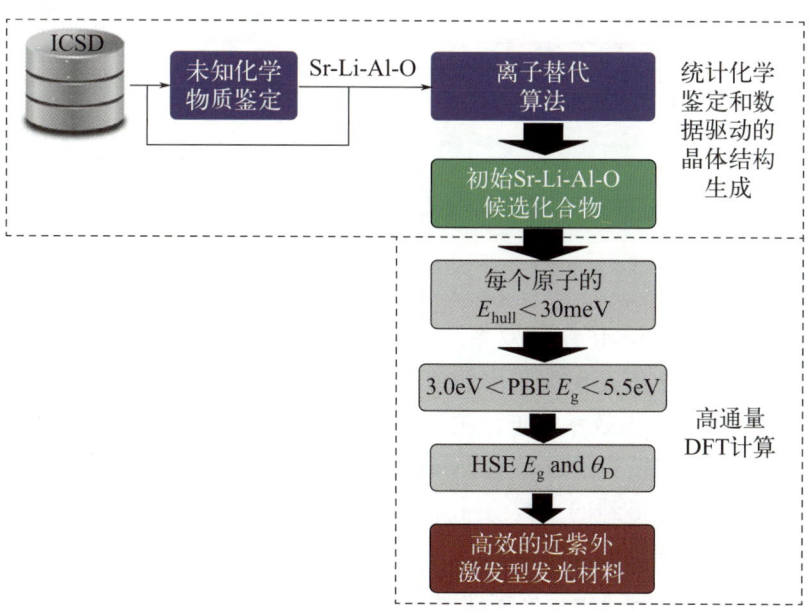

图 2-30　离子置换高通量计算筛选工作流程[122]

(3) 高热稳定性荧光粉

在寻找高性能荧光粉的过程中,研究者提出了德拜温度(θ_D)与结构刚性呈正相关关系,并且可用于筛选量子产率(Φ)。因此,使用机器学习来预测大多数化合物的θ_D;进一步,通过密度泛函理论计算的宽带隙(E_g),对于分析发热猝灭的光子热离化过程具有重要意义。

Brgoch 等通过密度泛函理论计算了 2071 种化合物的 E_g 和 θ_D 值,并且绘制了 E_g 与 θ_D 的关系函数图,如图 2-31 所示[123]。硼的小尺寸允许高致密的多面体堆积,所以硼酸盐往往具有宽禁带和高德拜温度。氮化物具有适中的带隙(<4.5eV),但由于共角[SiN$_4$]四面体中强的共价键作用,其具有高的 θ_D 值(>600K)。硅酸盐和铝酸盐通常具有宽带隙和适中的 θ_D 值。氟化物虽然都具有很宽的带隙(4~8eV),但由于相对弱的离子键,德拜温度较低(<500K)。磷酸盐具有宽禁带(>4eV)和中等的 θ_D。其中,NaBaB$_9$O$_{15}$ 由于其高的 θ_D(729K)和宽的 E_g(5.5eV)值,在 2071 种潜在荧光粉中脱颖而出。与预期结果一致,NaBaB$_9$O$_{15}$:Eu^{2+} 具有 95% 的超高量子效率和接近零热猝灭的优异热稳定性。

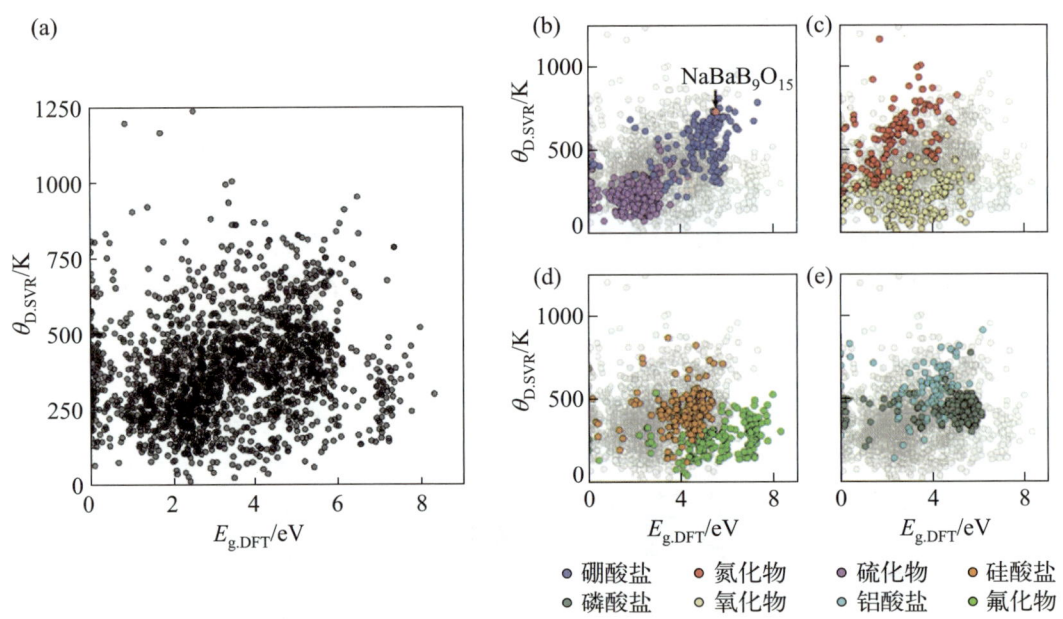

图 2-31 密度泛函理论+机器学习计算预测不同类别荧光粉的 E_g 和 θ_D 关系图[123]

(4) 近红外荧光粉

Eu^{2+} 由于其高效的 5d-4f 跃迁发光,广泛应用在照明、显示、传感等领域,但 Eu^{2+} 在绝大多数掺杂基质中的发射波长主要位于可见光区域(400~700nm),且现有的 Eu^{2+} 掺杂近红外荧光材料发光效率较低,限制了其在近红外监测和传感等领域的应用。近期,厦门大学解荣军教授等通过采用 covalo 静电参数化发射模型对 Eu^{2+} 的 5d-4f 跃迁进行描述,使用了 5 个易得到的参数:带隙 E_g、光谱极化率 α_{sp}、基质材料结构的致密度 k、中心阳离子与氮离子间的平均键长 I_{A-N}、中心阳离子间的距离 I_{A-A} 来量化并预测发射能量。利用该模型对无机晶体结构数据库中的 223 种氮化物材料进行连续的光致发光引导筛选,最终确定了 5 种不同的潜在 Eu^{2+} 激活氮化物近红外荧光粉[124]。结合实验验证,成功设计出具有超长波发射峰（800～830nm）和30%～40%的高量子效率的近红外荧光粉 $(Sr_{1-x}Ba_x)_3Li_4Si_2N_6:Eu^{2+}$。本书笔者夏志国课题组利用回归模型揭示晶体结构与发光性能之间的关系，成功预测了 $[Rb_{1-x}K_x]_3LuSi_2O_7:Eu^{2+}$（$0 \leqslant x \leqslant 1$）固溶体荧光粉发射波长从红光（619nm）到近红外光（740nm）的移动[125]。

2.4 组分调变及稀土离子发光的影响

稀土离子在晶体中的电子跃迁包含f-f、f-d以及阴离子配体间的电荷迁移三种主要发光跃迁方式。其中，f-f电偶极禁戒跃迁和电荷迁移跃迁具有固定峰位的发射光谱，发光几乎不受外界环境变化的影响。对于电偶极允许的f-d跃迁，其5d壳层裸露在外层，与晶体场作用很强，能级位置和宽度均高度依赖于特定的基质晶格，因此f-d跃迁在不同晶格中有着完全不同的光谱特性。基质材料化学组成的改变往往影响晶体结构，因此，固体材料组分调变经常用作f-d跃迁的荧光粉光谱调控手段，包括光谱峰值位置、形状及热稳定调控等。本节将介绍调变发光的各种离子取代策略，包括基质阳离子取代、络合阳离子取代、阴离子取代和阳离子-阴离子共取代。

2.4.1 基质阳离子取代调变发光

基质材料由阳离子和配位阴离子组成的多面体相互连接而构成，无机荧光粉中的常见基质阳离子包含碱金属离子（Li^+、Na^+、K^+、Rb^+、Cs^+）、碱土金属离子（Mg^{2+}、Ca^{2+}、Sr^{2+}、Ba^{2+}）、稀土金属离子（Y^{3+}、Sc^{3+}、La^{3+}、Gd^{3+}、Lu^{3+}）等。基质阳离子取代是一种常见的稀土掺杂发光调控策略，基质阳离子取代会引起稀土离子周围晶体场或不同格位中占据情况的变化，从而实现对光谱的调控。

刘如熹等在 $(Sr_{1-x}Ba_x)Si_2O_2N_2:Eu$（$0 \leqslant x \leqslant 1$）荧光粉体系中发现，随着Ba取代Sr含量的增加，$(Sr_{1-x}Ba_x)Si_2O_2N_2:Eu$ 会出现三种物相之间的转变，与此同时，Eu^{2+}在Ba、Sr格位中的占据比例发生变化，使光谱由黄绿光调控至蓝光，如图2-32（a）所示[126]。这是因为当Eu占据Sr格位时，具有较短的Eu—O键长而发射黄光；Ba引入后，部分Eu将占据Ba的格位，具有较长的Eu—O键长而发射蓝光。在 $Sr_xBa_{2-x}SiO_4:Eu^{2+}$ 体系中也观察到类似的光谱调控现象。如图2-32（b）所示，随着Sr含量的增加，Eu—O平均键长逐渐减小，发射光谱从绿光（514nm）逐渐红移到橙黄光（574nm）区域[127]。基于相同调控策略，Wu等人在 $Y_{1.98}Ce_{0.02}(Ca_{1-y}Sr_y)F_4S_2$ 体系中通过Sr取代Ca实现了光谱从黄光（550～590nm）到蓝光（440～470nm）的调控，如图2-32（c）所示[128]。通过同族阳离子取代实现稀土离子发光性能调控策略也被广泛应用到其他荧光粉中，如 $(Sr_{2-x}Ba_x)Ga_2SiO_7:Eu^{2+}$、$Sr_{4-x}Mg_xSi_3O_8Cl_4:Eu^{2+}$、$(Sr_{1-x}Ca_x)Si_2O_2N_2:Eu^{2+}$、$(Sr_{1-x-y}Ca_xBa_y)_2Si_5N_8:Eu^{2+}$、$a$-$(Y,Gd)FS:Ce^{3+}$、$(Ba_{1-x}Sr_x)_9Sc_2Si_6O_{24}:Ce^{3+}$、$Li^+$、$A_{3-2x}RECe_xNa_x(BO_3)_3$（A=Sr、Ca，RE=Y、La）等[129-136]。

在结晶学与矿物学领域，人们将不改变整个晶体的结构及对称性等的同族原子替换称为固溶体置换，这一结构设计思想也在包括笔者课题组在内的广大科研工作者的努力下应用于新材料的研发。固溶体分为三种：置换固溶体、间隙固溶体和缺位固溶体。要形成固

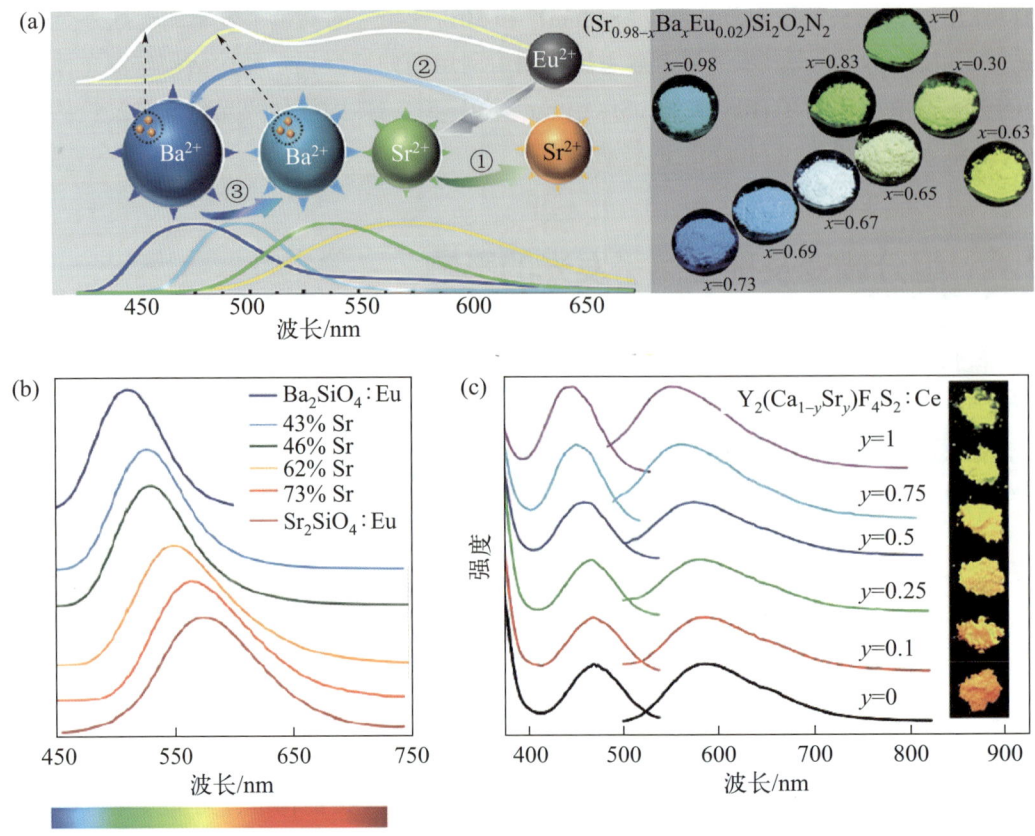

图 2-32 $(Sr_{1-x}Ba_x)Si_2O_2N_2$:Eu、$Y_2(Ca_{1-y}Sr_y)F_4S_2$:Ce 的发射光谱及荧光粉照片[126-128]

溶体，无机固体通常必须满足四个条件：①固溶离子的半径大小相近，取代离子与原基质晶格离子的半径差异百分比小于 15%，便能形成连续固溶体，在 15%～30% 之间可以形成有限固溶体，超过 30% 则不能形成固溶体；②化学式或晶体结构类似；③固溶离子的电荷相等，或固溶离子对的总电荷相等；④电负性相近。固溶体晶体在形成过程中不会破坏晶体结构，但由于存在半径差异，晶格会发生一定程度的畸变，因此，掺杂引入的稀土离子由于受晶体场的影响，会在发光性能方面表现为激发、发射波长的蓝移或红移。

在荧光粉的商业研发过程中，设计固溶体组分有广泛而重要的应用。①商业红粉以 $CaAlSiN_3$:Eu 和 $Ca_2Si_5N_8$:Eu 为起始组成，经单一等价阳离子取代（Sr^{2+} 取代 Ca^{2+}）得到 $(Ca,Sr)AlSiN_3$:Eu 和 $(Ca,Sr)_2Si_5N_8$:Eu 固溶体；②商业黄粉以 $Y_3Al_5O_{12}$:Ce 为起始组分，经阳离子对取代（Gd^{3+}/Ga^{3+} 分别取代 Y^{3+}/Al^{3+}）得到 $(Y,Gd)_3(Al,Ga)_5O_{12}$:Ce 固溶体，其相对于 $Y_3Al_5O_{12}$:Ce 表现出光谱红移和更宽的发光谱，从而应用于白光 LED 时可以降低色温；③商业绿黄粉 $(Sr,Ba)_2SiO_4$:Eu 是 Sr_2SiO_4 和 Ba_2SiO_4 之间形成的固溶体，该固溶体组分相比于两个端元组分具有更高的发光热稳定性，应用于白光 LED 时可以提高灯具在高温时的发光亮度；④ Osram 公司通过阳离子替换由 $(Y,Gd)_3(Al,Ga)_5O_{12}$:Ce 设计了 $(Tb,Re)_3(Al,Ga)_5O_{12}$:Ce，用于暖白光 LED 照明中。在商业荧光粉研发和优化过程中，阳离子取代具有重要的应用；固溶体组分设计具有"等价态""相似半径""更加简单""可操作"等特征。

除了同族阳离子取代调控稀土离子格位策略，近年来，本书笔者课题组率先提出了通过双基质阳离子取代，即普适性的化学单元共取代的组成调控策略，实现了多种固溶体组成中的组成调控及发射光谱可控裁剪，其调控思想包括但不限于上述双基质阳离子取代。例如，在 $(Na_{1-x}Ca_x)(Sc_{1-x}Mg_x)Si_2O_6$:Eu 荧光粉中，通过 [Ca^{2+}-Mg^{2+}] 单元取代 [Na^+-Sc^{3+}]，产生了两种不同的发光中心，占据 Na 格位的 Eu^{2+} 发射黄光，而占据 Ca 格位的 Eu^{2+} 发射蓝光，通过调节 Eu^{2+} 在不同格位中的占据比例，有效调控了蓝光和黄光发射比例[137]。总之，基质阳离子取代是通过在基质中引入新的阳离子来调控稀土离子的格位占据情况或者改变现有的局域环境来实现可调发光。

2.4.2 络合阳离子取代调变发光

大多数无机稀土荧光粉的基质结构中包含两种阳离子：基质阳离子和络合阳离子。络合阳离子的作用是连接阴离子配体，以形成无机晶体和阳离子空位的稳定框架，常见的络合阳离子（cations in ionic complexes, C_{ic}）主要集中在周期表的第三主族和第五主族，如 B^{3+}、Al^{3+}、Ga^{3+}、Si^{4+}、Ge^{4+}、P^{5+} 等。C_{ic} 取代可分为等价取代和非等价取代，分别基于同主族和不同主族中的金属离子取代。常见的络合阳离子配位多面体有 $[AlO_4]^{5-}$、$[SiO_4]^{4-}$、$[PO_4]^{3-}$、$[VO_4]^{3-}$ 和 $[BO_4]^{5-}$ 等四面体配位基团及 $[AlO_6]^{9-}$ 和 $[MgO_6]^{10-}$ 等八面体配位基团。由于离子半径差异较大，稀土离子很难占这些基团中的阳离子格位，因此，通过络合阳离子取代调控稀土离子的发光性能并没有提供新的发光中心，而是通过影响不同发光中心的稀土离子占据比例或改变发光中心所处的局域环境来实现光谱调控。中国科学院长春应化所林君研究员在其综述论文中总结了这一领域的最新进展，给出了常见的络合阳离子取代，有 $Ga^{3+} \rightarrow Al^{3+}$、$Ge^{4+} \rightarrow Si^{4+}$、$Si^{4+} \rightarrow Al^{3+}$ 等。络合阳离子也可以与基质阳离子同时被取代，即笔者课题组率先报道的共取代策略[96,138]。考虑到价态平衡，目前共取代主要有以下几种类型：$A^+ + C^{3+} \rightleftharpoons B_1^{2+} + B_2^{2+}(2B^{2+})$、$A^+ + D^{4+} \rightleftharpoons B^{2+} + C^{3+}$、$B^{2+} + D^{4+} \rightleftharpoons C_1^{3+} + C_2^{3+}(2C^{3+})$、$B^{2+} + E^{5+} \rightleftharpoons C^{3+} + D^{4+}$、$A^+ + E^{5+} \rightleftharpoons B^{2+} + D^{4+}$、$A^+ + E^{5+} \rightleftharpoons C_1^{3+} + C_2^{3+}(2C^{3+})$，如图 2-33（a）所示[139]。

以 $CaAlSiN_3$: Eu^{2+} 为例，Jung 等通过调节络合阳离子 Al/Si 的比例，实现了发光颜色由橙光向红光的转变，如图 2-33（b）所示[140]。在富 Al 环境中，具有较短的 Ca—N 键长，导致了大的晶体场劈裂，从而发射出低能量的红光；而在富 Si 环境中则发射橙光。Wang 等通过络合阳离子和基质阳离子共取代对 $CaAlSiN_3$: Eu^{2+} 光谱进行了调控。通过 Li^+/Si^{4+} 取代 Ca^{2+}/Al^{3+} 导致了光谱的拓宽，而通过 La^{3+}/Al^{3+} 取代 Ca^{2+}/Si^{4+} 实现了光谱的蓝移，如图 2-33（c）所示[141]。这是因为 La^{3+} 取代 Ca^{2+} 引起了晶格膨胀，减弱了占据 La 格位 Eu^{2+} 的晶体场劈裂，从而导致光谱蓝移；而 Li^+/Si^{4+} 引入后，Si^{4+} 通过远程作用调控了 Eu^{2+} 在两种不同 Ca 格位的占据比例，导致光谱展宽。商业绿粉 β-SiAlON : Eu 具有 $Si_{6-z}Al_zO_zN_{8-z}$ 的化学组成，调节结构中 $[SiN_4]$ 四面体和 $[AlO_4]$ 四面体的比例，可以调节该荧光粉的发光波长和带宽，从而在白光 LED 应用时可以提高色纯度和流明效率。

2.4.3 阴离子取代调变发光

在无机稀土荧光粉中，激活剂离子的 5d 能级和基态之间的各种能量差与电子云膨胀效应相关，而电子云膨胀效应与晶体的共价性有关。通常，激活剂离子与周围阴离子之间共价程度的增加、更强的相互作用导致激活剂离子最低 5d 态与基态之间的能量差减小。因此，晶

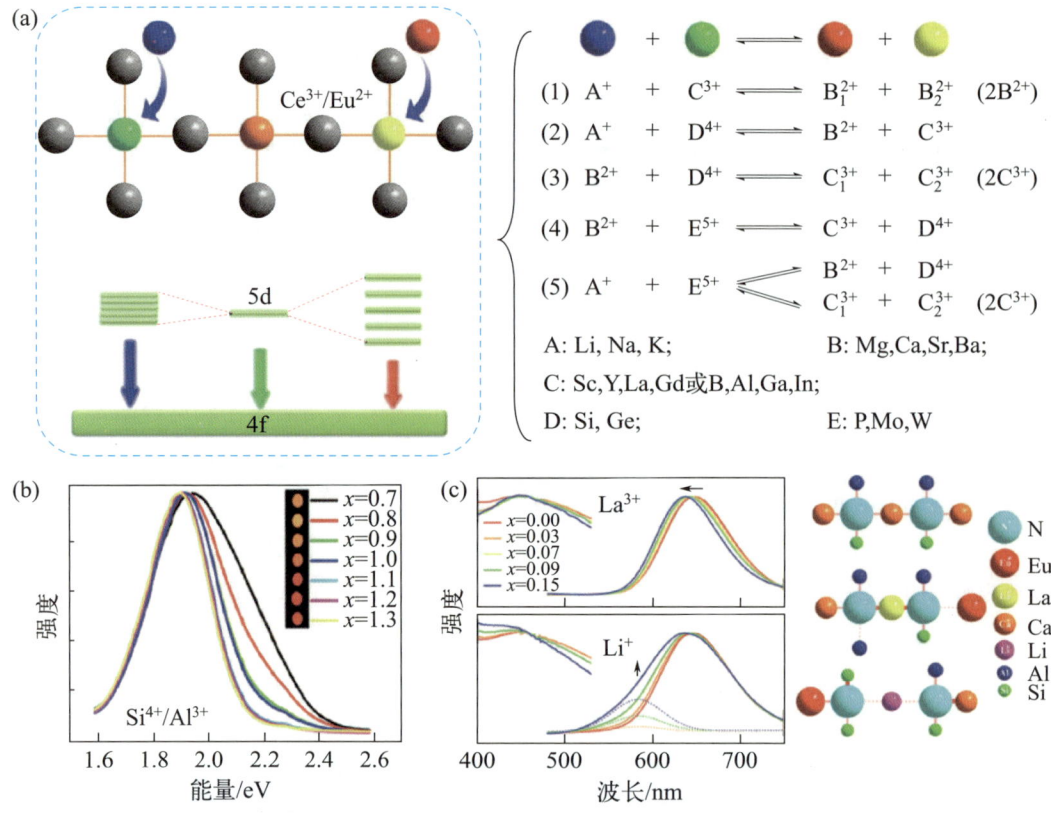

图2-33 络合阳离子取代及 $CaAlSiN_3:Eu^{2+}$ 发射光谱调控[139-141]

体的共价性与阴离子的电负性和阴阳离子距离有关。对于同一阳离子，较高的负电荷和较小的配位阴离子半径通常导致更强的共价性。对稀土离子掺杂荧光粉的质心位移进行统计，得出在不同阴离子配合物基质中质心位移大小关系为：$F^- < Cl^- < Br^- < I^- < O^{2-} < N^{3-} < S^{2-}$。

如果激活剂离子被阴离子包围，阴离子上的电荷密度越高，激活剂离子的电子云膨胀效应越强，一些常见阴离子基团的电荷密度排列为：氧化物＞铝酸盐＞硅酸盐＞硼酸盐＞磷酸盐。另一方面，相邻阴离子分子轨道之间的相互作用导致激活剂离子的5d轨道杂化，在较低能量下产生成键轨道，在较高能量下产生反键轨道。随着共价程度的增加，成键轨道和反键轨道都移动到较低的能量，从而导致红移；相反，共价程度降低时发生蓝移。一般而言，Ce^{3+} 或 Eu^{2+} 周围阴离子配位情况的变化，即阴离子取代，会导致晶体场劈裂强度和电子云膨胀效应发生变化而影响荧光粉的发光性能。

荧光粉中最常用的阴离子置换是N/O取代。Liu等将 N^{3-} 引入 $Ca_3Sc_2Si_3O_{12}:Ce^{3+}$，导致原有宽带绿色发射峰在长波段发光（610nm）大幅增强，发光颜色从绿色变为黄橙色，如图2-34（a）所示[142]。由于 N^{3-} 对 Ce^{3+} 的电子云膨胀效应比 O^{2-} 更强，因此 N^{3-} 阴离子的掺入导致 Ce^{3+} 最低5d激发态和基态之间的能量差减小，从而促进红移发射。然而，随着 N^{3-} 引入量增加，发光强度逐渐下降，这可能是因为 N^{3-} 取代 O^{2-} 会产生氧空位缺陷，导致无辐射跃迁增强，在一定程度上猝灭发光。基于类似的机制，Setlur 等通过将 N^{3-} 引入晶体中，在 Ce^{3+} 掺杂的 $RE_3Al_5O_{12}:Ce^{3+}$（$RE=Lu^{3+}$、Y^{3+} 或 Tb^{3+}）石榴石荧光粉中实现了 Ce^{3+} 明显低能量的吸收和发射。

通过增加基质中的 N/O 比，Zhao 等获得了新的红光发射荧光粉 $Sr_2SiN_zO_{4-1.5z}$：Eu^{2+}（$0.7<z<1.2$），发射峰位于 617nm，如图 2-34（b）所示。$Sr_2SiN_zO_{4-1.5z}$：Eu^{2+} 中新 Eu^{2+}-N 格位的形成，导致 Eu^{2+} 和阴离子之间的共价性增强，最终导致了明显高于 Sr_2SiO_4：Eu^{2+} 荧光粉（530~560nm）的大幅度红移[143]。通常，N/O 比的增加将使荧光粉的激发和发射光谱移动到较低的能量位置，而反向变化将产生蓝移发光。当然，除了改变 N/O 比之外，还可以设计其他具有不同电负性的阴离子取代来调节荧光粉的发光光谱。除了单阴离子取代外，还有一些阴离子基团取代，例如在磷灰石结构荧光粉系统中可以用 PO_4^{3-} 取代 SiO_4^{4-} 来调控发光性能[144]。总之，阴离子取代可以实现荧光粉发光性能的高效可控调变，从而扩大白光 LED 中可使用的荧光粉系列。

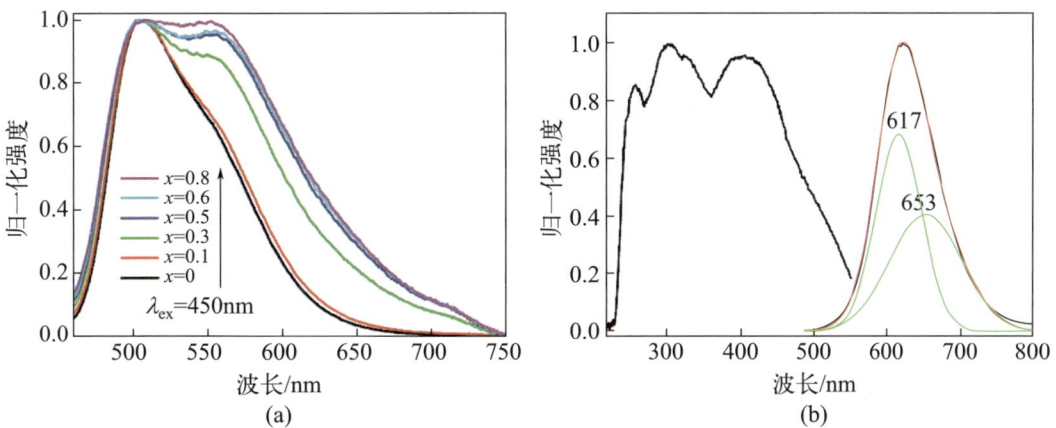

图 2-34 $Ca_{2.97}Sc_2Si_3O_{12-6x}N_{4x}$：$Ce^{3+}$ 的激发光谱（a）和 $Sr_{1.984}Si(N,O)_4$：Eu^{2+} 的发射光谱（b）[142-143]

2.4.4 阳离子-阴离子共取代调变发光

由于阳离子-阴离子共取代可以保证化学价态平衡前提下，在一定程度上大幅度调控无机化合物的局域结构，因此已被广泛用于调节对配位环境和特定位置的价态变化敏感的功能材料的性质，如磁性、光学、电学和力学性质。阳离子-阴离子共取代可以同时可控地改变 Ce^{3+} 或 Eu^{2+} 周围的晶体场分裂和电子云膨胀效应，从而实现荧光粉光谱和热猝灭行为的可控调节。基于化合物中的电中性原理，阳离子-阴离子共取代通常分为以下类型：

① $C^{3+}+Y^{2-} \rightleftharpoons D^{4+}+Z^{3-}$，例：$Al^{3+}+O^{2-} \rightleftharpoons Si^{4+}+N^{3-}$；

② $D^{4+}+Y^{2-} \rightleftharpoons C^{3+}+X^{-}$，例：$Si^{4+}+O^{2-} \rightleftharpoons Al^{3+}+F^{-}$；

③ $C^{3+}+U^{4-} \rightleftharpoons B^{2+}+C^{3-}$，例：$Y^{3+}+C^{4-} \rightleftharpoons Sr^{2+}+N^{3-}$；

④ $D^{4+}+U^{4-} \rightleftharpoons C^{3+}+Z^{3-}$，例：$Si^{4+}+C^{4-} \rightleftharpoons Al^{3+}+N^{3-}$；

⑤ $D^{4+}+Y^{2-} \rightleftharpoons E^{5+}+Z^{3-} \leftrightarrow C^{3+}+X^{-}$，例：$Si^{4+}+O^{2-} \rightleftharpoons P^{5+}+N^{3-} \rightleftharpoons Al^{3+}+F^{-}$；

⑥ $E^{5+}+Y^{2-} \rightleftharpoons D^{4+}+X^{-}$，例：$P^{5+}+N^{2-} \rightleftharpoons Si^{4+}+O^{2-}$。

式中，B、C、D 和 E 分别代表元素周期表中的一些碱土金属、ⅢA 族和ⅢB 族金属、ⅣA 族金属和ⅤA 族金属元素，例如 B 可以是 Mg、Ca、Sr 或 Ba；C 是 Sc、Y、La、Gd、Lu 或 Al、Ga 和 In；D 为 Si 或 Ge；E 是 P。X、Y、Z 和 U 分别是 F、O、N 和 C 元素。

Chen 等在 $M_{1.95}Eu_{0.05}Si_{5-x}Al_xN_{8-x}O_x$（M=Ca、Sr、Ba）荧光粉的发光调控中发现，通过

Al^{3+}-O^{2-} 部分取代 Si^{4+}-N^{3-} 离子对，基质和掺杂阳离子之间的尺寸不匹配效应可以系统地调节发射光谱的峰位[145]。当 M 为 Ba^{2+} 和 Sr^{2+} 时，Eu^{2+} 局域结构获得过量 N 配位，发射光谱红移；而当 M 为 Ca^{2+} 时，Eu^{2+} 局域结构获得过量 O 配位，发射光谱蓝移。Si^{4+}-N^{3-} $\rightleftharpoons$ Al^{3+}-O^{2-} 取代引发的尺寸不匹配效应对发光性能的策略调控也用于调节某些具有氧/氮硅骨架荧光粉的光致发光，如 β-SiAlON 和 $MSi_2O_2N_2$（M=Ca、Sr、Ba）。Setlur 等在 $Y_3Al_5O_{12}$：Ce^{3+} 石榴石荧光粉中，通过 Si^{4+}-N^{3-} 反向置换 Al^{3+}-O^{2-} 离子对，观察到了类似的光谱红移现象。这是由于 N^{3-} 出现在 Ce^{3+} 的局域配位结构中，产生更强的 Ce-N 的共价键和电子云重叠效应。此外，与石榴石中的典型 Ce^{3+} 相比，该系统中还存在更强的发光猝灭，这可能是 Si^{4+}-N^{3-} $\rightleftharpoons$ Al^{3+}-O^{2-} 之间的尺寸不匹配造成 $Y_3Al_5O_{12}$：Ce^{3+} 晶格结构刚性被破坏而引发[143]。目前，通过 Si^{4+}-N^{3-} $\rightleftharpoons$ Al^{3+}-O^{2-} 取代，开发出了一系列具有应用前景的稀土荧光粉，包括 $Ba(Si,Al)_5(O,N)_8$：Eu^{2+}、$Sr_5Al_{5+x}Si_{21-x}N_{35-x}O_{2+x}$：$Eu^{2+}$、$Sr_2Al_{2-x}Si_{1+x}O_{7-x}N_x$：$Eu^{2+}$ 等[146-150]。

另一种常见的阴阳离子共取代 $D^{4+}+Y^{2-}$ $\rightleftharpoons$ $C^{3+}+X^-$，代表性的例子是通过 Al^{3+}-F^- 共取代 Si^{4+}-O^{2-} 离子对调控发光。基于这一策略，Seshadri 课题组最近开发了多种新型氟氧基化合物荧光粉。用 Si^{4+} 取代 Al^{3+}、O^{2-} 取代 F^- 不仅进行了电荷补偿，更重要的是改变了晶格的局域环境。例如，在 $Sr_{2.975}Ce_{0.025}Al_{1-x}Si_xO_{4+x}F_{1-x}$ 体系中，通过 Si^{4+}-O^{2-} 共取代 Al^{3+}-F^- 实现了 Sr_3AlO_4F(SAF) 和 Sr_3SiO_5(SSO) 的固溶及异常的光谱调控[151]。根据传统的 d 轨道分裂模型预测，随着 Sr—O/F 平均键长的增加，激发和发射光谱应发生蓝移。然而，随着 SASF：Ce^{3+} 中 x 值的增加，发射峰位置逐渐向较长波长移动，范围从 SAF：Ce^{3+}（x=0）的 474nm 移动到 SSO：Ce^{3+}（x=1.0）的 537nm，如图 2-35（a）（b）所示。改性的 SASF：Ce^{3+} 荧光粉具有比 SAF：Ce^{3+} 更宽的发射峰，有助于提升 LED 器件的显色性能。发射光红移部分归因于 Ce^{3+} 格位的畸变增加，导致晶体场分裂增加，激发波长最大值存在非单调增加。激发波长和发射波长随 x 移动的不一致性归因于两个 Sr 位点周围配位的各向异性。

基于相同的取代策略，研究者还通过控制荧光粉中激活剂位置的大小来调节 Eu 的价态。在 $Ca_{12}Al_{14-z}Si_zO_{32+z}F_{2-z}$：Eu（$z$=0~0.5，CASOF：Eu）荧光粉中，通过 Si^{4+}-O^{2-} 共取代 Al^{3+}-F^-，Eu^{3+} 的价态可以调节为 Eu^{2+}[152]。与此同时，Eu^{2+} 占据格位体积扩张，Eu^{2+} 在 440nm 处的宽带发射增强，如图 2-35（c）所示。此外，Eu^{2+} 和 Eu^{3+} 的发射强度随着 z 交替地增加和减少。CASOF：Eu 荧光粉的色坐标可以从 z=0 时的（0.6101，0.3513）移动到 z=0.5 时的（1.1629，0.0649），如图 2-35（d）所示。通过 Si^{4+}-C^{4-} 共取代 Al^{3+}-N^{3-}，在 $(SiC)_x$-$(AlN)_{1-x}$：Eu^{2+} 固溶体荧光粉中观察到了类似的 Eu 价态调节现象。有趣的是，$(SiC)_x$-$(AlN)_{1-x}$：Eu^{2+}（x=0~1）发光强度随 SiC 含量增加而增强，在 x=0.20 时达到最大值，可能由于 $(SiC)_x$-$(AlN)_{1-x}$ 固溶体的形成，促使 Eu^{2+} 掺杂到基质的 Al 格位[153]。

总之，以 Eu^{2+} 和 Ce^{3+} 为代表的稀土离子 5d → 4f 的跃迁在很大程度上取决于周围环境，包括它们所处的对称性、配位性、共价性、键长、位置大小和晶体场强度，因此可以通过改变组成和局部晶体结构在宽范围内调节激发和发射波长。基于上述组分调控方法的光谱调节可以改善白光 LED 的性能，例如提高发光效率、优化显色性能、实现期望的色温、增强色域等。尽管源自稀土荧光粉的基质局域结构变化的光谱调控可以有效地改善发光性能，但由于晶体场分裂、电子云重叠效应、斯托克斯位移、基质晶格畸变等复杂效应，许多体系中潜在的发光机制尚不清楚。因此，目前还没有适用于所有荧光粉体系的通用解释机理，更多的关注应该集中在探索与结构相关的发光机制上。

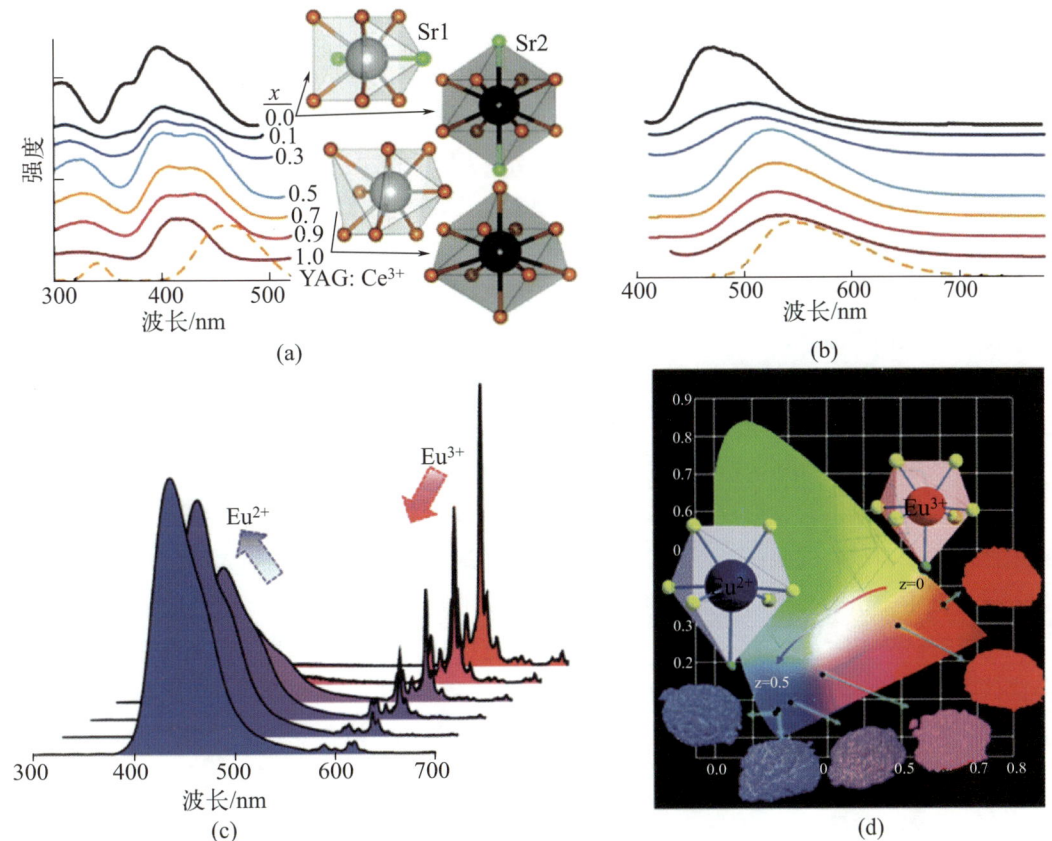

图 2-35　$SrAl_{1-x}Si_xO_4F:Ce$ 激发/发射光谱及 $Sr_3AlO_4F:Eu$ 的发射光谱和色坐标图 [151-152]

2.5　缺陷工程对稀土离子发光的影响

基于晶体缺陷工程的发光调控，是一门针对晶格扰动所致局域化学结构畸变及内能熵值变化与发光波长、激发、寿命等发光属性间关系为研究内容的全新方向，也是近年来无机稀土发光材料领域的一个研究热点。晶格缺陷态对发光中心溶解性、扩散、分布等过程独特的作用机制，使得与缺陷态直接作用的发光材料展现出前所未有的发展空间和应用优势。形成于晶体生长/制备过程中的晶格缺陷与载流子迁移存在密切关联，可通过人工调控缺陷的方式对载流子的迁移进行调控，进而改善其发光性能，对于发光材料的开发与应用具有重要意义。在特定结构中掺杂过渡或稀土金属离子，因不等价阳离子取代而产生的相应点缺陷，不仅可以有效促进变价激活离子的价态降低，而且还会协同本征缺陷形成功能性陷阱能级，实现载流子的存储和在外界激励下响应的动态平衡，进而改善材料的发光性能甚至带来新的发光特性。本节将首先详细阐述晶格中存在的主要缺陷类型，并对这些缺陷的构建与表征进行探讨。随后，将重点讨论缺陷能级在调控荧光热稳定性、优化长余辉性能以及影响应力发光方面的作用机制。最后，将阐述晶格缺陷的形成过程以及自还原现象。通过本节内容，读者可从无机固体化学的角度，更全面地理解晶格缺陷及其对材料性能的多方面影响。

2.5.1 晶格中的主要缺陷

在实际晶体中，原子的不规则排列可能引起晶体缺陷的形成。根据原子不规则排列区域的大小和形状，晶体缺陷可分为面缺陷、线缺陷和点缺陷。面缺陷是指在一个方向上尺寸很小、在另外两个方向上尺寸较大的缺陷，如晶界、相界和表面等。线缺陷是指在两个方向上尺寸很小，而在另外两个方向上尺寸较大的缺陷，如位错。点缺陷是指在三维空间各方向上尺寸都很小的缺陷，如空位（V_M）、间隙原子（M_i）和置换原子（M_X）等。离位原子进入其他空位或迁移至晶界或表面，这样的空位被称为"Schottky"缺陷。相对地，离位原子进入晶格间隙，形成间隙原子，同时在原来的晶格位置产生一个空位，通常把这一对点缺陷（空位和间隙原子）称为"Frenkel"缺陷。其中，面缺陷与线缺陷主要影响块状材料应用的光学晶体的光折变、抗光损伤、电光系数、折射率等光学性质，而光致发光材料主要以多晶形式应用，点缺陷对其发光性质的影响最为显著，是无机固体发光材料的研究重点。晶格点缺陷受外界环境因素影响，常常形成于材料合成或制备过程中。众多点缺陷可发生团聚现象，形成缺陷团簇。按照缺陷的来源，点缺陷可以分为本征缺陷与非本征缺陷两大类。本征缺陷是指在基质材料中，由于晶格原子偏离理想格位所产生的缺陷。自激活荧光粉是最常见的与本征缺陷相关的材料。除了本征缺陷外，晶体中还可能存在因人工调控而引入的非本征缺陷，在实际晶体中，二者协同作用影响材料的发光性能。对于稀土掺杂荧光粉而言，点缺陷具体可分为阳离子空位、阴离子空位、间隙缺陷、反位缺陷、杂质缺陷、掺杂缺陷等，如图 2-36 所示。

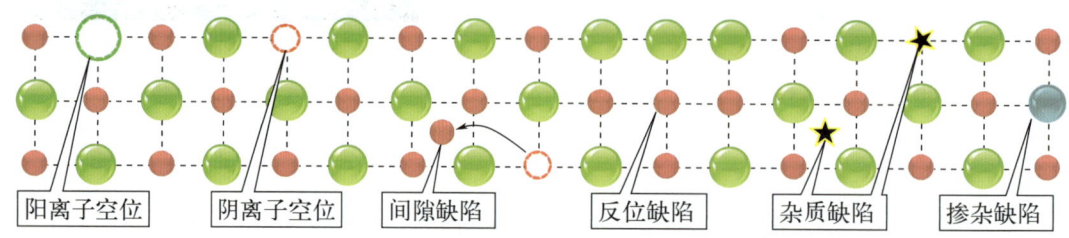

图 2-36　稀土掺杂荧光粉中常见的点缺陷类型

2.5.2 缺陷的构筑与表征

从能带理论出发，缺陷的存在会破坏理想晶格的周期性势场，对带隙中的局域势能产生一定的微扰作用，从而在禁带中形成能够束缚和释放载流子的陷阱能级[154]。不同类型的缺陷会影响陷阱能级分布情况，从而影响其束缚载流子能力以及局域性质，最终影响材料的发光性能或赋予材料新的发光性能。稀土掺杂荧光粉缺陷构筑的常用方法主要分为 3 类：①采用不同的合成方法如高温固相法、水热法、燃烧法等，调节热处理气氛（O_2、N_2、H_2、CO、NH_3 和 H_2S）、添加还原剂（$NaBH_4$、CaH_2、N_2H_4、NaH、Zn 粉、Al 粉）以及合成温度实现缺陷的构筑与调控；②采用非化学计量配比、利用掺杂离子和取代离子之间的化合价、电负性、离子半径等差异，进行等价/异价离子掺杂，引入不同类型缺陷 [如 $M_M^x \rightleftharpoons M_i^· + V_M''$，$O_O^x \rightleftharpoons 1/2O_2(g) + V_O^· + 2e'$]；③采用蚀刻溶液（如稀酸、稀碱）、高能粒子辐射或脉冲激光等离子辐射对已合成的荧光粉进行蚀刻，在荧光粉表面进行缺陷构筑。

通过等价或不等价离子取代可有效引入非本征缺陷，其协同本征缺陷，不仅可以实现空气气氛下发光中心（激活剂离子）的价态自还原以及色度可调，而且可以形成功能性陷阱能级[155-156]。该陷阱能级可以有效捕获和储存电子，并在外界激励下（如光辐照、温度或者应力刺激）释放电子。在外界刺激下从陷阱能级脱陷的电子可经导带回到激发态，在返回基态时以光的形式释放能量，补偿由于热猝灭带来的发光强度降低，甚至产生长余辉、应力发光等现象。此外，改善制备条件、调整元素比例、共掺敏化剂、电荷补偿、同主族或近半径阳/阴离子取代等方式也可有效调控缺陷分布[157-158]。

为了更好地调控晶格缺陷，深入分析缺陷态的性质及形成是十分必要的。由于荧光粉中缺陷浓度极低，超出了大多数标准材料表征技术（例如 X 射线衍射）的分辨率，点缺陷的识别与鉴别仍充满挑战。研究者通常采用实验测试和理论计算相结合，对晶格缺陷进行定性和定量分析。在实验表征方面，研究者通常利用高分辨透射电子显微镜（HRTEM）来观察固体样品中的位错、层错及原子空位、间隙及置换等晶体结构缺陷；电子能量损失谱（EELS）等技术可以探测样品中价电子的激发，通过分析电离损失峰的阈值能量、化学位移和精细结构，可获得微区元素组成成分、元素价态以及电子结构等相关信息；通过 X 射线光电子能谱（XPS），利用元素的结合能位移不仅能够对元素的价态进行分析，而且借助分峰处理和半定量分析等手段能够对阴/阳离子缺陷种类进行推测；电子顺磁共振（EPR）波谱是直接检测含有未成对电子顺磁物质的一种磁共振技术，它不仅可以表征过渡金属和稀土金属离子的氧化态及周围配位环境，而且可以直接验证缺陷的存在，分析缺陷类型和相对浓度；热释光（TL）是研究稀土发光材料缺陷性质的常用手段，热释光现象是指被陷阱捕获的载流子由于热激活作用而被释放、产生复合发光的现象，根据热释光曲线可推测缺陷种类和预估陷阱深度。

此外，理论计算对进一步理解和分析缺陷态的相关机制也有很大帮助，其一般研究思路是：首先，构建适当的缺陷模型，对比各种模型下的缺陷形成能，根据自由能最低原则推断缺陷形成的趋势，从热力学上判断缺陷类型，从动力学上模拟缺陷形成过程；其次，结合能带理论，分析陷阱能级在能带中的分布，推测可能的电荷跃迁机理。

2.5.3 缺陷能级调控荧光热稳定性研究

在实际应用中，稀土荧光粉的发光强度通常会随着温度的升高而下降，这一现象被称为热猝灭（thermal quench，TQ），制约了包括大功率 LED 等电光源器件的实际应用。为了满足大功率 LED，以及激光照明和激光显示等新兴光源器件领域的应用需求，研究者致力于开发高温下具有最低的发射损失和稳定色度坐标的发光材料。研究发现，近年提出的通过"引入缺陷能级"抑制荧光热猝灭效应，主要是利用结构缺陷所形成的陷阱能级捕获受激电子，实现了零热猝灭甚至反热猝灭发光，这一策略极具创新性和研究价值。

通常，引入适当的陷阱能级有利于捕获更多的电子，即利用有效陷阱浓度构建具有捕获电子能力的陷阱，可改善材料的热稳定性。例如，Im 等在 $Na_3Sc_2(PO_4)_3:Eu^{2+}$ 中引入适当浓度阳离子缺陷以降低热猝灭效应，实现了零热猝灭发光，并给出了零热猝灭解释模型（图 2-37）；笔者课题组通过设计 Eu^{2+} 异价取代 K^+ 格位引入缺陷能级，结合高温还原烧结产生的氧空位 V_O，使得 $K_2BaCa(PO_4)_2:Eu^{2+}$ 在 200℃下仍保持无发光猝灭的优异热稳定性[117]；Wei 等通过人工调控缺陷的方式[159]，在 $Ba_2ZnGe_2O_7:Bi^{3+}$ 荧光粉中引入锌空位与氧空位缺陷,使其在 150℃、200℃、250℃下,发光强度分别提升至 138%、148% 和 134%（与 25℃时初始强度相比）。热稳定性优异的荧光粉通常具有较深的陷阱,如 β-$Na_3Sc_2(PO_4)_3$：Eu^{2+} 的陷阱深度为 0.75～0.80eV、$K_xCs_{1-x}AlSi_2O_6$：Eu^{2+} 的陷阱深度为 0.99eV、$Zn_3(BO_3)(PO_4)$：Mn^{2+} 为 0.99eV 和 SrY_2O_4：Bi^{3+},Sm^{3+}（0.80eV）等[160-163]。

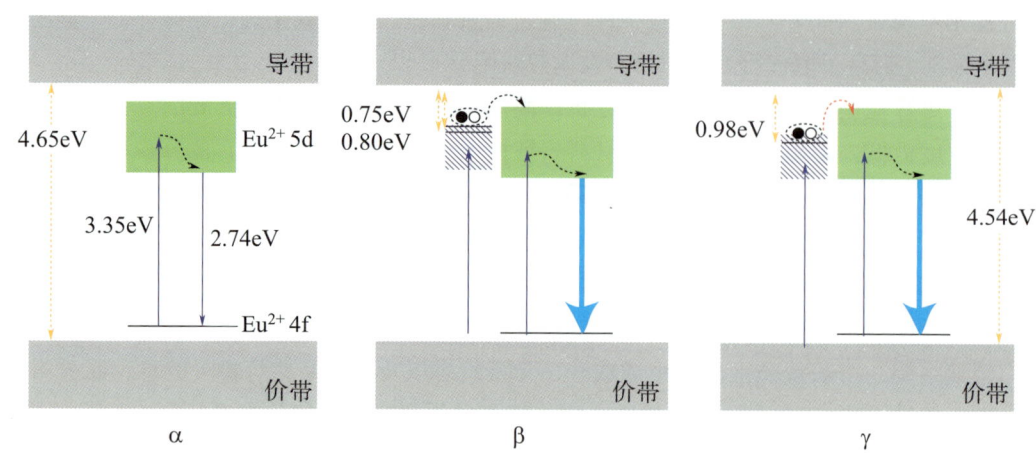

图 2-37　$Na_3Sc_2(PO_4)_3$：Eu^{2+} 荧光粉零热猝灭过程机制[160]

深陷阱的势能壁垒较高,其中电子很难在室温条件下发生自发脱陷,随着温度的升高,热能大于跃迁能级所需要的能量,驱动电子从深陷阱中脱陷,补偿由于非辐射跃迁概率增加引起的能量损失。环境温度越高,自由电子脱离束缚所获得的动能就越大,就越容易起到补偿发光的作用,使得高温下的荧光强度稳定维持在 90% 以上,甚至出现超越 100% 的反常热猝灭发光,如 $K_2BaCa(PO_4)_2$：Eu^{2+}、$NaGdF_4$：$0.25Eu^{3+}$,Yb^{3+} 和 $Sr_{2-x}Si_5N_8$：Eu 等热稳定性优异的发光材料[117,164-165]。一般来说,在激发光持续照射下,深陷阱能级会不断地俘获电子并在热激发下将其释放,陷阱对电子俘获和释放的动态平衡过程有待更深入的载流子动力学研究来进一步证实。

综上,晶格中缺陷的存在可形成有益于热稳定性提升的深陷阱能级,并可通过制备条件等的改变调控陷阱深度与浓度,进而对材料的热稳定性产生影响。然而,目前缺陷对热稳定性的作用机制尚不清晰,且未能实现缺陷态的定向引入与调控,无法精准指导高热稳定性荧光粉的研发。因此,如何合理设计并构筑合适深度的缺陷态能级、明晰缺陷态构型、阐明缺陷-热稳定性构效关系是稀土发光材料学科领域的热点和难点。

2.5.4　缺陷工程调控长余辉性能研究

为了更好地开发余辉时间长、亮度高的长余辉材料,对其内在发光机理的研究是必不可少的。长余辉发光可以分为三个过程。①载流子的激发。在高能光束的照射下,载流子分离和迁移,产生电子与空穴对。②载流子的储存。激发态载流子被陷阱能级捕获并存储起来,其存储能力的大小与缺陷的种类和数量有关。③载流子的释放和复合。关闭激发源后,被捕获的载流子会从陷阱中逃逸并复合,将储存的能量传递给发光中心,可以说,长余辉发光本质上是由缺陷控制的载流子跃迁引起的[166]。余辉性能好坏与陷阱的储存能力和载流子的释放速率有关,而陷阱的储存能力和载流子的释放速率受陷阱浓度、陷阱深度和外场扰动（热或机械扰动）的影响[167]。

当陷阱浓度较高时，即陷阱数量多，有利于捕获更多的载流子，提升长余辉性能；相反地，陷阱浓度低时，陷阱数量少，长余辉发光性能可能减弱。这里的"陷阱浓度"指的是对长余辉发光有贡献的"有效陷阱浓度"。众所周知，$SrAl_2O_4:Eu^{2+},Dy^{3+}$是一种室温长余辉发光材料，这归因于其合适的陷阱深度和浓度。然而，当把Dy^{3+}换成Sm^{3+}时，Sm^{3+}容易被还原成Sm^{2+}，根据电荷补偿原则，使得晶格中阳离子空位数量减少，即有效陷阱数量减少，从而引起长余辉发光性能减弱[168-169]。另一方面，共掺Sm^{3+}后，能够产生更深的陷阱能级，被深陷阱俘获的载流子难以在室温下得到释放；而与长余辉相关的浅陷阱能级几乎消失，长余辉发光强度明显下降[170]。

当陷阱深度太深时，被俘获的载流子不能在室温下顺利地从陷阱能级释放出来，导致余辉强度减弱。当陷阱深度太浅时，载流子的释放速率加快，使得余辉时间变短。因此，合适的陷阱深度对余辉性质起着至关重要的作用。与深陷阱影响的热稳定性比，长余辉材料的陷阱深度相对浅一些，为0.60~0.75eV，如$SrAl_2O_4:Eu^{2+},Dy^{3+}$（0.65eV）、$Ca_2MgSi_2O_7:Eu^{2+},Tm^{3+}$（0.56eV）、$CaAl_2O_4:Eu^{2+},Nd^{3+}$（0.55eV或0.65eV）、$Sr_4Al_{14}O_{25}:Eu^{2+},Dy^{3+}$（0.49eV或0.72eV）和$Sr_2MgSi_2O_7:Eu^{2+},Dy^{3+}$（0.75eV）等长余辉材料[171]。这是因为，陷阱势能低，对载流子的束缚力弱，室温下即能释放被捕获的载流子，将能量有效传递至发光中心，产生发光延迟现象。在这个过程中，载流子可以通过导带跃迁或量子隧穿这两种途径向发光中心传递能量[172]。Guo等报道的青色长余辉荧光粉$BaZrSi_3O_9:Eu^{2+},Pr^{3+}$中，其陷阱能级深度为0.64~0.72eV，较浅陷阱与较深陷阱中存储的载流子分别通过导带跃迁和低效的量子隧穿两种过程被释放，这两种陷阱能级共同导致长余辉现象，其余辉机理如图2-38所示[173]。

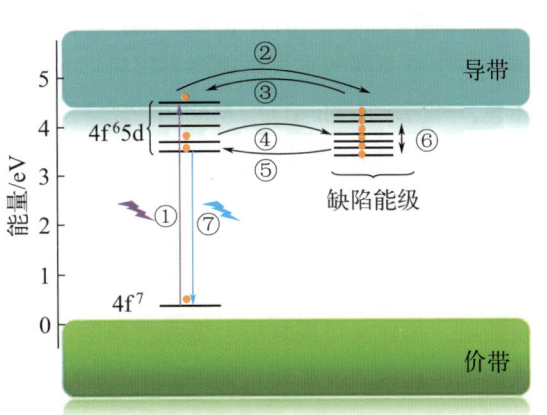

图2-38　$BaZrSi_3O_9:Eu^{2+},Pr^{3+}$荧光粉的长余辉发光机理[173]

随着生物医学技术的发展，近红外余辉材料逐渐引起研究人员的关注。因其具有信噪比高、深层组织穿透性强且无须在目标位置进行激发等特点，在活体成像方面展示出很好的应用前景[174]。典型的近红外余辉材料主要有$Zn_3Ga_2Ge_2O_{10}:Cr^{3+}$、$ZnGa_2O_4:Cr^{3+}$、$Zn_3Ga_2SnO_8:Cr^{3+}$、$La_3Ga_5GeO_{14}:Cr^{3+},Nd^{3+}$和$(Sr,Ba)(Ga,In)_{12}O_{19}:Cr^{3+}$等[175-179]。受宇宙"虫洞"能量隧道概念启发，Chen等设计了一种近红外光激发或发射的铋掺杂锡酸钙长余辉材料，在$CaSnO_3:Bi^{2+}$荧光粉和纳米颗粒中，通过陷阱能量上转换方式，实现了近红外可再生长余辉发光[180]。这种材料能够在低能近红外光子的激发下使载流子发生从深陷阱能级到浅陷阱能级的跃迁。

综上所述，有效调控缺陷的深度、浓度及类型，有利于开发新型的长余辉材料。本书也将在第7章系统介绍相关内容。

2.5.5　缺陷工程调控应力发光研究

通过发光实现的力学传感因具有非接触、快速响应和高时空分辨率等优点而备受关注，是近年来稀土发光材料领域的另外一个研究热点。应力发光材料会在受到机械刺激的瞬间发射出光子，基于发光实现的力学传感可实现实时的应力传感。大多数弹性应力发光材料属于陷阱控制的压电晶体，如发射蓝光的 $Ca_2Al_2SiO_7:Ce^{3+}$，发射绿光的 $SrAl_2O_4:Eu^{2+}$，发射黄光的 $ZnS:Mn^{2+}$ 以及发射红光的 $LiNbO_3:Pr^{3+}$、$M_2Nb_2O_7:Pr^{3+}$（M=Sr、Ca）、$CaZnOS:Mn^{2+}$ 等[181-186]。这些非中心对称材料具有较低的外力感应阈值，在外部应力刺激下，很容易产生局部压电场，电场作用于陷阱能级会进一步致使载流子脱陷，最终以复合重组形式促进材料产生发光现象。

随着研究的深入，在一些中心对称结构的荧光粉中同样发现了弹性应力发光现象，如 $CaNb_2O_6:Pr^{3+}$、$Ca_3Nb_2O_8:Pr^{3+}$、$BaZnOS:Mn^{2+}$ 和 $Li_2ZnGeO_4:Mn^{2+}$ 等[185-187]。这些中心对称材料的应力发光现象或与局域压电场有关，这是由缺陷或杂质附近的局域结构变形造成的。由此可知，无论是中心对称还是非中心对称结构，只要存在适当的缺陷能级，均可能在机械力刺激下产生弹性应力发光现象。此外，最近人们也发现一些与缺陷无关的力致发光现象，或来自摩擦电诱导的电子轰击的直接激发-发射过程[188]。

通常，与力致发光相关的陷阱能级可在材料合成过程中产生。通过微调材料的组成成分、改善制备方法以及引入掺杂离子等手段，可有效改变陷阱的深度和浓度。例如，Matsui 通过对 Mn^{2+} 掺杂的 XGa_2O_4（X=Zn、Mg）和 $MgAl_2O_4$ 的系列研究发现[189]，前者基质中存在因煅烧条件而形成的大量用于捕获电子的氧空位和捕获空穴的其他缺陷。材料在应力刺激情况下，被束缚的空穴与电子得以再度复合，其释放的能量被进一步传递到发光中心而发出光。然而，在 $MgAl_2O_4:Mn^{2+}$ 中却没有检测到缺陷的存在，因此相比前者其应力发光强度相对较弱。Zhang 等在对 $CaZnOS:Mn^{2+}$ 的研究中发现[190]，制备过程中出现的 CaO 和 CaS 杂相会导致主相成分减少，体系电荷平衡会相应地形成 Ca、O、S 空位（V_{Ca}、V_O 和 V_S）。

为探索更多种类的新型弹性应力发光材料，Zhang 等提出一种利用在压电基质（如 $CaNb_2O_6$、$Ca_2Nb_2O_7$、$Ca_3Nb_2O_8$）中掺杂镧系离子（如 Pr^{3+}），在晶格中形成发光中心和陷阱能级，构建出可恢复应力发光材料的策略[191]，如图 2-39 所示。此外，在具有自还原特性的锗酸盐应力发光材料如 $Na_2MgGeO_4:Mn^{2+}$ 中[192]，采用缺陷调控的手段，有效优化了

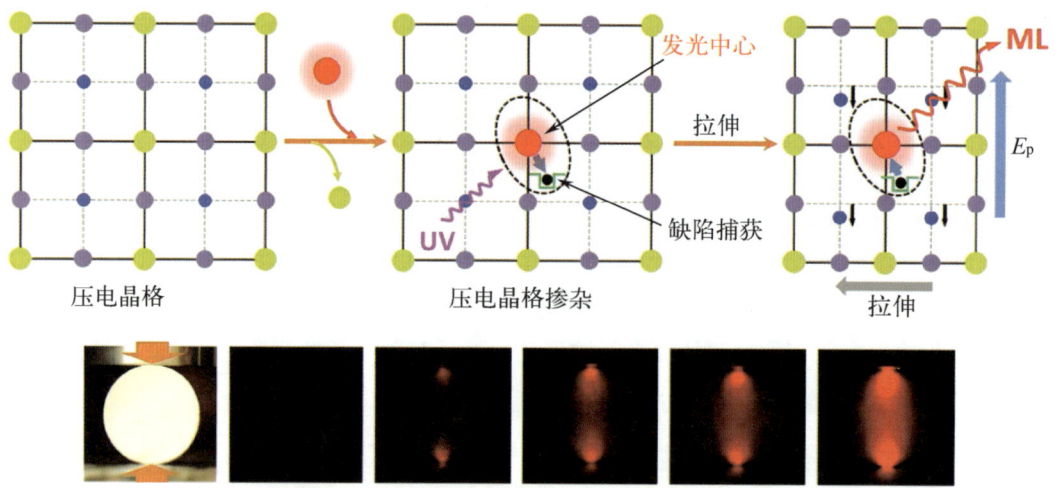

图 2-39 新型应力发光材料的设计及不同大小应力下的力致发光图像[191]

其应力发光性能。其光致发光来源于晶格中在高温下生成的本征缺陷 V_O；掺入 Mn^{2+} 后，引入的非本征缺陷 Mn_{Mg} 使得第一个陷阱能级向浅能级方向移动，有利于应力发光的产生。

与浅陷阱影响的长余辉特性相比，应力发光的陷阱深度覆盖能量范围更为广泛[157]。这是因为，机械刺激能够提供比室温的热能更高的激活能，使得深陷阱中的载流子发生跃迁。此外，浅陷阱中的载流子可能同时经历热驱动和机械驱动引起的脱陷过程，在这种情况下，发射峰包含了余辉发光和应力发光的贡献。经历光激发后，强烈的长余辉信号（噪声）会叠加在应力发光信号上，降低应力发光谱图分辨率。然而，由于长余辉和应力发光可能来源于相同类型的缺陷或缺陷团簇，很难通过单独消除长余辉发光的方式来获得高对比度的应力发光图像。最近，Zhang 等提出采用 Sr^{2+} 取代 Ca^{2+} 的方式来降低 $(Ca,Sr)_2Nb_2O_7:Pr^{3+}$ 固溶体的总陷阱密度，在短延迟时间内，解决了缺陷控制型应力发光材料的余辉背景问题[158]。但是，应力刺激引起的脱陷率远大于热能引起的脱陷率，导致应力发光强度的下降率远小于长余辉强度的下降率，从而在短时间内实现高对比度的应力发光图像。

综上，通过调控缺陷的方式，在特定晶体结构中可产生合适的陷阱能级，这对于应力发光机制的探索、高性能应力发光材料的开发和应用具有重要意义。另外，在不影响应力发光性能的情况下，淡化长余辉背景信号是今后应力发光材料研究的一个重要课题。本书也将在第 7 章中系统介绍相关工作。

2.5.6 晶格缺陷形成与自还原

在发光材料中，人们往往会选择能级丰富和对晶体场敏感的过渡金属和稀土金属离子作为激活剂进行掺杂。其中一些离子具备价态可变性，即同种元素具有不同价态形式，在特定配位环境中会经历不同的能级跃迁过程，从而导致发射波长改变。常见的变价离子主要有 Mn^{2+}/Mn^{4+}、Eu^{2+}/Eu^{3+}、Sm^{2+}/Sm^{3+} 和 Ce^{3+}/Ce^{4+} 等。以 Mn^{2+}/Mn^{4+} 为例，在材料制备中，Mn^{4+} 的获得不需要特定条件，而 Mn^{2+} 的制备条件相对严苛，通常需要将原料（$MnCO_3$、MnO、$MnCl_2$、MnO_2 等）放置在还原性气氛（H_2/N_2、CO）下进行制备[193]。还原气氛的使用可保证锰离子稳定维持在二价状态而不被氧化为高价。但是，还原性气氛的使用增加了操作复杂性和能源的消耗，也不利于工业生产的普及。

1993 年，Pei 等采用 RE_2O_3（RE=Eu，Sm，Yb）为原料，在空气中烧结，制备出 $SrB_4O_7:RE^{2+}$ 荧光粉。这是在空气中烧结的氧化物中，首次观察到三种稀土离子 Eu^{3+}、Sm^{3+} 和 Yb^{3+} 都可自发地还原为相应的二价离子。受此启发，1999 年，该课题组又发现在空气气氛下合成的 $Sr_2B_5O_9Cl:Eu^{3+}$ 中[194]，测得的荧光光谱里既存在 Eu^{3+} 的特征发射尖峰，同时也出现了部分 Eu^{2+} 的典型宽谱，实现了变价离子的部分自还原。然而，对于大多数化合物，即使在还原气氛下合成，依旧保持 RE^{3+} 状态。Song 等采用键价法解释了这种反常现象，揭示了晶体结构与离子价态之间的关系。另外，Dorenbos 借助理论计算手段，研究了镧系元素的价态稳定性与它们的基态能级相对于未掺杂无机化合物中费米能级的位置之间的关系[195]。因此，掺杂离子价态的变化，不但取决于制备条件，而且受晶体结构以及电子结构的影响。

从晶体结构看，自还原过程的发生大多与基质的三维网状结构有关。由特定的阴离子四面体基团 XO_4（X=P、Ge、B……）组成的三维网状结构能为 Mn^{2+} 隔绝氧化环境，有效保证自还原过程的单向进行。目前所发现的锰离子自还原过程可用以下三种模型来描述，如图 2-40 所示。①电荷补偿模型，典型例子有 $NaZn(PO_3)_3:Mn^{2+}$ 和 $\alpha\text{-}Zn(PO_3)_3:Mn^{2+}$ 等[155,196]。在样品制备过程中，当 Mn^{4+} 占据某种阳离子格位时，随之产生带两个负电荷的阳离子空位缺陷和带两个正电荷的替位缺陷。其中，阳离子空位缺陷充当供体，给予电子；替位缺陷充当受体，接受电子。整个过程始终保持电荷守恒，实现了 $Mn^{4+} \rightarrow Mn^{2+}$ 的自还原。②氧空位模型，如 $Na_2MgGeO_4:Mn^{2+}$、$Li_2MgGeO_4:Mn^{2+}$ 和 $Li_2ZnGeO_4:Mn^{2+}$ 等[192,197-198]。与电荷补偿模型不同，除了存在替位式缺陷外，在高温条件下，晶格热振动加剧，晶格氧逃逸，还会产生氧空位 V_O 和两个电子。之后，替位缺陷充当受体捕获两个自由电子。③间隙氧模型，如 $KCa(PO_3)_3:Mn^{2+}$ 荧光粉，当 Mn^{4+} 取代 Ca^{2+} 时，在晶格中产生带两个正电荷的 Mn_{Ca} 缺陷。在空气气氛下烧结，容易形成带两个负电荷的间隙氧缺陷 O_i，为保持电中性，间隙氧缺陷 O_i 充当供体，将两个电子给予 Mn_{Ca} 缺陷，从而将 Mn^{2+} 稳定在晶格中[156]。这三种模型并不仅限于过渡金属离子 Mn^{2+} 的自还原过程，稀土离子同样适用。例如，$NaBaB_9O_{15}:Eu$ 与 $Sr_2P_2O_7:Eu$ 都是采用电荷补偿方式，在空气中实现 Eu^{3+} 到 Eu^{2+} 的自还原，从而调控材料的发光性能[199-200]。

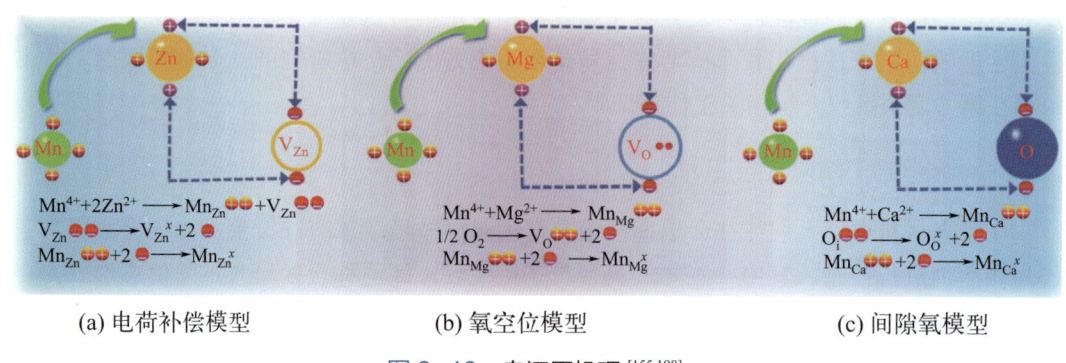

(a) 电荷补偿模型　　(b) 氧空位模型　　(c) 间隙氧模型

图 2-40　自还原机理[155,198]

伴随自还原过程，引入了大量晶格缺陷，在材料内部形成捕获载流子的陷阱能级。这些陷阱能级为材料带来了很多与缺陷相关的性质，对材料性能的开发和利用具有重要意义，同时为人工调控缺陷和缺陷工程的研究提供了重要的研究体系。

对缺陷进行有效调控，从而设计出具有所需性能的新型材料，这一研究领域极具吸引力。人们常通过共掺敏化离子、电荷补偿、阳离子取代等方式调控晶体中的缺陷分布及其所形成的陷阱能级位置。目前，虽然在缺陷调控发光领域中还有很多挑战亟待解决，但随着先进材料实验表征手段的引入和新颖的实验设计，以及结合第一性原理计算等的深入分析，人们能够更好地理解缺陷控制发光材料性能的内在机理。在未来 20 年内，缺陷的研究将推动各类高性能发光材料的快速增长，进而推动发光材料及其复合材料在更多领域的广泛应用，服务于生产力的发展和人类更高品质生活的需求。

2.6　稀土固体发光材料的结构分析方法

稀土固体发光材料因独特的发光性能和优异的物理化学性质备受关注[201]，这是源于稀土元素的特殊电子结构和能级分布赋予了固体发光材料独特的荧光和磷光性质[202]，如前所述，这些材料的发光性能往往与其中稀土离子的晶体结构和局域环境密切相关，包括晶胞参数、晶格对称性、晶体缺陷等[160]。因此，对稀土固体发光材料的结构进行准确的分析和表征，对于理解其发光机制、优化性能以及开发新型功能材料具有至关重要的意义。

随着科技的日益发展，不仅促进了社会的进步，同时也为科学技术本身的发展带来了先进的研究手段和表征方法。有了这些高精尖的科学仪器，物质结构信息的获取更加方便，后续对于材料的性能分析也有了基础依据。在稀土发光材料结构研究中涉及的表征方法有很多，本章节就研究中较为普遍使用的分析方法进行介绍，读者可以创造性地、批判性地阅读本章内容。在学会各类表征方法的同时，掌握研究技术的原理和功能，能够发现问题并解决问题，从而推动相关领域的深入探索和创新发展。目前针对稀土固体发光材料的结构表征方法一般有X射线粉末衍射物相结构分析及其结构精修、X射线单晶结构分析、固体核磁结构分析、拉曼光谱分析和扩展X射线吸收精细结构（EXAFS）分析等。

2.6.1　X射线粉末衍射物相结构分析

（1）X射线粉末衍射原理

一百多年来，X射线粉末衍射（X-ray powder diffraction）已经成了物质空间结构数据的主要来源，测定了几十万种晶体的结构。衍射图案就源自X射线对晶体的照射。X射线粉末衍射通过测量材料中晶体结构的衍射图样来获取信息，是一种非破坏性的方法，可用于确定晶体的晶体结构、晶胞参数、晶体取向、晶体缺陷等[203]。

在针对稀土固体发光材料的X射线粉末衍射表征中，材料通常以粉末微晶形式存在。因为晶体中的晶面朝向是各向同性的，所以当晶体的所有晶面都与入射光线满足布拉格定律时，会产生一个连续的衍射图样。这是与单晶X射线粉末衍射（用于研究单个晶体）不同的地方。但当X射线与晶体相互作用并发生衍射时，不同晶面会以特定的角度产生衍射峰。这些衍射峰的位置、强度和形状取决于晶体的晶格结构和晶胞参数。通过测量这些衍射峰的角度和强度，可以获取有关晶体结构的信息，同时这也是X射线粉末衍射数据图谱的由来。例如，通过谢乐公式（Scherrer equation）便可以分析样品的平均晶粒尺寸与X射线粉末衍射谱图半峰宽的关系；通过将最强衍射峰积分所得的面积（A_s）当作计算结晶度的指标，与标准物质积分所得的面积（A_g）进行比较，便可得到样品相对结晶度=A_s/A_g×100%。

以上属于X射线粉末衍射的定量分析，除此之外，X射线粉末衍射还可以对物相进行定性分析，这也是其最主要的用途。因为晶态物质组成元素或基团如果不相同或其结构存在差异的话，它们的衍射谱图在衍射峰数目、角度位置、相对强度以及衍射峰形上会显现出差异，因此，通过与标准谱图进行对比，可以知道所测样品由哪些物相组成。图2-41是CaO样品X射线粉末衍射谱图在Jade软件中的Search/Match操作。该功能可以将样品的衍射图样与标准谱图进行对比，给出与所测样品相吻合的标准谱图信息。从图中现象可知，样品与CaO标准谱图匹配良好（FOM值较低），说明样品合成为纯相（CaO相）。

总之，X射线粉末衍射是一种强大的分析技术，可用于研究各种材料的晶体结构和性质，包括无机物、有机物、金属等。通过分析X射线粉末衍射图样，研究人员可以获得有关晶体的许多重要信息，从而推断材料的结构和特性。

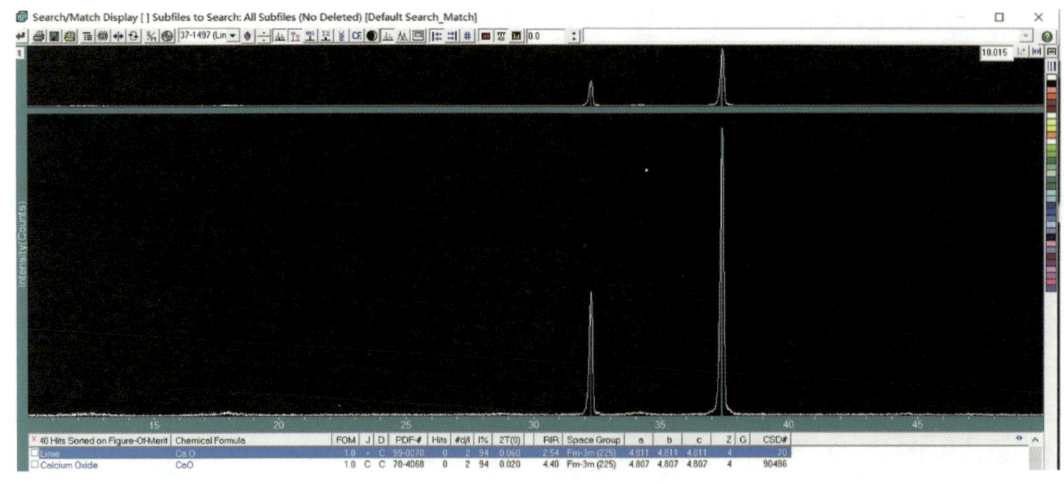

图 2-41　CaO 样品 X 射线粉末衍射谱图与其标准谱图在 Jade 软件中的匹配程度

（2）Rietveld 结构精修

Rietveld 结构精修是一种用于从 X 射线或中子衍射数据中提取晶体结构信息的方法，是指利用多晶衍射数据全谱信息，在假设晶体结构模型和结构参数基础上，结合峰形函数来计算多晶衍射谱，并用最小二乘法调整结构参数与峰形参数使计算衍射谱与实验谱相符，从而使初始晶体结构向真实晶体结构逐渐逼近，得到样品晶体结构信息的方法。这种方法以荷兰科学家 H.M. Rietveld 的名字命名，他于 1966 年首次提出了这种方法。

具体而言，Rietveld 使用整个衍射图谱数据进行分析，而一张多晶衍射图谱可以看成是由一系列等间距的 2θ-y_{oi} 数据组成。如果晶体的结构已知，那么就可以使用晶体结构参数以及峰形参数计算出每一个 2θ 下对应的理论强度 y_{ci}，再采用最小二乘法使其与实测强度 y_{oi} 进行比较，并不断地调整各种参数，使差值 M 达到最小，即为全谱拟合。

（3）Rietveld 结构精修在稀土发光材料的应用

为了有效调控稀土发光材料的性能，深入了解其晶体结构和物理性质至关重要。X 射线衍射（XRD）和 Rietveld 结构精修是不可或缺的工具，接下来将深入探讨二者在稀土发光材料研究中的关键应用，包括晶体结构以及组分的确定、分析离子占位、发光中心性质揭示等研究。这些应用，将揭示这两种分析技术如何有助于推动稀土发光材料的开发和应用，以满足不断增长的科技和工程需求。

XRD 在稀土发光材料中最重要的应用便是探究荧光粉相纯度以及杂相的确定。本书笔者课题组在对于混合阳离子 $K_2BaCa(PO_4)_2:Eu^{2+}$（KBCP：Eu^{2+}）荧光粉研究中，详细阐述了 XRD 与 Rietveld 结构精修在确定相纯度和分析离子占位的应用[117]。通过 K(M1)O_6 → BaO_6、K(M2)O_7 → (K/Ca)O_7、K(M3)O_6 → KO_6 和 SO_4 → PO_4 的共取代成功地设计和合成了一种新型 $ABPO_4$ 磷酸盐荧光粉：$K_2BaCa(PO_4)_2$ [图 2-42（a）]。不同 Eu 掺杂样品荧光粉的衍射峰与空间群 $P\bar{3}m1$ 结构很好地匹配，这意味着所有样品荧光粉都是纯相，并且掺杂 Eu^{2+} 不会对晶体结构造成重大变化，如图 2-42（b）所示。XRD 衍射峰数据参数接近 $NaBaPO_4$，因此，将 $NaBaPO_4$ 晶体结构用作 Rietveld 精修的起始模型，来对粉末 XRD 数

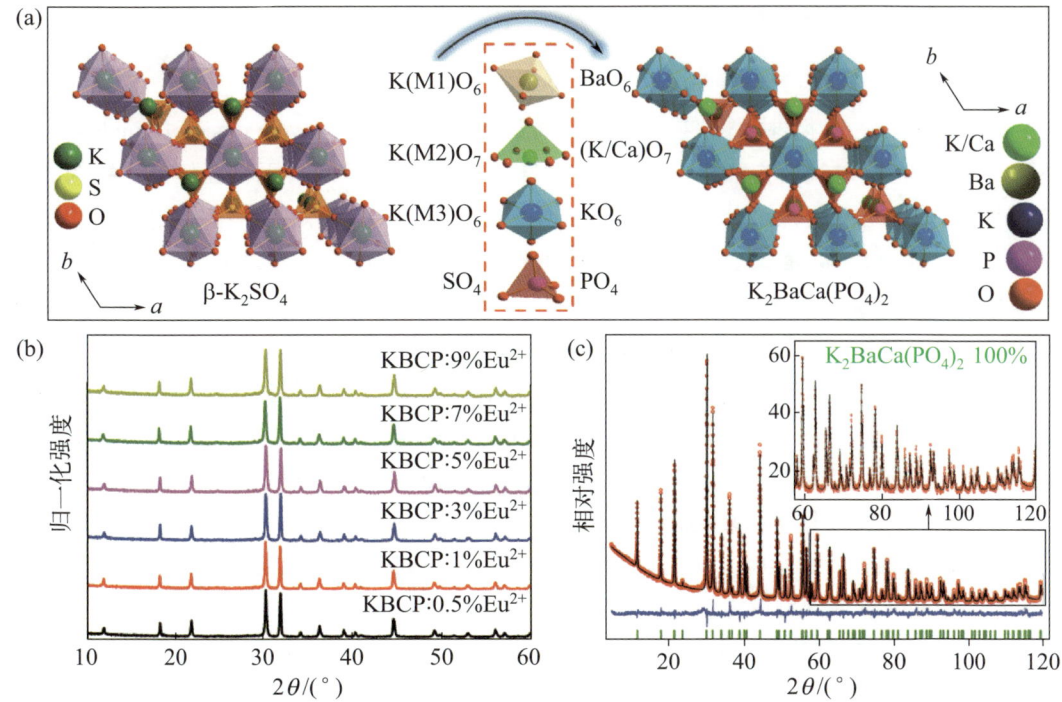

图 2-42 β-K_2SO_4 原型到 KBCP 新结构荧光粉的相变模型 XRD 精修图谱 [117]

据进行 Rietveld 精修，如图 2-42（c）所示。Rietveld 初步精修表明，在 $K_2BaCa(PO_4)_2$ 中，Ba^{2+} 和 K^+ 分别完全占据 M1 和 M3 位点，M2 位点被 Ca^{2+} 和 K^+ 占据，并且根据荧光粉化学计量比 $K_2BaCa(PO_4)_2$，M2 位点应被 50% Ca^{2+} 和 50% K^+ 占据。

除此之外，Rietveld 精修还能对发光中心 Eu^{2+} 的占位进行分析。对 KBCP：9% Eu^{2+} 的 XRD 数据进行了 Rietveld 精修，最后在模型稳定的情况下，得到了较小的精修因子 R 值。精修后化学式为 $K_{1.940(2)}BaCa_{0.980(2)}(PO_4)_2$：0.080(2)Eu。对基质位点分布的分析显示，只有 M2 和 M3 位点被 Eu^{2+} 占据（见表 2-3）。

表 2-3 $K_2BaCa(PO_4)_2$:9%Eu 的分数原子坐标和各向同性位移参数（$Å^2$）

		\multicolumn{5}{c}{$K_2BaCa(PO_4)_2$: 9%Eu}				
Ba1	M1	0	0	0.5	1.343(15)	1.00(3)
Eu1		0	0	0.5	1.343(15)	0.00(3)
Ca2	M2	1/3	2/3	0.82254(15)	0.97(3)	0.490(1)
K2		1/3	2/3	0.82254(15)	0.97(3)	0.490(1)
Eu2		1/3	2/3	0.82254(15)	0.97(3)	0.020(2)
K3	M3	0	0	0	0.50(3)	0.960(2)
Eu3		0	0	0	0.50(3)	0.040(2)
P	—	1/3	2/3	0.26969(18)	0.50(4)	1
O1	—	1/3	2/3	0.4733(5)	0.96(5)	1
O2	—	0.18267(17)	0.81733(17)	0.1997(2)	0.96(5)	1

2.6.2 X射线单晶结构分析

(1) X射线单晶结构解析的原理

与X射线粉末衍射类似，X射线单晶结构解析（X-ray analysis of single crystal structure）也是X射线结构解析中的一种。同样地，作为表征解析无机固体晶体结构的一种强有力手段，它也是通过分析X射线在晶体中的散射模式来确定晶体中原子的排列方式。布拉格方程 $2d\sin\theta=n\lambda$ 是X射线单晶结构解析的原理之一。所用仪器为单晶X射线衍射仪，可用其测定一个新化合物（晶态）分子的准确三维空间（包括键长、键角、构型、构象乃至成键电子密度等）及分子在晶格中的实际排列状况。

与X射线粉末衍射不同的是，X射线单晶结构分析的过程还包括了单晶培养、单晶的挑选与安置、使用单晶衍射仪测量衍射数据和晶体结构解析等过程，最后得到了各种晶体结构的几何数据与结构图形等。其优势之处在于，在进行结构测定时，采用单晶样品而非粉末样品更为方便，且所获结构信息更加可靠。同时，在材料物性测量过程中应用单晶样品能够消除晶界和表面影响，从而提高测量精度。特别是在研究一些物理性能的微观机理时，单晶样品可以使问题简化。

单晶解析的过程如图2-43所示，大体上分为三步。在X射线单晶结构分析中，只要获得部分正确结构模型，即获得大致正确的相角信息，经过多轮的傅里叶合成，就可以得到完整的结构模型。问题是，X射线衍射实验只能给出结构振幅的数值，不能直接给出相角的数值，哪怕是大致准确的相角值都无法直接从实验中获得。所以要测定晶体结构，必须首先解决相角这一关键问题。所以单晶解析的第一步便是通过直接法/重原子法来获取大致的相角数据。如果获得每个衍射波的结构振幅和相角信息，那么通过傅里叶合成（即加和）的方法，就可以得到电子密度函数 ρ_{xyz}，即电子密度图像。

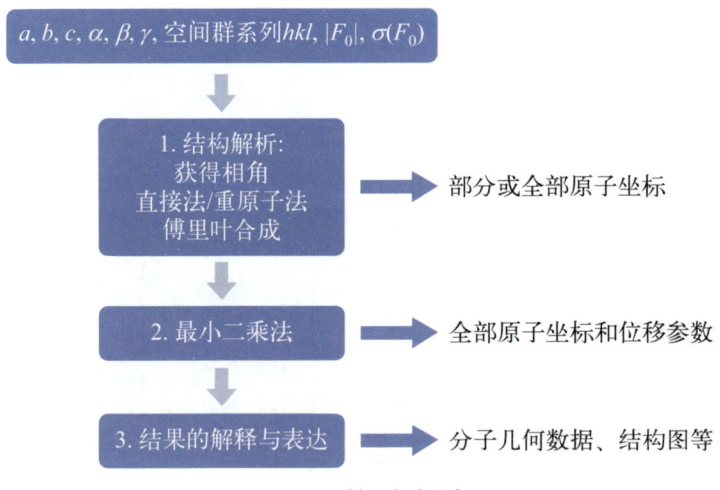

图 2-43 单晶解析过程

从这一新的电子密度分布图中就可能获得更多的原子坐标信息，得到一个更加接近真实情况的结构模型。重复上述方法，往往可以得到完整的、真实的结构。模型的匹配程度可以通过 R 值等指标来评估，这些指标衡量了模型计算的电子密度与实验数据之间的一致性。最终确定的晶体结构模型提供了关于原子的位置、键的性质以及晶体内部排列的详细信息。这对于理解分子的功能、性质和相互作用机制非常重要。

综上所述，X 射线单晶结构解析的原理是基于 X 射线与晶体中原子的相互作用，通过衍射图样和电子密度分布来揭示晶体结构的内部排列。这个过程需要复杂的实验和计算步骤，但它提供了深入了解分子和晶体结构的独特方法。

(2) X 射线单晶结构分析在稀土发光材料的应用

相较于 XRD，X 射线单晶结构分析的表征对象为荧光粉中的单晶颗粒，能够排除粉末表征时存在的一些负面影响，使结构解析更加真实可靠。因此，许多科学家都利用 X 射线单晶结构解析来分析确定荧光粉的组分。例如，本书笔者课题组利用 X 射线单晶结构解析技术成功分析得到了一个新组分的磷灰石荧光粉[204]。该荧光粉基质设计的化学式为 $Sr_9MnLi(PO_4)_7$，属于 $\beta\text{-}Ca_3(PO_4)_2$ 型，利用单晶 X 射线数据解析了化合物的晶体结构。由于取代基 Mn^{2+}/Li^+ 的平均离子半径与基质中原始 Fe^{2+} 相似，且结构元素都具有无序性，便将 $Sr_9Fe_{1.5}(PO_4)_7$ 的结构组成作为初始模型进行精修，结果表明得到的荧光粉为纯相，如图 2-44 所示[205]。根据 $Sr_9Fe_{1.5}(PO_4)_7$ 模型，在 Sr2 与 Sr3 格位占用率之和为 0.5 的约束下，对 Sr2 和 Sr3 格位各自的占有率进行了精修，替换 Fe^{2+} 的 Mn^{2+}/Li^+ 的占比也进行了精修。精修结果表明对称单元中存在的两个独立 Mn 格位（Mn1 和 Mn2），其中 Mn1 格位存在 Li，最终精修后的化学式为 $Sr_9Mn_{1.26(2)}Li_{0.24(2)}(PO_{4-\delta})_7$，成功得到了一种新型磷灰石荧光粉。除此之外，图 2-44 插图所示的 ^6Li 固体核磁共振谱（NMR）显示了 ^6Li 的化学位移为 0.02ppm，这证明了 Li 进入晶格并形成 6 配位的 LiO_6 八面体[206]。另外，^6Li NMR 的表征结果更进一步证明了 X 射线单晶结构解析技术分析该新结构磷灰石荧光粉的准确性。

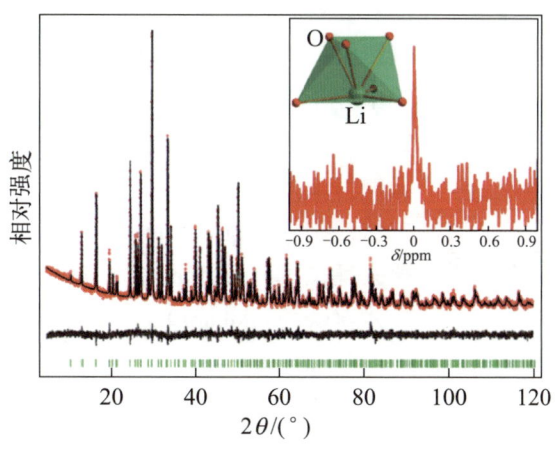

图 2-44 单晶衍射数据 Rietveld 精修

插图显示了 ^6Li 固体核磁共振谱和配位环境[204]

Hubert 教授利用 X 射线单晶结构分析，获得了一系列氮化物荧光粉的晶体结构，这里介绍其中一个代表性工作[207]。该团队利用该表征技术发现了一种新型氮化物结构荧光粉：$Sr[Li_2Al_2O_2N_2]:Eu^{2+}$。其晶体结构基于单晶 X 射线衍射数据进行了分析和精修。结果表明该结构是 UCr_4C_4 结构的有序变体，Sr 在相应的 U 位上，Al 和 Li 在相应的 Cr 位上，N 和 O 在相应的 C 位上。根据数据质量和不同的散射因子，确定了 Sr、Li 和 Al 的格位和占有率。两种四面体形成一个高度刚性的骨架，Sr 存在于其中一个通道中。该团队最后还通过

BLBS[208] 和 CHARDI[209] 计算，证实了该结构模型，并且与单晶 X 射线衍射数据可以较好地吻合。

2.6.3 固体核磁结构分析

（1）固体核磁结构分析的原理

固体核磁结构分析又称固体核磁共振技术（solid state nuclear magnetic resonance, SSNMR），研究的是各种核周围不同的局域环境，即中短程相互作用，能够提供丰富细致的结构信息，是一种以固态样品为测试对象的表征技术。近年来，随着技术的不断发展革新，固体 NMR 技术已经取得很大的突破，但是相较于液体 NMR 而言，在测试结果的分辨率上，还存在一定的差距。原因在于在液体样品中，分子的迅速运动导致了各种相互作用（如化学位移各向异性和偶极-偶极相互作用等）的平均化，从而获得高分辨率的液体核磁共振谱线；与此相反，固态样品中分子的运动受到限制，化学位移各向异性等多种作用的重叠导致谱线严重增宽，因此固体核磁共振技术的分辨率相对于液体要低。值得注意的是，固体状态的样品，其本征结构便决定了其谱宽要比液体样品的宽。实验中一般选用固体 NMR 的情况有以下几种：①样品不溶解；②样品溶解，但是结构发生了改变；③想要了解从液体到固体的结构变化；④可作为 XRD 结构精修的重要补充。

目前，固体核磁共振技术分为静态与魔角旋转两类，前者分辨率低，应用前景十分受限；而后者是使样品管（转子）与静磁场呈 54.736° 方向快速旋转，达到与液体中分子快速运动类似的结果，提高谱图分辨率，如图 2-45 所示。因此，针对上述固体核磁共振技术分辨率较低的弊端，还发展出了以下几种提升固体核磁分辨率的方法：①魔角旋转（magic angle spinning，MAS）；②异核去耦技术（heteronuclear decoupling）；③ LG 同核去耦技术（Lee-Goldburg homonuclear decoupling）；④魔角旋转加多脉冲技术（combined rotation and multiple-pulse spectroscopy，CRAMPS）；⑤交叉极化（cross polarization，CP）。其中魔角旋转作为提出时间最早的技术，主要通过消除化学位移各向异性以及部分削弱偶极-偶极相互作用、四极矩耦合来提升固体核磁分辨率。提升的程度取决于魔角旋转的转速，转速越高，削弱相互作用的程度越大，分辨率提升越明显[210]。

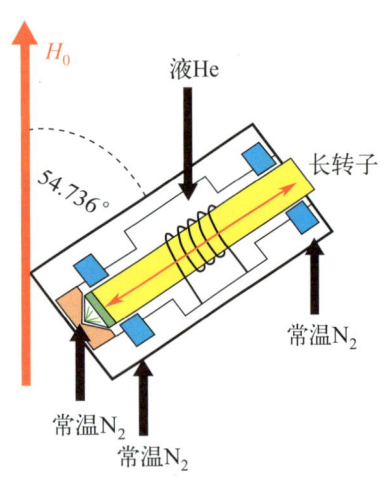

图 2-45 魔角旋转固体核磁共振技术的测试原理图[210]

在一张 SSNMR 图谱中，通常需要分析峰位、峰形、峰强和弛豫时间等数据来获取基本信息。其中还需要关注峰形中峰的裂分数量以及裂分间距，峰的线形、峰宽等方面。从这些峰形的数据中可以获得诸如化学位移各向异性、偶极-偶极耦合常数、四极耦合常数等 NMR 相互作用的参数，间接得出化学键的键长、键角和空间分布等物质结构方面的重要信息。当然本质上这些化学位移和峰形的不同，也是由于原子的成键方式和化学环境不同，这些原子核的 NMR 相互作用的哈密顿量不同，如图 2-46 所示。

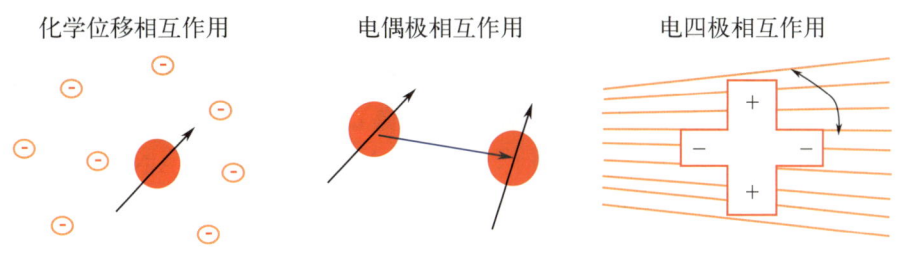

图 2-46 SSNMR 中几个比较重要的相互作用原理

固体核磁共振是一项高级技术，可以揭示出固体材料中原子核的详细信息，包括晶体结构、晶格动力学、分子间相互作用等。它在材料科学、化学、生物化学等领域具有广泛的应用。

(2) 固体核磁结构分析在稀土发光材料中的应用

SSNMR 在荧光粉中的应用十分广泛，主要是对一些 Si、Al、P、Li 元素进行局域结构分析，以此来获取荧光粉中阳离子多面体的体积变化和发光中心的配位场强度变化等信息。例如 2.6.2 小节提及的在 $Sr_9Mn_{1.26(2)}Li_{0.24(2)}(PO_{4-\delta})_7$ 中通过 SSNMR 分析 Li 的局域结构。此外，Fang 等在邻近阳离子对氮化物荧光粉 $Sr(LiAl_3)_{1-x}(SiMg_3)_xN_4:Eu^{2+}$ 光致发光影响的研究工作中，通过 ^7Li 固态核磁共振谱分析局域结构[211]。该荧光粉的发光光谱具有十分有趣的现象，在 460nm 的蓝光激发下，当 Si^{4+} 和 Mg^{2+} 共掺杂时，$Sr(LiAl_3)_{1-x}(SiMg_3)_xN_4:Eu^{2+}$ 的发射光谱出现红移，但在较高的 x 值下，发射又向较短的波长移动，如图 2-47（a）所示。为了弄清楚其中的原理，需要进一步了解 Eu^{2+} 晶体场强的变化情况。但无论是通过 X 射线衍射还是中子衍射，都无法获得 Eu^{2+} 晶体场强变化的可靠信息，因此需要寻找其他方法进行进一步分析。该团队则利用 ^7Li 固态核磁共振谱获得了邻近阳离子（四面体）的信息，从而获得了影响锶离子配位环境的因素。如图 2-47（b）所示，对于 $SrLiAl_3N_4(SLA)$，由于平均 Li(1)—N 键长较长，在 2.75ppm 和 0.13ppm 处检测到两个峰，分别对应 Li1 和 Li2 的信号。相比之下，因为在 $SrSiMg_3N_4(SSM)$ 结构中只有一个 Li 位点，$Sr(LiAl_3)_{0.1}(SiMg_3)_{0.9}N_4:Eu^{2+}$ 只在 –0.08ppm 处有一个单峰。为了比较结果，将 Li2 的峰归一化处理，$Li(1)N_4$ 的峰逐渐

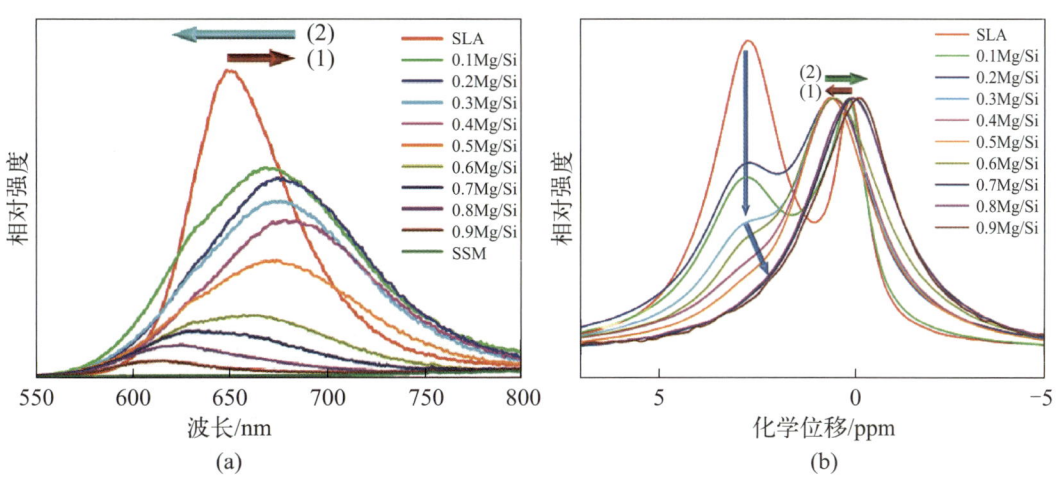

图 2-47 $Sr(LiAl_3)_{1-x}(SiMg_3)_xN_4:Eu^{2+}$ 的光致发光光谱及 ^7Li 固态核磁共振谱[211]

向高场移动，强度逐渐减小，说明 Li(1)N$_4$ 四面体逐渐收缩。当 x=0.2～0.6 时，Li2 的峰值意外地向低场移动，峰值为 0.66ppm；当 x=0.7～0.9 时，Li2 的峰值向高场移动，峰值为 –0.08ppm。这一结果表明，Li(2)N$_4$ 四面体不会像 Li(1)N$_4$ 那样逐渐收缩。相反，Li(2)N$_4$ 四面体的尺寸先扩大后缩小。与此同时，Sr1 被 1 个 Li(1)N$_4$ 和 7 个 AlN$_4$ 四面体包围，而 Sr2 被 1 个 Li(1)N$_4$、2 个 Li(2)N$_4$ 和 5 个 AlN$_4$ 四面体包围。这就说明 Li(2)N$_4$ 四面体尺寸的变化对 Sr2 的影响远大于对 Sr1 的影响。从这个角度来看，Li(1)N$_4$ 四面体的逐渐缩小将导致 Sr1 多面体逐渐增大，因此，Eu(Sr1) 光致发光光谱发生蓝移。然而，Li(2)N$_4$ 四面体的变化会使 Sr2 多面体先缩小，然后在 x=0.7 后增大。因此，Eu(Sr2) 光致发光光谱先发生红移后发生蓝移。最后，该团队还利用温度依赖的光致发光和荧光寿命来了解 Eu^{2+} 在两个 Sr 位点 Sr1 和 Sr2 中的不同环境，进一步支持了核磁共振分析的准确性。

2.6.4 拉曼光谱结构分析

（1）拉曼光谱分析的原理

拉曼（Raman）光谱分析是一种用于研究分子振动和晶体结构的非侵入性分析技术，通过测量样品散射光的频率变化来确定分子的振动模式和化学键信息，其原理基于拉曼散射现象。该分析技术是基于 1930 年印度科学家拉曼（Raman）在气体和液体中观察到的一种特殊散射效应。这种散射效应的原理在于，当激光束照射到样品上时，其中的光子与样品中的分子发生相互作用。大部分光子经过样品而保持其能量不变，即与样品分子之间只发生弹性碰撞，散射光与入射激光具有相同的频率，该散射无法提供有用的信息，被称为瑞利散射。然而，也有极少数的光子与样品分子相互作用后，发生了能量交换，光子能量发生了微小改变，即非弹性碰撞，这种现象称为拉曼散射。拉曼散射一般分为两种情况，如图 2-48 所示，第一种情况是样品分子处于基态振动能级，与入射光子发生碰撞后，样品分子吸收能量跃升到较高能级处，而散射光子能量损失，导致频率有所降低；第二种情况是样品分子处于激发态振动能级，入射光子发生碰撞后，样品分子自身跃迁回到基态振动能级并向入射光子传递能量，因此散射光子能量升高。不管何种情况，散射光子最终的频率都发生了变化，该变化被称为拉曼位移。另外，拉曼散射产生的光子能量差是由分子的振动模式决定的，这些振动模式包括分子中原子核的伸缩、弯曲和转动等。每种振动模式

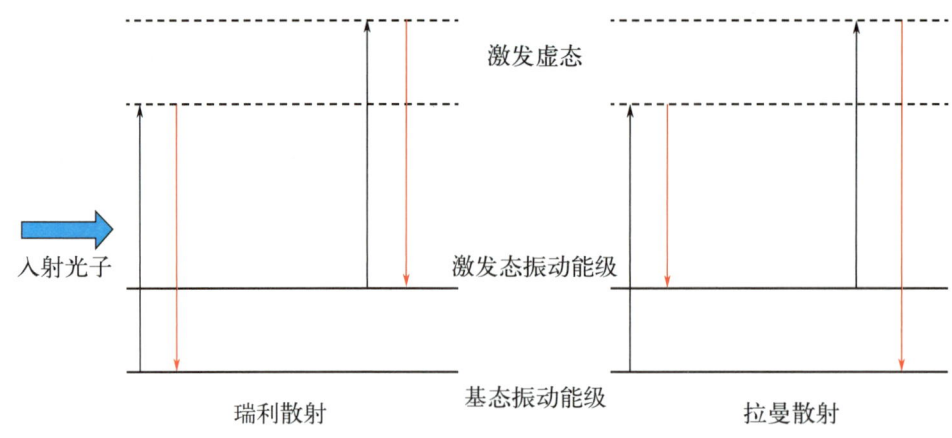

图 2-48　激光拉曼光谱基本原理

都对应着特定的能量差，因此通过分析散射光的频移，可以了解样品中分子的振动信息。收集到的散射光被分析并转换为拉曼光谱。

拉曼光谱通常由许多形状不一的拉曼峰组成，每个谱峰对应于一种特定的分子键振动，所以通过分析这些拉曼峰的波长位置、强度大小、峰宽等特征，便可以得到样品分子中相应的结构信息。例如，通过分析谱峰强度可以获得分子取向（偏振）和浓度等信息；通过分析谱峰位置可以获取分子官能团种类等信息；分析谱峰位移可以得知分子应力（应变）、所受压力等信息；分析谱峰的半峰宽（full width at half-maximum，FWHM），又叫半高宽，可以探究晶体结晶度、掺杂和存在的缺陷等情况。

总的来说，拉曼光谱分析是一种强大的技术，可用于非破坏性地研究分子振动与样品结构的关系。通过分析拉曼光谱，可以获取有关样品的丰富信息，对科学研究和工程应用具有广泛的价值。

（2）拉曼光谱分析在稀土发光材料研究中的应用

上述提到拉曼光谱分析是基于拉曼散射现象原理，通过测量样品散射光的频率变化来确定分子振动模式和化学键信息的一种表征手段。因此，在稀土发光材料中的应用通常是通过分析晶体中原子之间键长的变化情况以反映发光中心所受晶体环境变化的影响情况。

Ma 等采用非化学计量效应设计合成 $Li_2Sr_{1-\Delta}SiO_4:Eu^{2+}$ 荧光粉，并研究该效应与其晶体结构和发光性质的变化关系[212]。如图 2-49（a）所示，当 Δ 从 0 增加到 5% 时，激发光谱没有发生明显变化，但发射光谱出现了蓝移，从 585nm 移动到 579nm，并且 FWHM 变窄，综合发射强度降低。为了解释荧光粉的蓝移现象，对样品的 XRD 数据进行了 Rietveld 结构精修，得出了荧光粉的平均键长变化情况，如图 2-49（b）所示。随着 Δ 的增加，Sr—O 和 Li—O 键长变大，Si—O 键长逐渐变小，晶体场强度变弱，从而导致发射光谱蓝移。为了进一步佐证该精修结果的准确性，该团队测试了 $Li_2Sr_{1-\Delta}SiO_4:Eu^{2+}$ 的拉曼光谱，图 2-49（c）显示了位于约 820cm^{-1} 处的拉曼峰随着 Δ 值的增加而发生的位移变化情况。可以明显看出，拉曼峰从 820.58cm^{-1} 移动到了 822.9cm^{-1}，因此，随着 Δ 值的增加 Si—O 键力常数 k 变大，则 Si—O 键长变短，与图 2-49（b）的结果一致。

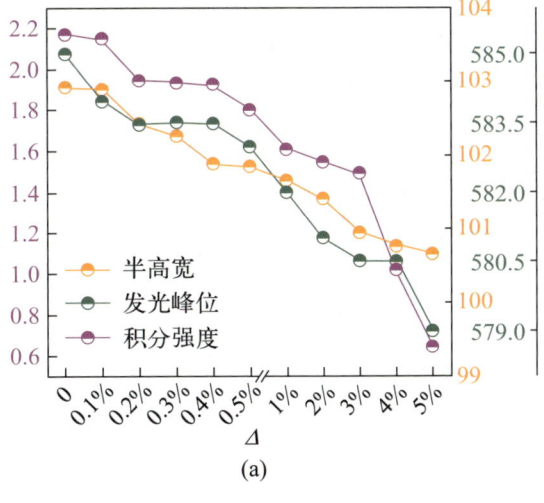

图 2-49

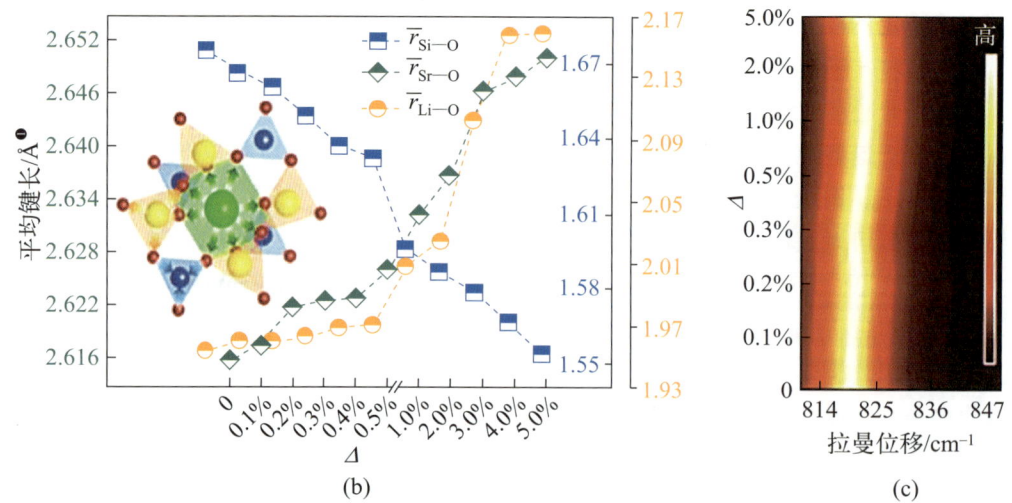

图 2-49 $Li_2Sr_{1-\Delta}SiO_4:Eu^{2+}$ 的发光性能、键长及拉曼峰移与 Δ 值之间的关系 [212]

从以上应用可以看出,拉曼光谱分析能够直接地分析出稀土发光材料内原子键长的变化情况,但更重要的是,读者应该明白将其与其他表征技术结合在一起时,在分析和解决问题上也许会有更多新的发现。

2.6.5 扩展 X 射线吸收精细结构分析

(1) 扩展 X 射线吸收精细结构分析 (EXAFS) 的原理

为了了解扩展 X 射线吸收精细结构 (extended X-ray absorption fine structure,EXAFS) 分析的原理,先要学习 X 射线吸收精细结构 (X-ray absorption fine structure,XAFS) 的基本原理。XAFS 是一种 X 射线光谱技术,用于研究材料的局部原子结构及其周围环境。它提供了有关样品中吸收 X 射线原子的信息,包括它们的相对位置、配位数、化学状态和近邻原子的性质。具体而言就是 X 射线能量与稀土发光材料中的原子相互作用,利用 X 射线入射前后信号变化来分析材料元素组成、电子态及微观结构等信息。这个过程被称为 X 射线吸收。在 X 射线能谱中,通常称为 X 射线吸收边。吸收边产生的原因是当 X 射线光子的能量与原子内层电子跃迁所需的能量相匹配时,这些电子将被激发,而这一过程在 X 射线吸收光谱中表现为吸收边。这个吸收边的名称通常与被激发的内层电子壳层有关。例如,当 K 壳层的电子被激发而形成吸收边时,被称为 K 吸收边。同样,当 L 壳层电子被激发而形成吸收边时,被称为 L 吸收边。这个吸收边的位置和形状与被吸收的 X 射线的能量以及吸收原子的种类和环境有关。在吸收边之后,会出现一系列的摆动或者振荡,这种小结构一般为吸收截面的百分之几,这便是 XAFS。如图 2-50 所示,以 Cu-Foil 为例,即以铜单质标样的 XAFS 谱为例,主要包括两部分:X 射线吸收近边结构 (XANES) 和扩展 X 射线吸收精细结构。

---

❶ 1Å=0.1nm。

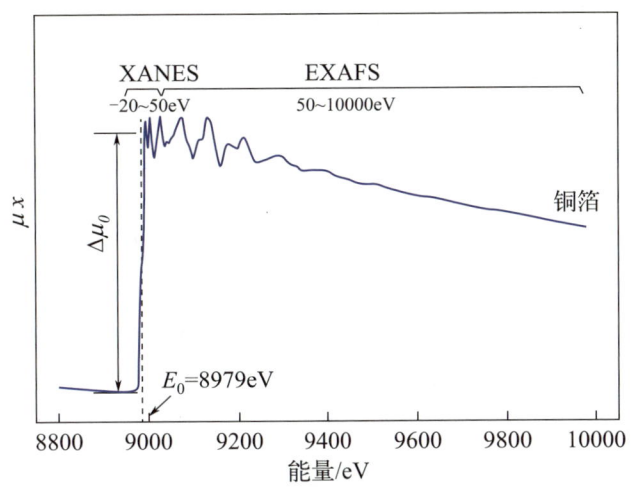

图 2-50　X 射线吸收精细结构谱图 [213]

XANES 最大的特点便是振荡剧烈（吸收信号清晰且易于测量）；对价态、未占据电子态和电荷转移等化学信息敏感；对温度依赖性很弱，可用于高温原位化学实验；具有简单的"指纹效应"，可快速鉴别元素的化学种类等等。EXAFS 是由于出射电子波在与近邻原子的相互作用中发生了单次散射，能在更宽的能量范围内（从吸收边向高能扩展出约 1keV）考查吸收随能量或波长的变化。因为存在近邻原子，原子中被 X 射线电离出的光电子会受到这些近邻原子的干扰和散射，而散射波再次与入射 X 射线相互干涉。这种相互作用使得吸收系数发生了变化，形成了叠加在背景上的振荡结构，这就是 EXAFS。并且不同原子核的振荡模式会产生不同的振荡频率，这使得 EXAFS 成为一种局域结构敏感的技术。

实验中获取的 EXAFS 光谱会被转换为振幅和相位信息。进行数据分析之后，通过配对分析方法（例如傅里叶变换），可以重构出原子核周围的局域结构信息。这些信息包括相邻原子的类型、原子之间的距离以及它们之间的散射振幅。EXAFS 技术通常用于多晶体和非晶体材料的研究，因为它不需要样品长程有序。但是，对于单晶体样品，也可以使用解构余项光谱（dismantling residual spectrum，DRS）技术来分析其 EXAFS 数据。

总之，EXAFS 技术利用 X 射线吸收边附近的振荡现象，提供了关于材料中原子的局域结构信息。这种技术在材料科学、化学、生物学等领域中广泛应用，帮助研究者了解材料的结构和性质。

(2) 扩展吸收精细结构分析在稀土发光材料中的应用

基于上述原理分析可知，EXAFS 最显著的特点便是可以得到中心原子与配位原子的键长、配位数、无序度等信息。因此，在稀土发光材料中，该项表征技术通常被用来分析稀土离子占据的多面体配位数，以此来归属多格位占据的发射光谱中不同发光中心的发射来源。

Xiao 等利用 EXAFS 与荧光寿命相结合来分析超宽带发光荧光粉 $Lu_2BaAl_4SiO_{12}:Ce^{3+}$, Mn^{2+}（LBAS:Ce^{3+}, Mn^{2+}）中近红外发射的来源 [214]。LBAS:2%Ce^{3+}, 12%Mn^{2+} 荧光粉的发射光谱可以大致拟合出三个高斯峰，峰位分别为 515nm、600nm 和 770nm。其中，515nm 处的发射峰来自 Ce^{3+} 的 5d → 4f 跃迁，但是 600nm 和 770nm 的归属还有待考究。因此，

该团队首先对荧光粉进行了 EXAFS 的表征，LBAS：$2\%Ce^{3+}$,$12\%Mn^{2+}$ 的 EXAFS 光谱如图 2-51 所示。结果表明，LBAS 结构中 Mn^{2+} 的配位数在 6～8 之间，与氧配位。因此，便可推断 Mn^{2+} 占据了 LBAS 基质的八面体 [AlO_6] 和十二面体 [Lu/BaO_8] 位点。一般来说，Mn^{2+} 进入四面体和八面体点位后，会分别形成绿色和红色的发射中心，那么发射光谱中 600nm 处的峰位便可归属为占据 [AlO_6] 八面体配位的 Mn^{2+} 了。针对 770nm 发光的归属，一般大家都认为在高 Mn^{2+} 掺杂浓度的材料中，其起源归因于 Mn^{2+}-Mn^{2+} 对的交换偶联，但是该团队对荧光粉的荧光寿命进行了测试，不同浓度 Mn^{2+} 监测 595nm 时的平均寿命为 3.39～2.28ms，监测 770nm 时的平均寿命为 25.01～21.06ms。一般来说，Mn^{2+} 的浓度越高，荧光寿命越应该随着浓度猝灭而降低，但是 770nm 处的近红外发射寿命却显著延长，这一反常现象说明近红外发射并不来源于 Mn^{2+}-Mn^{2+} 对的交换偶联。另外，更长的键长和更高的局部对称性将导致 Mn^{2+} 由于较弱的晶体场强而发射出更长的波长，所以综合考虑前面的 EXAFS 结果，该团队推断近红外发射应该来自占据 [Lu/BaO_8] 十二面体的 Mn^{2+}。

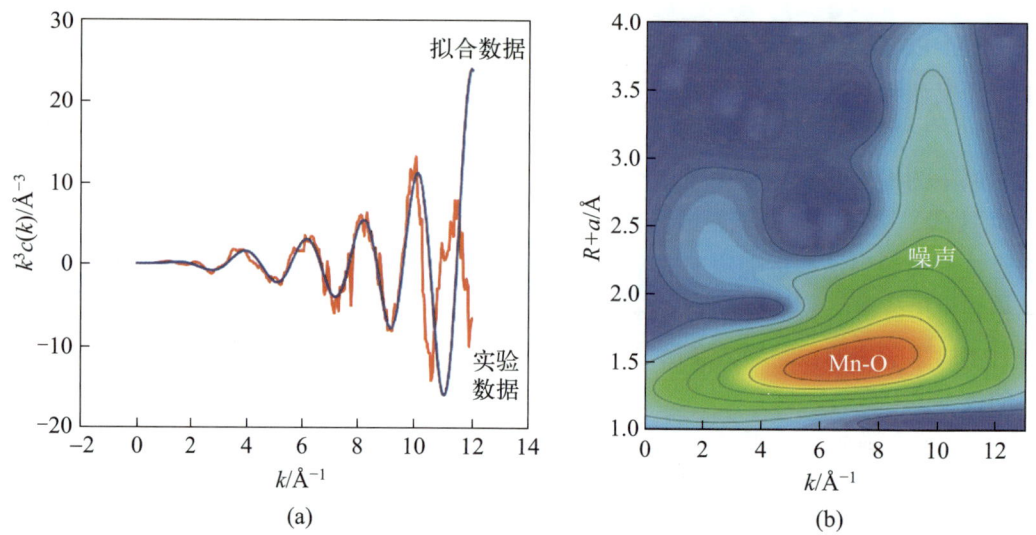

图 2-51 LBAS：$2\%Ce^{3+}$,$12\%Mn^{2+}$ 的 EXAFS 实验数据及拟合曲线[214]

2.6.6 其他的结构分析方法

众所周知，稀土发光材料的结构表征方法很多，本节介绍的是一些主要的方法，当然也还有其他的一些结构分析方法，如扫描透射电子显微镜、X 射线光电子能谱等。

通过扫描透射电子显微镜（scanning transmission electron microscopy，STEM）可以确定发光中心占位。例如，利用 STEM 可以直接观察到荧光粉 β-SiAlON：Eu^{2+} 中的单个 Eu 掺杂原子的具体占位，从而更好地分析理解其发光性质。与传统的透射电镜技术（如相干明场 BF 成像）相比，STEM 环形暗场 ADF 成像（STEM-ADF）具有非相干成像特征，可以直观地观察晶体结构。如图 2-52 所示，高信噪比 STEM-ADF 图像清楚地显示了 Eu 的掺杂，如箭头所示，Eu 掺杂剂存在于 β-Si_3N_4 结构的连续原子通道中。

X 射线光电子能谱（X-ray photoelectron spectroscopy，XPS），早期也被称为 ESCA（electron spectroscopy for chemical analysis），是一种使用电子能谱仪测量 X 射线光子辐照

时样品表面所发射出的光电子和俄歇电子能量分布的方法。其基本原理为光电离作用：当一束光子辐照到样品表面时，光子可以被样品中某一元素的原子轨道上的电子所吸收，使得该电子脱离原子核的束缚，以一定的动能从原子内部发射出来，变成自由的光电子，而原子本身则变成一个激发态的离子。根据爱因斯坦光电发射定律有：

$$E_k = h\nu - E_B$$

式中，E_k 为出射的光电子动能；$h\nu$ 为 X 射线源光子的能量；E_B 为特定原子轨道上的结合能（不同原子轨道具有不同的结合能）。

可以看出，对于特定的单色激发源和特定的原子轨道，其光电子的能量也是特定的。当固定激发源能量时，其光电子的能量仅与元素的种类和所电离激发的原子轨道有关，如图 2-53 所示。因此，可以根据光电子的结合能定性分析物质的元素种类。通常，XPS 可用于定性分析以及半定量分析，一般从 XPS 图谱的峰位和峰形获得样品表面元素成分、化学态和分子结构等信息，从峰强可获得样品表面元素含量或浓度。

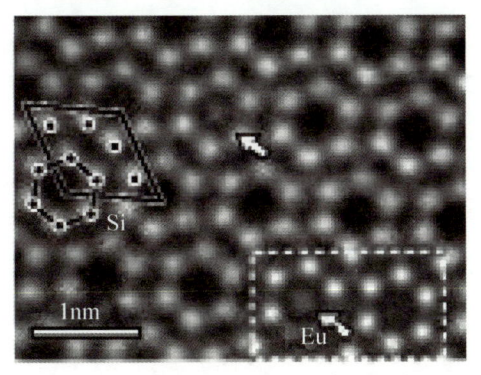

图 2-52　β-SiAlON：Eu^{2+} 的 STEM-ADF 图[215]

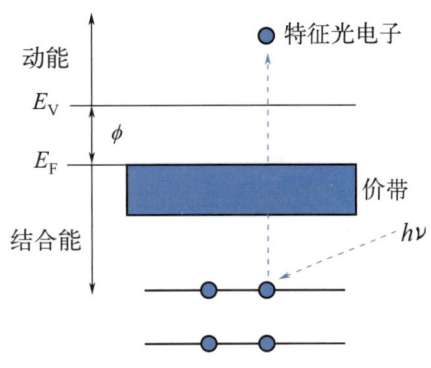

图 2-53　光电离图示

在本节中，我们综述了稀土固体发光材料的结构分析方法。这些方法不仅为我们深入了解这些材料的内部结构和性质提供了重要工具，还为其在光电子学、药物研究、生物医学和能源领域的广泛应用提供了关键支持。尽管已经取得了显著的进展，但稀土固体发光材料仍然是一个充满挑战性的领域，有待进一步探索。未来的研究需继续改进和发展现有的结构分析技术，以提高其分辨率、灵敏度和适用性，来应对不断增长的材料多样性和复杂性。

习　题

2.1　画出 NaCl 和 SiC 晶体的惯用元胞和布拉维格子，写出它们的初基元胞基矢表达式，指明晶体的结构类型及两种元胞中的原子个数和配位数。

2.2　已知 Eu^{2+} 的 5d 能级在能带中的相对位置约为 4.5eV，绘制其余稀土离子能级位置的 HRBE 图和 VRBE 图。

2.3　若某一荧光材料中，Eu^{2+} 分别占据了晶体结构中的 6、8、10 配位数多面体，分析不同格位中 Eu^{2+} 5d 能级的晶体场劈裂大小。占据哪种格位多面体的 Eu^{2+} 容易实现长波长发射？

2.4 为什么 Eu^{2+} 激活 UCr_4C_4 型化合物容易实现窄带发射？其具备哪些晶体结构特征？实现窄带发射的条件有哪些？

2.5 稀土掺杂荧光粉中常见的缺陷有哪几种类型？如何获得荧光粉中缺陷能级的相对位置？讨论缺陷对发光性能的利与弊。

2.6 开发稀土固体发光材料新基质结构的方法有哪些？分析不同方法的优缺点，讨论未来新型稀土发光材料研发方向。

2.7 稀土固体发光材料的结构分析方法有哪些？Rietveld 结构精修采用的拟合方法是什么？结构精修能够得到晶胞的哪些信息？

2.8 拉曼光谱法与其他光谱法的不同之处在哪里？如何解释拉曼光谱中的波峰和波谷？怎样减少拉曼光谱中的强背景？测固体粉末的拉曼图谱时，对于荧光很强的物质，应该如何处理避免荧光将拉曼峰湮灭？

参考文献

稀土发光材料的制备方法

稀土发光材料的性能与其制备方法密切相关，制备方法不仅影响材料的微观结构和发光特性，还直接关系到工业生产的生产成本和效率。因此，随着科技的不断进步，新兴制备技术也为稀土发光材料的研发和创新提供了更多可能。与此同时，选用合适、高效的制备方法能降低生产成本，有助于推动稀土发光材料的商业化应用和大规模生产。

本章将系统介绍各类稀土发光材料的制备方法，涵盖粉体材料、纳米晶、发光玻璃、光纤、透明陶瓷及单晶的制备。对于粉体材料，本章将探讨传统的固相反应法、溶胶-凝胶法、共沉淀法等制备工艺，并分析它们的优势与不足。对于纳米发光材料，由于其尺寸效应和量子限域效应带来了独特的光学性质，本章将介绍实现不同尺寸和形貌的纳米粒子的多种制备方法。玻璃作为一种特殊的材料类型，通过稀土元素的掺杂，可以实现丰富的发光性能，本章将介绍熔融法、溶胶-凝胶法等玻璃制备方法，并探讨不同制备工艺对发光性能的影响。透明陶瓷以其高透明度、高机械强度和化学稳定性等优点，在激光材料、光学窗口等领域具有广阔的应用前景，本章将从粉体制备、成型技术和烧结方法等各个环节全面介绍透明陶瓷的制备工艺。此外，单晶材料因其结构完美、无晶界等特点，在发光领域具有显著优势，本章将概述气相生长法、溶液生长法、熔融法和固相生长法等的原理及适用体系。通过本章的学习，读者将能够全面了解各种类型稀土发光材料的制备方法，为将来的基础研究和应用实践奠定坚实基础。

3.1 粉体材料及纳米晶的制备

稀土粉体发光材料以其高效、稳定的发光性能，在固态照明等领域发挥着关键作用；稀土纳米发光材料则以其纳米尺寸带来的独特性能，在光学、生物医学等多个领域展现出巨大的应用潜力。本节将介绍稀土粉体发光材料和稀土纳米发光材料的制备方法。

3.1.1 稀土粉体发光材料的制备

（1）高温固相法

高温固相法是选择符合纯度、粒度要求的原料按一定比例称量，充分球磨、混合均匀，然后在所需气氛（氧化性、惰性或还原性气氛）中，在一定温度下高温煅烧反应数小时，随后粉碎研磨得到产物。图 3-1 为高温固相法制备稀土发光材料的流程。对于某些无机材料，煅烧之后，还需经洗粉、筛选、表面处理等工艺才可得到所需的发光材料。

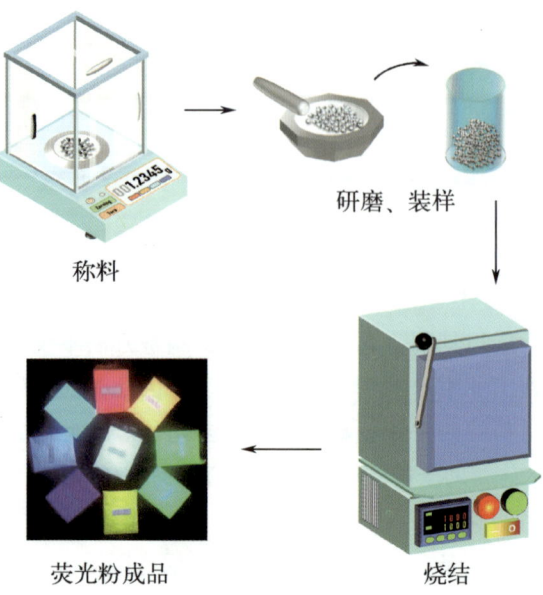

图 3-1　高温固相法制备稀土发光材料流程

对于固相反应来说，由于参与反应各组分的原子或离子受到晶体内聚力的限制，不可能像在液相或气相反应中那样可以自由地迁移运动，因此它们参与反应的机会不能用简单的统计规律来描述，而且对于多相的固态反应，反应物质浓度的概念也是没有意义的，无须加以考虑。固相反应一般经历四个阶段：扩散—反应—成核—生长。一个固相反应能否进行以及反应进行的速度快慢，是由许多因素决定的。内部的因素有：各反应物组分的能量状态（化学势、电化学势），晶体结构，缺陷，形貌（包括粒度、孔隙度、内表面积等）。外部的因素有：反应物间的接触面积，温度、压力以及预处理（如辐照、研磨、预烧、淬火等）的情况，反应物的蒸气压或分解压，液态或气态物质的介入，等等。为了使反应物之间有最大的接触面积和最短的互扩散距离，反应之前需要将反应物研磨至很细的颗粒，并使它们混合均匀，有时需将原料加压成片，或者通过化学反应制成反应物前驱体，然后加热至适当的高温以加快离子迁移的速率。反应过程中升降温度的速度和恒温煅烧的时间长短对于发光材料的性质都有显著的影响，一般需要根据对反应机理的认识和实践经验来确定合成每一种材料的实验条件。当反应不充分或不容易进行时，可采用在反应物中添加助熔剂的办法促进高温固相反应，即选择某些熔点比较低、对产物发光性能无影响的碱金属或碱土金属卤化物、硼酸等添加在反应物中，通常含量为样品质量的百分之几。助熔剂在高温下熔融，可以提供一个半流动态的环境，有利于反应物离子间的互扩散，有利于产物的晶化。

固相反应涉及反应物通过固相产物层的扩散。Wagner 通过长期研究，提出尖晶石（$MgAl_2O_4$）形成是由两种正离子逆向经过两种氧化物界面扩散决定的，氧离子不参与扩散迁移过程。按此观点，图 3-2 中，由于 Al^{3+} 扩散过来，在界面 S_1 上发生如下反应：

$$2Al^{3+}+4MgO \longrightarrow MgAl_2O_4+3Mg^{2+} \quad (3-1)$$

由于 Mg^{2+} 扩散通过，在界面 S_2 上发生如下反应：

$$3Mg^{2+}+4Al_2O_3 \longrightarrow 3MgAl_2O_4+2Al^{3+} \quad (3-2)$$

为了保持电中性，从左到右扩散的正电荷数目应等于从右扩散到左的电荷数目。显然，

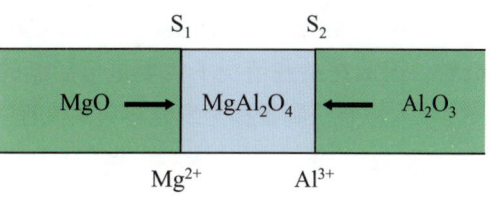

图3-2 由 MgO 和 Al_2O_3 形成尖晶石

反应物离子扩散需要穿过相界面并穿过产物的物相。反应产物中间层形成后，反应物离子在其中的扩散便成为固相反应控制速率的因素。当反应产物层增大时，它对离子扩散的阻力将大于相界面的阻力。最后当相界面的阻力小到可以忽略不计时，相界面上就达到了局域的热力学平衡。

固相反应一般要在高温下进行数小时甚至更长时间，因而选择适当的反应容器材料是至关重要的。所选的容器（坩埚）应该是用化学惰性和难熔的材料制成的，如石英坩埚、刚玉（氧化铝）坩埚以及用玻璃碳、碳化硅做成的坩埚等。常用的高温炉有管式炉和箱式炉，大量生产发光材料的工厂通常使用隧道窑炉。目前，许多制备发光材料的反应需要在还原性气氛下进行，可以在管式炉中通入 H_2-N_2 混合气，H_2 含量（体积分数）通常为 5%~10%，或在箱式炉中的坩埚外再套一大坩埚，在两个坩埚之间填充以活性炭颗粒，活性炭可以清除反应物周围空气中的氧，生成的一氧化碳也可以起还原作用。

固相反应合成由于不使用溶剂，具有选择性高、产率高、工艺过程简单、成本较低等优点，已成为实验室研究和产业化生产中制备稀土粉体发光材料的主要方法。但高温固相法也存在一些不足之处，例如：反应温度太高，耗时又耗能，反应条件苛刻；温度分布不均匀，难以获得组成均匀的产物；产物易烧结，晶粒较粗，颗粒尺寸大且分布不均匀，难以获得球形颗粒，需要球磨粉碎，而球磨粉碎在一定程度上破坏了荧光粉的结晶形态，影响发光性能；高温下容易从反应容器引入杂质离子；高温下有些激活剂离子具有挥发性，造成发光亮度降低；反应物的使用种类也受到一定程度的限制。因此，人们在进一步完善高温固相法的同时，也在研究各种温和、快速而有效的软化学合成方法。

(2) 燃烧法

燃烧法是借鉴自蔓延高温合成法，加以工艺改良形成的。通常，自蔓延高温合成法制备材料的工艺是选用具有高热焓的反应物，将它们的高度分散状态（微米至亚微米级）的细粉非常充分地互相混合后点燃，发生自燃、放热，自行继续延展燃烧，直至完全反应生成最终产物，反应过程非常迅速。燃烧法制备发光材料则是将作为原料反应物的金属硝酸盐或有机酸盐溶解在酸性水溶液或醇溶液中，再加入适量的络合剂（如柠檬酸）和燃料（如氨基酸、尿素），充分搅拌混合成均匀的液相，此时，各反应物以分子或离子状态共存于溶液中，有条件可以直接发生化学反应，可以避免固相反应中离子必须通过晶格点阵和物相之间多重界面的长距离扩散过程。在高温炉外加热的辅助下，溶液被蒸发、干燥、固化，并引发可燃的反应物和添加物发生自发的燃烧，使得化学反应可以在很短的时间内进行完全，生成所需要的产物。由于燃烧反应时间很短，反应时又产生大量的气泡，生成的产物不易烧结，因此得到的产物多为较细的粉体。原则上，硝酸盐与燃料的反应可以为结

晶相的形成提供足够的热量，无须再对样品进行加热处理。然而，由于放热反应只持续几分钟，因此在某些情况下需要进行后续的高温煅烧，以提高荧光粉的结晶度和发光效率。图 3-3 为燃烧法制备稀土发光材料的流程。

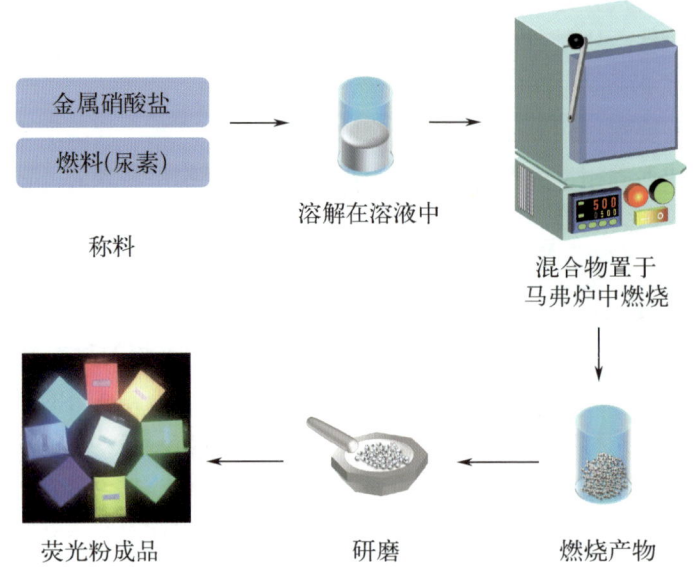

图 3-3　燃烧法制备稀土发光材料流程

反应过程中的炉温、助熔剂含量和尿素用量都会影响产物的发光性能。产物的形成主要取决于燃烧时火焰的温度。炉温主要影响反应物混合液水分蒸干的速度，为燃烧反应提供起火点。炉温太低，无法发生燃烧反应；炉温越高，产物的硬度越大。因此需要选择合适的炉温进行燃烧。有时通过改变尿素与硝酸盐的配比，可以获得不同温度的燃烧火焰，从而影响产物的发光亮度。

燃烧法的优点是工艺过程简便、反应迅速、节省能源，是一种比较有前途的制备方法。但在实验过程中，燃烧剂和助熔剂的用量要适当，既要保证燃烧反应能进行完全，也要防止用量过多，引起爆炸。燃烧法也有其不足之处，由于反应时间很短，产物结晶度不高，发光性能不够优越，有待提高，而且燃烧法的研究尚处于实验室阶段，在实现规模化生产方面还需要继续探索。

(3) 溶胶-凝胶法

溶胶-凝胶法是在温和条件下，将金属醇盐或无机盐等原料经水解、缩聚等化学反应，由溶胶转变为凝胶，然后经过热处理或减压干燥，在较低的温度下制备出各种无机材料或复合材料的方法。该方法是一种新兴的软化学合成方法，能替代高温固相法制备许多材料，不仅可以用于制备发光材料的粉体，还可用于制备发光材料薄膜、纳米态微粒、纤维、玻璃和块材。图 3-4 为溶胶-凝胶法制备稀土发光材料的一般流程。

溶胶是只有胶体颗粒分散悬浮于其中的液体，而凝胶是指内部呈网络结构、网络间隙中含有液体的固体。溶胶-凝胶法对原料的要求是原料必须能够溶解在反应介质中，原料本身应该有足够的反应活性来参与凝胶形成过程。按原料的不同，可分为胶体工艺和聚合

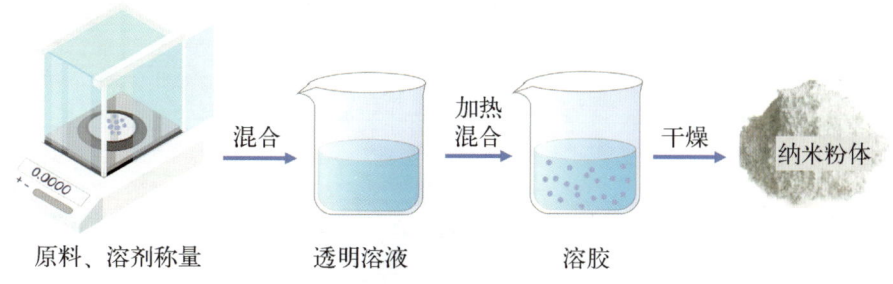

图 3-4　溶胶-凝胶法制备稀土发光材料一般流程

工艺。胶体工艺的前驱体是金属盐，如硝酸盐、乙酸盐等，利用盐溶液的水解，通过化学反应产生胶体沉淀，利用溶胶作用使沉淀转化为溶胶，通过调节溶液的温度、pH 值可以控制胶粒的大小。通过溶胶中的电解质脱水或改变溶胶的浓度，可使溶胶凝结转变成三维网状凝胶。聚合工艺的前驱体是金属醇盐，如 $(RO)_4Si$、$(RO)_4Ti$、$(RO)_4Zr$ 和 $(RO)_3Al$ 等，其中 R 通常是甲基（Me）、乙基（Et）、丙基（Pr）或丁基（Bu），将醇盐溶解在有机溶剂中，加入适量的水，使醇盐发生水解，形成三维网络结构。通常可采取以下办法控制水解和聚合反应的速度：①选择原料的组成；②控制水的加入量和生成量；③控制缓慢反应组分的水解；④选择合适的溶剂。

与其他化学合成法相比，溶胶-凝胶法具有许多独特的优点。①溶胶-凝胶法中所用的原料首先被分散在溶剂中而形成低黏度的溶液，因此可以在很短的时间内获得分子水平上的均匀性，在形成凝胶时，反应物之间很可能已经在分子水平上被均匀地混合，产品均匀性好。②经过溶液反应，很容易均匀定量地掺入一些痕量元素，实现分子水平上的均匀掺杂，激活离子可以均匀地分布在基质晶格中。③与固相反应相比，化学反应更容易进行，而且在较低的温度下即可合成纯度较高的发光材料，可节省能源。一般认为，溶胶-凝胶体系中组分的扩散是在纳米范围内，而固相反应时组分的扩散是在微米范围内，因此溶胶-凝胶法反应温度较低，容易进行。④选择合适的条件可以制备出各种新型发光材料。

同时，溶胶-凝胶法也存在一些问题。①目前所使用的原料价格比较昂贵，有些原料为有机物，对健康有害。②整个溶胶-凝胶过程所需时间较长，且制备的荧光粉发光亮度较差，不如高温固相法制备的荧光粉性能好。③凝胶中存在大量微孔，干燥过程中将逸出许多气体、有机物，并产生收缩。④工序烦琐，不易控制。

（4）水（溶剂）热合成法

水热合成法（简称水热法）是指在密闭的体系中，加热至一定的温度（100～1000℃，通常低于 300℃），以水作为传递压力的介质，利用高压（10～300MPa）下绝大多数反应物均能部分溶于水的性质使反应在液相或气相中进行，从而产生新的物质，图 3-5 为水热法制备稀土发光材料的一般流程。常用反应器是用高强度合金钢制成的反应釜，内部是用聚四氟乙烯塑料或贵金属做成的衬套。实验室内研究用反应釜的内部容积可以是 20mL、40mL、60mL、100mL 等。工厂中生产用水热反应釜容积可以有数十升。加热升压的水热反应，可以使物质中离子之间的迁移扩散速度加快，水解反应加剧，也使物质的化学势和电化学势发生明显变化，因此可以使常压加热条件下难以发生的反应在水热条件下进行。

水热反应可以用于生长单晶和合成化合物。这种比较温和的化学反应特别有利于制备亚微米级和纳米级粒度均一、不结团、形貌规整的发光材料粉体。

图 3-5　水热法制备稀土发光材料一般流程

将水热法中的水换成非水溶剂，如有机溶剂，代替水作溶剂的溶剂热合成法是采用类似水热合成的原理制备材料的方法，作为一种新的合成途径已受到人们的重视。非水溶剂在溶剂热合成过程中，既是传递压力的介质，也起到矿化剂的作用。以非水溶剂代替水，不仅扩大了水热技术的应用范围，而且由于溶剂处于近临界状态，能够实现水热条件下无法实现的反应，并能生成具有介稳态结构的材料。具有特殊物理性质的溶剂能在超临界状态下进行反应，有利于形成分散性好的材料。

水热合成与固相合成的差别主要反映在反应机理上，固相反应的机理主要以界面扩散为特点，而水热反应主要以液相反应为特点。显然，不同的反应机理可能导致不同产物的生成，产物的结构也可能有一定的差别。水热化学侧重于特殊化合物与材料的制备、合成和组装，通过水热反应可以合成固相反应无法合成的物相或物质，产生新的反应过程，或者使反应在相对温和的条件下进行。与高温固相反应相比，水热法合成的发光材料具有以下优点：明显降低反应温度；能够以单一反应步骤完成，不需研磨和煅烧步骤；可以控制产物的形貌；水热体系合成发光物质对原材料的要求比高温固相反应低，可用的原材料范围更广。

总的来说，水热合成具有以下特点。①由于在水热条件下反应物反应性能发生改变，活性提高，水热合成方法有可能替代固相反应以及难以进行的合成反应，并产生一系列新的合成方法。②在水热条件下，中间态、介稳态以及特殊物相易于生成，因此能合成并开发一系列特种介稳结构、特种凝聚态的新产物。③水热合成能够使低熔点化合物、高蒸气压且不能在熔体中生成的物质、高温分解相在水热低温条件下晶化生成。④水热的低温、等压、溶液条件，有利于生长缺陷少、取向好、晶形完美的晶体，且合成产物结晶度高，易于控制产物晶体粒度。⑤易于调节水热条件下的环境气氛，因而有利于低价态、中间价态与特殊价态化合物的生成，并能均匀地进行掺杂。

（5）沉淀法

沉淀法是在金属盐类的水溶液中控制适当的条件使沉淀剂与金属离子反应，产生水合氧化物或难溶化合物，使溶质转化成前驱沉淀物，然后经过分离、干燥、热处理而得到产物的方法，产物粒度可以是亚微米级，也可以是纳米尺寸的。该方法在粉体材料制备领域是一种产率高、设备简单、工艺过程易控制、粉体性能优良的方法，在工业生产中得到了广泛应用。根据沉淀方式的不同，沉淀法可分为直接沉淀法、均匀沉淀法和共沉淀法等。

直接沉淀法是在溶液中某一金属离子直接与沉淀剂作用形成沉淀物，一般制备的样品粒度分布不太均匀。为了避免由于直接添加沉淀剂而局部浓度过高，可以采用均匀沉淀法。均匀沉淀法是向溶液中加入某种物质，使之通过溶液中的化学反应缓慢地生成沉淀剂，只要控制好沉淀剂的生成速率，就可以避免浓度不均的现象，将溶液的过饱和度控制在适当的范围内，从而控制晶核的生长速率，获得粒度均匀、纯度高的产物。利用均匀沉淀法在不饱和溶液中均匀地得到沉淀的方法通常有两种：①在溶液中进行包含氢离子缓慢变化的化学反应（即 pH 缓慢变化的化学反应），通过加入沉淀剂，逐渐提高溶液的 pH，使溶解度逐渐下降而析出沉淀；②借助沉淀剂与沉淀组分不断形成或放出沉淀离子的反应，提高沉淀离子的浓度。在均匀沉淀法的沉淀过程中，由于构晶离子在整个溶液中的浓度是均匀的，构晶离子的浓度一旦饱和形成沉淀，则整个溶液中会形成均匀的沉淀。由于这种沉淀是均匀的，因此沉淀物的颗粒均匀且致密。共沉淀法是把沉淀剂加入混合后的金属盐溶液（含有两种或两种以上的金属离子）中，促使各组分均匀混合沉淀，然后进行热处理。其优点是通过溶液中的各种化学反应能够直接得到化学成分均一的复合粉料，而且容易制备粒度较小且较均匀的超细颗粒。目前共沉淀法已被广泛应用于制备钙钛矿型、尖晶石型等稀土发光材料。但共沉淀法往往存在一些问题：沉淀物通常为胶状物，水洗、过滤比较困难；加入沉淀剂易引入杂质；沉淀过程中各种成分可能发生偏析；水洗使部分沉淀物发生溶解。此外，某些金属不容易发生沉淀反应，限制了该法的使用。

沉淀反应虽然看起来非常简单，但是如果想获得化学组成均一、粒度适当、形貌良好的沉淀，还需要考虑许多因素的影响，如溶液中离子的浓度、络合剂的选择、沉淀剂的选择、溶液酸度的确定、溶液加入及混合的方式和速度、溶液的温度、沉淀陈化的时间等，都必须考虑实验和反应机理加以选择和控制。利用共沉淀法合成材料时，除了应考虑以上影响因素外，还应考虑到两种金属离子所形成的难溶化合物的溶解度应该相近，以保证最后产物组成的整比性。

与其他一些传统无机材料制备方法相比，沉淀法具有如下优点：①工艺与设备较为简单，有利于工业化；②能使不同组分之间实现分子/原子水平的均匀混合；③在沉淀过程中，可以通过控制沉淀条件及沉淀物的煅烧工艺来控制所得粉体的纯度、颗粒大小、分散性和相组成；④样品煅烧温度低，性能稳定，可重复性好。但沉淀法也存在一些缺点，如所制备的粉体可能形成严重的团聚结构，从而破坏粉体的特性。一般认为沉淀、干燥及煅烧处理过程都有可能形成团聚体，因此制备均匀的粉体必须对制备的全过程进行严格的控制。

(6) 微波法

微波合成法（简称微波法）是在一定的条件下利用微波提供反应所需的能量，使原料分子中的偶极子做高速振动，由于受到周围分子的阻碍和干扰而获得能量，并以热的形式表现出来，使介质温度迅速上升，驱动化学反应快速进行，从而制备发光材料。图 3-6 为微波法制备稀土发光材料的一般流程。但并非所有的物质都能使用微波法合成，反应起始物的化学形式必须是偶极分子。微波是频率为 300MHz～300GHz、波长在 100cm～1mm 范围内的电磁波。它位于电磁波谱的红外辐射和无线电波之间。微波加热是材料在电磁场中由介电损耗而引起的体内加热。这种加热不同于一般的常规加热方式,常规加热是由外部热源通过热辐射由表及里的传导式加热。微波加热与高频介电加热技术类似,只不过采用的工作频率为微波频段。微波交变电场振动一周的时间为 $10^{-9}\sim10^{-12}$ s,恰好和介质中偶极子转向极化及界面极化的弛豫时间吻合,因此产生介电损耗,使微波的电磁能转变为热能而发热。

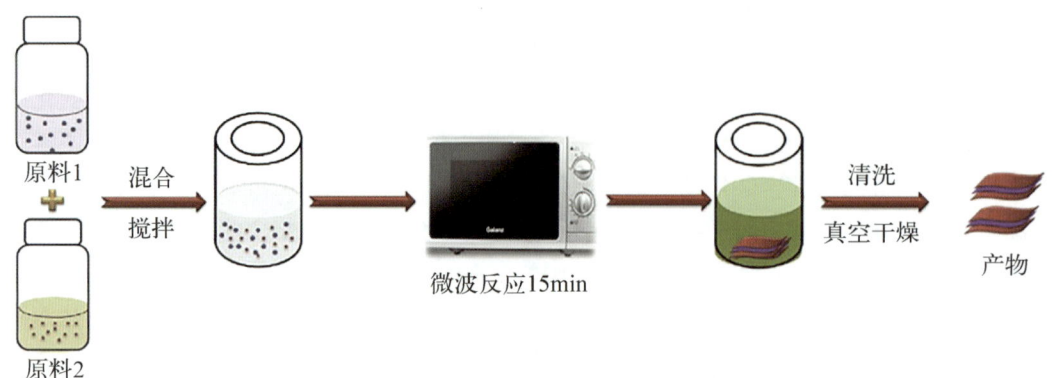

图 3-6　微波法制备稀土发光材料一般流程[1]

按照与微波的相互作用可将物质分为三种类型。第一类物质是微波的反射体,例如金属和合金(如黄铜),它们可以作为微波的波导管。第二类物质是微波传导体,它们对微波是"透明的",基本不吸收微波,例如熔融石英、多种玻璃、不含过渡金属的陶瓷、Al_2O_3、ZrO_2 以及聚四氟乙烯等。因此,石英、玻璃、陶瓷、某些塑料可以作为微波加热用的反应容器。第三类物质是微波吸收体,它们能吸收微波能量,很快被加热升温,有的还会被分解。例如:各种单质碳(<1μm 的无定形碳,<1μm 的石墨)在 1~2min 内就可以升温至约 1550℃;各种变价金属的氧化物,如 NiO、CuO、Fe_3O_4、Nb_2O_5、V_2O_5;多种金属硫化物,如 Cu_2S、FeS_2、PbS;铜、锌的卤化物 CuCl、$ZnBr_2$ 等。总之,它们大部分是具有高介电常数和高介电损耗的物质。利用一些可以吸收微波产生高温的化合物和单质,在频率为 2.45GHz、功率为 1kW 的家用微波炉中,即可直接快速合成某些发光材料。即使原料反应物本身不具有吸收微波产生高温的性质,也可以将石墨粉、磁铁矿(Fe_3O_4)等放在反应容器的外围间接加热,或者将石墨粉和无定形碳粉压制成球团置于反应物中,在微波作用下产生高温,间接地加热反应物促使反应发生,这样能够快速地制备许多发光材料。

微波合成法的显著优点是设备简单、操作简便、反应快速、节约能源。许多发光材料只需家用微波炉即可合成,经分析,产物各种发光性能和指标都不低于常规方法,且产物疏松、粒度小、不结团、分布均匀、色泽纯正、发光效率高,有较好的应用价值,但该方法目前还难以实现规模化生产。此外,目前一些报道多数是利用石墨粉、磁铁矿等微波吸收剂发热间接加热反应物,未能充分发挥微波既能加热又能活化反应物的作用。应努力寻找自身可以吸收微波的反应物,开发新的反应以合成发光材料,研究其反应机理。

(7) 喷雾热分解法

喷雾热分解法是通过气流将前驱体溶液或溶胶喷入高温的管状反应器中,微液滴在高温瞬时凝聚成球形固体颗粒，装置如图3-7所示。先以水-乙醇或其他溶剂将原料配制成溶液或胶体溶液，通过喷雾装置将反应液雾化成气溶胶状的雾滴，用惰性气体或还原性气体（如 N_2 或 N_2-H_2）将气溶胶状雾滴载带到高温热解炉中，在短暂的几秒内，雾滴发生溶剂蒸发、溶质沉淀、干燥和热解反应，首先生成疏松的微粒，然后立即烧结成致密的微米级粉体。此法起源于喷雾干燥法，也派生出火焰喷雾法，即把金属硝酸盐的乙醇溶液通过压缩空气进行喷雾，同时点火使雾化液燃烧并发生分解，这样可以省去加热区。如果前驱体溶液通过超声雾化器雾化，由载气送入反应管中，则称为超声喷雾法。通过等离子体引发反应则为等离子体喷雾热解法，雾状反应物送入等离子体尾焰中，使其发生热分解反应而生成所需材料，热等离子体的超高温、高电离度大大促进了反应室中的各种物理化学反应。

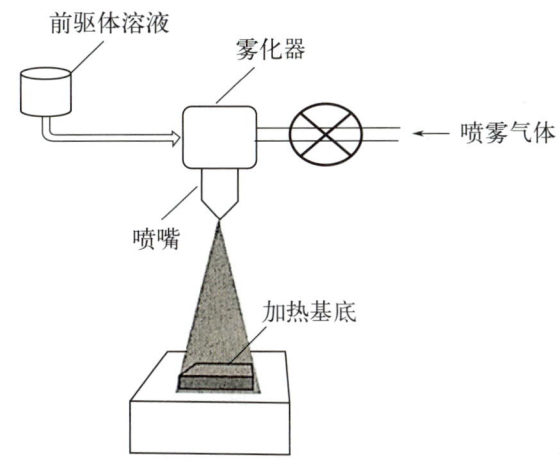

图 3-7 喷雾热分解装置

用喷雾热分解法制备发光材料时，溶液浓度、反应温度、喷雾液流量、雾化条件、雾滴的粒径等都会影响产物的性能。其优点在于：①干燥所需的时间极短，因此每一颗多组分细微液滴在反应过程中来不及发生偏析，从而可以获得组分均匀的颗粒；②由于初始原料在溶液状态下均匀混合，所以可以精确地控制所合成化合物的组成；③易于通过控制不同的工艺条件来制得各种具有不同形态和性能的粉末，该方法制备的颗粒表观密度小，比表面积大，粉体烧结性能好；④操作过程简单，反应一次完成，并且可以连续进行。其缺点在于单次雾化量小，不适合大规模工业化生产。不同合成方法各有其优缺点，将各种合成技术综合运用可以扬长避短，互为补充。

3.1.2 稀土纳米发光材料的制备

纳米材料是指粒子尺寸在 1～100nm 之间的材料。广义来说，纳米材料是指在三维空间中至少有一维处于纳米尺寸或作为基本单元构成的材料，如纳米薄膜、纳米线也是纳米材料。目前，纳米发光材料可以分为两大类，一类是半导体纳米晶体发光材料，另一类是掺有激活剂离子的纳米粒径氧化物、复合氧化物、硫化物以及无机盐发光材料。纳米材料的粒子尺寸很小，与电子的德布罗意波长以及激子的玻尔半径可以相比拟，电子被局限在一个十分微小的纳米空间里。而且纳米尺寸的材料中所包含的原子数很少，相对而言纳米相微粒表面上的原子数很多,例如直径为 1nm 的纳米微粒表面上的原子数约占原子总数的 80%~90%。纳米相中不存在体相中那种固定的准连续能带,而是表现为分立的能级。随纳米相尺寸的缩小,导带、价带进一步分裂,能隙增大,各种量子限域效应、非定域量子相干效应、非线性光学效应等都表现得更加明显。在纳米相材料中可以观察到在体相材料中看不到的某些光学现象。

本章前面讨论过的一些制备发光材料粉体的方法,如水热法、喷雾热分解法、沉淀法、溶胶-凝胶法、微波法等,也可以用于制备一定尺寸的纳米发光材料,但必须根据不同制备方法和实际工艺步骤,对一些反应条件加以严格的调控。现列举一些制备稀土纳米发光材料的其他方法。

(1) 激光法

激光是一种受激辐射的特殊光源,加上激光器中谐振腔的作用,使激光具有很好的相干性和方向性,因而激光的稳定性很好,聚焦度很高,能产生高能量密度的激光光束。激光法制备纳米粉体的基本方法有激光诱导化学气相沉积法和激光烧蚀法,装置如图3-8所示。激光诱导制备纳米粉体并不是仅仅以激光为加热源,而是利用激光的诱导作用和作用物质对特定激光波长的共振吸收制备出符合要求的纳米粉体。

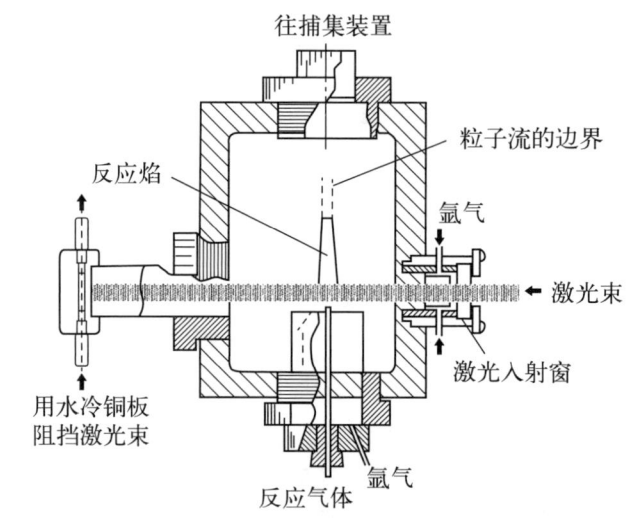

(a) 激光诱导化学气相沉积法

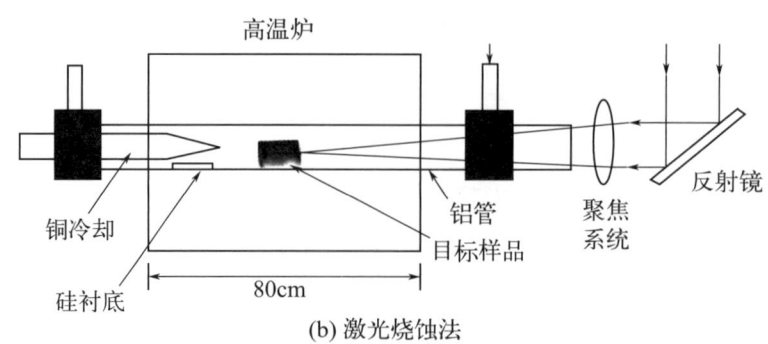

(b) 激光烧蚀法

图3-8 激光法制备纳米粉体的装置

激光诱导化学气相沉积法制备纳米粒子的基本原理是利用反应气体分子（或光敏分子）对特定波长激光的共振吸收，诱导反应气体分子的激光热解、激光离解（如紫外光解、红外多光子离解）、激光光敏化等化学反应，在一定工艺条件下（激光功率密度、反应池压力、反应气体配比、流量和反应温度等）反应生成物成核并生长，通过控制成核与生长过程，即可获得纳米粒子。将反应气体混合后，经喷嘴喷入反应室形成高速稳定的气体射流，为防止射流分散并保护光学透镜，通常在喷嘴外加设同轴保护气体。如反应物的红外吸收带与激光振荡波波长相匹配，反应物将有效吸收激光光子能量，产生能量共振，温度迅速升高，形成高温、明亮的反应火焰，反应物瞬间发生分解、化合，形核长大。在气流惯性和同轴保护气体的作用下，产物离开反应区后便快速冷却并停止生长，最后将获得的纳米粉体收集于收集器中。

激光烧蚀法是一个蒸发、分解/合成、冷凝的过程。将作为原料的靶材置于真空或充满氩气等保护气体的反应室中，靶材表面经激光照射后，与入射的激光束作用，靶材吸收高能量激光束后迅速升温、蒸发形成气态。气态物质可直接冷凝沉积形成纳米微粒，气态物质也可在激光作用下分解后再形成纳米微粒。若反应室中有反应气体，则蒸发物可与反应气体发生化学反应，经过形核生长、冷凝后得到复合化合物的纳米粉体。与激光诱导化学气相沉积法相比，激光烧蚀法生产率更高，使用范围更广，并可合成更为细小的纳米粉体。由于激光具有特殊作用，激光烧蚀法可制得在平衡态下不能得到的新相。激光烧蚀法中激光主要作用于固体-真空（气体）界面，随着科技的不断发展，对材料性能的要求也越来越高，人们开始尝试激光烧蚀液-固界面。激光诱导液-固界面反应法与诱导固体-真空（气体）界面原理相似，只是反应或保护环境由真空或气体变为液体。首先，激光与液-固界面相互作用形成一个烧蚀区，再促使正负离子、原子、分子及其他粒子组成的等离子体形成。等离子体形成后，因处于高温高压高密度绝缘膨胀态而四处扩散，利用粒子间的相互作用和液体的束缚作用在液-固界面附近形成纳米粉体。由于液体的作用促进了等离子体的重新形核生长，此方法在制备那些只有在极端条件下才能制备的亚稳态纳米晶方面具有很大的优越性。

激光法制备纳米粉体具有以下特点：①激光光源的输出端可以置于反应容器外，输出的激光通过反应容器上的光镜后进入反应室直接与物质作用，制备过程操作简便，各种工艺参数易于控制，尤其激光功率大小、功率密度的调节比较简单；②反应时间短，加热温度高，因此加热与冷却速度快，从而抑制形核生长过大，易于制备纳米量级的微粒；③激光光束直径小，作用区域面积小，反应区可与反应器壁隔离，这种无壁反应避免了由反应壁造成的污染，可制得高纯纳米粉体；④制备的纳米粉体具有颗粒小、形状规则、粒径分布范围窄、无严重团聚、无黏结、纯度高、表面光洁等特点。

(2) 热分解法

在无水无氧的条件下，将金属的有机化合物前驱体注射到高沸点的有机溶剂中，利用高温使前驱体迅速分解并成核、生长，这种方法称为热分解法，如图3-9所示。热分解法中使用的反应溶剂通常是由非配位性溶剂和配位性溶剂组成的混合溶剂。非配位性溶剂为反应提供了一个高温环境，有利于纳米颗粒的快速成核，也可为纳米材料晶体类型的转变提供足够的能量。而配位性溶剂能够吸附在纳米颗粒的表面，防止颗粒进一步长大和团聚，也可以对纳米颗粒的形貌加以控制。采用热分解法合成的纳米材料具有结晶性好、尺寸均一、粒度可调、形貌可控等优点。同时，热分解法存在合成条件苛刻、反应步骤相对复杂、试剂成本高且毒性较大等缺点。从生物应用的角度看，热分解法合成的纳米材料在反应过程中有可能发生取向生长，最终得到纳米盘、纳米线、纳米管等结构，不利于生物标记。此外，采用热分解法合成得到的纳米材料表面通常包覆油酸、油胺等有机分子，导致其水溶性较差，因此需要进一步的表面修饰。

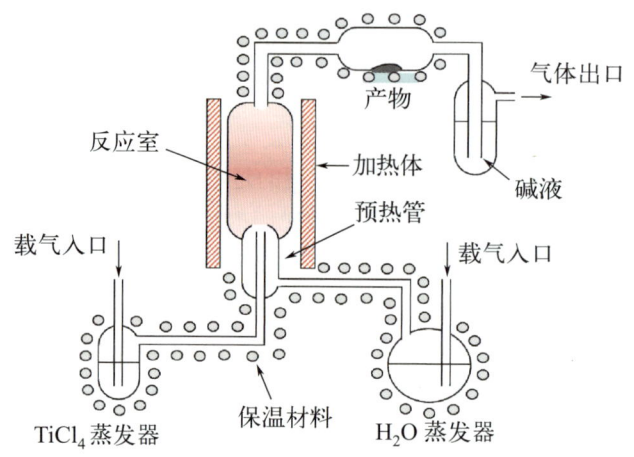

图 3-9　热分解法制备纳米粉体

（3）微乳液法

微乳液法利用在微乳液的乳滴中的化学反应生成固体，以制得所需材料，如图 3-10 所示。由于微乳滴中水体积及反应物浓度可以控制，分散性好，可控制成核，控制生长，因而可获得各种粒径的单分散纳米粒子。微乳液法制备纳米粒子的特点在于粒子表面往往包有一层表面活性剂分子，使粒子间不易聚结，可均匀分散在多种有机溶剂中形成分散体系，有利于研究其光学特性及表面活性剂等介质的影响，通过选择不同的表面活性剂分子还可对粒子表面进行修饰，并控制微粒的大小。微乳液是由油、水、乳化剂和助乳化剂在适当比例下组成的各向同性、热力学稳定的透明或半透明胶体分散体系。根据连续相的不同，可将微乳液法分为正相（O/W）微乳液法、反相（W/O）微乳液法和双连续相微乳液法。正相（O/W）微乳液法是将有机相分散在水相中，加入适当的表面活性剂和助表面活性剂，在水相中形成 O/W（水包油）型微反应器来合成纳米材料的方法。反相（W/O）微乳液法是将水相分散在有机相中，通过表面活性剂来形成均匀的油包水（W/O）型微乳液，水滴被有机相包裹形成微泡，通过在微泡中进行的一系列物理化学过程合成纳米粒子的方法。双连续相微乳液是一种介于 O/W 型微乳液和 W/O 型微乳液之间的一种过渡态，其结构具有 O/W 型和 W/O 型两种微乳液结构的综合特性，其中水相和油相均不是球状，而是类似于水管在油相中形成的网格，利用双连续相微乳液可以制备出较为规整、粒径均匀的纳米颗粒。利用微乳液法合成的微粒及其壳厚具有可控性，所以微乳液法也是制备核-壳型纳米材料的有效方法之一。与其他制备方法相比，微乳液法具有装置简单、操作容易、粒子尺寸可控、易于实现连续工业化生产等诸多优点。

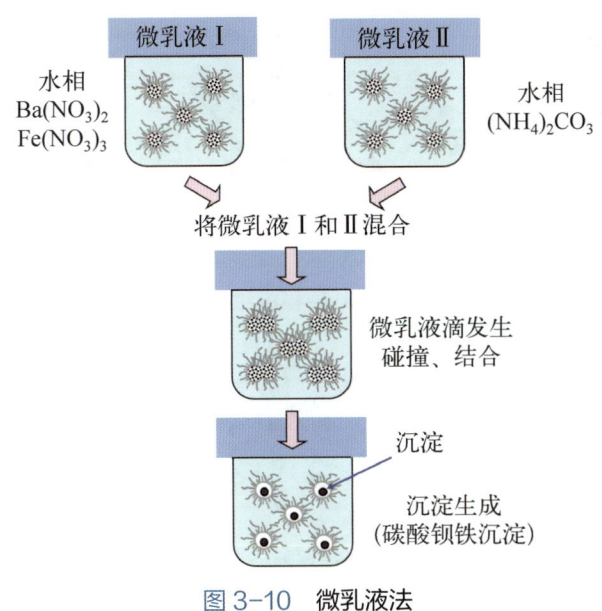

图 3-10　微乳液法

(4) 模板法

模板合成法（简称模板法）是将具有纳米结构、价廉易得、形状容易控制的物质作为模板，通过物理化学的方法将有关材料沉积到模板的孔中或表面上，然后移去模板，得到具有模板规模形貌与尺寸的纳米材料的方法。该方法简单方便，可以用来合成纳米线、纳米管、纳米盘、纳米球等纳米材料。模板法根据模板自身的特点和限域能力的不同又可分为软模板法和硬模板法两种，如图 3-11 所示。二者的共性是都能提供一个有限大小的反应空间，区别在于：前者提供的是处于动态平衡的空腔，物质可以透过腔壁扩散进出；后者提供的是静态的孔道，物质只能从开口处进入孔道内部。软模板常常是由表面活性剂分子聚集而成的，主要包括两亲分子形成的各种有序聚合物，如液晶、囊泡、胶团、微乳液、自组装膜，以及生物分子和高分子的自组织结构等。硬模板是指以共价键维系特异形状的模板，主要指一些由共价键维系的刚性模板，如具有不同空间结构的高分子聚合物、阳极氧化铝膜、多孔硅、金属模板天然高分子材料、分子筛、胶态晶体、碳纳米管和限域沉积位的量子阱等。与软模板相比，硬模板具有较高的稳定性和良好的窄间限域作用，能严格地控制纳米材料的大小和形貌。但硬模板结构比较单一，因此用硬模板制备的纳米材料的形貌通常变化也较少。

模板法合成纳米材料具有以下优点：①以模板为载体精确控制纳米材料的尺寸和形状、结构和性质；②实现纳米材料合成与组装一体化，同时可以解决纳米材料的分散稳定性问题；③合成过程相对简单，适合批量生产。同时，它也具有一些缺点：①存在模板去除问题，模板与产物的分离容易对纳米管、纳米线和纳米中空球等造成损伤；②模板的结构一般只在很小的范围内有序，很难在大范围内改变，这就使纳米材料的尺寸不能随意改变；③模板的使用造成了对反应条件的限制，迁就模板的适用范围，将不可避免地对产物的应用产生影响；④部分模板法合成纳米材料反应速率低，制约了纳米材料生产的工业化。

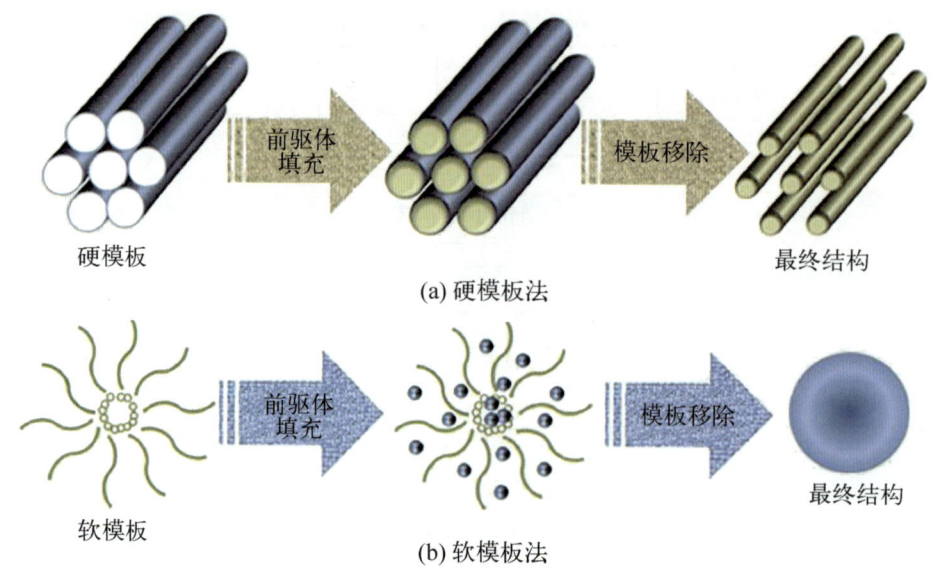

图 3-11 使用不同模板合成材料 [2]

3.2 稀土发光玻璃及稀土掺杂玻璃光纤的制备

稀土发光玻璃以其独特的光学性质和稳定性，在照明、光电转换等领域展现出广阔的应用前景。稀土掺杂的玻璃光纤则凭借其优异的光学传输性能和可控的光学增益特性，成为信息传输和光学信号处理的重要载体。本节将介绍稀土发光玻璃和稀土掺杂玻璃光纤的制备方法。

3.2.1 稀土发光玻璃的制备

稀土发光玻璃主要分为普通玻璃和微晶玻璃两种。相对于稀土发光粉体而言，稀土玻璃是一种非晶态固体，在热力学上处于亚稳态，而微晶玻璃是利用具有特定组成的基础玻璃在加热过程中通过控制晶化制得的一类含有大量微晶相及玻璃相的多晶固体材料。本节就这两种稀土发光玻璃的制备方法进行介绍。

（1）稀土发光普通玻璃的制备方法

① 熔融法。制备发光玻璃最简单也最常用的方法是传统的熔融法，具体过程是将原料按一定比例混合均匀，在高温下熔制，然后低温浇注，再在一定温度下退火即可。熔融制备技术虽然简单易行，但其缺点是反应温度高，反应过程中易引入杂质，从而使发光强度下降。

② 两步合成法。先制备出稀土发光材料粉末，然后将粉末与玻璃粉混合，在较低的温度下烧结形成发光玻璃。这种制备方法避免了熔融法需要高温制备的缺点，易于实现高效率发光，但很难实现发光材料在玻璃中的均匀分散，并且如果玻璃载体的形成温度超过稀土离子被氧化的温度，则会引起发光性能的剧烈下降。

③ 溶胶 - 凝胶法。溶胶 - 凝胶法使用金属醇盐为原料，容易制得具有一定形状的玻璃。

金属醇盐溶液加水水解的同时发生缩聚反应，生成含有金属-氧-金属键的高分子或胶体状的聚合体，溶液变成溶胶，进一步聚合后成为凝胶而固化，凝胶在适当的温度下加热形成玻璃。与熔融法相比，该方法制备玻璃所需温度较低，操作简便，节约能源。此外，原料易于提纯，所制备的产物纯度高、均匀性好，且可以制备熔融法得不到的新型非晶态材料及一些具有特殊成分、特殊结构、特殊性质的材料。这些材料的化学组成超出玻璃形成范围，具有某些优于熔融法玻璃的性质和不同的微结构。

(2) 稀土发光微晶玻璃的制备方法

微晶玻璃制备方法主要有整体析晶法、烧结法和溶胶-凝胶法三大类，如图3-12所示。

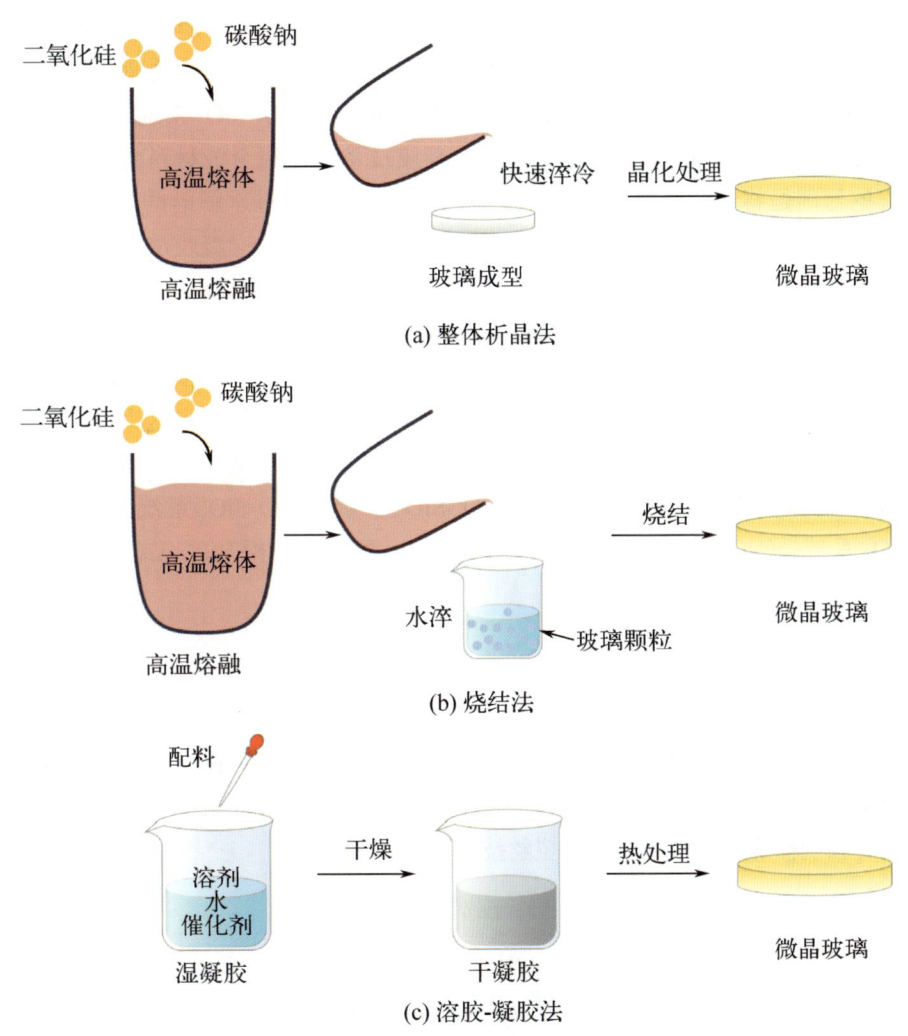

图3-12　整体析晶法、烧结法及溶胶-凝胶法制备微晶玻璃

① 整体析晶法。最早的微晶玻璃是用整体析晶法制备的，该方法至今仍然是制备微晶玻璃的主要方法。其工艺过程为：在原料中加入一定量的晶核剂并混合均匀，于1400~1500℃高温下熔制，均化后将玻璃熔体成型，经退火后在一定温度下进行核化和晶化，以获得晶粒细小且结构均匀的微晶玻璃制品[3]。整体析晶法的最大特点是可沿用任何

一种玻璃成型方法，如压延、压制、吹制、拉制、浇注等；适合自动化操作和制备形状复杂、尺寸精确的制品。目前整体析晶法制备的微晶玻璃体系有：Li_2O-Al_2O_3-SiO_2 系统[4]、MgO-Al_2O_3-SiO_2 系统[5]、Li_2O-CaO-MgO-Al_2O_3-SiO_2 系统[6] 等。

② 烧结法。该方法制备微晶玻璃材料的基本工艺为：将一定组分的配合料投入玻璃熔窑中，在高温下使配合料熔化、澄清、均化、冷却，然后将合格的玻璃液导入冷水中，使其水淬成一定大小的玻璃颗粒。水淬后的玻璃颗粒的粒度范围，可根据微晶玻璃成型方法的不同进行不同的处理。烧结法制备微晶玻璃材料的优点在于：晶相和玻璃相的比例可以任意调节；基础玻璃的熔融温度比整体析晶法低，熔融时间短，能耗较低；微晶玻璃材料的晶粒尺寸很容易控制，从而可以很好地控制玻璃的结构与性能；由于玻璃颗粒或粉末具有较高的比表面积，因此即使基础玻璃的整体析晶能力很差，利用玻璃的表面析晶现象，同样可以制得晶相比例很高的微晶玻璃材料。目前烧结法制备的微晶玻璃体系有：CaO-Al_2O_3-SiO_2 系统、MgO-Al_2O_3-SiO_2 系统、Na_2O-CaO-MgO-Al_2O_3-SiO_2 系统等。

③ 溶胶-凝胶法。如 3.1 节所述，溶胶-凝胶技术是低温合成材料的一种新工艺，其制备玻璃的原理是将金属有机或无机化合物作为前驱体，经过水解形成凝胶，再在较低温度下烧结，得到微晶玻璃。与整体析晶法和烧结法不同，溶胶-凝胶法在材料制备的初期就对均匀性进行控制，材料的均匀性可以达到纳米甚至分子级水平。利用溶胶-凝胶技术还可以制备高温难熔的玻璃体系或高温下存在分相区的玻璃体系。由于制备温度低，该方法避免了玻璃配料中某些组分在高温时挥发，能够制备出成分严格符合设计要求的微晶玻璃。微晶相的含量可以在很大的范围内调节。溶胶-凝胶法的缺点是生产周期长、成本高、环境污染大。另外，凝胶在烧结过程中有较大的收缩，制品容易变形。目前用溶胶-凝胶法制备的微晶玻璃体系有：MgO-Al_2O_3-SiO_2 系统、BaO-SiO_2 系统、Li_2O-CaO-MgO-Al_2O_3-SiO_2 系统、CaO-P_2O_5-SiO_2-F 系统、TiO_2-SiO_2 系统、复相功能（或纳米晶）微晶玻璃等。

3.2.2 稀土掺杂玻璃光纤的制备

玻璃具有优异的透光性和可加工性，可进一步拉制成高质量的光纤材料。稀土掺杂玻璃光纤因其光放大带宽较宽、发光波长多、增益系数高等特性，在光纤放大器、光纤激光器等信息光电子器件中表现出石英基光纤所没有或无法比拟的优点。本节主要介绍稀土掺杂玻璃光纤预制棒的制备技术及光纤拉丝技术。

(1) 稀土掺杂玻璃光纤预制棒的制备技术

多组分玻璃光纤制备方法有多种，一般需要先制备基质玻璃，然后采用各种工艺方法制备预制棒。目前使用较多的方法有管棒法、化学气相沉积法、浇注法、热黏结法及挤压法等。

① 管棒法。管棒法（rod-in-tube）是制备稀土离子掺杂的多组分玻璃光纤预制棒最为常见的方法之一，具体做法是将纤芯玻璃和包层玻璃分别按一定尺寸要求经切割、研磨、抛光等工艺制成纤芯玻璃棒和包层套管，将芯棒插入包层玻璃管中即得到预制棒，其中包层套管的内径和纤芯玻璃棒的直径匹配误差在 0.1mm 以内，制备工艺流程如图 3-13 所示。管棒法制备玻璃光纤预制棒的优点是纤芯和包层的直径比例容易控制，工艺原理和加工设备相对比较简单，采用一般的机械加工设备经适当改造后即可使用。此外，采用管棒法在

制备一些特殊形状的光纤预制棒时有相当大的优势，如异型结构光纤、偏心光纤及其他微结构光纤。管棒法制备预制棒也存在一些缺点。a. 当基质玻璃的机械加工性能较差时会增加工艺难度，如加工时玻璃产生裂纹甚至出现断裂、破损等现象。b. 受机械加工条件的限制，包层套管中心孔和芯棒直径有一定限制，若太小则大大增加钻孔、抛光的难度。因此采用管棒法制备的预制棒很难一次成功拉制单模光纤，一般需要两次或多次拉丝，这使得单模光纤的制备工艺过程相当复杂。c. 在预制棒制备过程中纤芯和包层玻璃易受外界污染，两者界面结合程度也受多种外界因素的影响，如表面洁净度和光洁度等。因此，在采用管棒法制备预制棒时，首先必须制备高质量的基质玻璃，消除玻璃中的气泡和条纹，并确保没有裂纹。此外，为了尽量减少光纤附加损耗，芯棒和包层套管的机械加工质量要求很高，否则将严重影响光纤的波导结构，导致光纤附加损耗增大。

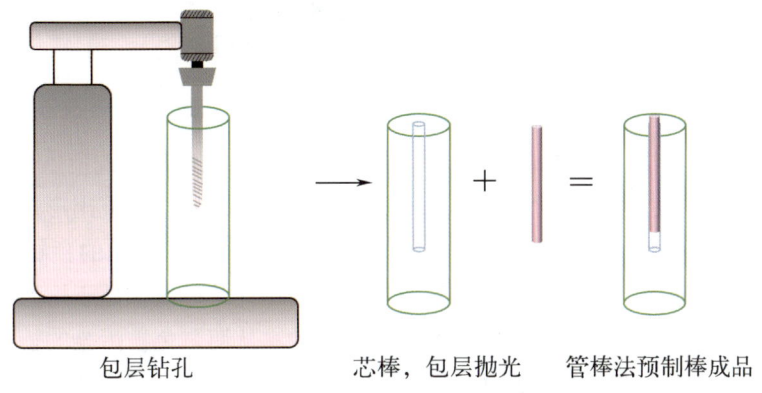

包层钻孔　　　芯棒，包层抛光　　管棒法预制棒成品

图 3-13　管棒法制备玻璃光纤预制棒

② 改性化学气相沉积（MCVD）法。MCVD 法是一种生产光纤预制棒的方法，它利用气相化学物质通过反应生成氧化物并发生凝聚，在高质量的石英管内壁沉积更高纯度的二氧化硅，并掺以其他高纯物质，形成不同折射率的芯层和包层，以实现光信号在光纤芯中传播时的全反射、低损耗、高容量等效果，其装置如图 3-14 所示。MCVD 法的制备过程主要包括以下几个步骤。a. 石英衬管的制备：选择高纯度、低水分、低杂质的石英管作为衬管。b. 气相反应：将气相化学物质引入衬管中，通过反应生成氧化物并发生凝聚。c. 沉积：在衬管内壁沉积更高纯度的二氧化硅，并掺以其他高纯物质，形成不同折射率的芯层和包层。d. 烧结：将衬管加热至高温，使沉积的材料烧结为一体。e. 拉伸：将烧结后的衬管拉伸成光纤。由于 MCVD 法设备在制备不同种类的光纤预制棒时具有很强的灵活性，该方法已经成为生产高品质通信光纤用预制棒的四大主要方法之一。在高品质通信光纤中，MCVD 法制备的光纤预制棒具有以下优点。a. 折射率可调：MCVD 法可以掺入不同的高纯物质，形成不同折射率的芯层和包层，以满足不同的通信需求。b. 低损耗：MCVD 法制备的光纤预制棒具有较低的损耗，可以实现长距离的光信号传输。c. 高容量：MCVD 法制备的光纤预制棒具有较高的容量，可以实现高速的光信号传输。d. 稳定性好：MCVD 法制备的光纤预制棒具有较好的稳定性，可以在不同环境下稳定地传输光信号。总之，MCVD 法是一种制备高品质通信光纤用预制棒的重要方法，具有灵活性强、折射率可调、损耗低、容量高、稳定性好等优点。

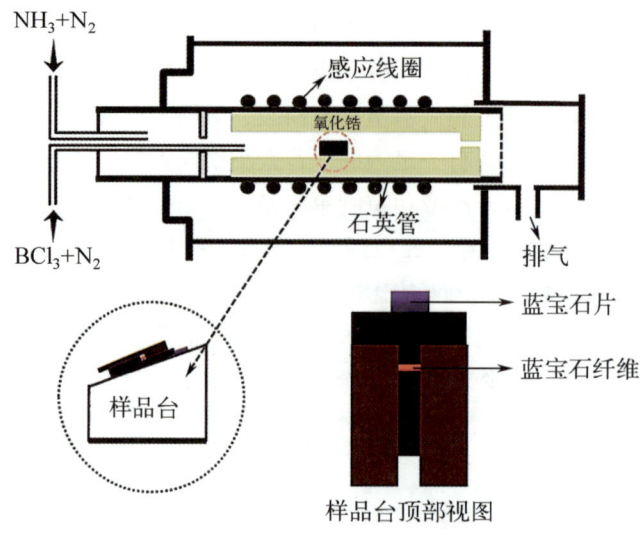

图 3-14 MCVD 法装置 [7]

③ 浇注法。浇注法（build-in casting）是指将熔融的包层玻璃浇入预热至玻璃化转变温度附近的圆筒模具中，经短暂时间后倒置模具使模具中心部位熔体流出形成中心孔，再将熔融的纤芯玻璃浇入中心孔，经退火冷却后得到具有纤芯 - 包层结构的预制棒。图 3-15 是浇注法制备预制棒流程。采用浇注法需先使包层玻璃和纤芯玻璃都处于熔融状态，其最大的优点是光纤预制棒的纤芯和包层界面不与外界接触，从而避免被污染的情况；同时玻璃熔体在降温过程中对包层内壁起到了抛光作用，所以纤芯与包层界面的结合程度非常好。但是采用浇注法时中心孔的直径较难控制：如果倒入包层玻璃后间隔时间太长，可能无法倒出包层玻璃而不能形成中心孔；而如果间隔时间太短，则孔的直径可能过大。因此必须通过多次实验确定温度、时间等参数才有可能得到较理想的预制棒，并且浇注时需注意不能形成气泡和条纹。此外，在包层管的浇注过程中，由于随温度下降黏度增加很快，中心孔的形状和大小在长度方向很难达到均匀，而在制备一些特殊结构的光纤预制棒时，浇注法显然表现出灵活性不够的缺点。

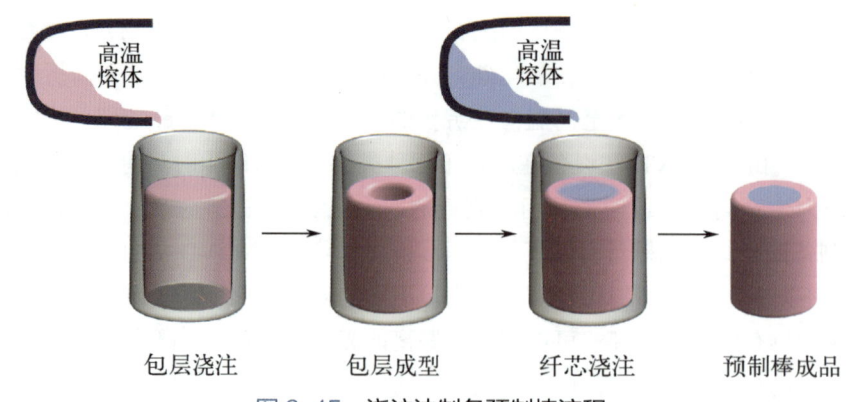

图 3-15 浇注法制备预制棒流程

④ 热黏结法。利用管棒法与浇注法相结合，发展了热黏结（hot-jointing）技术，可用于制备单模光纤预制棒，制备过程包括三个步骤：芯棒制备、半圆柱包层浇注和热黏结浇

注。具体制备过程如下：首先制备符合单模光纤预制棒直径要求的芯棒，可采用机械加工的方法或采用浇注芯棒模具浇注，如果制得芯棒的直径较大，还需在拉丝塔中按具体尺寸要求延伸拉细；再将熔制好的包层玻璃浇注在带有特殊设计盖板的半圆柱形模具中，得到中心带有凹槽的半圆柱形包层玻璃；将芯棒和半圆柱的包层组合后放入模具中，并加热到玻璃化转变温度（T_g）保温 1h，然后再次将熔融的包层玻璃缓慢浇入模具中。在浇注过程中，为避免熔体流入时带入气泡，应使坩埚口与模具成 45°角。随着浇入熔体的冷却，包层玻璃与纤芯棒可紧密黏结，退火后即可得到预制棒。流程如图 3-16 所示。

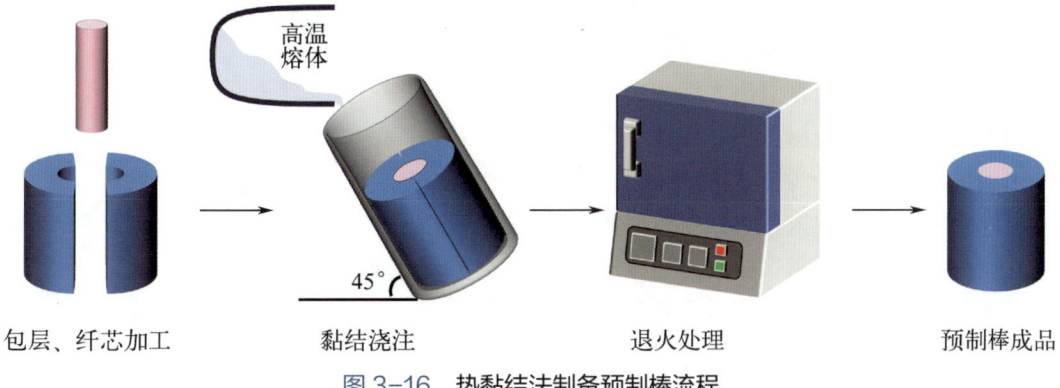

图 3-16　热黏结法制备预制棒流程

⑤ 挤压法。采用挤压法（extrusion）制备预制棒是在高黏度（$10^8 \sim 10^9$P❶）下操作，并且操作温度相比前几种制备方法要低很多，因此这种工艺对于易析晶和高挥发的玻璃系统具有相当大的优势。其制备方法为：首先制备高质量的纤芯和包层玻璃块，然后将清洗后的玻璃放入压机圆筒中并在干燥气氛中加热到变形温度，再在 5bar❷ 的压力下挤出成型即可，如图 3-17 所示。这种成型技术得到的纤芯直径比较大，因此不能直接用于制备单模光纤预制棒。需制备直径较小并且均匀的纤芯结构时，可考虑加上包层外套管，外套管可采用旋转浇注法制备。采用挤压法也可单独制备棒状玻璃或管状玻璃，并且通过对挤出模具的设计可制备不同形状的棒和管，这对于制备异型结构的玻璃光纤预制棒十分有利。

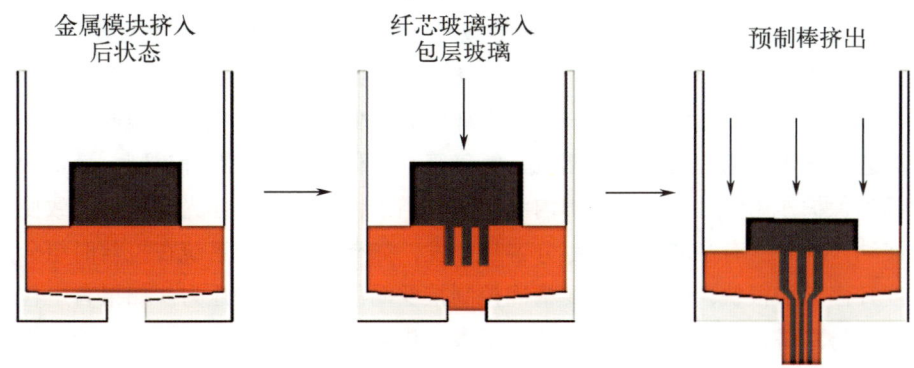

图 3-17　挤压法制备光纤预制棒 [8]

❶　1P=0.1Pa·s。
❷　1bar=10^5Pa。

(2) 稀土掺杂玻璃光纤拉丝技术

光纤拉丝在拉丝塔中完成，拉丝塔一般由预制棒送棒机构、加热炉、丝径测量系统、涂覆固化系统及收丝系统组成，图 3-18 给出了光纤拉丝塔的基本结构和采用预制棒拉丝时的光纤拉丝过程。电炉内部温度场的分布是由上下两侧向中间部分逐渐升高，高温区的温度即光纤拉丝温度。在拉丝过程中，预制棒由送棒机构以恒定速度送入电炉内，炉内达到一定温度后使预制棒一端软化并引出光纤。由预制棒引出的光纤经激光丝径测量仪，穿过装有光纤涂覆剂的涂覆杯和用于涂覆剂固化的固化炉后，由光纤绕丝机构收丝入盘。在拉丝过程中，光纤直径由激光丝径测量仪控制，当光纤直径出现波动时，其检测的数据信号经处理后传递到送棒机构和光纤收丝机构，两者自动根据信号做出调整以得到直径符合要求的光纤。除了采用预制棒拉丝外，还有一些特殊玻璃系统采用玻璃熔体直接拉丝的方法，如单坩埚拉丝和双坩埚拉丝。这里主要介绍预制棒拉丝工艺和坩埚拉丝工艺。

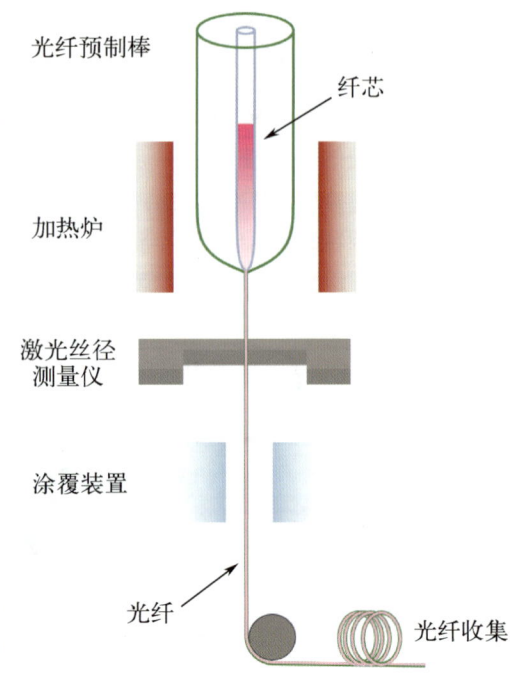

图 3-18　预制棒光纤拉丝过程 [9]

① 预制棒拉丝工艺。预制棒拉丝工艺与通信石英光纤的拉丝工艺基本类似，其中光纤包层/纤芯的直径比例由制备预制棒时包层/纤芯的直径比例所决定，主要的工艺过程为：预制棒加热（一般加热至黏度为 $10^5 Pa \cdot s$ 时的温度）→拉伸（将预制棒拉丝至所要求的直径）→涂覆固化（使涂覆剂附着在光纤表面并固化，以增加光纤强度，并起到保护光纤的作用）→收丝。在拉丝过程中，首先必须精确控制温度。拉丝炉内的温度波动容易造成光纤丝径大小不一，一般炉内温度波动应小于 0.2℃，特别是有些玻璃系统的黏度随温度变化很快，其拉丝操作的温度区间非常窄，例如氟化物玻璃和硫化物玻璃等。温度波动对光纤直径大小产生的影响也不可忽视，而且过热还可能造成光纤表面析晶，从而导致光纤质量下降。

在拉丝过程中还必须保持干燥、洁净的环境，否则光纤在拉丝过程中会因吸水或黏附尘粒等导致性能下降，而对于硫化物玻璃光纤则必须保持无氧的气氛，因此一般在拉丝过程中同时通入干燥的惰性气体，如氩气、氮气等。气体流量也应精确控制，流量太小不能很好地起到保护作用，过大则造成炉内温度波动增加，并可能引起光纤抖动而致使光纤直径产生波动。此外，有些玻璃系统组分容易挥发，如硫化物玻璃系统在拉丝时组分的蒸气压随温度升高增加很快，因此也需要精确控制拉丝温度和炉内的压力。如果有尘粒附着在光纤表面，特别是在涂覆之前，会导致光纤表面出现裂纹，引起光纤力学性能下降，因此炉内应十分干净。

光纤涂覆是在刚拉制出的光纤表面涂覆上一层保护层，以增加光纤强度，避免光纤被环境侵蚀而出现性能下降的现象。光纤涂覆剂根据聚合历程的不同可分为热固化和紫外固化两大类。目前，紫外固化涂覆剂在通信光纤应用中占 75%，一般可分为三类：聚氨酯丙烯酸酯、有机硅型及改性环氧丙烯酸酯。研究光纤涂覆剂特性及其对光纤强度的影响可知，拉制光纤要选择既能满足拉制工艺条件又能与光纤玻璃相匹配的涂覆剂，尤其是对于多组分玻璃光纤，还需考虑现有涂覆剂与光纤材料之间的亲和性。最后根据高强光纤的技术要求，选用合适的涂覆剂。

光纤包层/纤芯直径比例的大小一般可由所制备预制棒的包层管/纤芯棒的直径比例所确定。如果制备的预制棒有较大的包层管/纤芯棒直径比例，如采用吸注法制备的预制棒，则可以一次拉制成功单模光纤；但若为采用管棒法、浇注法或挤压法制备的预制棒，其纤芯部分直径相对较大，则可能需要两次或多次拉丝才能成功制备单模光纤。首先将采用管棒法或浇注法制备得到的预制棒在光纤拉丝塔中拉制成细棒，细棒直径的大小由光纤包层/纤芯直径比例及次拉丝的包层套管内径所决定；挑选出符合直径要求的细棒，将其插入已制备好的包层套管中，在光纤拉丝塔中进行二次拉丝。若此时包层/纤芯直径比例已符合单模光纤的要求，即可得到所要求的光纤，否则需要再次拉制细棒以满足包层/纤芯直径比例要求。二次或多次拉丝的制备工艺和条件相对比较苛刻，尤其是在拉伸成细棒时，要求所拉细棒必须粗细均匀，否则易致使纤芯直径大小不一。此外，拉伸得到的细棒必须进行表面抛光和清洗，否则容易造成光纤损耗增加，甚至可能引起析晶现象。

采用预制棒拉丝技术常见于一些机械加工性能相对较好的玻璃系统，如硅酸盐玻璃、磷酸盐玻璃、碲酸盐玻璃等。另外，氟化物玻璃由于容易析晶而很难用坩埚法拉丝，因此也常采用套管法拉丝。

② 坩埚拉丝工艺。采用双坩埚法拉丝可以避免预制棒拉丝工艺中一些玻璃冷加工因素对光纤损耗的影响，其工艺过程如图 3-19 所示。首先用高纯原料分别制备块状的纤芯和包层玻璃，并经仔细清洗后投入铂质的内坩埚（纤芯）和外坩埚（包层玻璃）。坩埚上方盖有圆柱形的熔石英玻璃罩，通入高纯、干燥的氮气，以保证坩埚内干燥、惰性的环境。与预制棒拉丝不同，双坩埚法拉丝时需精确控制坩埚下部拉丝嘴的温度，因此在拉丝嘴附近设有热电偶以监控此部位的温度。在这种方法中，包层/纤芯的直径比例可通过内外坩埚下方拉丝嘴的直径及熔体体积加以控制。最后，拉制出的光纤经丝径测量仪、涂覆固化后由收丝轮收集。对于一些容易析晶的玻璃系统，必须非常精确地控制拉丝嘴的温度，同时避免玻璃熔体长时间处于晶核形成或晶体生长的温度区间。在双坩埚法拉丝过程中，另一个需关注的现象是在拉丝过程中形成气泡，这在预制棒拉丝法中不会出现。形成的气泡会一部分残留在纤芯-包层界面处，从而引起光纤损耗增加，这在拉制低损耗多组分玻璃光纤中是一个必须解决的问题。

坩埚拉丝工艺除了双坩埚法，还有单坩埚法。与双坩埚法相比，单坩埚法拉丝的温度更低，但需事先制备纤芯棒和包层套管。其具体工艺流程为：将制备的纤芯玻璃和包层玻璃分别制成棒状和管状，经表面处理后将插有纤芯玻璃棒的包层管放入坩埚中，并保持炉膛和坩埚的干燥惰性气氛；将管口附近区域加热到玻璃变形温度，使包层管底部均匀黏

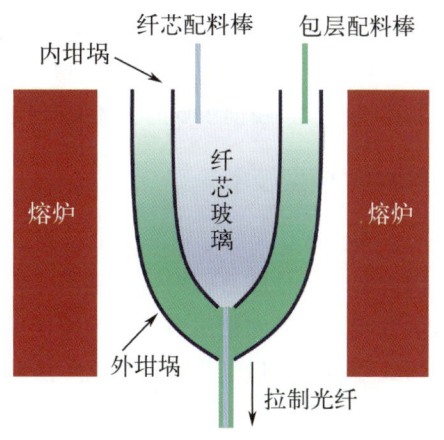

图 3-19　双坩埚法工艺过程

附于坩埚内表面，同时通入氩气将坩埚内的压力提高至 0.2MPa，将纤芯棒和包层管之间空隙的压力抽至 1.3Pa，光纤即可从管口拉出。采用这种方法可拉制直径在 250～1000μm 之间的硫化物玻璃光纤。采用单坩埚法拉制的光纤的均匀性比双坩埚法拉制的光纤要好很多，并且损耗更低，这是因为：前者是对玻璃部分、短时间加热，并且纤芯和包层是在真空状态下黏附，两者界面结合状态较好；后者在整个拉丝过程中玻璃全部处于加热状态，并且纤芯和包层是在压力下黏附。但是制备纤芯直径较小的单模光纤，采用单坩埚法时需要拉制纤芯细棒和制备包层套管等额外过程，相比之下，双坩埚法则要容易得多。

3.3 稀土荧光陶瓷的制备

与无定形、非晶态的玻璃及玻璃光纤材料相比，陶瓷是不同组成的微晶通过高温烧结结晶得到的晶态材料。通常，陶瓷制备过程包含粉体制备、素坯成型和烧结三个阶段，根据具体的需要还可以有其他额外的步骤，如排除黏结剂、包套、去除包套、退火、表面处理等。稀土荧光陶瓷的制备技术除了原料中包含稀土元素，其他方面与一般陶瓷制备技术并无差别。透明陶瓷，作为一种特殊的发光材料形态，是指将无机粉末烧结形成的具有一定透明度的陶瓷材料，把这类材料抛光至 1mm 厚，放在带有文字的纸上时，通过它可读出内容，即相当于透光率大于 40%。稀土荧光透明陶瓷在激光照明、激光荧光显示和闪烁成像等领域具有广阔的应用前景。本节将介绍稀土荧光陶瓷的一般制备流程。

3.3.1 粉体制备

高质量粉体是获得高性能陶瓷的关键。其原因在于粉体的尺寸、粒径分布、形状及颗粒的团聚状态都会直接影响致密化行为和烧结体的显微结构。例如，理想的透明陶瓷就要求粉体具有亚微米尺寸、较窄的尺寸分布范围、形状均一、无团聚或少团聚、化学纯度高（一般为 99.99% 以上）和尽可能大的本体颗粒密度。其中前四个也常见于高致密的陶瓷材料制备要求，而后两个，即高的化学纯度和尽可能大的本体颗粒密度是得到透明陶瓷的前提。这是因为极少量杂质相的存在，容易在烧结体中产生大量的散射中心而导致陶瓷不透明，而且杂质离子的引入也容易使透明陶瓷发生吸收损耗，降低其光功能特性。另外，粉体颗粒的本体密度尽可能大就意味着尽可能少的气孔含量（具有内部气孔的颗粒，容易在烧结过程中形成晶粒内包裹气孔）。粉体制备技术的核心是控制粉体的颗粒尺寸、表面状态和团聚程度，目前主要的粉体制备技术见 3.1.1。

3.3.2 成型技术

陶瓷成型是烧结前的一个重要步骤，成型的目的就是获得具有一定形状和强度的素坯。因此素坯的性能（如相对密度和结构均匀性等）直接影响烧结过程及陶瓷的显微结构与光学性能。对于固相法等制得的微米或是亚微米级粉体，可以采用传统干压成型结合冷等静压成型工艺。但是，对于湿化学法制备的纳米粉体，由于单位体积中的颗粒接触点多，成型的摩擦阻力大，因此传统的成型技术不仅使素坯密度低，还经常会出现分层、开裂等问题，所以除了采用改进的干法成型方法（包括冷等静压成型、超高压成型和橡胶等静压成型）外，还经常采用注浆成型、凝胶直接成型、凝胶浇注成型和流延成型等湿法成型方法。下面分别简单介绍。

(1) 干压成型

最常用的方法是将粉体装入金属模腔中，施以压力使其成为致密坯体，加压模式包括单向加压、双向加压和振动加压等。图3-20为干压成型示意图。干压成型的优点是生产率高、生产周期短，适合大批量工业化生产；缺点是成型产品的形状有较大限制，坯体内部致密度和结构不均匀，等等。

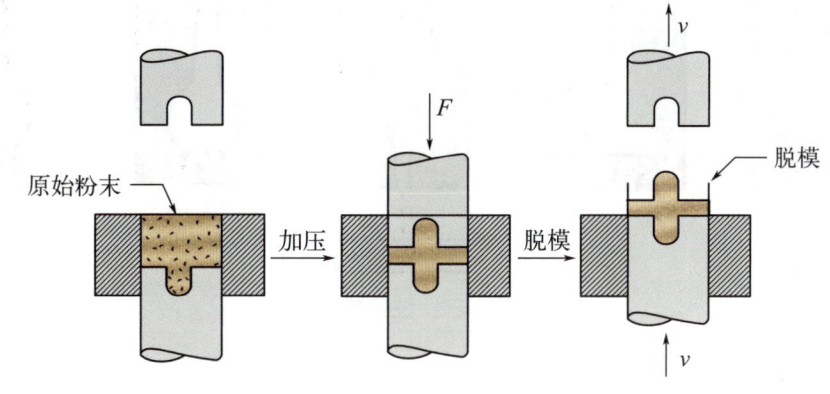

图3-20　干压成型

(2) 冷等静压成型

将较低压力下干压成型的素坯密封，在高压容器中以液体为压力传递介质，使坯体均匀受压，从而不仅可以获得高的素坯密度，还可以压碎粉体中的团聚体（图3-21）。目前典型的冷等静压设备的最高压力为550MPa。

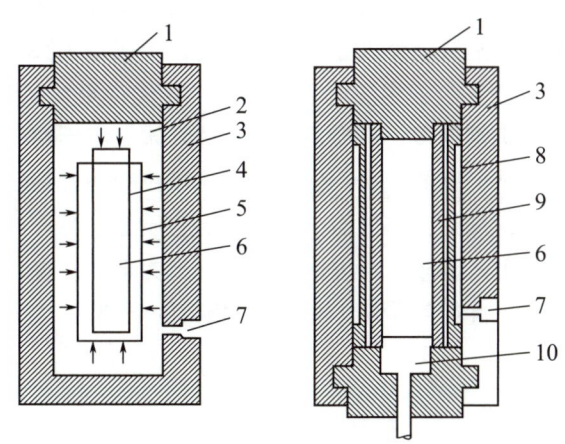

图3-21　冷等静压成型

1—上盖；2—橡胶盖；3—高压容器；4—橡胶膜；5—支撑架；6—粉料；7—油；
8—加压用橡胶膜；9—成型用橡胶膜；10—脱模装置

(3) 注浆成型

一般是将陶瓷粉料配成具有流动性的泥浆，然后注入多孔模具内（主要为石膏模），水分被模具（石膏）吸收后便形成了具有一定厚度的均匀泥层，脱水干燥的同时就形成具有一定强度的坯体。注浆成型特别适用于制备形状复杂、大尺寸和复合结构的样品。需要指出的是，配制浆液的液体也可以是有机溶液，因此注浆成型包括水基和非水基两大类。与非水基注浆成型相比，水基注浆成型具有成本低、使用过程安全无害、便于大规模生产等优点。注浆成型如图3-22所示。使用纳米粉体时，还要考虑分散剂和酸碱度等因素。

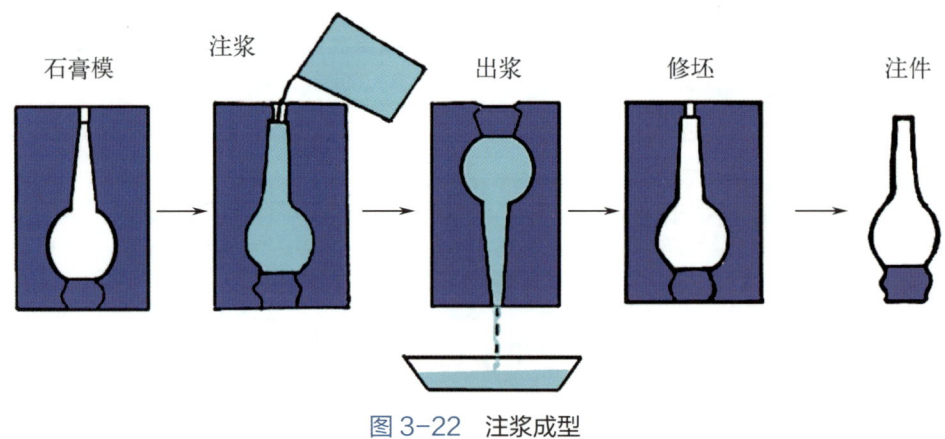

图3-22 注浆成型

（4）流延成型

流延成型用于制备大面积薄片陶瓷材料，通过控制刮刀高度可将基板厚度控制在0.03～2.5mm范围内，图3-23为流延成型的装置。与注浆成型一样，其操作对象也是浆料，不过添加剂更多，通常需要在陶瓷粉体中添加溶剂、分散剂、黏结剂和塑性剂等有机成分，随后通过球磨或用超声波分散均匀，然后将这些浆料在流延机上用刮刀制成一定厚度的素坯膜，素坯膜通过干燥、叠层、排胶和烧结就可以得到所需的陶瓷材料，甚至是多层复合透明陶瓷材料。同理，根据溶剂种类的不同，流延成型可以分为非水基流延成型和水基流延成型两种，其中非水基流延成型首先在激光陶瓷制备中取得了突破。非水基流延制膜中常用的有机溶剂有乙醇、丁酮、三氯乙烯、甲苯等，其优点是料浆黏度低、溶剂挥发快、干燥时间短，缺点在于有机溶剂多、易燃、有毒，对人体健康不利。水基流延成型以水作为溶剂，具有成本低、安全无害的优点，但是对粉体颗粒的润湿性较差，挥发慢，干燥时间长，而且料浆除气困难，从而存在气泡，影响基板的质量。另外，水基流延成型所用的黏结剂多为乳状液，市场上产品较少，因此还需进一步探索和完善。总之，流延成型工艺为陶瓷尤其是激光透明陶瓷的复合结构设计提供了极大的便利。

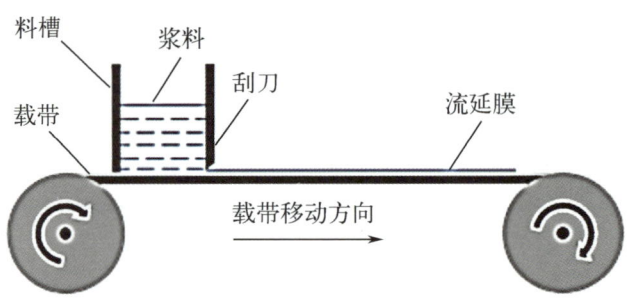

图3-23 流延成型装置

（5）热键合

热键合就是在加热下活化表面的原子，从而使不同的块体材料复合在一起的技术。目前热键合不仅可以制备陶瓷/陶瓷复合结构，还可以制备陶瓷/晶体复合结构。需要指出的是，对于激光材料而言，为了制得复合结构，传统的晶体-晶体热键合会形成小于探测波长的键合界面。该界面会造成光散射损失，成为复合晶体的结构强度薄弱处，在高功率激光运转的情况下会发生热炸裂，而采用晶体与陶瓷热键合的技术则不会存在此类界面，从而避免了上述问题。

素坯成型方法各有各的优缺点和适用范围。如前所述，成型方法选用最主要的依据还是粉体的物理与化学特性。如流延成型对粉体颗粒的均匀性要求就比较高，这样才能确保薄膜的平整性和均匀性。迄今为止，还没有定量化的公式或预测理论来指导素坯成型工艺的选择和参数的确定，因此仍需要探索各项工艺参数，从而获得具体粉体的最佳工艺条件。

3.3.3　烧结方法

（1）热压烧结

热压就是在高温烧结时额外增加一个压力。热压烧结是把粉末装在模腔内，在加压的同时将粉末加热到正常烧结温度或者低一些的温度（一般为熔点的50%～80%）。热压烧结由于从外部施加压力而补充了驱动力，因此能在短时间内把粉末烧结成致密均匀、晶粒细小的制品，而且烧结添加剂或助剂用量少。一般认为高温蠕变使热压烧结能够得到完全致密的固体。虽然与无压烧结相比，热压烧结在表面能外还有额外的压力，从而增加了驱动力，但是热压工艺对模具材料要求较高且容易损耗，同时模具材料的选择需要考虑使用温度、气氛和价格，模具材料的热膨胀系数要低于热压材料的热膨胀系数，这样使冷却后的制品容易脱模。热压烧结总体上看效率低、能耗大，并且制品表面粗糙且精度低（产品使用时一般要进行精加工）。另外，热压烧结获得的制品形状也比较简单。图3-24是热压烧结装置。

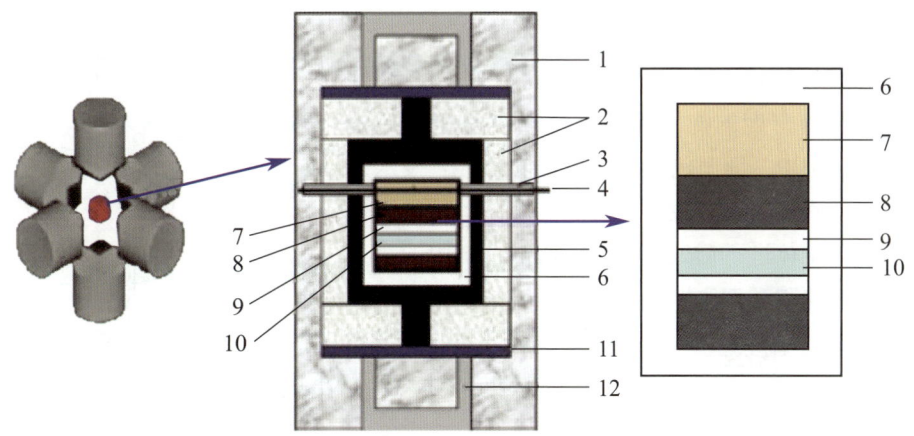

图 3-24　热压烧结装置[10]

1—叶蜡石；2—白云石；3—陶瓷管；4—热电偶；5—石墨加热模具；6—NaCl填充胶囊；
7—氮化硼；8—碳化钨衬底；9—NaCl薄片；10—样品；11—钼片材料；12—钢制加热器

(2) 无压烧结

该方法是陶瓷烧结工艺中最简单的一种方式，指在正常压力下（0.1MPa），具有一定形状的陶瓷素坯在高温下经过物理化学过程变为致密、坚硬、体积稳定的具有一定性能的固结体的过程。烧结驱动力主要是自由能的变化，即粉末表面积减少，表面能下降。无压烧结过程中物质传递可通过固相扩散进行，也可通过蒸发凝聚进行。气相传质需要将物质加热到足够高的温度，形成足够高的蒸气压，对一般陶瓷材料影响很小。对于某些单靠固相烧结无法致密的材料，经常采用添加少量烧结助剂的方法，在高温下生成液相，通过液相传质达到烧结的目的。无压烧结是在没有外加驱动力的情况下进行的，所得材料性能相对于热压工艺稍差，但该方法具有工艺简单、设备制造容易、成本低等优点，易于制备复杂形状制品和批量生产，能够低成本大量生产。无压烧结的烧结机理目前仍然没有完全清楚，能够确定的是无压烧结的致密化在很大程度上依赖于烧结温度，当然烧结活化剂和坯体的填充密度对材料的最终烧结致密度也会产生一定影响。

(3) 热等静压烧结

热等静压（hot isostatic pressing，HIP）是使材料在加热过程中经受各向均衡的气体压力，在高温高压同时作用下使材料致密化的烧结工艺。与热压设备不同的是，热等静压的设备是电炉和压力容器组合而成的一个高压设备，如图3-25所示，其中压力的施加主要通过惰性气体在高压下的传输作用实现。该设备不需要刚性模具来传递压力，从而不受模具强度的限制，可选择更高的外加压力。随着设备的发热元件、热绝缘层和测温技术的进步，当前热等静压设备的工作温度已达到2000℃或更高，气体压力为300~1000MPa。热等静压烧结设备主要包括：高压容器、高压供气系统、加热系统、冷却系统、气体回收系统、安全和控制系统等。HIP产生高致密产品主要有两种方法：一种是直接包封密度达到50%或80%理论密度的样品然后进行高温等静压；另一种是直接对密度已达到95%理论密度以上的样品进行高温等静压。高温等静压的主要作用是促进颗粒的破裂和重新排列、接触颗粒的变形重排、单独气孔的收缩。热等静压是用高压气体将压力作用于试样，因此具有连通气孔的陶瓷素坯不能直接进行热等静压烧结，必须先进行包套处理，称为包套HIP，又称直接HIP法。同时也可以对已烧结到93%~94%相对密度的陶瓷部件进行热等静压的后处理，称为post-HIP，即无包套HIP。无包套HIP技术是将陶瓷烧结体直接放在炉膛中进行热等静压，其主要作用是对陶瓷烧结体进行后处理，例如消除材料中的剩余气孔、愈合缺陷和表面改性等。

(4) 气氛压力烧结

气氛压力烧结本质上与无压烧结一致，其主要目的并不在于以气体加压作为驱动力，而只是为了在高温范围内抑制化合物的分解或成分元素的挥发。气氛压力烧结是一种主要用于制备高性能氮化硅陶瓷的烧

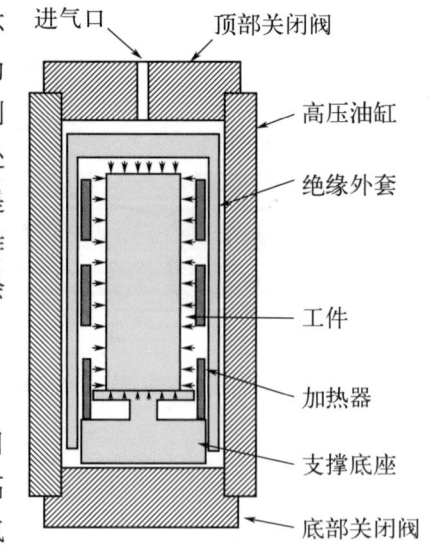

图3-25 **热等静压设备**[11]

结技术。它利用高的氮气压力来抑制氮化硅分解，使其在较高温度下达到高致密化而获得高性能，所以又称为高氮压烧结。日本采用两阶段气氛压力烧结法在 2～8MPa 氮气压力和 1800～2000℃的高温下成功烧结了氮化硅陶瓷涡轮增压器转子。

（5）反应烧结

反应烧结是对粉末在合成时进行烧结的方法。起始原料被压成素坯，在一定温度下通过固相、液相和气相相互发生化学反应，同时进行致密化和目标组分的合成，反应所增加的体积填充了坯体中原来的气孔，能够使制品在形状、尺寸方面与素坯保持相同，烧成前后几乎没有尺寸收缩，并且能制得各种形状复杂的烧结体。通常，反应烧结的温度比其他烧结方法要低，按工艺要求加入的添加剂不进入晶界，由各个结晶体在原子水平上直接结合，所以不存在烧结体随温度升高、晶界软化而高温性能降低的现象。反应烧结得到的制品有较高的气孔率，所以力学性能比其他工艺陶瓷要低。另外，反应烧结得到的制品也可以具有比较复杂的形状，因此在工业上获得了广泛应用。

（6）自蔓延高温合成技术

该技术的特点是利用外部提供的能量诱发高放热化学反应体系局部发生化学反应（点燃），形成化学反应前沿（燃烧波）。放热反应一发生就不再需要外部热源而是自行维持下去，即化学反应在自身放出热量的支持下继续进行，从而将燃烧波蔓延至整个体系，最后合成所需材料或者使产物致密化。当燃烧合成过程中燃烧温度低于熔点时，合成过程不会出现液相，但是如果在燃烧过程中加入另一高放热反应（例如铝热反应），绝热温度可大大升高而超过合成化合物的熔点，从而形成密实体。将该技术与高压加压过程结合起来，可以形成高压自蔓延和等静压自蔓延技术，其中轴向高压自蔓延合成法适用于制备小尺寸、圆柱形试件，而等静压自蔓延合成法可用来制备大尺寸、形状复杂的样品。

（7）放电等离子体烧结技术

放电等离子体烧结（spark plasma sintering，SPS）是一种在低温条件下快速致密化的烧结方式，通常被称为场辅助烧结或脉冲电流辅助烧结。SPS 的设备如图 3-26 所示。与热压烧结的热辐射传热不同，SPS 利用高脉冲电流可以在几分钟之内升温到 1000℃以上。此外，SPS 过程还可通过直流脉冲电压作用于素坯上，使粉体颗粒之间或空隙中发生放电现象并导致自发热作用，而且电场的作用也因离子高速迁移而造成高速扩散，此作用会瞬间产生几千摄氏度甚至上万摄氏度的高温，从而使晶粒表面容易活化，发生部分蒸发和熔化，并在晶粒接触点形成"颈部"。由于热量立即从发热中心传递到晶粒表面和向四周扩散，因此所形成的颈部会快速冷却。加上颈部的蒸气压低于其他部位，气相物质就会凝聚在颈部而完成物质的蒸发-凝固传递。与通常的烧结方法相比，SPS 过程中蒸发-凝固的物质传递要快得多。而且

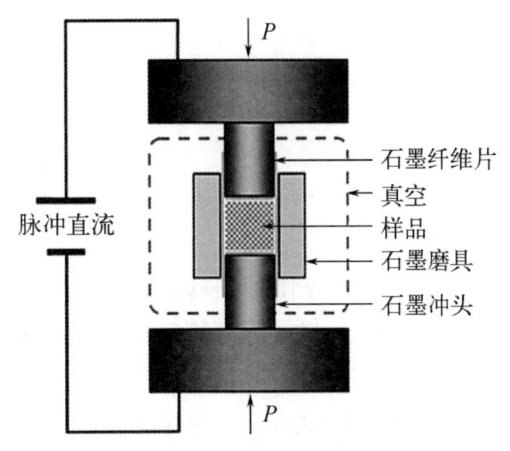

图 3-26　放电等离子体烧结设备[12]

晶粒在受到脉冲电流加热的同时也受到垂直压力的作用，体积扩散、晶界扩散都得到加强，加速了烧结致密化过程。该方法的优点是可以快速地获得2000℃以上的高温，可以烧结通常难以烧结的物质；烧结时间短，整个烧结可以在几分钟内完成；可以获得纯度高、细晶结构、高性能的陶瓷材料；可以实现连续烧结，并且获得类似于梯度材料及大型工件等复杂形状的部件。但是放电等离子体烧结也存在不足，主要包括由于加热速度快而容易发生开裂以及高温物质的剧烈挥发。

（8）微波烧结

微波烧结（microwave sintering）是基于材料本身的介质损耗而发热。微波吸收介质的渗透深度大致与波长同数量级，所以除特大物体外，一般用微波都能做到表里一致均匀加热，微波烧结炉如图3-27所示。微波合成陶瓷粉末是近年来发展起来的一门技术，微波加热能在短时间内、低温下合成纯度高、粒度细的陶瓷粉末。微波加热主要通过电场强度和材料的介电性能实现烧结效果，在烧结过程中，电场参数并不直接受温度影响，材料的介电性能却随温度有很大的变化，从而影响整个烧结过程。多数陶瓷材料的介电常数随温度的变化不大，然而介电损耗不同，低温时，介电损耗随温度的变化小，温度达到某一临界值后，材料的晶体软化和趋于非晶态而引起的局部导电性增加，使介电损耗随温度上升而呈指数形式急剧增加，这对烧结是有利的。但是，如果介电损耗随温度上升增加过大会导致热失控，这是微波烧结中应该注意和避免的。微波烧结的优点在于加热和烧结速度快，可以降低烧结温度，快速烧结可抑制晶粒长大从而产生细晶结构，高效节能，可用于特殊工艺。

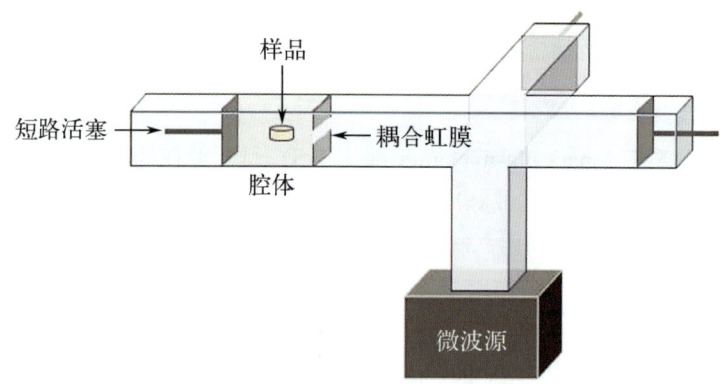

图3-27　微波烧结炉[13]

（9）爆炸烧结

爆炸烧结（explosive sintering）是将需要烧结的粉末放在包套中，由炸药爆炸产生高温高压冲击作用，利用其滑移爆轰波掠过部件所产生的斜入射激波，使得粉末颗粒间以很大的速度相对运动，产生强烈的摩擦，使能量主要储存在颗粒的表层，导致表面的温度远高于颗粒内部的温度，因而表层产生软化甚至熔化，使粉末、颗粒在瞬间的高温、高压状态下发生烧结或合成反应的工艺。爆炸烧结的工艺特点是烧结在极高压力（几个吉帕到几百吉帕）和极高温度（几千摄氏度）下进行，升温速率可达10^9℃/s，冷却速率可达10^7℃/s，全部烧结过程只需几十微秒，因此可以避免晶粒长大。另外，由于热量积聚在粉末表面和快速冷却（淬火），而晶粒内部处于相对较低的温度，从而可以使晶界形成微晶或非晶组织。显然，化学反应发生在界层，即在有可能发生化学反应的物质存在时，在激波的作用下会在晶界生成化合物或热反应物质。换句话说，相对于传统变形缓慢、周期长的烧结，爆炸烧结是在 $10^{-7} \sim 10^{-6}$ s 内使粉末产生高速运动并且发生碰撞焊接，高温主要集中在颗粒表层，因此能够有效抑制烧结过程中晶粒的长大。因此，爆炸烧结适合难熔金属和合金、陶瓷及非晶或微晶粉末，也可用于压实得到高密度素坯，然后进行后续烧结处理以获得力学性能优异的材料。

（10）激光烧结

该技术以激光为热源对粉末压坯进行烧结，是快速成型技术衍生的产物，即将激光加工技术和 CAD（计算机辅助设计）技术相结合用于烧结陶瓷粉体，从而获得各种零件。其一般过程是：首先由计算机完成零件的辅助设计，并对零件进行分层切片，获得各截面图形，形成控制激光束对每个截面进行扫描烧结的加工数据；然后由计算机控制激光器开关和粉体的添加装置，烧结出所需的零件。相对于常规烧结，激光烧结中体系的反应区域限定在很小的加热空间内，因而体系具有很陡的温度梯度，从而能够精确控制成核速率和晶粒生长速度。不过，由于激光束集中和穿透能力弱，因此，压坯应尽量是小面积的薄片制品。对厚薄不均、形状复杂的制品，不宜采用该方法。另外，激光烧结很容易将不同于基体成分的粉末或薄压坯烧结在一起，从而可以利用激光烧结来粘接高熔点金属和陶瓷。

3.4 稀土发光晶体生长

天然晶体和人工晶体的单晶结构比较规整，没有多晶材料中那么多的颗粒间界面和表面，因而在单晶内部，光传播和载流子运动受到的阻碍较少，易于控制。利用单晶，还便于形成一些特定的结构以获得特定的功能。因而在有些特定的实际应用中，要求发光材料是单晶。人工生长单晶的方法，按晶体生长时的状态，可分为气相法、液相法和固相法。液相法又分为溶液生长法和熔融法。本节就一些主要的晶体生长方法进行简要介绍。

3.4.1 气相生长法

气相生长法（简称气相法）就是把原料气化后再使其冷却凝聚成单晶的方法，适用于本身或中间产物能够气化的物质的单晶，分为升华法和气相反应法。图 3-28 为气相生长法装置。

升华法是使置于高温区的原料气化，在低温区凝结而得到单晶的方法，可在静态系统中，也可在动态系统内进行。静态是在密闭的容器内，物质在热端气化，蒸气扩散到冷端沉积生长成单晶；动态是利用惰性气体

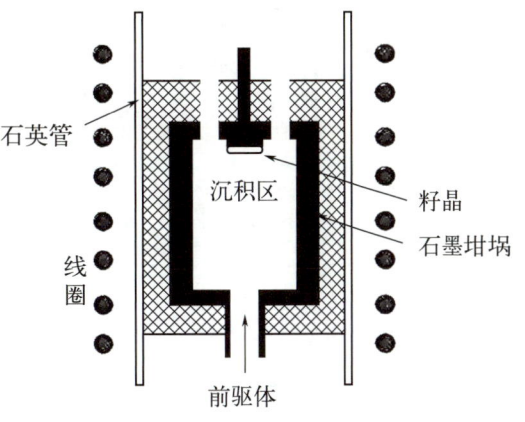

图 3-28　气相生长法装置

的气流将物质的蒸气由热端载到冷端沉降结晶。从广义上讲，属于升华法范畴的晶体生长方法还有真空蒸发法、分子束法和溅射法。

气相反应法是由气相反应制备单晶，包括气相化合法、热分解法和还原法。其优点是比液相法和固相法更易得到优质的单晶，但生长速度慢，得到的晶体尺寸小，给加工和应用带来不便。

3.4.2 溶液生长法

从溶液中生长单晶的基本原理是使作为溶质的晶体原料在过饱和溶液中发生结晶过程。用溶液法生长晶体，可以在远低于其熔点的温度下进行，适于制备那些高温下易分解、气化或发生晶型转变的晶体。溶液生长法包括降温法、蒸发法、循环流动法、水热法、助熔剂法等。

（1）降温法

该方法是在晶体生长过程中不断降低生长溶液温度的晶体生长方法。把欲生长成晶体的原材料溶解到适当的溶剂中配制成饱和溶液，在其中放入籽晶，以一定的速率降低溶液温度，使溶液过饱和，溶质就在籽晶面上析出，随着溶液温度继续下降，晶体不断长大，图3-29为水浴育晶装置。显然，降温法适用于溶质在溶剂中的溶解度随温度升高而增大（即温度系数为正），而且较高温度下溶解度大的场合。用降温法生长晶体所需温度较低，生长设备简单，容易生长出较大、均匀性良好又有完整外形的晶体，但生长速率慢，生长周期长。

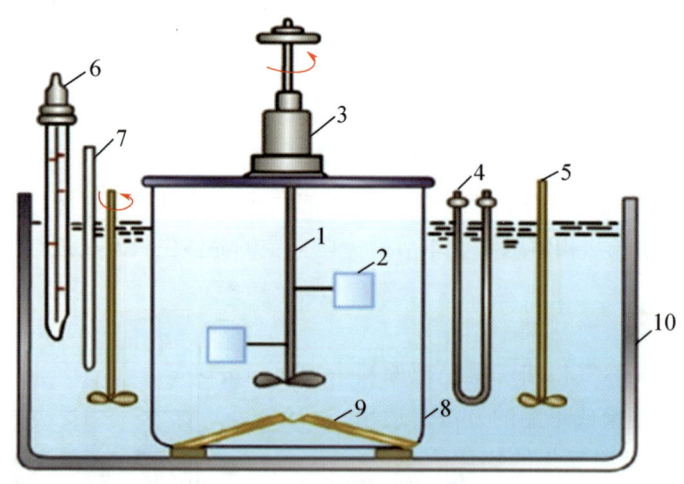

图3-29 水浴育晶装置

1—籽晶杆；2—晶体；3—转动密封装置；4—浸没式加热器；5—搅拌器；6—控制器；
7—温度计；8—育晶器；9—有孔隔板；10—水槽

（2）蒸发法

晶体生长过程中溶液温度保持恒定并不断蒸发溶剂，以保持溶液在晶体生长过程中处于过饱和状态，促使溶质在预先放入母液中的籽晶上析出，这种方法称为蒸发法。该方法适用于溶解度的温度系数为负或溶解度温度系数不大的物质的晶体生长。装置如图 3-30 所示。

(3) 循环流动法

该方法是将溶液配制容器（饱和槽）、过热处理容器（过热槽）和晶体生长容器（结晶槽）串联在一起，组成一个连续的封闭溶液流动体系。在循环流动系统中，饱和槽中的饱和溶液经过滤进入过热槽，经加热后用泵打入结晶槽。因结晶槽内的温度低于过热槽，故溶液在结晶槽内处于过饱和状态，于是籽晶开始生长。析晶后变稀的溶液流回饱和槽，使饱和槽中的原料不断溶解，达到饱和的溶液再进入过热槽，周而复始，使晶体生长过程持续进行。这种方法的优点是生长温度与过饱和度都固定，而且节省原料和装置所占空间，调节方便，使晶体在最有利的生长温度和最合适的过饱和度下恒温生长。另外，循环流动法生长的晶体不受晶体溶解度和溶液体积的限制，可以生长出大尺寸的单晶。

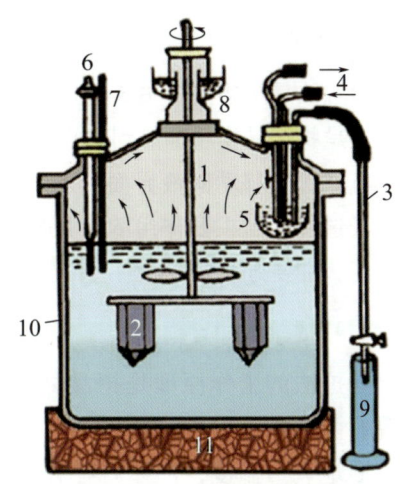

图 3-30　蒸发法育晶装置

1—籽晶杆；2—晶体；3—虹吸管；
4—冷却水管；5—冷凝器；6—控制器；
7—温度计；8—水封装置；
9—量筒；10—育晶缸；11—加热器

(4) 水热法

该方法的原理是在较高温度和压力下将原料溶解，然后利用温度差或降温等手段，得到过饱和溶液，从而使晶体生长。其装置为高压釜，原料和籽晶在釜内的位置视材料的溶解度温度系数而定：对于溶解度温度系数为正的材料，原料放在釜底热区，籽晶放在上部冷区；对于溶解度温度系数为负的材料，则相反。以溶解度温度系数为正的材料为例，原料放在釜底，釜内填充一定量的溶剂（通常装满度为 70%～80%）作为生长母液，籽晶放在高压釜上部的籽晶架上。加热后密闭容器内的压力随之增大。釜底温度高，是原料的溶解区；高压釜的上部温度低，是晶体的生长区。溶解区和生长区之间用挡板隔开，目的是增大温度差和提高晶体的生长速率，同时还能使生长区内上下部晶体的生长速率相近。水热法育晶装置（温度系数为正）如图 3-31 所示。

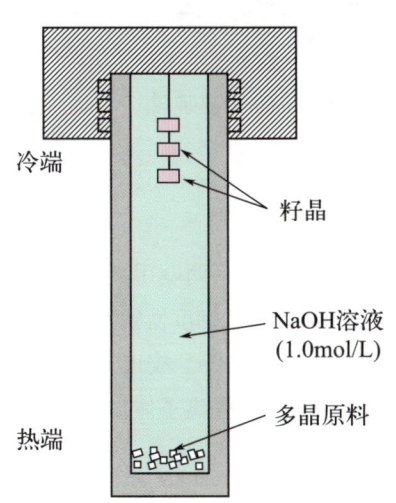

图 3-31　水热法育晶装置
（温度系数为正）

(5) 助熔剂法（熔盐法）

该方法是将晶体原料（溶质）加入低熔点的助熔剂中，使其生长温度降低，其晶体生长的原理与水溶液晶体生长法相似，所以又称高温溶液法。早期的助熔剂法是让晶体自发成核生长，这样结晶颗粒多，得到的晶体尺寸小；现在可以设置籽晶使其定向结晶生长，可以获得较大尺寸的晶体。

3.4.3 熔融法

熔融法是从熔体中生长晶体的方法，是目前晶体生长方法中用得最多也最重要的一种。其原理是将结晶物质加热到熔点以上熔化（不分解），然后在一定温度梯度下进行冷却，用各种方式缓慢移动固液界面，使熔体逐渐凝固成晶体。与溶液生长法的不同之处在于，晶体生长过程中起主要作用的不是质量输送，而是热量输送，结晶驱动力是过冷度而不是过饱和度。主要方法如下。

(1) 提拉法和导模法

提拉法的工作原理是把晶体原料装入坩埚中并加热到原料熔化，在适当的温度下，下降籽晶与液面接触，使熔体在籽晶末端成核生长，然后让籽晶边旋转边缓慢向上提拉并不断地调节温度，晶体就在籽晶上逐渐长大，直至需要的尺寸，然后快速提拉晶体使其脱离液面，再缓慢降温到室温即可得到整块晶体，装置如图 3-32 所示。提拉法可衍生出导模法，主要用于生长片状、管状、丝状等异型晶体。其工作原理是在坩埚中放入一个模具，从模具的缝隙中引晶并提拉生长，生成的晶体的截面形状与模具缝隙的形状相同。

(2) 坩埚下降法

把原料装入坩埚中，放入具有一定温度梯度的垂直生长炉内，使原料熔融，然后以一定的速度下降坩埚（或上升炉体），使坩埚从高温区进入低温区，随着坩埚的移动，熔体从坩埚底部开始结晶，逐渐生长成充满坩埚的一块晶体，装置如图 3-33 所示。用坩埚下降法可以生长金属、合金、有机化合物、氧化物、硫化物、卤化物和一些氧化物的单晶。在坩埚下降法基础上发展的高温、高压熔融法，适用于易挥发、易分解材料的晶体生长。

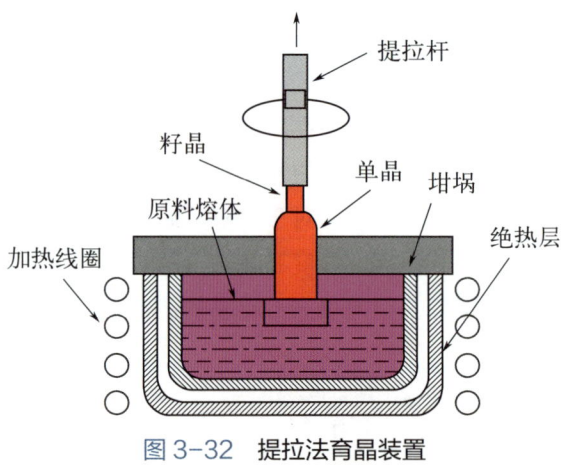

图 3-32 提拉法育晶装置

(3) 区熔法

该方法是把欲生长的单晶原料压制成多晶棒，直立放在生长炉中，上下两端用夹具夹持，然后对多晶棒局部加热使多晶棒局部熔融；移动多晶棒或加热器，借助温度梯度使狭窄的熔区从多晶棒的一端移到另一端。由于不使用坩埚，熔体靠自身的表面张力维持，故该方法又称为悬浮区熔法。加热方法可采用感应加热、弧光聚焦加热、电子束加热、等离子体加热等。

(4) 焰熔法

该方法是利用氢和氧燃烧产生的高温，使通过火焰区的原料粉末熔融，落在一个冷却的结晶杆上结晶成单晶（梨晶），装置如图 3-34 所示。焰熔法主要用于生长高熔点材料。

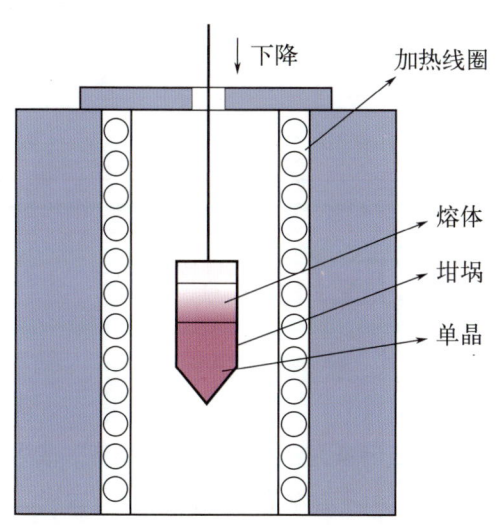
图 3-33　坩埚下降法育晶装置

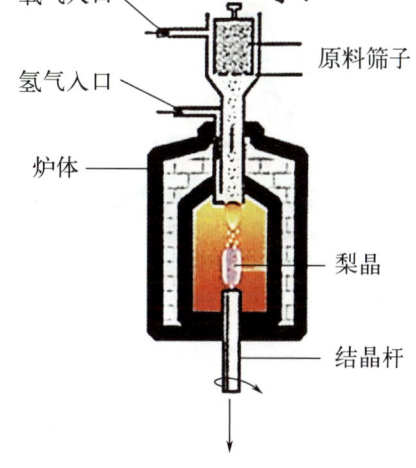
图 3-34　焰熔法育晶装置

3.4.4　固相生长法

（1）多形体相变法

同素异形体元素或多晶形化合物，具有由一种相转变为另一种相的转变温度。温度梯度依次经过这种材料棒，晶体即可生长。

（2）烧结法

将某种多晶棒或压实的粉末在低于其熔点的温度下保温数小时，材料中的一些晶粒逐渐长大，另一些晶粒则消失。

（3）应变退火法

在材料制造加工过程中引入应变，材料会储存大量的应变能，退火能消除应变，使晶粒长大。

 习　题

3.1　简述溶胶-凝胶法制备稀土粉体发光材料的原理及优点。
3.2　什么是纳米发光材料？其尺寸效应对发光性能有何影响？
3.3　如何优化稀土掺杂玻璃光纤的制备工艺以提高光纤的性能？
3.4　简述稀土透明陶瓷成型技术中常见的成型方法有哪些，并讨论它们各自的优缺点。
3.5　简述气相生长法制备稀土发光晶体的基本原理。
3.6　熔融法和固相生长法在生长稀土发光晶体时的主要区别是什么？请结合两种方法的制备过程、特点和优势进行分析。

 参考文献

稀土荧光粉与 LED 应用

在气候变化和能源紧张的背景下，以低能耗、低污染为基础的"低碳经济"成为全球热点，其中，寻求小尺寸、绿色环保、高效节能的照明光源备受关注。白光发光二极管（light emitting diode，LED）作为一种新型的固体光源，以其节能、绿色环保、寿命长及体积小等诸多优点，在半导体照明、显示以及前沿的可见光通信领域都展现出巨大的应用潜力。目前，白光 LED 主要采用"蓝光 LED+ 荧光粉"的方式实现，稀土发光材料作为白光 LED 中的光/光转换材料，对白光 LED 器件的性能起着关键作用，决定了器件的发光效率、色温、显色指数、色域、寿命及稳定性等。

随着半导体材料快速发展和制造工艺升级，作为新型的固态发光器件的白光 LED 已经基本取代了传统光源，被认为是继生物质能源（煤油灯、蜡烛等）、白炽灯、荧光灯和高强度气体放电灯之后的"第四代光源"。近年来，人们从最初的对 LED 光效和成本的重视，逐渐发展到对其光品质和健康的追求。因此，人们对白光 LED 封装技术及稀土发光材料提出了新的要求。在显示领域，广色域、大尺寸、高清显示是未来的发展趋势，亟待开发新型的窄带荧光粉，拓展液晶显示器的色域，实现 4K/8K 高清显示。在照明领域内，类似太阳光的全光谱照明以及大功率激光照明，已成为业界关注的焦点，亟须开发新型高性能稀土荧光粉。

本章主要围绕单色 LED 工作原理和白光 LED 的实现机理展开，从目前稀土荧光粉面临的机遇与挑战出发，详细介绍了不同化合物体系的稀土荧光粉（如铝酸盐、硅酸盐、氮化物、氧化物、硫化物）在白光 LED 照明、背光源显示、新兴近红外探测及大功率照明领域的应用与研究现状，分析了稀土发光材料在不同领域存在的问题，总结了相应的解决方案。

4.1 稀土荧光粉转换型白光 LED 简介

在 20 世纪末期，GaAlInP 四元系和 GaN 半导体材料制备工艺逐渐成熟，白光 LED 迎来了快速发展的时代。这两种材料的应用推动了 LED 技术的革命性进步，使得 LED 光源能够直接或间接发出各种可见或不可见光。通过发光二极管或与荧光发光材料封装的半导体固体发光器件，具有高效、节能、环保及多功能性等显著特点。随着技术的不断进步，白光 LED 在 21 世纪初已经突破了技术的束缚，拥有了多样化的颜色选择，并实现了大规模的批量生产。白光 LED 的广泛应用不仅提升了照明质量和能效，还为照明设计带来了更多的可能性，如色温调节、光线控制等功能。未来，随着 LED 技术的不断创新和完善，白光 LED 将继续引领照明行业的发展，为人们创造更加舒适、节能和环保的照明环境。

4.1.1 单色 LED 工作原理

在 20 世纪 60 年代，人们相继发明了高亮度红光和绿光 LED，于是迫切期待三原色中另一重要成员蓝光 LED 的实现，以引发光照明的革命，开启 LED 全色显示时代[1]。然而蓝光 LED 所需晶体材料的制备等难题长期无法取得突破，曾被断言在 20 世纪难以实现。日本名古屋大学赤崎勇教授及其学生天野浩于 20 世纪 80 年代末先后突破了高质量氮化镓（GaN）单晶生长和 p 型掺杂难题，并制成世界上首支蓝光 LED。随后不久，日亚化学工业公司技术人员中村修二开发了新的 GaN 单晶生长技术路线，以及 p 型 GaN 的处理工艺，成功制备了首个商用化高亮度蓝光 LED，推动了其产业化进程。因此，以 GaN 为代表的Ⅲ族氮化物被称为"第三代"半导体材料。作为 Si、Ge 以及传统Ⅲ-Ⅴ族化合物半导体之后的新一代半导体材料，GaN 具有更大的禁带宽度、更高的击穿电场、更稳定的物理化学性质等优异特性，已经成为半导体研究极为重要的领域和研究方向。

已知的氮化物半导体晶体结构包括纤锌矿（Wurtzite）结构、闪锌矿（Zincblende）结构以及岩盐矿（Rocksalt）结构[2]。其中闪锌矿 GaN 是立方结构，这种排列是 Ga 原子和 N 原子沿立方体对角线的 1/4 位移长度嵌套而成的立方密堆积结构，按照 ABCABC…的顺序堆叠而成，如图 4-1（a）所示。每个 Ga(N) 原子最近邻原子为处于四面体的顶点的 N(Ga) 原子，每种原子各自都为面心立方晶胞，闪锌矿结构的 GaN 通常在高温的条件下会相变转成具有热力学稳定性的纤锌矿结构的 GaN。纤锌矿与闪锌矿的结构差异源于原子层堆垛顺序的不同。纤锌矿结构是由六角密堆积的 Ga 原子和 N 原子反向套构而成的六方密堆积结构，沿着 c 轴方向，按照 ABAB…的顺序堆叠而成，如图 4-1（b）所示。

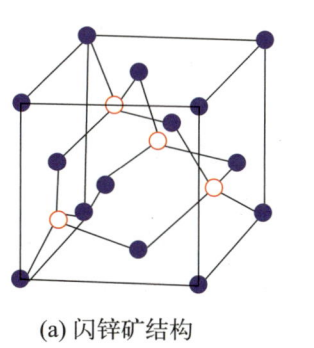 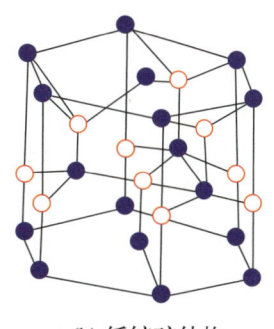

(a) 闪锌矿结构　　　　(b) 纤锌矿结构

图 4-1　GaN 晶体结构[2]

商品化 LED 通常采用环氧树脂封装，所用半导体芯片的直径范围为 200～350μm，其发光主要依赖于 p-n 结结构。p-n 结包含 n 型层和 p 型层，分别为发光提供所需的电子和空穴，当施加一定的正向电压时，电子从 n 型区向 p 型区注入，注入后的电子与 p 型层的空穴发生复合而发光（图 4-2）。由于在 p-n 结上施以正向电压时，通过的电流是因少数载流子引起，因此，LED 的光输出与施加电流大小成正比。电子-空穴复合发光的波长阈值 λ_e

与半导体材料的带隙宽度 E_g 成反比：

$$\lambda_e = hc/E_g \tag{4-1}$$

式中，c 为真空中的光速；h 为普朗克常量。E_g 单位换算为 eV，发射波长 λ_e(nm) 为：

$$\lambda_e = 1240/E_g \tag{4-2}$$

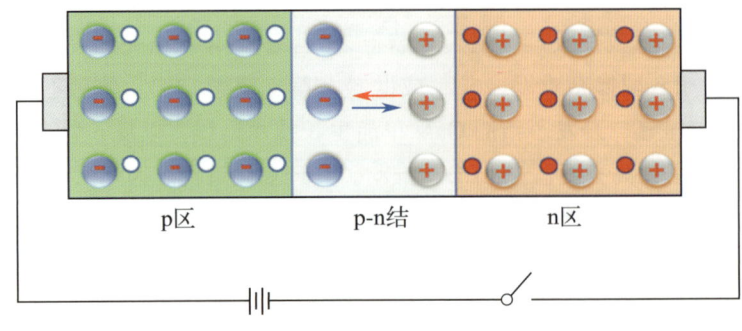

图 4-2　LED 芯片发光结构

表 4-1 给出了目前商用 LED 所使用的半导体发光材料及其所对应的发光颜色和结构组成。可以看出，In 的含量越高，能带间隙越宽，发射光的能量越高。半导体依据材料的不同，电子和空穴所占据的能级也不同，则复合所产生的光子能量不同，也就可获得不同的光谱和颜色。近年来，通过采用双异质结技术，实现了对载流子的控制，提升了 LED 的性能。

表 4-1　现已实现商业化的高效率 LED 的材料和结构组成

发光颜色	半导体材料	双异质结结构
红(red)	$Ga_{0.5}In_{0.5}P$	n-AlGaInP/GaInP/p-AlGaInP
绿(green)	$Ga_{0.25}In_{0.75}N$	n-GaN/GaInN/p-AlGaN/p-GaN
蓝(blue)	$Ga_{0.2}In_{0.8}PN$	n-GaN/GaInN/p-AlGaN/p-GaN

氮化物基半导体是一类具有广泛应用前景的半导体材料，Ⅲ族氮化物的禁带宽度连续可调，发光波长涵盖了从红外到紫外的光谱范围 [图 4-3（a）]，其发光波长、带隙和原子半径之间存在着密切的关系。在氮化物基半导体中，发光波长与带隙之间呈负相关关系，即带隙越大，发光波长越短。这是因为带隙大小决定了半导体材料能够吸收和发射的光的能量范围，带隙越大，能发射的光的波长就越短。其次，在氮化物基半导体中，带隙大小与原子半径密切相关。一般来说，原子半径越小的元素所形成的氮化物基半导体的带隙越大，因为原子半径小意味着原子间的相互作用更强，电子更容易受到束缚，导致带隙增大。相反，原子半径较大的元素形成的氮化物基半导体通常具有较小的带隙，如图 4-3（b）所示[1]。

随着对材料和制备工艺的优化，目前氮化物基芯片已经实现了高功率、高频率、高温度稳定性输出，其应用场景也不断扩展，不仅局限于照明、显示领域，还涉及 5G 通信、卫星通信和电子快充等领域。特别是，2020 年新冠病毒的暴发也推动了氮化物基紫外和深紫

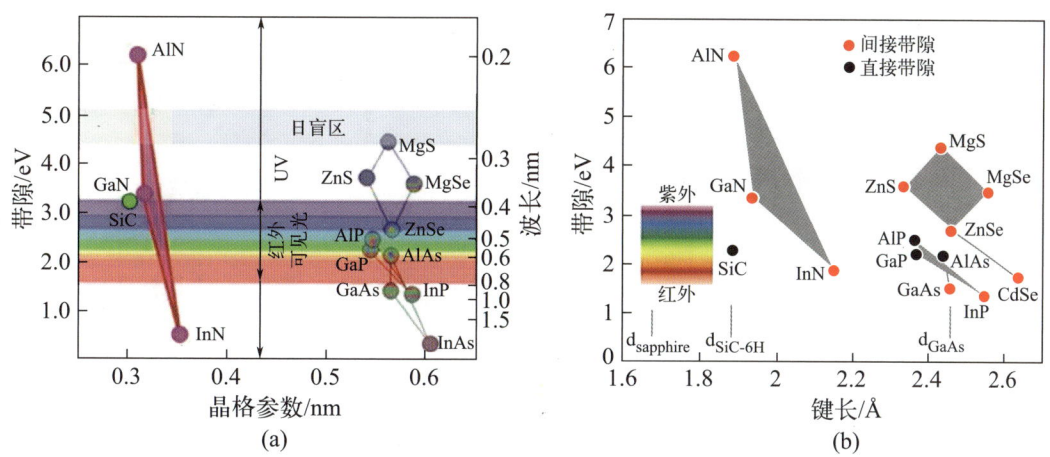

图 4-3 发射可见光半导体的带隙与波长及化学键长的关系[11]

外LED器件的研究,这些紫外与深紫外LED器件被广泛用于杀菌、消毒等,为抗击病毒提供了新的技术手段。这些进展不仅推动了LED技术在医疗卫生领域的应用,也为未来LED技术在生物医学领域的发展打下了坚实基础。因此,氮化物基LED技术的不断创新与发展将在多个领域带来更广泛的应用和突破,为科技进步和社会发展注入新的活力。

4.1.2 白光 LED 的实现方式

白光作为一种复合光,根据色度学和光学原理,至少需要混合两种颜色的光才能获得白光。目前,基于氮化镓芯片获得白光 LED 的方式主要包括以下 3 种。

(1) 三基色 LED 芯片合成白光

如图 4-4 (a) 所示,通过组装红、绿、蓝三种基色的 LED 芯片,利用色彩互补原理产生白光。三基色 LED 芯片合成的白光具有较高的色纯度,其显色指数可达 80 以上。此外,不需要荧光粉,从而减少因能量转换而造成的能量损失,提高了 LED 的发光效率。但同时使用三种 LED 芯片存在驱动电压和发光效率不一致的问题,无法保证稳定的白光发射,需要使用反馈电路对三基色 LED 芯片进行调节,增加了电路的复杂性和安装难度。而且,由于红绿蓝 3 种 LED 的光衰特性不一致,随着使用时间的增加,三色的混合比例会发生变化,显色指数也会相应变化。此外,发光全部来自 LED,相对于其他设备成本较高,因此,组合三基色 LED 芯片实现白光的应用受到限制。

(2) 蓝光 LED 结合黄色荧光粉合成白光

如图 4-4 (b) 所示,该方法通过将蓝光 LED 芯片与蓝光激发的黄色荧光粉相结合,以实现白光发射。其主要过程包括:通过电流驱动 LED 芯片使其发出蓝光,蓝光中的一部分将被黄色荧光粉吸收并实现黄光发射,而剩余未被吸收的蓝光与荧光粉发出的黄光相混合,最终产生白光。目前,已经商品化的产品多为蓝光 GaN 芯片加上 YAG:Ce^{3+} 黄色荧光粉。相比于其他方式,该方法制作过程较为简单,发光效率较高,成本也较低,所制备的白光 LED 发光效率超过 100lm/W。但这种类型的白光 LED 缺少位于长波段范围的红光成分,其发出的白光显色指数较低且色温较高,限制了其在照明领域的应用。

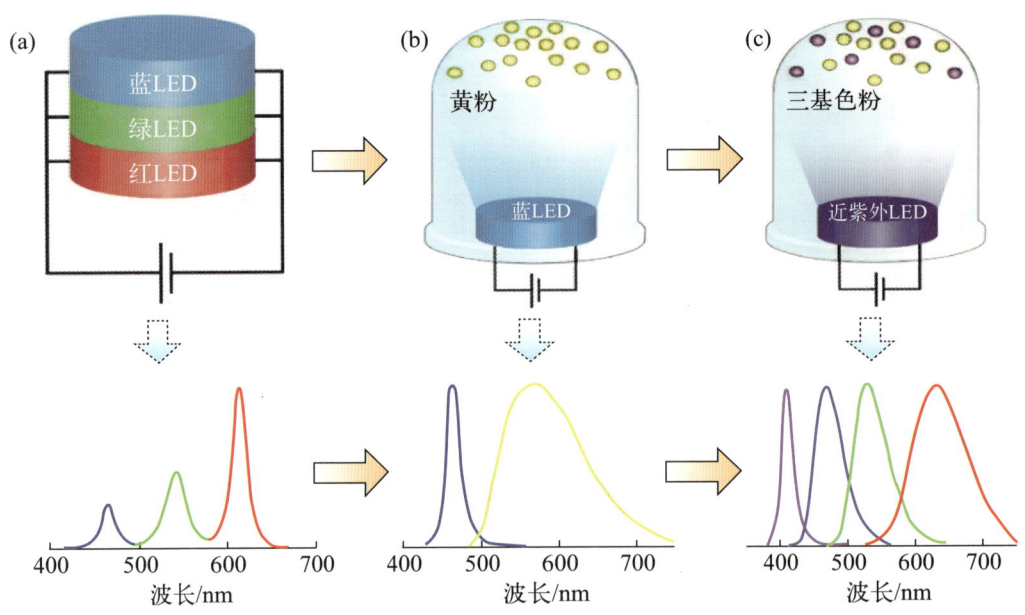

图 4-4 白光 LED 的三种实现方式

（3）近紫外 LED 芯片结合三基色荧光粉

针对上述两种方案存在的"蓝害"和显色指数难以进一步提升等问题，科研人员提出采用近紫外 LED 芯片结合三基色荧光粉实现白光发射。这种白光 LED 是通过高亮度的近紫外光芯片和能被近紫外光有效激发的荧光粉结合而成，如图 4-4（c）所示。其原理可以解释为将 LED 发出的紫外光作为光源，激发红、绿、蓝光三基色荧光粉，从而产生不同颜色的发射，通过控制各色荧光粉的比例复合形成白光。该方法的优点是近紫外光不参与白光的合成过程，且拥有充足的红光部分，因此能有效避免蓝光 LED 芯片结合黄色荧光粉所产生的显色指数低和色温较高的问题。但该方法通常会伴随荧光粉的重吸收问题，这是因为蓝色荧光粉发出的蓝光会被绿色及红色荧光粉吸收，从而导致蓝光的发光效率降低。且近紫外光在转化成其他颜色光的过程中，会损失较高的能量，引起发光效率降低。此外，为了解决紫外线易泄漏的问题，对器件的封装要求较高。

4.1.3 稀土荧光粉的机遇与挑战

一代稀土发光材料引领一代照明和显示器件的发展。白光 LED 因具有高光效、无污染、技术成熟度高等诸多优点成为半导体照明和液晶显示背光源的主流技术。经过多年发展，白光 LED 器件的发光效率已经从 21 世纪初的不足 20lm/W 提升至目前的超过 200lm/W，从最初的低显色（R_a<70）功能照明发展到高显色（R_a>90）健康照明，从普通色域（<70%NTSC）中低端显示扩展到广色域（>90%NTSC）的高品质显示[3]。目前，铝酸盐、氮化物、氟化物和硅酸盐等主流系列荧光粉的制备技术和产品均已取得重要突破，但是，整个稀土发光材料领域仍存在：稀土发光材料领域的原始重大突破不多，缺乏颠覆性新概念、新材料和新应用，尤其是稀土发光材料新应用领域拓展缓慢；稀土发光材料的基础研究与应用开发脱节严重，产学研协同创新乏力等问题。

一般而言，荧光粉转换型 LED 用的商用荧光粉需要满足以下条件：

① 在蓝光或近紫外光激发下，能产生高效的可见光发射，光子转化效率高；

② 荧光粉的激发光谱应与 LED 芯片的蓝光或近紫外发射光谱相匹配；

③ 荧光粉的发光应具备优良的抗温度猝灭特性；

④ 荧光粉的物理、化学性能稳定，抗潮，不与封装材料、半导体芯片等发生化学反应；

⑤ 荧光粉耐紫外线长期照射，性能稳定；

⑥ 荧光粉的颗粒均匀，呈球形，易于封装和获得高的光致发光量子效率。

在白光 LED 照明领域，商用白光 LED 所用黄色荧光粉 YAG：Ce 光谱中红光和青光组分的缺失，导致所制备的 LED 器件具有显色指数低和色温高的缺点，亟待开发可被蓝光激发的高效率红光和青光荧光粉，实现类太阳全可见光覆盖的全光谱健康照明；荧光材料普遍存在的发光强度随温度升高而降低的热猝灭效应，导致荧光转换型大功率 LED 和激光（LD）光源器件出现发光强度降低、色度坐标偏移及发光饱和等一系列问题，高功率密度激发下耐高温型高效荧光粉的极度匮乏束缚着大功率投影显示、远距离车辆照明、光通信以及高显色性医用照明等领域的快速发展。在显示领域，与有机发光二极管显示（OLED）、量子点显示（QLED）、激光显示和 Mini/Micro LED 等新型显示技术相比，基于白光 LED 背光源的液晶显示在电视领域仍具有极强的生命力，然而，可被蓝光激发的窄带绿色荧光粉相对匮乏，亟须通过荧光粉的技术创新达到超高色域显示（>100%NTSC）要求。在特种 LED 光源应用领域，可被蓝光激发的宽带近红外光发光材料缺乏，这也成为近红外探测器应用发展的"瓶颈"。

近年来，固态照明技术已经深刻影响了我们日常生活的方方面面。其中，通过蓝光芯片与黄色荧光粉 YAG：Ce 相结合方式而制备的荧光转换型白光 LED 成为照明市场主流，器件结构图如图 4-5 所示。然而，随着一些场合对高功率、高亮度照明设备的紧迫需求，白光 LED 在电光转换效率上面临重大挑战。理论上白光发光二极管光效在 260lm/W 以上，但由于发光二极管芯片存在"效率骤降"现象，如蓝光发光二极管芯片仅在 10A/cm^2 时就出现明显的光效下降[4]。虽然采用多芯片集成封装能够提高白光发光二极管光通量，但却由此带来器件成本上升、结构复杂等诸多问题。作为高亮度固态照明技术的另一个选择，激光照明技术能够在一定程度上避免光效下降问题，如蓝光激光二极管（LD）芯片在输入电流密度为 28A/cm^2 时仍保持较高的光转换效率。此外，激光二极管芯片辐射光斑小，有利于提高激光二极管光功率密度和发光亮度。与现有的发光二极管技术相比，激光二极管技术具有超大功率、超高亮度、高准直性、照射距离远等特点，可应用于汽车大灯、投影显示、医疗健康和可见光通信等领域[5]。

目前激光照明技术主要采用荧光转换白光激光二极管，即蓝光激光二极管芯片激发黄色荧光粉产生黄光，黄光与蓝光混合形成白光[6]。由于蓝光激光二极管光功率密度高、辐射光斑小，荧光层要承受高的激光辐射能量和荧光转换热量，造成荧光层光斑位置出现局部高温[7]。且传统荧光层是由荧光粉与有机树脂混合而成，有机树脂的耐热性差、热导率低，在高温下出现树脂碳化和荧光粉热猝灭问题，使得有机荧光层难以满足白光激光二极管封装需求。

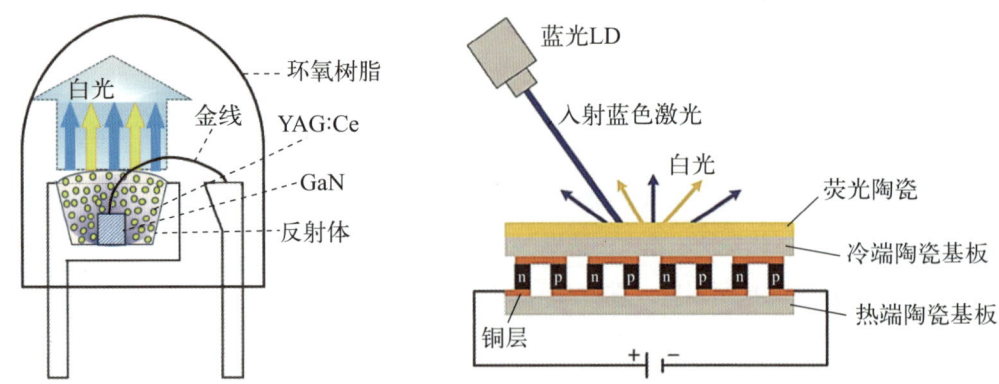

图 4-5　荧光转换型白光 LED 及反射式白光激光二极管的结构[6]

针对这一问题，科研人员提出采用高热稳定的无机荧光块体材料来代替传统有机荧光树脂材料用于白光激光二极管封装，包括发光单晶、荧光陶瓷和荧光玻璃（phosphor-in-glass，PiG）[8]。这种无机块体材料封装白光激光二极管通常分为透过型封装和反射型封装。其中反射型白光激光二极管中荧光玻璃/荧光陶瓷底部有反射基片，蓝光激光二极管芯片发出的部分蓝光和荧光转换产生的黄光被基片反射以混合形成白光，如图 4-5 所示。该方案有效解决了高功率密度激光激发下的散热需求，提升了发光饱和阈值。相关具体内容将在本书第 6 章详述。

4.2　白光 LED 照明用稀土荧光粉简介

从白光 LED 的实现方式可以看出，荧光粉是制作白光 LED 的关键材料之一，在白光 LED 光效、显色指数、颜色调控等方面扮演着不可替代的重要作用。目前，商业化的白光 LED 几乎都是采用 LED 芯片加荧光粉转换的方式实现白光。如前所述，能够商业化的 LED 荧光粉至少需要满足以下几个条件：能够被 LED 芯片有效激发、适宜的发射光谱波段、稳定的物化性质、高的抗热猝灭性能。现今市场已经商业化的 LED 荧光粉大致可以分为铝酸盐、氮化物、氮氧化物、硅酸盐和氟化物五大类别，包含数十种荧光粉产品，发射光谱范围几乎覆盖蓝光以上全部的可见光区域，如图 4-6 和表 4-2 所示。下面，本节将按照发光颜色对常用的稀土荧光粉做简要介绍。

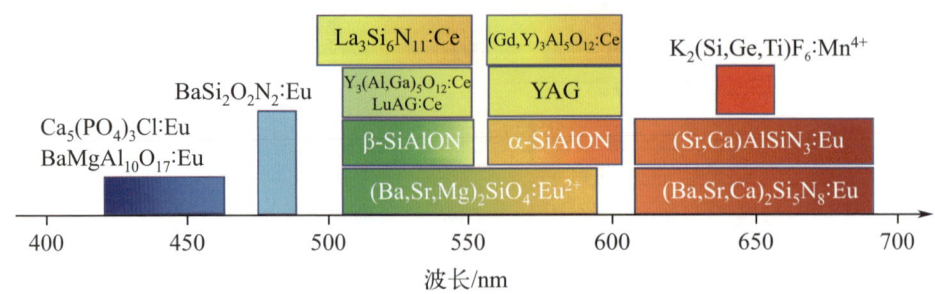

图 4-6　几种典型的白光 LED 商用稀土荧光粉及其发光波长

表 4-2 商业化的白光 LED 用稀土荧光粉种类及光谱特性

类型	化学组成	适用芯片	峰值波长	参考文献
铝酸盐	$Y_3Al_5O_{12}:Ce^{3+}$	蓝光	540~565nm	[9-11]
	$Y_3(Al, Ga)_5O_{12}:Ce^{3+}$	蓝光	515~540nm	[12-13]
	$(Lu, Y)_3Al_5O_{12}:Ce^{3+}$	蓝光	515~540nm	[14]
	$(Gd, Y)_3Al_5O_{12}:Ce^{3+}$	蓝光	565~590nm	[15]
氮化物	$(Ba, Sr, Ca)_2Si_5N_8:Eu^{2+}$	近紫外、蓝光	610~680nm	[16-18]
	$(Sr, Ca)AlSiN_3:Eu^{2+}$	近紫外、蓝光	610~670nm	[19-21]
	$SrLiAl_3N_4:Eu^{2+}$	蓝光	645~655nm	[22-23]
	$La_3Si_6N_{11}:Ce^{3+}$	蓝光	535nm	[24-25]
氮氧化物	$(Ba, Sr)Si_2O_2N_2:Eu^{2+}$	近紫外、蓝光	495nm	[26-27]
	$\alpha\text{-SiAlON}:Eu^{2+}$	近紫外、蓝光	600~610nm	[28-29]
	$\beta\text{-SiAlON}:Eu^{2+}$	近紫外、蓝光	525~540nm	[30-31]
硅酸盐	$(Ba,Sr,Mg)_2SiO_4:Eu^{2+}$	近紫外、蓝光	515~560nm	[32-33]
	$(Ba,Sr,Mg)_3SiO_5:Eu^{2+}$	近紫外、蓝光	590~605nm	[34]
氟化物	$K_2(Si, Ge, Ti)F_6:Mn^{4+}$	蓝光	631nm	[35-36]

4.2.1 白光 LED 照明用蓝色荧光粉

蓝色荧光粉用在近紫外 LED 中制备三基色白光 LED，主要还是传统的一些荧光粉，如 $BaMgAl_{10}O_{17}:Eu^{2+}$ 和 $Ca_5(PO_4)_3Cl:Eu^{2+}$。$BaMgAl_{10}O_{17}:Eu^{2+}$ 在近紫外光激发下，呈现约 450nm 的蓝光发射；$Ca_5(PO_4)_3Cl:Eu^{2+}$ 在近紫外光激发下，呈现约 456nm 的蓝光发射。但它们的最佳激发波长都不是 365nm，在近紫外芯片激发下效率较低，因此仍需研发更适合近紫外芯片激发的高效率蓝色荧光粉。近年来，也有许多其他的蓝色荧光粉被报道，如低温霞石型 $NaAlSiO_4:Eu^{2+}$、$BaAl_{12}O_{19}:Eu^{2+}$、$LiSrPO_4:Eu^{2+}$ 和 $LaSi_3N_5:Ce^{3+}$ 等。

4.2.2 白光 LED 照明用青色荧光粉

青色发光一般用于填补蓝光芯片与黄色荧光粉之间发射光的缺失，从而提高显色指数，实现全光谱照明。目前，已报道的青色荧光粉有 $BaSi_2O_2N_2:Eu^{2+}$、$LiBaBO_3:Eu^{2+}$、$Sr[Be_6ON_4]:Eu^{2+}$ 和 $Ca_2YZr_2Al_3O_{12}:Ce^{3+}$ 等。其中，商用青色荧光粉为 $BaSi_2O_2N_2:Eu^{2+}$，在 450nm 激发下呈现 496nm 的窄带发射，半峰宽约为 32nm，但由于其层状结构，该荧光粉化学稳定性和热稳定性都较差，在白光 LED 长期工作后容易造成光色漂移。因此，仍需探索高稳定性的商用青色荧光粉。

4.2.3 白光 LED 照明用绿色荧光粉

白光 LED 用稀土绿色荧光粉包括硅酸盐、铝酸盐、氮氧化物等体系，分别存在不同的优势和局限性，简介如下。

（1）硅酸盐体系

$M_2SiO_4:Eu^{2+}$(M=Sr，Ba) 正硅酸盐体系荧光粉是目前广泛使用且有一定产业化规模的绿色荧光粉。1997 年，Poor 等用高温固相法制备出 $Ba_2SiO_4:Eu^{2+}$ 荧光粉，发现在紫外光的激发下，在 4.2K 的低温下该荧光粉发射光谱主峰位于 505nm，而室温时蓝移至 500nm [图 4-7（a）]。2003 年，Lim 等详细研究了该体系中激活剂 Eu^{2+} 浓度猝灭问题，指出在 $Ba_2SiO_4:Eu^{2+}$ 荧光粉中浓度猝灭的机制是多极交互作用；2007 年，Zhang 等将该荧光粉与 InGaN 紫外 LED 芯片进行了封装，制成了绿色 LED[37-39]。在 $(Ba,Sr)_2SiO_4:Eu^{2+}$ 荧光粉的合成过程中，原料中 Si 的过量能够提高荧光粉的发光性能，而 Ba/Sr 比例的减少使得荧光粉发射光谱发生红移，当 Ba^{2+} 的比例从 1 降到 0 时，在 460nm 的激发波长下，发射主峰从 505nm 移动至 575nm；同时 Eu^{2+} 的浓度变化不但影响发射峰的强度，而且还改变了发射峰的位置。除 $M_2SiO_4:Eu$(M=Ca、Sr、Ba) 正硅酸盐体系外，硅酸盐基质的绿色荧光粉还有：在 360nm 激发下发出波长为 521nm 绿光的 $Ca_3Si_2O_7:Eu^{2+}$ 荧光粉[40]，在 360nm 激发下发出波长为 505nm 绿光的 $Ba_2(Mg,Zn)Si_2O_7:Eu^{2+}$ 荧光粉[41] 以及在 396nm 激发下发出 520nm 绿光的 $M_2MgSi_2O_7:Eu^{2+}$(M=Sr,Ca) 荧光粉等[42]。

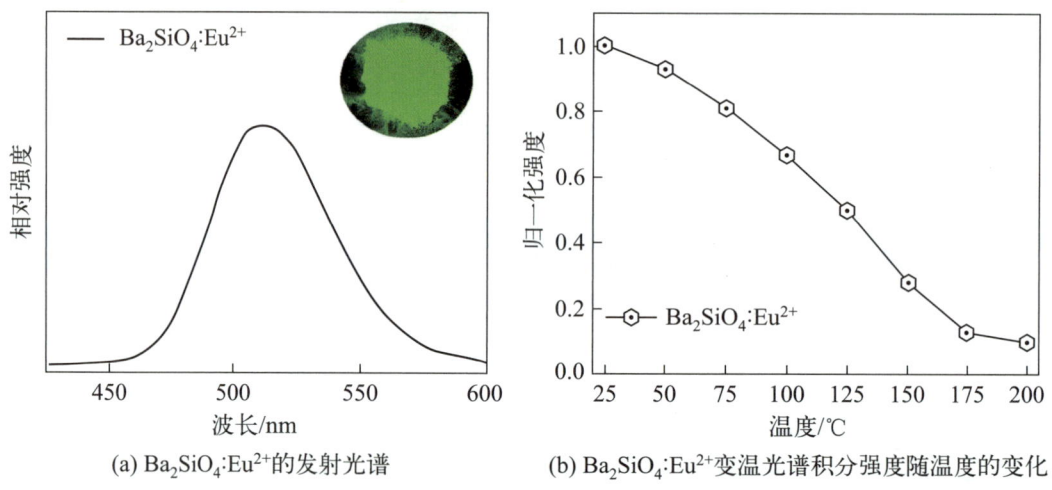

(a) $Ba_2SiO_4:Eu^{2+}$ 的发射光谱　　(b) $Ba_2SiO_4:Eu^{2+}$ 变温光谱积分强度随温度的变化

图 4-7　$Ba_2SiO_4:Eu^{2+}$ 的发射光谱以及 $Ba_2SiO_4:Eu^{2+}$ 变温光谱积分强度随温度的变化

硅酸盐基质荧光粉激发波长宽，覆盖 300～500nm 范围，能够匹配不同波长的芯片，但是热稳定性较差（150℃时的光衰大于 50%），如图 4-7（b）所示。热猝灭效应成为限制硅酸盐荧光粉大规模应用的关键因素。针对这一难题，Denault 等通过 Sr^{2+} 固溶 $Ba_2SiO_4:Eu^{2+}$ 调制结构刚性，提升了热稳定性（75%@140℃）；刘泉林等调控阳离子无序度获得了高热稳定性 $BaSrSiO_4:Eu^{2+}$ 荧光粉（60%@200℃）；以及 Wang 等采用 Na^+-Nb^{5+} 取代 Sr^{2+}-Si^{4+} 开发了双相共存的 $Sr_2SiO_4:Eu^{2+}$ 荧光粉（80%@200℃）[43-45]。然而，获得高热稳定性（>90%@200℃）$M_2SiO_4:Eu^{2+}$ 荧光材料依然是本领域的一个挑战。

（2）铝酸盐体系

传统铝酸盐体系荧光粉可以在近紫外光激发下发射出绿光，价格低廉，但其制备原料的纯度要求相对较高，且组分间的相组成和相转换复杂，荧光效率较低。如 $BaMgAl_{10}O_{17}:Eu, Mn$ 是一种性能优良的绿色荧光粉，但由于其与目前 LED 芯片不匹配而不能直接应用于白光 LED 中。当 Ga^{3+} 部分取代石榴石相荧光粉 $Y_3Al_5O_{12}:Ce$ 晶体中的 Al 时，导致 Ce 所处晶体场发生变化，从而引起激发、发射光谱的改变。当 Ga/Al 比例增大时会引起激发、发射峰的蓝移，因此控制基质中 Ga/Al 比例的变化就能控制荧光粉的发射光谱落在绿光范围内[46]。除这种取代方式外，还可以采用 Lu 取代 Y 的方式来获得石榴石相的铝酸盐绿粉，其峰值波长约在 520nm[47]。这几种荧光粉均具有发展潜力，基本可以满足白光 LED 对于光效和寿命的应用要求，部分实现了商品化。但是，这类石榴石结构的镓酸盐绿粉的半峰宽较宽、色纯度较差，需要进一步改良[48]。

（3）氮氧化物体系

硅基氮氧化物是近年来研究较多的一种稀土荧光粉基质材料，这种材料中同时含有 Al、Si 和 N，作为荧光材料具有如下特性[49]：①富氮的晶体场环境使得晶体具有较大的电子云扩展效应（nephelauxetic effect），进而能够降低稀土离子的 5d 能级，从而实现长波荧光的激发和发射。②在材料设计上适应性很强，在不改变晶体结构的前提下，其化学组成可以在很大范围内变化，因此其荧光的光谱可控性较强。③晶体结构以 SiX_4（X=O、N）四面体形成的网格为主，所形成的材料具有物理化学性质稳定、热猝灭效应小等特点。硅基氮氧化物能够被蓝光或紫外光高效激发，再配合稀土离子和化学组成的改变，能够实现不同波长的发射光，其中，多种商品化红色荧光粉都是这类体系。这里，我们简介几种适合用于白光 LED 的氮氧化物绿色荧光材料。

β-SiAlON：Eu 和 BaSiON：Eu 系列是目前研究最多的两类氮氧化物绿粉。β-SiAlON：Eu 荧光粉的发射光谱主峰在 538nm，半峰宽为 55nm，如图 4-8 所示；激发光谱在 303nm 和 450nm 处有两个峰，这使得 β-SiAlON：Eu 荧光粉能够与蓝光芯片（450～470nm）配合产生高光效，是目前主流的商用显示背光源材料。但是这种荧光粉的缺点在于制备条件苛刻（需要高温高压），大规模工业生产困难，且其发射峰较窄，与红色荧光粉封装难以获得高显色指数的白光 LED[50]。BaSiON：Eu 系列荧光粉属于单斜晶系，随着 N、O 比例不同，可以调节发射主峰位置，其代表性荧光粉有 $MSi_2O_2N_2$：Eu^{2+}(M=Ca,Sr,Ba) 和 $Ba_3Si_6O_2N_2$：Eu^{2+}。其中，$MSi_2O_2N_2$：Eu 发射光谱主峰范围在 480～500nm，而且合成温度较低，制备方法简单，常压下即可合成。但是缺点在于色纯度不高，很难配合黄色荧光粉实现高显色照明[44]。$Ba_3Si_6O_2N_2$：Eu^{2+} 是单斜晶系，其热稳定性要高于正硅酸盐荧光粉，并且发射光谱半峰宽更窄，适用于背光源显示，但是其缺点在于亮度提升困难，光效较低[51]。

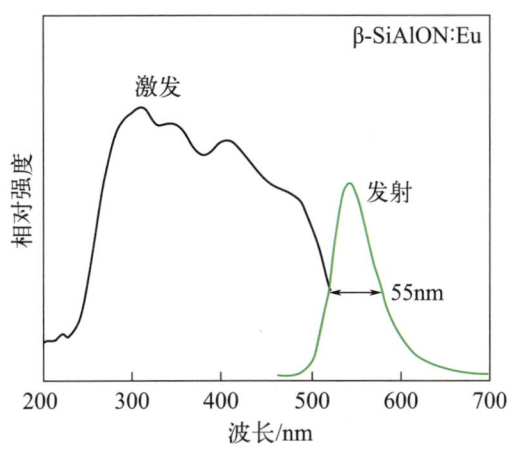

图 4-8　β-SiAlON：Eu 的激发和发射光谱[22]

4.2.4 白光 LED 照明用黄色荧光粉

如前所述,"蓝光 LED+ 黄色荧光粉"组合方式的白光 LED 技术最为成熟,也是最初白光 LED 产品的主要实现形式。近年来广泛研究的黄色荧光粉主要有铝酸盐、硅酸盐和氮氧化物等。

(1) 铝酸盐体系

铝酸盐石榴石体系的 YAG:Ce 荧光粉是最为著名的黄色荧光粉,在白光 LED 应用中备受青睐。YAG:Ce 荧光粉能够被 440~480nm 的蓝光有效激发,发射光谱波长覆盖 500~700nm 范围的黄光 [图 4-9 (a)]。因此,其激发光谱正好与蓝光 LED 芯片的发射波长匹配,且荧光粉发出的黄色荧光与芯片发出的蓝光互补而形成白光[52]。商用铝酸盐类黄色荧光粉是效率最高的半导体照明用荧光粉,利用其与蓝光 LED 组合可以制得色温在 4000~8000K 的高亮度白光 LED。

YAG 属于石榴石型立方晶系结构,石榴石结构的通式为 $A_3[B]_2[C]_3O_{12}$,其中 A,B 和 C 分别代表不同的对称格位,对应着具有 8 配位的十二面体,6 配位的八面体和 4 配位的四面体格位,晶胞中原子的排列非常复杂。如图 4-9 (b) 所示,每一个八面体连接六个四面体,与此同时每一个四面体通过顶角连接四个 $[AlO_6]$ 八面体。[A] 格位可以被 Y^{3+}、Lu^{3+}、Gd^{3+}、Tb^{3+}、La^{3+} 和 Ca^{2+} 等离子占据,[B] 格位可以被 Al^{3+}、Ga^{3+}、Sc^{3+}、Sb^{3+}、In^{3+}、Mg^{2+} 和 Mn^{2+} 等离子占据,[C] 格位可以被 Ga^{3+}、Al^{3+}、Si^{4+}、Ge^{4+} 和 Mn^{2+} 等离子占据。由于稀土离子的半径与 Y^{3+} 的半径相近,所以当 YAG 中掺杂稀土离子时,稀土离子会取代 Y^{3+} 格位。不同离子对 Ce^{3+} 的质心位移和晶体场劈裂会产生不同程度的影响。

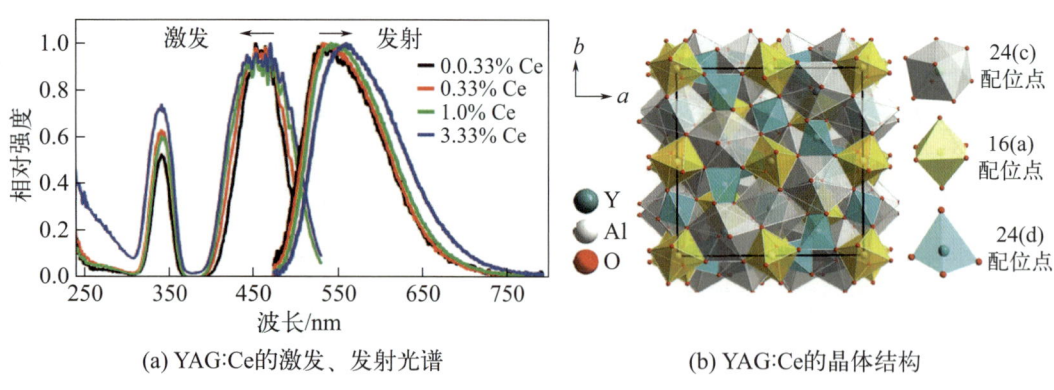

(a) YAG:Ce 的激发、发射光谱   (b) YAG:Ce 的晶体结构

图 4-9　YAG:Ce 的激发、发射光谱及其晶体结构 [52]

因此,科研人员基于石榴石结构开发出多种发光性能不同的铝酸盐荧光粉。例如,在 Ce^{3+} 掺杂的稀土石榴石 $(Y_{1-x}Ln_x)_3(Al_{1-y}Ga_y)_5O_{12}$:Ce (Ln=La,Gd,Lu 等稀土元素) 体系中,在蓝光激发下,发射光覆盖了 470~700nm 的可见光谱范围,发射光谱与 La^{3+}、Gd^{3+}、Lu^{3+} 和 Ga^{3+} 的含量密切相关。从不同组成的 $(Y,Gd)_3(Al,Ga)_5O_{12}$:Ce 石榴石在 460nm 蓝光激发下的发射光谱中可知,随着 Gd^{3+} 取代量的增加,发射峰有规律地向长波移动,而随着 Ga^{3+} 取代 Al^{3+} 的量增加,则向短波移动。这类荧光粉在 300~540nm 范围内包含 2 个激发峰,其中,Ce 离子低能量的激发光谱覆盖整个蓝光区,能被 460nm 蓝光高效地

激发，发射黄光。此外，针对 YAG：Ce 荧光粉发光光谱中红光部分的缺失，Setur 等通过将 Si^{4+}—N^{3-} 掺杂进基质晶格中对 YAG：Ce 荧光粉进行改性，使得发射光谱中红光比例增加，成功获得了高显色指数、低色温的白光 LED[53]。

(2) 氮氧化物体系

氮氧化物黄色荧光粉成为继钇铝石榴石结构之后又一个新的黄色荧光粉研究方向。目前研究主要集中在 $CaAlSiN_3$：Ce^{3+}、Ca-α-SiAlON：Eu^{2+} 和 $La_3Si_6N_{11}$：Ce^{3+}。Li 等报道了一种 Ce^{3+} 激活的 $CaAlSiN_3$ 荧光粉，化学式可表述为 $Ca_{1-x}Al_{1-4\sigma/3}Si_{1+\sigma}N$：$xCe^{3+}$ ($\sigma \approx 0.3 \sim 0.4$)，X 射线衍射分析表明其空间群为 $Cmc2_1$，其中 Al/Si 占据其 8b 位置，Al/Si 比例约为 1/2[54]。这种 $CaAlSiN_3$：Ce^{3+} 荧光粉可以被 450～480nm 的蓝光有效激发，发射出橙黄光。随着激活剂含量的增加，体系结构刚性降低，导致斯托克斯（Stokes）位移增加，发射波长红移。该荧光粉吸收和外量子效率分别高达 70% 和 56%。

解荣军等系统研究了 Eu^{2+} 掺杂的 Ca-α-SiAlON：Eu^{2+} 黄色荧光粉，此类荧光粉在 250～500nm 有较强的吸收效率，发射光谱在 500～750nm 之间，峰值波长在 580nm 左右。该荧光粉热稳定性优于传统的 YAG：Ce 黄色荧光粉，且由于是长波发射，其与蓝光芯片组合能够生成暖白光[55-56]。科研人员通过阳离子取代法（比如用 Li、Mg 或 Y 替换 Ca）及调节基质成分来调控发射波长及色坐标。通过掺杂 Ca^{2+}、Mg^{2+}、Lu^{3+} 等离子，研究发现 Eu^{2+} 掺杂浓度对热猝灭影响极大，而掺杂阳离子的影响次之[57]。此外，为了探索氮化物的低温合成，Li and Suehiro 等通过气体还原氮化法成功在 1400～1500℃条件下合成出 Ca-α-SiAlON：Eu^{2+}，此方法合成的荧光粉的激发发射光谱与普通的高温固相法基本一致，但是强度有所下降，经过高温后处理，其强度有所上升[58]。

2009 年，Seto 等合成了新型黄色荧光粉 $La_3Si_6N_{11}$：Ce^{3+}，在种类繁多的氮化物荧光粉中，$La_3Si_6N_{11}$：Ce^{3+} 黄色荧光粉尤为引人关注[59]。由于独特的晶体结构，其发射峰半高宽约 120nm，量子效率在 80% 以上，在 200℃下发光强度可保持在室温发射强度的 95% 以上。光谱中相当的橙红光成分有助于改善白光 LED 的色温和显色指数（图 4-10）。然而，与其他氮氧化物荧光粉一样，$La_3Si_6N_{11}$：Ce^{3+} 的制备条件十分苛刻，一般制备温度都要达1800℃，烧结压力要求十分高，在很大程度上限制了 $La_3Si_6N_{11}$：Ce^{3+} 的大规模生产与应用。

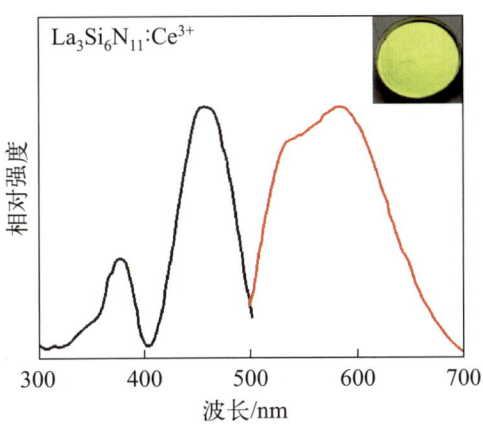

图 4-10　$La_3Si_6N_{11}$：Ce^{3+} 的激发、发射光谱[59]

(3) 硅酸盐体系

如前所述，$Ba_2SiO_4:Eu^{2+}$ 荧光粉在近紫外到蓝光激发下，发射光谱峰值位于 510nm，由于 5d 电子在基质晶格中的耦合作用，出现了非对称发射峰。随着基质中 Sr2 逐渐取代 Ba2，基质的晶格参数变小，晶胞收缩，晶体场影响逐渐增强，Eu^{2+} 能级分裂随之增大，发射光谱呈现出红移趋势。随着 Sr 含量的不断增加，$(Sr,Ba)_2SiO_4:Eu^{2+}$ 荧光粉的最大发射波长可达 575nm，呈现黄光发射[60]。使用硅酸盐 $(Sr,Ba)_2SiO_4:Eu^{2+}$ 荧光粉搭配蓝光芯片可以封装色温 5000～10000K 的白光 LED。

$(Sr,Ba)_3SiO_5:Eu^{2+}$ 荧光粉是另一类广泛应用于白光 LED 的黄色荧光粉。通过 Sr/Ba 比例的调节，在 350～550nm 范围内的光激发下，产生发射峰位于 580～600nm 的橙色荧光[61]。$(Sr,Ba)_3SiO_5:Eu^{2+}$ 荧光粉发射橙色荧光，使用 $(Sr,Ba)_3SiO_5:Eu^{2+}$ 橙色荧光粉可以封装得到色温 2700～4000K 的白光 LED，但由于 $(Sr,Ba)_3SiO_5:Eu^{2+}$ 橙色荧光粉中红光成分仍不充足，导致白光 LED 的显色指数较低，R_a 只能达到 75 左右，难以满足室内照明对白光 LED 的要求。同时，由于 $(Sr,Ba)_3SiO_5:Eu^{2+}$ 荧光粉抗高温和抗湿性能较差，应用受到了严重限制。

4.2.5 白光 LED 照明用红色荧光粉

如前所述，早期的白光 LED 主要是由蓝光芯片和黄色荧光粉所组成，但其显色性差、色温高。为了改善白光 LED 的显色性，提升对物体真实色彩的还原能力，可被蓝光激发的红色荧光粉成为研究热点，促进了多种体系稀土红色荧光粉的快速研发，包括稀土硫化物、氮化物、氧化物等红色荧光粉。

（1）硫化物体系

早期红色荧光粉的研发主要集中于硫化物，如首例高品质白光 LED 就是通过在 $YAG:Ce$ 中加入 $SrS:Eu^{2+}$ 红色荧光粉封装而成[62]。虽然 Eu^{2+} 激活的硫化物荧光粉可被蓝光有效激发，并发射出高效率的红光（图 4-11），但硫化物的化学稳定性极差，在一定的湿度下还可能分解出 S，腐蚀蓝光芯片使得白光 LED 很快失效，所以硫化物红色荧光粉并不是理想的白光 LED 用红色荧光粉。

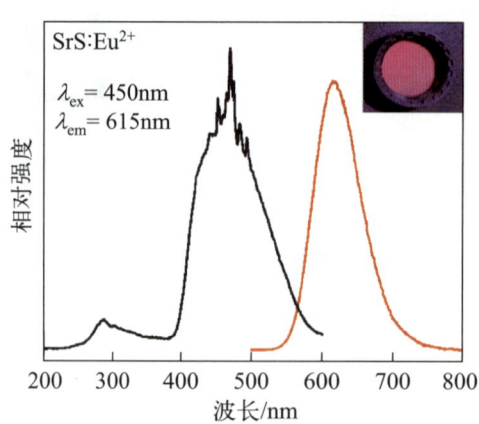

图 4-11　$SrS:Eu^{2+}$ 的激发和发射光谱[62]

(2) 氮化物体系

1997 年，Lee 等报道了 $CaSiN_2:Eu^{2+}$ 红色荧光粉的发光性能，该荧光粉在紫外及紫光激发下发射峰值位于 630～650nm 的红光。随后，德国慕尼黑大学 Schnick 等在 2000 年报道了 $Sr_2Si_5N_8:Eu^{2+}$ 红色荧光粉（简称 258 结构红粉），如图 4-12（a）所示[63]。Eu^{2+} 在氮化物晶体场中由于电子云效应的影响，发生了较大的质心位移和晶体场劈裂，导致产生了红光发射。随后，Uheda 等成功制备出首例发射峰位于 650nm 的 $CaAlSiN_3:Eu^{2+}$ 红色荧光粉（简称 CASN1113 红粉），其激发、发射光谱如图 4-12（b）所示[64]。该荧光粉具有发光效率高、化学性能稳定和热稳定性优异的特点。由于氮化物材料化学稳定性良好，在随后的研究中越来越受到研发人员的关注。直到今天，新型氮化物荧光粉还不断被开发出来。如 Schnick 课题组所研发的高效率窄带红粉 $Sr[LiAl_3N_4]:Eu^{2+}$ 被誉为下一代白光 LED 用红色荧光粉[65]。王育华和刘泉林等分别采用共取代和添加助溶剂的方法对 $SrLiAl_3N_4:Eu^{2+}$ 和 $Sr_2Si_5N_8:Eu^{2+}$ 的发光性能进行了优化[66-67]。Hoerder 等研发出性能更优的窄带红色荧光粉 $Sr[Li_2Al_2O_2N_2]:Eu^{2+}$[68]。

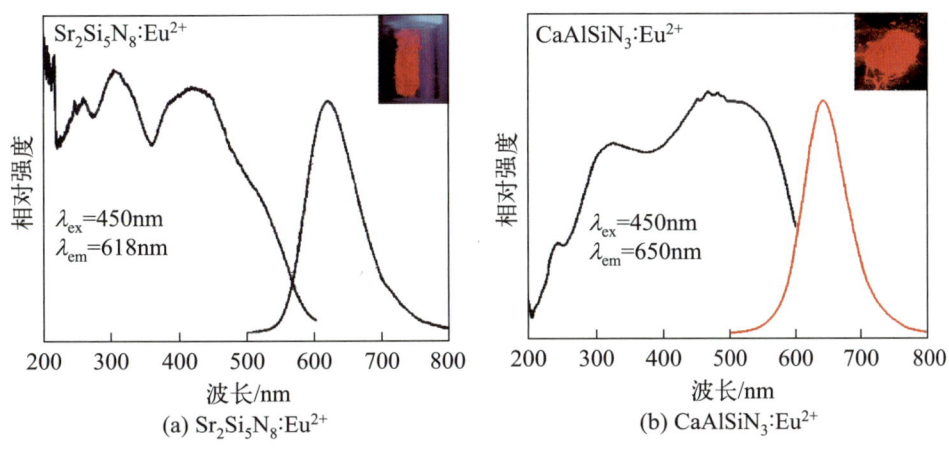

图 4-12 $Sr_2Si_5N_8:Eu^{2+}$ 及 $CaAlSiN_3:Eu^{2+}$ 的激发和发射光谱[63-64]

氮化物的制备过程较其他系列荧光粉来说较为严格，通常需要很高的温度和压强的环境。此外，氮化物荧光粉的合成原料对水和氧气都比较敏感，其合成也需要在手套箱等密闭设备中，将原材料进行均匀混合，这些都会对制备的过程带来一定的困难，从而增加了氮化物的制备成本。无论如何，稀土氮氧化物作为 LED 灯用荧光粉的理想基质材料，特别是用作红粉无疑具有广阔的研究空间，因此，开发新型氮氧化物荧光粉，优化氮氧化物的制备合成工艺，对于白光 LED 照明领域的应用来说，一直是一个工作的重点。

(3) 氧化物体系

与硫化物和氮化物荧光粉相比，以硅酸盐为代表的稀土掺杂氧化物荧光粉具有结构可调、成本低和化学性稳定等优点。相比于强的 $Eu^{2+}—N^{3-}$ 和 $Eu^{2+}—S^{2-}$ 共价键，弱的 $Eu^{2+}—O^{2-}$ 共价键将引起较小的质心位移，能够有效避免光谱重吸收效应，研发 Eu^{2+} 激活的氧化物红色荧光粉成为科研工作者近年来的一个新目标。日本东北大学 Sato 等通过调控 Eu^{2+} 掺

杂浓度获得了 $Ca_2SiO_4:Eu^{2+}$ 的红光发射[69]。李国岗等通过 $Eu^{2+}—Si^{4+}$ 取代 $Cs^+—P^{5+}$ 进行电荷补偿提升了 $CsMgPO_4:Eu^{2+}$ 的红光效率[70]。此外，其他氧化物红色荧光粉如 $K_2Ca(PO_4)F:Eu^{2+}$ 和 $Ca_3Si_2O_7:Eu^{2+}$ 也被相继研发[71-72]。特别值得一提的是，针对 Eu^{2+} 激活氧化物荧光粉难以获得红光发射的难题，笔者课题组率先展开了开创性的应用基础研究，以具有低配位数多面体的基质材料 $K_3YSi_2O_7$ 和 $Rb_3YSi_2O_7$ 作为模型体系，对其晶体结构、理论计算及光谱分析进行探究，结果表明：Eu^{2+} 选择性占据 $K_3YSi_2O_7$ 晶格中高度畸变的 KlO_8 多面体和低配位数的 $Y2O_6$ 多面体导致了橙红光发射；而 Eu^{2+} 选择性占据 $Rb_3YSi_2O_7$ 晶格中低配位数的 YO_6 和 $RblO_6$ 多面体实现了可被蓝光激发的红光发射[73-74]。基于此，笔者课题组提出了 Eu^{2+} 占据低配位数多面体实现大的晶体场劈裂，进而创制红光发射稀土荧光粉的普适性研发策略，并在多种荧光粉体系中得到验证。如在具有低配位数的 $SrLaScO_4$、$(Sr,Ba)Y_2O_4$、$Sr_2Sc_{0.5}Ga_{1.5}O_5$ 及 $Sr_3TaO_{5.5}$ 中均实现了可被蓝光激发的红光发射[75-78]。

然而，目前所发现的 Eu^{2+} 激活氧化物红色荧光粉的种类相对较少，相比于氮化物荧光粉，氧化物红色荧光粉的发光效率偏低、热稳定性较差，目前暂无法满足商用需求。

4.3 新兴的 Eu^{2+} 激活近红外荧光粉

近年来，发射峰值波长在 700~1600nm 范围的荧光转换型近红外（NIR）LED 光源因其具有紧凑性和低成本等优点，在安防监控、现代农业、食品安全和医疗检测等诸多领域显示出巨大的应用前景，新兴的近红外荧光粉也因此成为近年来的一个热点。科研人员已经开发了多种近红外荧光粉，激活剂离子包括过渡金属离子（Cr^{3+}、Ni^{2+}、Mn^{2+}），Bi^{3+} 和稀土离子（Pr^{3+}、Nd^{3+}、Tm^{3+}、Yb^{3+}、Eu^{2+}）等[79-85]。然而，由于 Pr^{3+}、Nd^{3+}、Tm^{3+}、Yb^{3+} 具有本征的 f-f 禁戒跃迁，其掺杂的 NIR 荧光粉呈现出固定峰位的低量子效率的窄带发射；Mn^{2+}、Ni^{2+} 掺杂的近红外荧光粉通常具有低的发光量子效率[86]。近年来，Cr^{3+} 激活的近红外荧光粉因其易合成、高内量子效率、超宽带可调发射等诸多优点而备受关注[87-88]。然而，Cr^{3+} 的 d-d 宇称禁戒跃迁导致荧光粉具有差的吸收、低的外量子效率（EQE<50%）和低的 LED 器件电光转换效率。例如，$Ca_3Sc_2Si_3O_{12}:Cr^{3+}$ 和 $Na_3ScF_6:Cr^{3+}$ 具有 92.3% 和 91.5% 的极高内量子效率，但低的 EQE 值（25.5% 和 40.8%）无法满足光源器件应用的需求[89-90]。当然，近年也有报道的少数近红外荧光粉具有较高的外量子效率，如 $LaMgAl_{11}O_{19}:Cr^{3+}$（42.5%）和 $SrGa_{12}O_{19}:Cr^{3+}$（45%）[91]，以及最近报道的 $MgO:Cr^{3+}$ 近红外陶瓷的 EQE 值高达 81%[92]。

稀土 Eu^{2+} 具有宇称允许 d-f 跃迁，通常呈现出强的吸收和高的发光效率，多种 Eu^{2+} 激活固态荧光粉已成功应用于商业固态照明[65,93]。但是，受晶体场强度及电子云膨胀效应等因素的影响，Eu^{2+} 很难实现近红外发射。笔者团队近年来持续关注并推动了 Eu^{2+} 激活近红外荧光粉的研究，研发 Eu^{2+} 激活高效率的近红外荧光粉也将是未来一段时间的热点和难点。

4.3.1 Eu^{2+} 激活氧化物近红外荧光粉

Yamashita 于 1993 年在 CaO:Eu 中最早发现了 Eu^{2+} 的近红外发光现象，并且观察到

Eu^{2+} 和 Eu^{3+} 处于共存状态，但并没有对近红外发光机理及发光效率进行详细研究[94]。事实上，空间群为面心立方 $Fm\bar{3}m$ 的 CaO 晶体结构中只存在一种 6 配位的阳离子多面体 CaO_6，Eu^{2+} 占据该低配位数的多面体，强的晶体场将导致 5d 能级产生大的劈裂，从而实现近红外发射。通常，获得高效率和高稳定性 Eu^{2+} 掺杂近红外荧光粉，在增大 Eu^{2+} 晶体场劈裂的基础上，还须考虑两个重要参数：①防止影响 Eu^{2+} 发光的"抑制离子" Eu^{3+} 的形成，②调控材料的结构刚性及结构缺陷[95-97]。针对 CaO:Eu 效率低的难题，笔者课题组采用碳纸包裹烧结技术来提升还原力度[98]，碳纸包裹烧结样品的光致发光（PL）强度明显强于原始 CaO:Eu 荧光粉的发光强度；而进一步经 GeO_2 处理样品的 PL 强度是未处理样品的 2.7 倍。针对 CaO:Eu 热稳定性差的难题，巧妙利用 GeO_2 在高温还原气氛下的分解特性，有效修复 CaO 晶格中的氧缺陷，125℃下的热稳定性由 57% 提高至 90%。

基于 Eu^{2+} 激活稀土固体发光材料结构设计与光谱调控的思想，笔者课题组运用邻位阳离子局域结构调控策略，在 $(Sr,Ba)Y_2O_4:Eu^{2+}$ 中实现了 Eu^{2+} 发射波长从 620nm 到 773nm 的宽谱带红移[99]。首先设计合成了 Eu^{2+} 激活的 SrY_2O_4 红色荧光粉，在 450nm 激发下，发射出峰值位于 620nm 的红光。进一步利用 Sr/Ba 替换来调控 Eu^{2+} 的局域环境，使得 Eu^{2+} 的发射主峰产生宽范围红移。随着 Ba^{2+} 掺杂量的增加，$[Sr/BaO_8]$ 多面体膨胀，而 $[Y1/Eu1O_6]$ 和 $[Y2/Eu2O_6]$ 周围产生压缩应力，使得 $[YO_6]$ 八面体收缩，最终导致 Eu^{2+} 的 5d 轨道产生更强的晶体场劈裂，也有助于发射光谱移向 NIR 区域。采取相同的阳离子取代策略，在 $Sr_2Sc_{0.5}Ga_{1.5}O_5:Eu^{2+}$ 红色荧光粉中也实现了相似的大幅度光谱红移，并制备出了可被蓝光激发的近红外荧光粉[77]。

Dotsenko 等于 2013 年首次在硅酸盐荧光粉 $Ca_3Sc_2Si_3O_{12}:Eu^{2+}$ 中观测到了异常的近红外发光[100]。$Ca_3Sc_2Si_3O_{12}$ 具有石榴石晶体结构，属于立方晶系，空间群为 $Ia\bar{3}d$，单胞中只存在一种 Ca、Sc、Si 格位，分别位于 CaO_8 十二面体、ScO_6 八面体和 SiO_4 四面体的中心。掺杂 Eu^{2+} 后，在 520nm 绿光激发下，呈现出覆盖 720～1100nm 区域的宽带近红外光发射，如图 4-13（a）所示。采用 Eu^{3+} 作为荧光探针，结合空气中退火前后样品 Eu^{2+}、Eu^{3+} 发光强度的变化以及低温精细光谱等分析，推断出该近红外光源自占据 $Ca_3Sc_2Si_3O_{12}$ 晶格中八配位十二面体 CaO_8 格位的 Eu^{2+}，而不是由自束缚电子-空穴所组成的类激子态发光。因此，Eu^{2+} 占据 CaO_8 引起大的晶体场劈裂，导致异常的长波发射（λ_{max}=840nm），但其近红外发光机理还需进一步探索。

基于红色发射 $Rb_3YSi_2O_7:Eu^{2+}$，笔者课题组进一步通过 $Rb^+ \rightarrow K^+$、$Y^{3+} \rightarrow Lu^{3+}$ 取代，成功设计获得了可被 460nm 蓝光激发、发射峰位于 740nm 的 Eu^{2+} 激活近红外荧光粉 $K_3LuSi_2O_7:Eu^{2+}$[101]。$K_3LuSi_2O_7$ 属于六方晶系，单胞包含三种不同的阳离子多面体 LuO_6、$K1O_9$、$K2O_6$，两个 SiO_4 四面体共顶点连接形成 Si_2O_7，Si—O—Si 键角为 180°。在 740nm 监测波长下，$K_3LuSi_2O_7:Eu^{2+}$ 呈现出 250～600nm 的宽激发带；在 460nm 激发下，发射出峰值位于 740nm、半峰宽 160nm 的宽带近红外光，非对称的宽带发射光谱预示着 $K_3LuSi_2O_7:Eu^{2+}$ 中存在多个发光中心，如图 4-13（b）所示。XRD 结构精修、DFT 计算及光谱等分析结果表明，Eu^{2+} 选择性占据低配位的 LuO_6 和 $K2O_6$ 多面体导致了异常的近红外发光。随后，王育华等在同构荧光粉 $K_3ScSi_2O_7:Eu^{2+}$ 也观测到峰值在 735nm 处的宽带近红外发光，结构分析和光谱表征也同样表明 Eu^{2+} 占据低配位数的 [K2O$_6$] 和 [ScO$_6$] 多面体[102]。这一结果再次表明在具有低配位阳离子多面体基质中寻求 Eu^{2+} 近红外发光的方案具有一定的可行性。

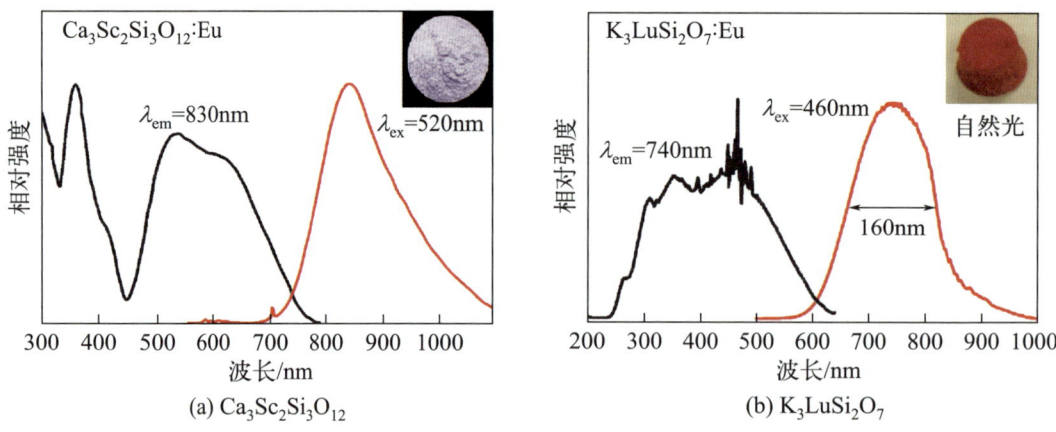

图 4-13　$Ca_3Sc_2Si_3O_{12}$ 的激发、发射光谱和 $K_3LuSi_2O_7$ 的激发、发射光谱[100-101]

随后，王育华教授课题组在硼酸盐 $Ba_3ScB_3O_9$：Eu^{2+} 及其固溶体 $(BaSr)_3ScB_3O_9$：Eu^{2+} 荧光粉中也报道了近红外发射特性[103]。$Ba_3ScB_3O_9$ 属六方晶系，空间群为 $P6_3cm$，晶格结构主要由离散的 BO_3 基团、ScO_6 八面体和分散的 Ba 原子组成，存在四种不同的九配位 Ba 原子，两种不同的六配位八面体 Sc 原子。在 376nm 的激发下，$Ba_3ScB_3O_9$：Eu^{2+} 展现出覆盖可见光及近红外区域（510～1100nm）的超宽带发射，峰值位于 735nm，半峰宽约 205nm，斯托克斯位移约 12991cm^{-1}。与前面的低配位占据不同，其近红外发光机理如下：Eu 占据九配位的 BaO_9 多面体，且 Ba 距离扭曲的六角形的基底非常近，靠近六角形基底的另一面近乎是开放空间，在这种高度不对称配位环境中，Eu^{2+} 的 d 轨道择优取向，质心下移从而产生低能量的发射。该工作所提出的 Eu^{2+} 占据高配位数多面体实现近红外发光的机理，Eu^{2+} 是否进入低配位数的 ScO_6 多面体而产生大的晶体场劈裂导致近红外发光，需要进一步的实验及理论计算分析进行验证。

4.3.2　Eu^{2+} 激活氮化物近红外荧光粉

氮化物荧光粉的发光中心离子处于富氮的局域环境中，5d 能级电子晶体场劈裂较大且电子云扩散效应较强，易获得长波区域的高效发射。2017 年，Schnick 教授等在开发红色氮化物荧光粉过程中，意外发现了发光性能优异的 $Ca_3Mg[Li_2Si_2N_6]$：Eu^{2+} 长波长氮化物荧光粉。在 450nm 蓝光激发下，产生峰值位于 734nm 的宽带发射，半峰宽约为 2293cm^{-1}（124nm）。$Ca_3Mg[Li_2Si_2N_6]$ 属于单斜晶系，空间群为 $C2/m$，包含两种 6 配位的 Ca 格位和一种 5 配位的 Mg 格位。与其结构相近的 $Li_2(Ca_{1-x}Sr_x)_2[Mg_2Si_2N_6]$：$Eu^{2+}$ 红色荧光粉相比较可知[44]，较低的晶格凝聚度、较低的 Ca1 格位对称性及其较短的 Ca—N 键长，使 $Ca_3Mg[Li_2Si_2N_6]$：Eu^{2+} 中 Eu^{2+} 的局域晶格弛豫较强，导致更大的斯托克斯位移及罕见的近红外发光。2018 年，Schnick 等还在 $CaBa[Li_2Al_6N_8]$：Eu^{2+} 中同时观察到了窄带红光和近红外光的发射。$CaBa[Li_2Al_6N_8]$ 属单斜晶系，空间群为 $C2/m$，存在一种 6 配位的

Ca 格位和一种 9 配位的 Ba 格位可供 Eu^{2+} 占据。两个独立的发射带分别源于占据晶体结构中 Ba（636nm）和 Ca（790nm）格位的 Eu^{2+} 发射，由于各离子半径不同，在非常低的浓度下 Eu 优先占据 Ba 格位，仅在较高浓度下占据 Ca 格位。

针对传统试错法发现新型近红外荧光材料效率低下这一难题，解荣军教授团队采用机器学习与经典发光理论相结合的分析技术，建立了预测 Eu^{2+} 发射波长的物理模型（预测误差 <7nm）[104]。利用该理论预测模型与高通量计算相结合，对无机晶体结构数据库中的 223 种氮化物材料进行筛选，最终成功筛选出 5 种近红外荧光材料基质，并获得了 Eu^{2+} 掺杂的近红外荧光材料。在 450nm 激发下，发射出红光到近红外区域的光，峰值分别为 $Ca_4LiB_3N_6:Eu^{2+}$（714nm）、$Sr_3Al_2N_4:Eu^{2+}$（636nm）、$Sr_3Li_4Si_2N_6:Eu^{2+}$（670nm，800nm）、$Ca_3Li_4Si_2N_6:Eu^{2+}$（700nm，782nm）和 $Sr_3Li_4Ge_2N_6:Eu^{2+}$（668nm，795nm）。其中，在 $Sr_3Li_4Si_2N_6:Eu^{2+}$ 中，占据 6 配位的 Eu_{2b} 可以将能量传递给 6 配位的 Eu_{4h}，提升了 Eu_{4h} 的发光效率。该研究突破了基于现象学发光理论和第一性原理预测发射波长存在的计算成本高、周期长、误差较大等瓶颈问题，通过建立发射波长的预测模型，并与高通量计算筛选结合，不仅拓展了传统发光学理论，还为定向设计新型发光材料和理解发光性能提供了新方法。

总之，Eu^{2+} 激活近红外荧光粉的研究处于起步阶段，发光体系相对稀缺，目前所发现的 Eu^{2+} 掺杂近红外发光材料都具有低的外量子效率和较弱的热稳定性[76,101,105]。因此，高效率、高热稳定性的近红外荧光粉的研发仍是 NIR LED 光源发展的一项重大挑战。

4.4 背光源显示用窄带绿色和红色荧光粉

显示器是电子信息化时代人机互动的主界面，随着科技进步，各种平板显示技术不断推出。目前，市场的显示技术主要包括液晶显示器（liquid crystal display，LCD）、有机发光二极管（organic light emitting diodes，OLED）显示器、量子点发光二极管（quantum dot light emitting diodes，QLED）显示器和微发光二极管（micro light emitting diodes，Micro-LED 或者 Mini-LED）显示器，以及激光显示技术等。从行业周期看，Micro-LED（Mini-LED）和 QLED 显示器在逐渐进入市场，目前仍处于产业化初期，OLED 正处于成长期，而 LCD 已经处于成熟期，在显示技术领域占领着绝对市场地位，本节所介绍的窄带稀土荧光粉也主要是针对 LCD 应用，也可以在不久的将来，由于其高稳定性进一步扩展到激光荧光显示应用。

LCD 的色域主要是由该 RGB 三色光的色坐标所决定，色域就是显示器所能显示的色彩范围区域，直接影响显示屏图像质量。当白光 LED 中使用的绿色、红色发光材料具有的发射带越窄，则色坐标越靠近边缘，色域也就更大。因此，开发具有不同光色的高效发光、稳定性优异的窄带发射荧光粉对于 LCD 背光源显示具有重要意义。

色域是指 LED 发出的光线在色彩空间中的覆盖范围，通常用色域图来表示。色域图是在色彩空间中显示 LED 发出的光线所能达到的颜色范围，通常用三角形或者多边形来表示，如图 4-14 所示。常用的色彩空间包括 CIE 1931 XYZ 色彩空间和 CIE 1976 UCS 色彩空间。通过将 LED 的光谱数据映射到对应的色彩空间中，可以计算出 LED 的色域范围。色域计算的具体步骤包括：①测量 LED 发出的光线的光谱数据，获取波长和光强度的数据；

②将光谱数据转换为对应的色彩空间中的坐标值,例如 XYZ 色彩空间或 UCS 色彩空间;③根据转换后的坐标值,在色彩空间中绘制 LED 的色域图。通过色域计算,可以直观地了解 LED 发出的光线在色彩空间中的分布情况,帮助设计和选择 LED 灯具时考虑到色彩表现的需求。

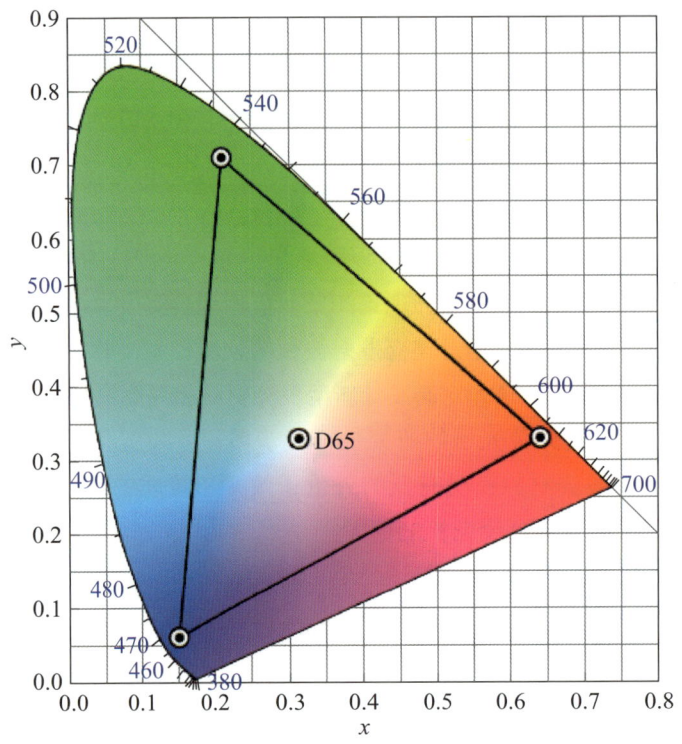

图 4-14 LED 白光器件的色彩空间

4.4.1 窄带绿色荧光粉

(1) β-SiAlON:Eu^{2+} 窄带绿粉

早期使用的商业窄带绿色荧光粉是 $SrGa_2S_4$:Eu^{2+},该荧光粉的发射峰位于 540nm,半峰宽为 47nm,但热稳定性和化学稳定性较差[106]。β-SiAlON:Eu^{2+} 具有发射峰窄(FWHM 约 55nm)、热稳定性优异(150℃时发光强度仅降低 10%)和量子效率高等优点,已成为目前商用的窄带绿色荧光粉。β-SiAlON:Eu^{2+} 是通过 Al 和 O 取代 β-Si_3N_4 中部分 Si 和 N 得到的,化学式为 β-$Si_{6-z}Al_zO_zN_{8-z}$(0<z≤4.2)[107]。Hirosaki 等首次报道了 z=0.17 的 β-SiAlON:Eu^{2+},发射峰位于 535nm,半峰宽为 55nm,随着 z 的增大,发射峰逐渐红移至 550nm,半峰宽逐渐展宽至 63nm,且热稳定性降低[108]。β-SiAlON:Eu^{2+} 属于六方晶系,空间群为 $P6_3/m$,结构如图 4-15(a)所示。β-SiAlON 具有很强的结构刚性,且 Eu^{2+} 占据了高度对称的六边形通道中的间隙位置,因此,β-SiAlON:Eu^{2+} 呈现窄带发射[109]。然而,由于 Eu^{2+} 的异常占据,只有少量的 Eu^{2+} 可以进入到基质晶格中,导致发光效率难以提高。而且 Eu^{3+}(IR=0.95Å,CN=6)比 Eu^{2+}(IR=1.17Å,CN=6)更可能存在于 β-SiAlON 的通道中,导致发光效率降低。

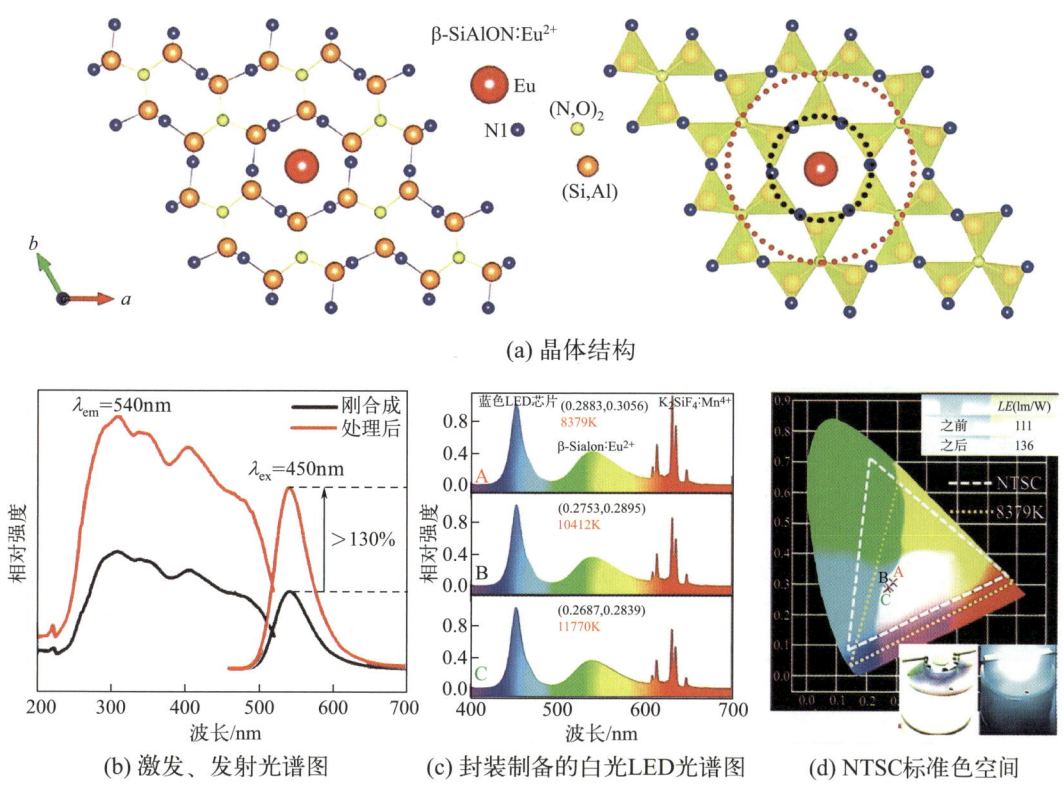

图 4-15 β-SiAlON：Eu^{2+} 的晶体结构及激发、发射光谱图和封装制备的
白光 LED 光谱图以及 NTSC 标准色空间 [107,109]

解荣军教授等通过在 N_2-H_2 还原气氛中进行后退火处理来促使 Eu^{3+} 还原为 Eu^{2+}，以提高 β-SiAlON：Eu^{2+} 的发光效率 [110]。如图 4-15（b）所示，β-SiAlON：Eu^{2+} 在 450nm 激发下呈现 540nm 的窄带绿光发射，处理后样品的发射强度是刚合成样品发射强度的 2.3 倍。将其与 KSF：Mn^{4+} 和蓝光芯片封装，可得到不同色温的白光 LED 器件 [图 4-15（c）]。其中，色温为 8379K 的白光 LED 色域在 CIE 1931 色彩空间中约为 96%NTSC [图 4-15（d）]。β-SiAlON 目前存在的问题是其发射峰不够窄，发射峰位并非最佳峰位，且核心专利属于日本。此外，也有其他的窄带绿粉相继被报道，如 Hirosaki 等通过单颗粒诊断研发了 $Ba_2LiSi_7AlN_{12}$：Eu^{2+} 窄带绿粉（λ_{em}=515nm，FWHM=61nm）[111]；Schnick 等报道了 Ba[$Li_2(Al_2Si_2)N_6$]：Eu^{2+} 窄带绿粉（λ_{em}=532nm，FWHM=57nm）[112]。

(2) Mn^{2+} 掺杂窄带绿粉

Mn^{2+} 掺杂的窄带绿粉同样可以应用于 LED 背光源，如 γ-AlON：Mn,Mg（λ_{em}=520nm，FWHM=44nm）、$Sr_2MgAl_{22}O_{36}$：Mn^{2+}（λ_{em}=518nm，FWHM=26nm）和 $MgAl_2O_4$：Mn^{2+}（λ_{em}=525nm，FWHM=35nm）等 [113]。在 Mn^{2+} 掺杂的荧光粉中，当 Mn^{2+} 占据四面体格位时呈现绿光发射，占据八面体格位时呈现红光发射。将 Mg^{2+} 共掺至 γ-AlON：Mn^{2+} 中，γ-AlON：Mn^{2+} 的杂相和缺陷浓度会减少，发光强度可以得到显著提高，发射峰位从 512nm 红移至 520nm，半峰宽由 32nm 展宽至 44nm。与 β-SiAlON：Eu^{2+} 相比，γ-AlON：Mn,Mg 的发射峰更窄，表明其应用于 LED 背光源将获得更广的色域。γ-AlON：Mn,Mg 和 β-SiAlON：Eu^{2+} 与 KSF：Mn^{4+} 封装得到白光 LED 的色域分别为 102.4%NTSC 和 95.7%NTSC。

但由于 $Mn^{2+}3d^5$ 电子属于自旋禁戒跃迁，γ-AlON：Mn，Mg 的吸收效率较低，导致其具有较低的外量子效率，因此基于 γ-AlON：Mn，Mg 封装的白光 LED 器件流明效率也较低。此外，由于 Mn^{2+} 掺杂荧光粉毫秒级的寿命，观看高清节目和高动态视频时会出现拖尾的重影信号，限制了其在高清显示器领域的应用范围。

（3）UCr_4C_4 型窄带绿粉

2018 年 8 月，笔者课题组和欧司朗专利申请人之一的 Huppertz 等几乎同时在文献中报道了具有窄带发射的 UCr_4C_4 型氧化物荧光粉，包括 $NaK_7[Li_3SiO_4]_8$：Eu^{2+}、$NaLi_3SiO_4$：Eu^{2+} 和 $RbNa_3(Li_3SiO_4)_4$：Eu^{2+} 等[114-115]，开启了 UCr_4C_4 型窄带发射荧光粉的研究。目前报道的 UCr_4C_4 型氧化物荧光粉都为硅酸盐荧光粉，通式为 $A_4(Li_3SiO_4)_4$（A 为 Cs、Rb、K、Na 和 Li 其中的 1 种或多种，其原子总和为 4），其高致密度（$k=1$）的三维骨架由角共享和边共享的 LiO_4 四面体和 SiO_4 四面体连接组成，A 离子填充在通道中。由于 $RbLi(Li_3SiO_4)_2$：Eu^{2+} 具有高致密度的刚性结构，在 460nm 激发下，该荧光粉发射出主峰位于 530nm、半峰宽仅 42nm 窄带绿光。将 $RbLi(Li_3SiO_4)_2$：Eu^{2+} 该荧光粉与商业红粉 KSF：Mn^{4+} 及蓝光 LED 芯片（λ=460nm）封装得到了 CIE 坐标为（0.3182，0.3275），流明效率为 97.28lm/W 的白光 LED 器件。该白光 LED 器件的色域面积在 CIE 1931 色彩空间中为 107%NTSC，表明 $RbLi(Li_3SiO_4)_2$：Eu^{2+} 在 LED 背光源中具有很大的应用前景，但该类材料的化学稳定性问题是目前亟待解决的难题。

Eu^{2+} 激活荧光粉的窄带发光由两个因素决定：一种对称性的掺杂格位和高致密度结构（$k \geq 1$）[116]。前者保证了处于激发态的 Eu^{2+} 具有各向同性的结构弛豫，减少了发射过程中所涉及的不同能量态的数量；而后者确保了基质晶格具有低的声子能量，从而具备弱的电子 - 晶格相互作用[68]。上述所提到的 Eu^{2+} 激活荧光粉都具有刚性晶体结构，并遵循窄带发射规律。事实上，大多数 Eu^{2+} 激活的荧光粉往往包含多种 Eu^{2+} 格位，且所占据的多面体具有低的对称性。因此，如何在"普通晶体结构"中实现 Eu^{2+} 的窄带发射成为荧光粉领域面临的严峻挑战。笔者课题组采用 Al/Ga 取代来调控 Sr_2LiAlO_4 晶格中 Eu^{2+} 在 Sr1 和 Sr2 格位中的分布，近邻离子 Ga 的引入引发了 Sr_2O_8 多面体的微弱压缩，迫使 Eu^{2+} 更倾向于占据 Sr_1O_8 多面体，导致源于 $Eu_{(Sr2)}$ 发光中心的黄光发射逐渐消失，当 $x=0.4$ 时，Eu^{2+} 将完全占据 Sr1 格位，仅呈现出峰值位于 512nm 且半高宽 40nm 的窄带绿光发射，如图 4-16 所示[117]。基于蓝光芯片 +$Sr_2LiAl_{0.6}Ga_{0.4}O_4$：$Eu^{2+}$+KSF：$Mn^{4+}$ 荧光粉所制备的白光 LED 器件具有广色域（107% NTSC），表明该窄带荧光粉具有应用于广色域显示的潜能。该工作证明了在低致密度且多格位结构材料中探索窄带发射的可行性，提出了通过选择性格位占据工程实现窄带发射的设计原则。

4.4.2 窄带红色荧光粉

如前所述，早期使用的窄带红粉是硫化物 CaS：Eu^{2+}，发射峰位于 650nm，半

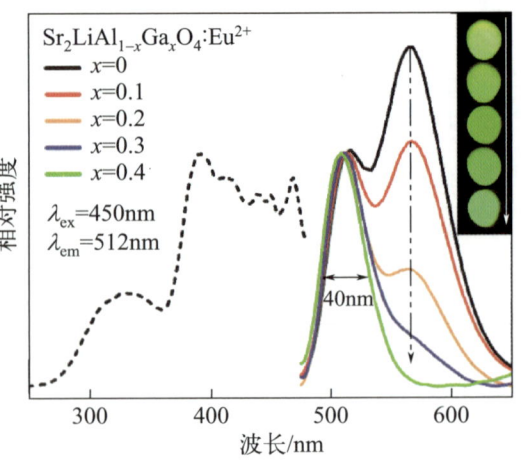

图 4-16 $Sr_2LiAl_{1-x}Ga_xO_4$：Eu^{2+} 的激发、发射光谱[117]

峰宽为 64nm，其化学稳定性较差，发射峰较宽。$CaAlSiN_3:Eu^{2+}$ 虽然不是窄带荧光粉（FWHM=86nm），但由于其红色光谱特性和高效率也曾用作 LED 背光源的红色组分。目前，商用的窄带红色荧光粉为 $KSF:Mn^{4+}$ 以及类似的 Mn^{4+} 掺杂氟化物荧光粉。$KSF:Mn^{4+}$ 可被蓝光激发，发射出 580～650nm 的 5 个尖锐峰，最强峰位于 631nm，它的激发和发射光谱之间几乎不存在重叠，因此不会产生自吸收，发光效率高[118]。一方面，与 $CaAlSiN_3:Eu^{2+}$ 相比，$KSF:Mn^{4+}$ 的发射光谱低于 700nm，没有超过人眼视觉曲线范围。另一方面，$KSF:Mn^{4+}$ 和 β-SiAlON:Eu^{2+} 的发射光谱之间的重叠远小于 $CaAlSiN_3:Eu^{2+}$ 和 β-SiAlON:Eu^{2+} 的发射光谱之间的重叠，这表明 $KSF:Mn^{4+}$ 可以实现更高的色彩饱和度。而且，$KSF:Mn^{4+}$ 对 β-SiAlON:Eu^{2+} 绿光发射的吸收低于 $CaAlSiN_3:Eu^{2+}$，这表明可以使用更少的 β-SiAlON:Eu^{2+} 制作白光 LED。将 $KSF:Mn^{4+}$ 与 β-SiAlON:Eu^{2+} 和蓝光芯片封装可得到白光 LED 器件，在通过滤光片之后，该白光 LED 器件的色域为 85.9%NTSC[119]。Mn^{4+} 掺杂的氟化物荧光粉是现在使用最广泛的窄带红粉，但仍然存在一些缺点，比如合成过程中需要使用氢氟酸，耐湿性差。

Schnick 等报道了一种新型的 UCr_4C_4 型窄带红色荧光粉 $Sr[LiAl_3N_4]:Eu^{2+}$ (λ_{em}=654nm，FWHM=50nm)[65]。$Sr[LiAl_3N_4]$ 属于三斜晶系，与 $Cs[Na_3PbO_4]$ 同构。在蓝光激发下，该窄带荧光粉发射出主峰位于 654nm 的红光，半峰宽为 50nm（约 1180cm^{-1}），内外量子效率约为 76% 和 52%，且热稳定性优异，可应用于照明和背光源显示。$Sr[LiAl_3N_4]:Eu^{2+}$ 发射峰位和 $CaAlSiN_3:Eu^{2+}$ (λ_{em}=649nm) 很相近，但是 $Sr[LiAl_3N_4]:Eu^{2+}$ 的窄带发射可以提高 LED 背光源的色域。随后，Huppertz 等报道了 UCr_4C_4 新型窄带氮氧化物荧光粉 $Sr[Li_2Al_2O_2N_2]:Eu^{2+}$ [68]。$Sr[Li_2Al_2O_2N_2]$ 属于四方晶系，空间群为 $P4_2/m$。$Sr[Li_2Al_2O_2N_2]:Eu^{2+}$ 可被蓝光有效激发，发射出峰值位于 614nm 的窄带红光，半峰宽约 48nm（约 1286cm^{-1}），如图 4-17 所示。

为了进一步调控光色，科研人员先后开发了 UCr_4C_4 型氮（氧）化物固溶体荧光粉。刘泉林等研究了 $Sr(LiAl)_{1-x}Mg_{2x}Al_2N_4:Eu^{2+}$ (x=0～1) 和 $Sr(LiAl_3)_{1-y}(Mg_3Si)_yN_4:Eu^{2+}$ (y=0～1) 固溶体荧光粉的发光性能变化[120]。通过 [Mg-Mg] 对 [Li-Al] 的结构单元共取代，发射峰先从 648nm 红移至 658nm，再蓝移至 614nm，激发光谱仅发生轻微的蓝移。随着取代量 x 的增加，晶体结构发生了变化，在 x=0.2 附近发生物相转变，发射光谱的变化与结构变化趋势一致。2019 年，Huppertz 教授课题组研究了氮（氧）化物固溶体荧光粉，例如 $Na_{1-x}Eu_x[Li_{3-2x}Si_{1-x}Al_{3x}O_{4-4x}N_{4x}]$ (x=0～0.22) 和 $SrAl_{2-x}Li_{2+x}O_{2+2x}N_{2-2x}:Eu^{2+}$ (x=0.12～0.66)[121-122]。其中，$Na_{1-x}Eu_x[Li_{3-2x}Si_{1-x}Al_{3x}O_{4-4x}N_{4x}]$ 是 $NaLi_3SiO_4$ 和 $EuLiAl_3N_4$ 的固溶体荧光粉，随着 x 的增加，发射光谱从 469nm 红移至 618nm，半峰宽从 32nm 展宽至 99.4nm。x<0.2 时，该固溶体与 $NaLi_3SiO_4$（空间群 $I4_1/a$）同构，x=0.22 时则变成空间群为 $I4/m$ 的新结构。$SrAl_{2-x}Li_{2+x}O_{2+2x}N_{2-2x}:Eu^{2+}$ 随着 x 的增加，固溶体结构没有变化，光谱逐渐从 672nm 蓝移至 581nm，符合 O 取代 N 光谱蓝移的特征。

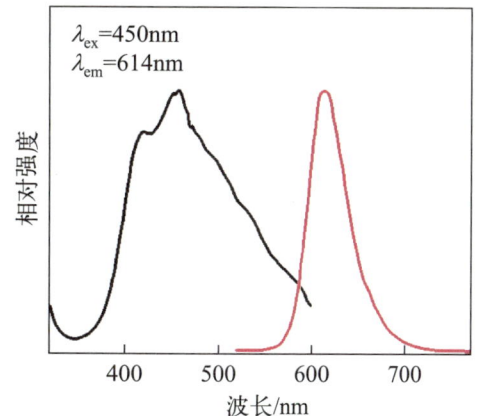

图 4-17　$Sr[Li_2Al_2O_2N_2]:Eu^{2+}$ 的激发和发射光谱[68]

4.5　照明显示用稀土荧光粉的热稳定性提升策略

稀土发光材料已广泛应用于照明、显示、生物医学成像、光通信和探测等领域[123-125]。然而，荧光材料普遍存在发光强度随温度升高而降低的热猝灭效应，导致照明显示用荧光转换型大功率 LED 及激光荧光光源器件出现发光强度降低、色度坐标偏移及发光饱和等一系列问题。与此同时，高功率密度激发下耐高温型高效荧光粉的极度匮乏严重束缚着投影显示、车辆照明、大功率光通信等领域的发展。以商用荧光粉 $YAG:Ce^{3+}$、$(Sr,Ca)AlSiN_3:Eu^{2+}$、$SrSi_2O_2N_2:Eu^{2+}$ 和 $(Ba,Sr)_2SiO_4:Eu^{2+}$ 为例，在 200℃时发光效率将分别下降 12%、18%、20% 和 60%，而大功率 LED 和 LD 光源器件的工作温度将高达 300℃以上，对荧光粉的抗热猝灭性能提出了更高的要求[93]。因此，开发高效率且高热稳定性荧光粉，探索有效的热稳定性调控方案成为相应光电技术和器件装置发展的关键。

4.5.1　稀土掺杂荧光粉热猝灭机理

热猝灭是荧光粉的一种本征属性，清晰认识热猝灭产生机理是开发高热稳定性荧光粉的前提。20 世纪 60 年代，Blasse 和 Grabmaier 等提出电子以非辐射跃迁方式弛豫回基态的热猝灭机理模型，随着温度升高，部分激发态电子与声子相互作用克服能量势垒 ΔE_1，发生交叉弛豫热猝灭 [图 4-18（a）]；或在 n 个声子 - 电子强耦合作用下，发生多声子弛豫热猝灭 [图 4-18（b）]，非辐射跃迁概率取决于 ΔE_2 和 n[126]。该模型是寻找高刚性结构材料解决荧光热猝灭的理论基础，然而，一些具有高德拜温度的荧光粉如 $Ca_7Mg(SiO_4)_4:Eu^{2+}$（Θ_D 约为 601K）和 $CaMgSi_2O_6:Eu^{2+}$（Θ_D 约为 665K）等呈现出明显的热猝灭效应[127]。Dorenbos 于 2005 年提出电子热离化模型 [图 4-18（c）]，受热振动干扰部分 5d 激发态能级电子将热电离到导带，随后被基质缺陷捕获或与光氧化发光中心非辐射复合引发热猝灭，热稳定性取决于活化能势垒（ΔE_3）[128]。该模型表明带隙越大抗热猝灭性越强，但多种大带隙的荧光粉如 $M_2SiO_4:Eu^{2+}$（M=Ca, Sr, Ba；E_g 约为 6.5～7.5eV）等呈现差的热稳定性，且少数小带隙荧光粉如 $BaS:Eu^{2+}$（E_g 约为 3.49eV）的 5d 能级将位于导带内，超出了该模型的解释范围[44,129]。近期科研人员还提出缺陷辅助模型来解释荧光粉中的零热猝灭/反热猝灭现象 [图 4-18（d）]，但缺陷构筑/消除对热稳定性的提升机理还需要不断完善[93,98]。因此，目前存在的热猝灭模型适用范围有限，亟须探索普适性的热猝灭机理。

基于 Ce^{3+}、Eu^{2+} 5d-4f 跃迁易受晶体结构、晶体场强度、电负性、配位数及缺陷态等影响的特性，科研人员提出了包括高通量筛选高刚性结构及零/负热膨胀材料、敏化剂离子能量传递、表面包覆/荧光玻璃技术等多种热猝灭效应抑制方案，但分别存在以下问题：具有高刚性结构或零/负热膨胀且适合用作荧光材料基质的体系较少；采用敏化剂离子向激活剂离子能量传递对离子间的传递效率要求较高，且传递过程中存在能量损失；表面包覆/荧光玻璃技术并未改变热猝灭的内在机制，热稳定性提升有限。近期提出"引入缺陷能级"抑制荧光热猝灭效应，被陷阱能级捕获的电子可以在高温下释放并转移至发光中心，从而补偿能量损失，实现了零热猝灭甚至反热猝灭发光，这也是笔者课题组率先提出的一种材料设计模型。

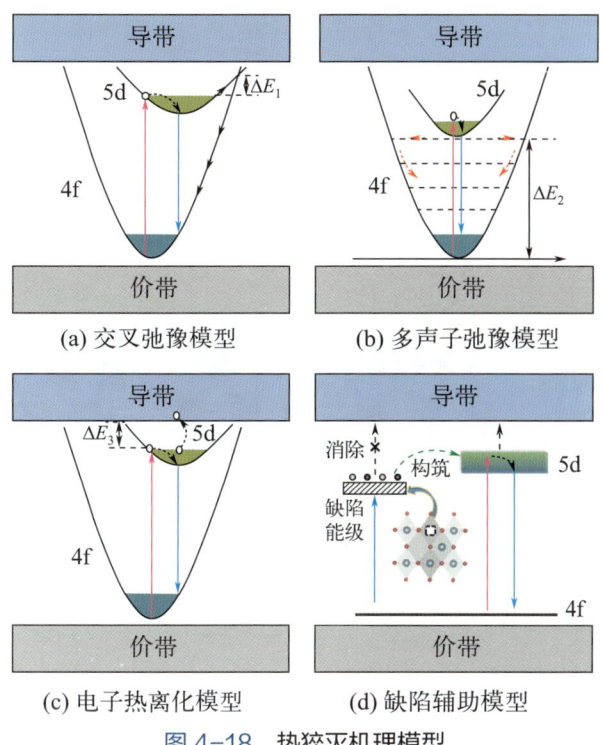

图 4-18 热猝灭机理模型

4.5.2 结构刚性提升荧光热稳定性

稀土荧光材料基质化合物的结构刚性是判断材料晶格骨架结构是否稳定的有效指标，尤其是在高功率密度激发下，高结构刚性和晶格对称性的荧光材料有利于降低晶格振动频率，抑制无辐射衰减过程，减少声子损耗。影响发光材料的晶格刚性主要包括晶格联通程度、化学键键能等。此外，依据"尺寸匹配原则"以及"泡利经验式 $I=1-\exp(-\Delta x^2/4)$"[130]，选取与所替换离子半径差在 15% 以内并且与氧原子间具有更强键能以及共价性的离子，可有效提升晶格排列紧实程度，抑制高温条件下由热量引发的晶格振动，缓解无辐射跃迁效应，提升发光材料的热稳定性能。

此外，研究者还通过实验和 DFT 计算得到德拜温度（Θ_D），将其作为衡量晶体结构刚性的关键参数[131]。荧光材料的高德拜温度对应于低晶格振动频率和小斯托克斯位移，这往往会降低无辐射跃迁的概率，因此德拜温度可以帮助衡量和筛选猝灭性能相对较好的基质材料。通过准谐德拜模型可以得到德拜温度，可由式（4-3）和式（4-4）计算得到[132-133]：

$$\Theta_D = \frac{\hbar}{k_B}\left[6\pi^2 V^{\frac{1}{2}} n\right]^{\frac{1}{3}} \sqrt{\frac{B_H}{M}} f(\nu) \tag{4-3}$$

$$f(\nu) = \left\{\left[2\left(\frac{2}{3}\times\frac{1+\nu}{1-2\nu}\right)^{3/2} + \left(\frac{1}{3}\times\frac{1+\nu}{1-\nu}\right)^{3/2}\right]^{-1}\right\}^{1/3} \tag{4-4}$$

式中，k_B 和 $\hbar$ 分别为玻尔兹曼常数和普朗克常量；M 为原胞的分子量；B_H 为晶体的绝热体弹性模量；n 为每个原胞中包含的原子数；V 为原胞的体积；ν 为泊松比。

Brgoch 等指出，荧光材料中多面体连通度高的晶格可以有效限制振动自由度，降低声子参与的无辐射弛豫过程，这使得这类荧光材料通常具有良好的抗热猝灭特性[134]。图4-19（a）和图 4-19（b）给出了 $Y_3Al_5O_{12}$：Ce^{3+}、Sr_3AlO_4F：Ce^{3+}、Sr_2BaAlO_4F：Ce^{3+}、Sr_3SiO_5：Eu^{2+} 及 Ba_2SiO_4：Eu^{2+} 的晶体结构及德拜温度，YAG：Ce^{3+} 因其高的 Θ_D（726K）值，所以具有优异的热稳定性[135-139]。而 Sr_3AlO_4F：Ce^{3+} 和 Sr_2BaAlO_4F：Ce^{3+} 具有相近的德拜温度，因此表现出相似的热猝灭性能［图 4-19（c）］。上述示例表明，Θ_D 值可以在一定程度上反映荧光粉的热稳定性。

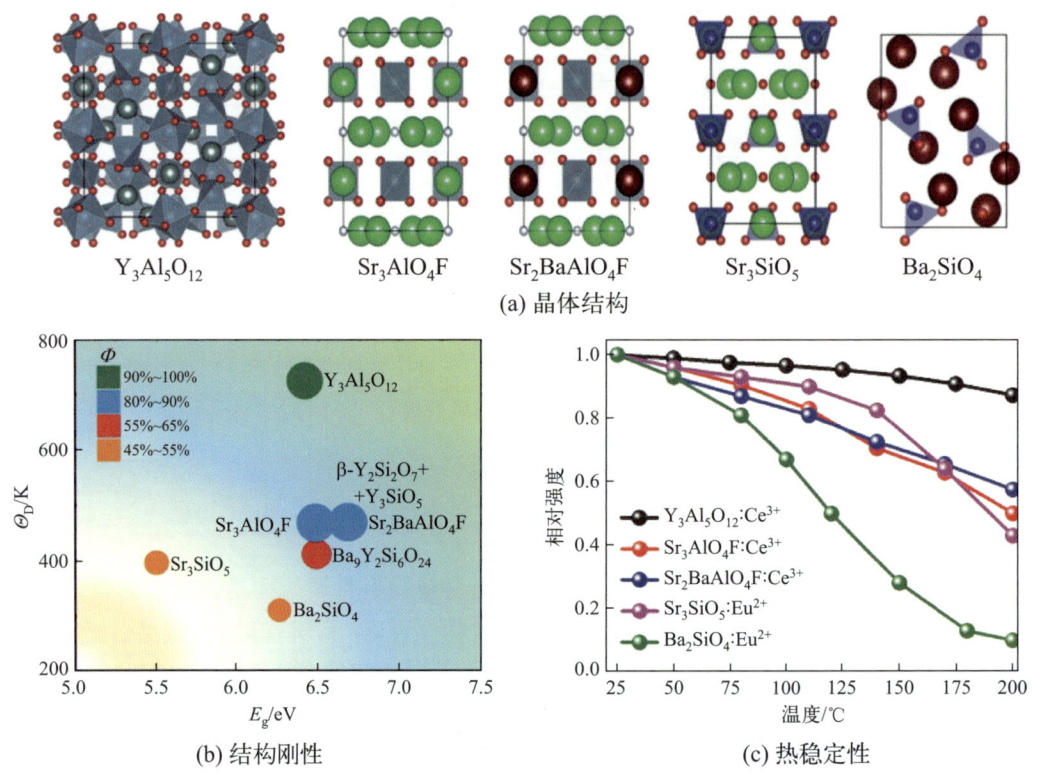

图 4-19　$Y_3Al_5O_{12}$：Ce^{3+}、Sr_3AlO_4F：Ce^{3+}、Sr_2BaAlO_4F：Ce^{3+}、Sr_3SiO_5：Eu^{2+} 及 Ba_2SiO_4：Eu^{2+} 的晶体结构、结构刚性以及热稳定性[135]

UCr_4C_4 型化合物具有高度对称性和高致密度而拥有较强的结构刚性，如 $SrLiAl_3N_4$：Eu^{2+}（95%@227℃）和 $RbLi(Li_3SiO_4)_2$：Eu^{2+}（103%@150℃）都呈现优异的抗热猝灭性能[65,140]。除了上述体系的荧光材料，科研人员在其他体系中也进行了诸多研究。如李国岗教授团队报道的 $Cs_2BaP_2O_7$：$0.01Eu^{2+}$ 荧光粉，由于其结构刚性强以及局域晶格的高对称性，导致其具有优异的热稳定性（92.5%@150℃）；赵韦人教授团队开发的 $NaMgBO_3$：Ce 具有紧凑对称的原子排列和高结构刚性（Θ_D=563K），使得其在150℃时其积分强度仍保持 90%以上，量子效率高达 93%[141-142]。

高结构刚性的荧光材料有利于抑制声子的产生，稳定内部局部结构，因此建立荧光材料结构刚性与德拜温度、致密度的关系，开发高结构刚性的荧光材料体系，对于高功率工作条件下提高荧光材料的发光热稳定性有着十分重要的意义。

4.5.3 缺陷工程提升荧光热稳定性

2017 年，Won Bin Im 等在 $Na_3Sc_2(PO_4)_3:Eu^{2+}$ 研究中，率先提出适当浓度阳离子缺陷可以有效降低热猝灭效应，实现了零热猝灭发光，如图 4-20（a）所示[93]。该研究创新性地提出，在低温范围内，通过在荧光材料中引入缺陷作为陷阱能级，部分电子被诱导捕获并存储在陷阱能级里。热刺激后，被捕获电子从陷阱能级跃出，随后通过导带转移到发光离子的激发态能级从而实现发光过程，如图 4-20（b）所示。因此，电子被陷阱能级捕获与电子从陷阱释放的过程达到动态平衡，此时便出现零热猝灭甚至反热猝灭现象。从陷阱到发光中心发生了有效的能量转移，形式上为发光离子提供了额外的激发能，从而产生更强的发光。因此，陷阱能级的深度和浓度成为影响反常热猝灭效应的关键。

在荧光材料中，充当电子陷阱的缺陷能级可以通过以下方式引入：

（1）离子非等价取代引入缺陷

作为电子陷阱晶格内部离子半径相近的情况下易发生非等价取代，即高价离子取代低价离子形成正缺陷，或低价离子取代高价离子形成负缺陷。而非等价的格位取代导致的电荷不平衡会诱导带电属性相反的缺陷产生，增加电子陷阱深度和数量，在热激活下充当陷阱的晶格缺陷释放载流子，抑制热猝灭现象的出现。

笔者课题组通过 Eu^{2+} 异价取代引入阳离子缺陷辅助氧缺陷能级释放电子，促使 $K_2BaCa(PO_4)_2:Eu^{2+}$ 在 200℃下保持无发光热猝灭 [图 4-20（c）][97]。$K_2BaCa(PO_4)_2:Eu^{2+}$ 晶格中含有三种不同格位的阳离子多面体，Eu^{2+} 掺杂后将选择性占据异价的 K2 和 K3 格位，同时引入阳离子缺陷 V_K。DFT 计算及热释光光谱分析表明，荧光粉中存在着适当深度的氧缺陷 V_O，在 V_K 缺陷的静电作用下，V_O 所捕获的电子通过导带传递给 5d 能级电子，从而有效弥补了电子热离化所导致的能量损失 [图 4-20（d）]。

邱建备等通过 Tm^{3+} 掺杂重建缺陷结构，开发出具有零热猝灭的 $Sr_3SiO_5:Eu^{2+}$ 硅酸盐荧光粉；廉世勋等通过 Eu^{2+} 取代 K^+ 格位引入 $Eu_K^{\cdot}+V_K'$ 缺陷，开发出高热稳定性蓝色荧光粉 $K_{m-0.4}Al_{11}O_{17+\delta}:Eu^{2+}$；国内众多稀土荧光粉研究学者，包括陈宝玖、周智、李国岗、武莉和王育华等分别通过引入缺陷能级，开发了 $K_{0.6}Ba_{0.1}Eu_{0.1}Al_{11}O_{17}:Eu^{2+}$、$(Sr_{0.99-x}Ba_x)_2P_2O_7:Eu^{2+}$、$RbNa_3(Li_{12}Si_4O_{16-y}S_y):Eu^{2+}$、$Li_2Sr_{1-\Delta}SiO_4:Eu^{2+}$ 等高热稳定性荧光粉[93,143-148]。周文明等采用 Eu^{3+} 取代 Ca^{2+} 的格点，不平衡的电荷取代导致了空位缺陷（V_O''）缺陷和间隙缺陷（O_i''）的产生，使合成的红色荧光粉 $Ca_2InSbO_6:Eu^{3+}$ 在 207℃时的发射强度是室温时的 1.1 倍。因此，采取非等价取代引入缺陷作为电子陷阱是一种有效的方法。然而，过高的非等价取代浓度会对晶格结构产生不利影响。同时，缺陷浓度增大也将不可避免地造成发光湮灭，反而达不到捕获电荷的效果。

与上述通过构建缺陷能级抑制热猝灭效应相反，笔者课题组利用 GeO_2 在高温还原气氛下的分解特性成功消除了 CaO 晶格中的氧缺陷，使其热稳定性（57%@125℃）提升至 90%；Qin 等通过钝化钙钛矿中不饱和配位的 Pb^{2+} 缺陷，有效抑制了激子-声子耦合[98,149-150]。由此看出，缺陷对热稳定性的提升机理仍存在争议，且缺乏"缺陷-热稳定性"的参数化（缺陷类型、浓度、能级）解析模型，尚未实现可控的缺陷构筑及可预测的热稳定性调控。

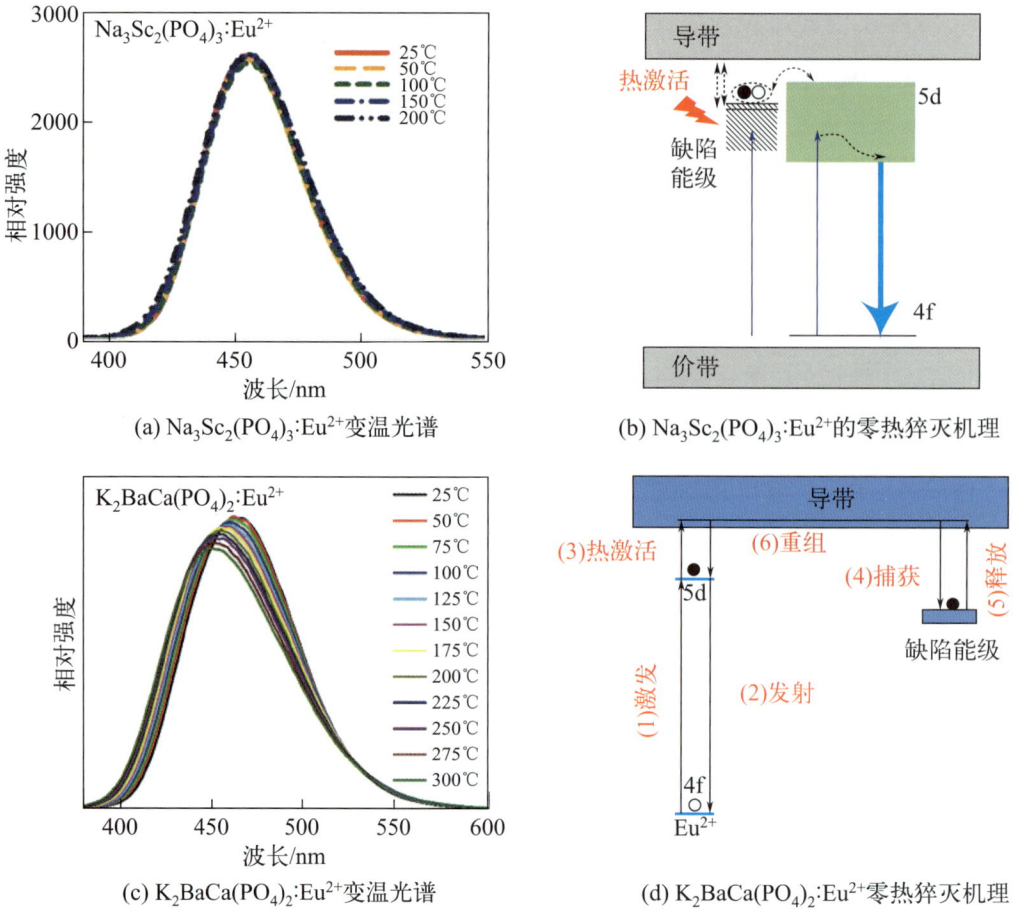

图 4-20　$Na_3Sc_2(PO_4)_3$：Eu^{2+} 的变温光谱、零热猝灭机理以及
$K_2BaCa(PO_4)_2$：Eu^{2+} 的变温光谱、零热猝灭机理[93,97]

（2）阳离子无序化增加陷阱的深度和数量

通过引入阳离子取代晶格中部分初始阳离子的格位，实现一定程度的阳离子无序化，实际上改变了平均离子半径，以调整晶格应变。因此，引入阳离子无序化不仅会导致材料结构刚性的变化，通过破坏晶格振动来抑制无辐射过程，同时会导致作为电子陷阱的缺陷数量和深度增加。

通过 Sr^{2+} 取代 Ba^{2+} 调控阳离子无序度，$(Ba_{1-x}Sr_x)_2SiO_4$：Eu^{2+} 在 150℃时的发光强度提升至室温的 90% 以上[44]。刘如熹等通过 $Ca_{0.55}Ba_{0.45}$ 组合取代 $Sr_2Si_5N_8$：Eu 中的 Sr 在一定程度上引入阳离子无序环境，使其在 25～200℃温度范围内发光强度增加了 20%～26%[151]。Kim 等通过在固溶体荧光粉 $Lu_{2.8}Ca_{0.1}Ce_{0.1}Al_{1.8}Ba_{0.2}Al_{2.7}Si_{0.3}O_4$ 中掺杂 Ba^{2+} 部分取代 Al^{3+} 引入阳离子无序效应，将其发光强度提升至商用 LuAG：Ce^{3+} 的 116%[152]。相比异价离子取代，同价离子取代的浓度相对较高。然而，当引入的阳离子与晶格中初始阳离子半径差值超过一定值时会在晶格中产生杂相，且原子占位的优先级往往不易调控。此外，引入阳离子无序化在产生电子陷阱的同时有可能对晶格结构刚性产生负面影响。

4.5.4 荧光粉包覆提升荧光热稳定性

针对高温环境下荧光粉表面例如 Eu^{2+} 等激活离子易被氧化失效，从而发生严重光衰的问题，科研人员通过对荧光粉表面进行包覆处理，如将纳米 MgO、ZnO、TiO_2、SiO_2、In_2O_3、Y_2O_3 和 Al_2O_3 等粉末包覆在荧光粉颗粒上，使其表面形成均匀致密的保护层防止其氧化，进而在一定程度上降低荧光材料的热衰减程度。

基于荧光粉包覆策略，笔者课题组将 SiO_2 涂层包覆在 $Ca_3SiO_4Cl_2$：Eu^{2+} 荧光粉颗粒上，在 150℃时将其发光强度从 78% 提升至 98%，在提升其热猝灭性能的同时，也提高了其耐水性[153]。此外，笔者课题组还提出了一种结合原子层沉积 Al_2O_3 和十八烷基三甲基氧硅烷疏水改性的表面处理方案，构建了双壳保护层，可以显著提升 $RbLi(Li_3SiO_4)_2$：Eu^{2+} 的耐湿性能[154]。通过涂覆 SiO_2、TiO_2 纳米颗粒，Ca_2BO_3Cl：Eu^{2+} 及 Sr_2SiO_4：Eu^{2+} 的热稳定性得到了很大提升[155-156]。除了用氧化物表面涂层外，设计具有中空结构的荧光粉也是提高热稳定性的有效途径。如图 4-21 所示，通过设计中空结构的复合硅酸盐 $Y_2Si_2O_7@Zn_2SiO_4$：Ce 甚至实现了零热猝灭发光[157]。

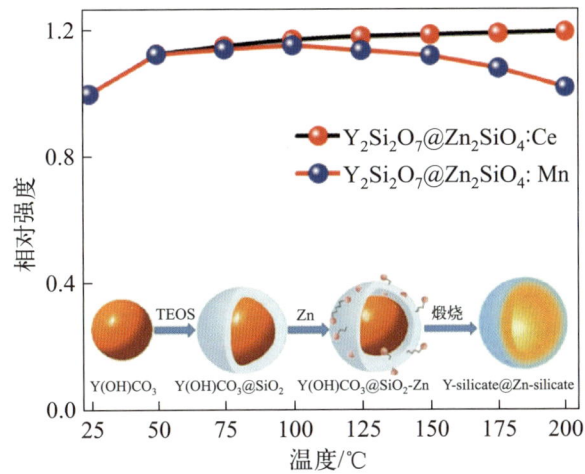

图 4-21　$Y_2Si_2O_7$：Ce^{3+}，$Eu^{3+}@Zn_2SiO_4$：Mn^{2+} 的归一化变温发射光谱积分强度[153]

基于 $SrSi_2O_2N_2$：Eu^{2+} 和 $Sr_2Si_5N_8$：Eu^{2+} 的热降解机制，表面包覆策略提高热稳定性的机理主要包括两种：①荧光粉颗粒表面缺陷的存在导致表面稀土离子能量损失，SiO_2 涂层可以减少缺陷的数量，从而减少非辐射弛豫和发光猝灭；②表面的少数 Eu^{2+} 会被氧化为 Eu^{3+}，SiO_2 包覆后有效阻止了与氧的接触，提升了发光性能[158-159]。荧光材料的物理包覆技术对改善热猝灭性能具有较好的效果。然而，大部分表面包覆的荧光材料随着温度的进一步上升（>300℃），其抗热猝灭效果相对较差，表面膜的存在同时可能给荧光材料的发光性能和散热效果带来负作用。

4.5.5 复合玻璃技术提升荧光热稳定性

除了上述方法外，将荧光粉引入玻璃中（PiG）也能够有效提升荧光粉的热稳定性[160-163]。发光玻璃具有优异的耐热性，既可以用作发光转换器，也可以用作 LED 的封装材料。PiG

制备方法简单，通过将荧光粉颗粒与低熔点无机玻璃粉末混合，进行低温烧结，即可制备出简单的 PiG 材料。例如，笔者课题组最近报道了一种 PiG 的秒级快速烧结技术，获得了高稳定性的石榴石荧光粉玻璃复合材料[164]。对于传统荧光转换型白光 LED 封装，荧光粉均匀地分散在硅树脂中，并与蓝光 InGaN 芯片直接接触。InGaN 芯片产生的热量很难从 LED 灯释放，从而导致荧光粉发光热猝灭，发光能量损失。相比之下，无机玻璃具有良好的导热性，且可以通过调节 LED 芯片和 PiG 之间的高度，控制白光 LED 器件热量的扩散。

自从 Chung 等首次提出低温 PiG 技术以来，作为解决热猝灭引起的发射损耗问题的一种有效方法，引起了人们的广泛关注[165]。如在 YAG∶Ce、$Ca_9Gd(PO_4)_7$∶Eu，Mn、β-SiAlON∶Eu 的研究中发现，基于 PiG 技术封装的白光 LED 器件的热稳定性能明显优于基于荧光粉封装的器件，且不同的无机玻璃材料对荧光的热猝灭效应抑制效果有所不同[166-169]。

通过组分设计来实现缺陷引入、调控结构刚性及 PiG 等技术为荧光粉热稳定性的提升提供了新的思路。总体来看：①具有高结构刚性的基质材料，能够有效抑制晶格振动和降低无辐射跃迁概率，可作为未来新型高热稳定性荧光粉的重点研究方向；②增加阳离子无序度可以在一定程度上提升荧光粉热稳定性，但是这种热猝灭性能的提升往往以牺牲发光效率和发射峰位移动为代价；③适当深度的缺陷能级将所捕获的电子传递给激活剂离子，能够有效提高热猝灭性能，该策略为未来高热稳定性甚至零热猝灭荧光粉的研发提供了思路；④荧光粉包覆并不能改变荧光热猝灭的内在机制，但其可以对基质材料进行表面缺陷修复或者阻止激活剂离子氧化从而提升热稳定性；⑤荧光玻璃技术和荧光陶瓷，可通过物理手段控制芯片与荧光材料的接触距离，为荧光粉的散热提供充足空间，是目前大功率照明的主流设计方案。

习 题

4.1 第一只发光二极管（LED）是哪年由哪家公司发明的？哪一项诺贝尔奖与 LED 的发明密切相关？LED 主要优点有哪些？

4.2 已知 GaAs 半导体材料的带隙 E_g=1.424eV，求该材料的发光波长 λ；已知 InGaAsP 的发光波长是 1300nm，求该材料的禁带宽度 E_g？

4.3 指出 AlN、GaN、InN 半导体材料的带隙宽度大小及排序规律，分析原因。

4.4 影响白光 LED 寿命的主要因素有哪些？p-n 结温度升高对白光 LED 有什么影响？

4.5 荧光体转换型 LED 的商用荧光粉需要满足哪些条件？浅谈目前 LED 照明与显示用荧光粉所面临的机遇与挑战。

4.6 简述窄带绿色荧光粉的研究现状与发展方向。

4.7 从化合物角度 LED 用荧光粉可分为哪些类型？晶体结构和发光性能分别具有什么特点？

4.8 荧光粉的发光强度为什么会随着温度升高而降低？简述荧光粉的热猝灭机理。提升热稳定性的方法有哪些？

参考文献

稀土上转换荧光纳米晶与应用

在无机稀土发光材料家族中,有一种特殊的材料能将入射的低能光子转化为高能光子,这种与斯托克斯(Stokes)定律完全相反的发光行为被称为上转换发光(up-conversion luminescence)[1]。通常,上转换发光材料的激发光源为近红外激光,而发射出的光可涵盖紫外—可见—近红外(300~1700nm)区域。这种非线性发光模式,使得上转换发光材料在生物成像与诊疗、新型显示、探测传感及荧光防伪等诸多领域展现出卓越的应用潜力[2-3]。

早在20世纪60~70年代,Auzel和Wright等详细研究了稀土离子掺杂上转换发光材料的上转换发光性质和机制,提出由激发态吸收、能量传递及合作敏化引起的上转换发光[4-5]。1979年,Chivian报道了上转换发光中的光子雪崩现象[6]。随着时间的推移,上转换发光材料的研究逐步展开。20世纪90年代至今是上转换发光研究的爆发期,因为大量的应用领域逐步被人们所发现。这个领域的突破包括了在材料设计,比如稀土掺杂上转换纳米晶的合成、多光色纳米晶的发光调控和核壳纳米晶组装等,以及在各种新兴实际应用中的探索[7-8]。

上转换纳米晶作为一种新型的发光材料,其独特的性质赋予它们许多优点。上转换纳米晶可以承受长时间的高强度激发,不会像许多有机染料和荧光蛋白那样发生光漂白或光疲劳。由于上转换纳米晶能够吸收在生物组织中更深部传播的长波长光(例如红外光),转化为可见光,因此可被用于生物成像[9]。此外,上转换纳米晶的大小可以通过改变合成条件来精确控制,这使得它们可以被优化以适应各种不同的应用需求,比如成像、传感和高端防伪等[10-11]。上转换纳米晶的种类繁多,各种离子的掺杂比可变,它们能发出各种波长的光。某些类型的上转换纳米晶,如那些基于氟化物的纳米晶,展示出良好的生物相容性和低毒性,这使得它们特别适用于生物医学的应用[12]。

尽管如此,上转换纳米晶的研究仍然面临一些挑战,比如提高上转换发光效率,控制粒子大小和形状,以及掺杂离子的选择等问题。针对这些问题的研究,将有助于进一步开发此类材料更广泛的应用领域。本章主要围绕稀土离子的上转换发光机理与材料设计、微结构调控对稀土纳米晶发光性质的影响、外场及温度调控对稀土纳米晶发光性质的影响和稀土上转换纳米晶发光应用共四个部分展开。

5.1 稀土离子的上转换发光机理与材料设计

5.1.1 上转换发光过程

上转换发光是一种反斯托克斯（anti-Stokes）发光行为，是经由多个泵浦光子吸收过程并最终将低能光变为高能光，简言之发射光子能量比激发光子能量更高。上转换发光的机理会随着基质材料和发光中心的种类不同而有差异，其理论是伴随着新材料的出现而逐渐发展的。目前已经提出了五种上转换发光的机制，如图 5-1 所示[13-14]，详述如下。

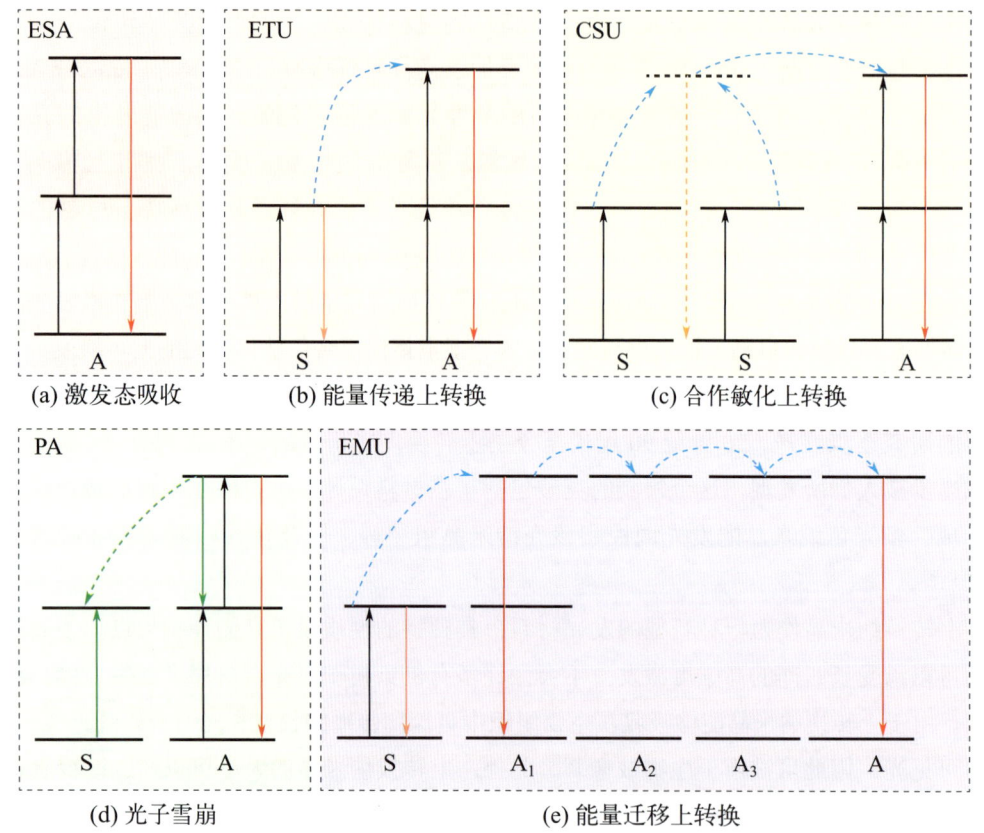

图 5-1　五种上转换发光机制（A 代表激活剂离子，S 代表敏化剂离子）

① 激发态吸收（excited state absorption，ESA）是上转换的一项基础过程。离子位于基态能级时通过接连吸收的两个或多个光子达到激发态能级，最后向下跃迁到基态发光[14]。

② 能量传递上转换（energy transfer up-conversion，ETU）发光通常用于解释不同类型的离子掺杂的发光现象，敏化剂离子通过共振能量传递，将吸收的能量传递给激活剂离子，以辅助激活剂离子向上跃迁到激发态而自身向下跃迁至基态。占据激发态能级的激活剂离子可以继续接收另一份源于敏化剂的能量而向上跃迁到更上级的激发态，最终返回基态并

伴随高能光发射[15]。

③ 合作敏化上转换（cooperative state up-conversion，CSU）可以理解为两个敏化剂离子和一个激活剂离子的共同作用。占据激发态的敏化剂离子统一向布居于基态的激活剂离子传递能量，自身返回基态。激活剂离子将借此到达更上级的激发态，随后向下跃迁并产生高能光的发射[16]。

④ 光子雪崩（photon avalanche，PA）首次被报道是在 1979 年，是一种 ESA 和 ETU 相结合的过程。处于较低能级的离子接受能量后向上跃迁至更高能级，随后这些布居在更高能级的离子和占据基态能级的离子启动交叉弛豫（cross relaxation），导致位于较低激发态的离子的数目急剧扩充，宛如雪崩。不过 PA 通常只在大量离子掺杂的体系中才会被观测到。

⑤ 能量迁移上转换（energy migration up-conversion，EMU）是 2011 年刘小钢团队在研究核 - 壳（core-shell）结构的荧光材料时提出的独特上转换机制。在荧光粉的壳层中掺杂不同功能的离子，敏化剂吸收能量后借助中间离子的能级，逐步将能量传递给激活剂离子，研究者还在其中进一步提出了利用界面能量传递（interfacial energy transfer）实现能量迁移上转换过程[17]。

相较之下，能量传递上转换过程的量子产率远超其他机制，被视为最有效的途径[6]。这里还需说明的是目前绝大部分文献中判定上转换发光机制的方法是基于上转换发射的峰强 I 和激发光源功率（或泵浦功率密度）P 满足：$I \propto P^n$，其中 n 为发生上转换发光现象时吸收的光子的数目。此结论通过上转换发光过程中的速率方程计算得出，下面通过图 5-2 中的三能级系统这一简单的模型介绍其推导过程[18]。

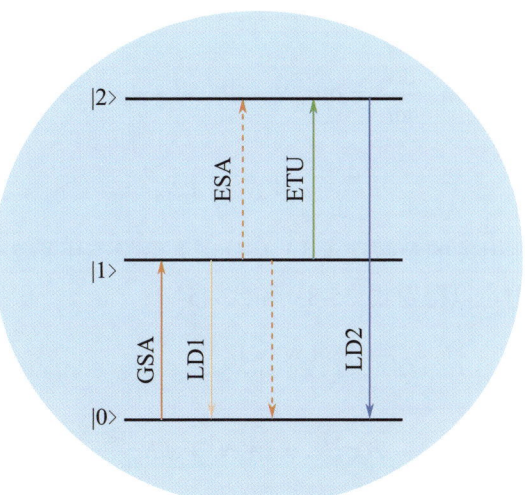

图 5-2　三能级系统模型

推导基于四个假设：① 基态能级的布居密度为常数（GSA 为基态吸收）；② 发光系统的 ESA 过程被连续波触发；③ 后续上转换激发态的过程为 ETU 或者 ESA；④ 激发态能级 i 的能级寿命 τ_i，其上粒子以速率常数 $A_i = \tau_i^{-1}$ 衰减到下一个低能态或径自返回基态。

若基态漂白不纳入考虑，其布居密度 N_0 将可视为常量。在 ESA 过程中，具有 n 个激发态能级的系统在泵浦波长的吸收系数 α 由从能态 j 跃迁的吸收系数 σ_j 和粒子布居密度 N_j 给出 [式 (5-1)]：

$$\alpha = \sum_{j=0,\ldots,n-1} \sigma_j N_j \tag{5-1}$$

式中，σ_j 为从能态 j 在泵浦波长处的吸收截面；N_j 为能态 j 上的粒子布居密度。当样品短于吸收长度 α^{-1}，我们将计算吸收泵浦功率朗伯-比尔（Lambert-Beer）定律的指数函数展开为泰勒级数，并近似取为式 (5-2)：

$$1 - \exp[-l\alpha] \approx \alpha \tag{5-2}$$

式中，l 为样品长度。

这样基于式 (5-1) 和式 (5-2)，从能态 i 出发独立跃迁的泵浦速率 R_i 可以写作式 (5-3)：

$$R_i = \frac{\lambda_p}{hcl\pi w_p^2} P\{1 - \exp[-l\alpha]\}\frac{\sigma_i N_i}{\alpha} \approx \frac{\lambda_p}{hcl\pi w_p^2} P\sigma_i N_i \tag{5-3}$$

式中，λ_p 为泵浦波长；w_p 为泵浦半径；P 为激发功率；h 为普朗克常量；c 为真空光速。定义泵浦常数 ρ_p [式 (5-4)]：

$$\rho_p = \frac{\lambda_p}{hc\pi w_p^2} P \tag{5-4}$$

则式 (5-3) 中 R_i 可简化为式 (5-5)：

$$R_i = \rho_p \sigma_i N_i \tag{5-5}$$

在图 5-2 所示的三能级系统中，i 能级上的粒子数布居密度为 N_i，则可列出速率方程式 (5-6) 和式 (5-7)：

$$\frac{dN_1}{dt} = \rho_p \sigma_0 N_0 - 2W_1 N_1^2 - A_1 N_1 \tag{5-6}$$

$$\frac{dN_2}{dt} = W_1 N_1^2 - A_2 N_2 \tag{5-7}$$

式中，W_1 为上转换相关的参数；A_1 和 A_2 分别为激发态 1 和 2 的速率常数；当稳态激发时，即 $dN_i/dt=0$，此时可以得到式 (5-8) 和式 (5-9)：

$$A_2 N_2 = W_1 N_1^2 \tag{5-8}$$

$$\rho_p \sigma_0 N_0 = 2W_1 N_1^2 + A_1 N_1 \tag{5-9}$$

由式 (5-8) 可知，$N_2 \propto N_1^2$。在上述三能级系统中，上转换发光（ESA、ETU 过程）和线性衰减过程（LD1 过程）都为能级 |1> 上粒子消耗的途径。当 LD1 过程占据主导，我们完全忽略式 (5-9) 中的上转换过程对应的项时（此为一种极限情况），从而得到 $N_1 \propto P$，那么 $N_2 \propto N_1^2 \propto P^2$；而当上转换过程占据主导时，我们忽略式 (5-9) 中的 LD1 过程对应的项（此为另一种极限情况），那么 $N_1 \propto P^{1/2}$，而 $N_2 \propto N_1^2 \propto P$。但实际发生的过程皆处于这两种极限之间，因而通过 $I \propto P^n$ 拟合出三能级系统的 n 值通常为 1 到 2 之间。

5.1.2 上转换发光纳米晶

稀土上转换发光材料也是由基质材料和稀土离子组成的。由于上转换发光一般依赖多个具有较长寿命的亚稳态能级，且离子的激发态和基态能级间必须足够近，因此，上转换发光材料的激活离子（发光中心）一般为具有特殊阶梯状能级的 Er、Ho、Pr、Nd 和 Tm 离子[19-22]。基质材料通常是无机晶体，可以为稀土离子提供合适的晶体场环境，并可以改变其上转换发光特性。表 5-1 总结了常见的上转换发光材料的基质、代表材料及基质特点。

表 5-1 常见的上转换发光材料的基质、代表材料及基质特点

基质种类	代表材料	优越性	局限性
氟化物	$NaYF_4:Yb/Er$[23] $GdF_3:Yb/Tm$[24] $LiLuF_4:Yb/Tm$[25]	低声子能量，高上转换效率	化学稳定性差，抗激光损伤阈值低，制备困难
氧化物和复合氧化物	$Y_2O_3:Yb/Er$[26] $Y_2Ti_2O_7:Yb/Ho$[27]	制备工艺简单，化学稳定性强，稀土离子溶解度高	较高的声子能量，较低的上转换效率
含硫化合物	$La_2O_2S:Yb/Tm$[28] $Lu_2O_2S:Yb/Er$[29]	较低的声子能量，较高的上转换效率	制备条件苛刻，反应过程密闭
卤化物与卤氧化物	$Cs_3Lu_2Br_9:Er$[30] $BiOCl:Yb/Er$[31]	振动能低，多声子弛豫影响小，上转换效率高	结构不稳定，制备过程复杂，成本高
氟氧化物	SiO_2-PbO-PbF_2-$La_2O_3:Er$[32]	声子能量较小，上转换效率高，化学性质比较稳定	制备工艺要求高，不宜批量生产

在选择基质材料时，需要考虑其化学稳定性，光学性能，以及与稀土离子的配位环境和声子能量等因素。这些都将直接影响上转换发光材料的发光量子产率（quantum yield, QY）和稳定性。

稀土上转换发光纳米晶的合成方法众多，在第 3 章已有详细介绍，此处不再赘述。

在众多上转换发光纳米晶材料中，$NaYF_4$ 由于其较低的声子能量，作为基质材料被广泛应用于制备多种类型的上转换纳米晶[33-34]。图 5-3 中给出了 Yb/Er、Yb/Tm 及 Yb/Er/Tm 掺杂 $NaYF_4$ 纳米晶的上转换发射光谱、发光照片及上转换发光机制[35]。通过水热法合成的纳米颗粒平均尺寸约为 20nm［图 5-3（a）］。Yb/Er 共掺杂时显示出明亮的黄绿色上转换发光［图 5-3（c）］；Yb/Tm 共掺杂时材料发出蓝色光［图 5-3（d）］。值得一提的是，通过共掺杂 Yb/Er/Tm 可以实现上转换的发光颜色从蓝光到近红外光的可调控性质［图 5-3（e）］。上转换发光机制可通过图 5-3（b）描述。在 980nm 近红外激光泵浦下，Yb^{3+} 首先吸收能量跃迁至激发态。随后，激发态的 Yb^{3+} 将能量传递给 Er^{3+} 或 Tm^{3+}，激发态的 Yb^{3+} 会退回到基态，Er^{3+} 或 Tm^{3+} 跃迁至激发态。最终，这些激发态的离子经辐射跃迁，发射出可见光或近红外光的光子，实现上转换发光。通过调节不同离子的掺杂浓度，可以调整发光颜色和强度，进而实现多色发光的调控。通过精细设计和优化，例如控制纳米晶大小、形状以及表面修饰，可以进一步地提升材料的上转换效率，使其在生物成像、传感和新型显示等领域具有广阔的应用前景。

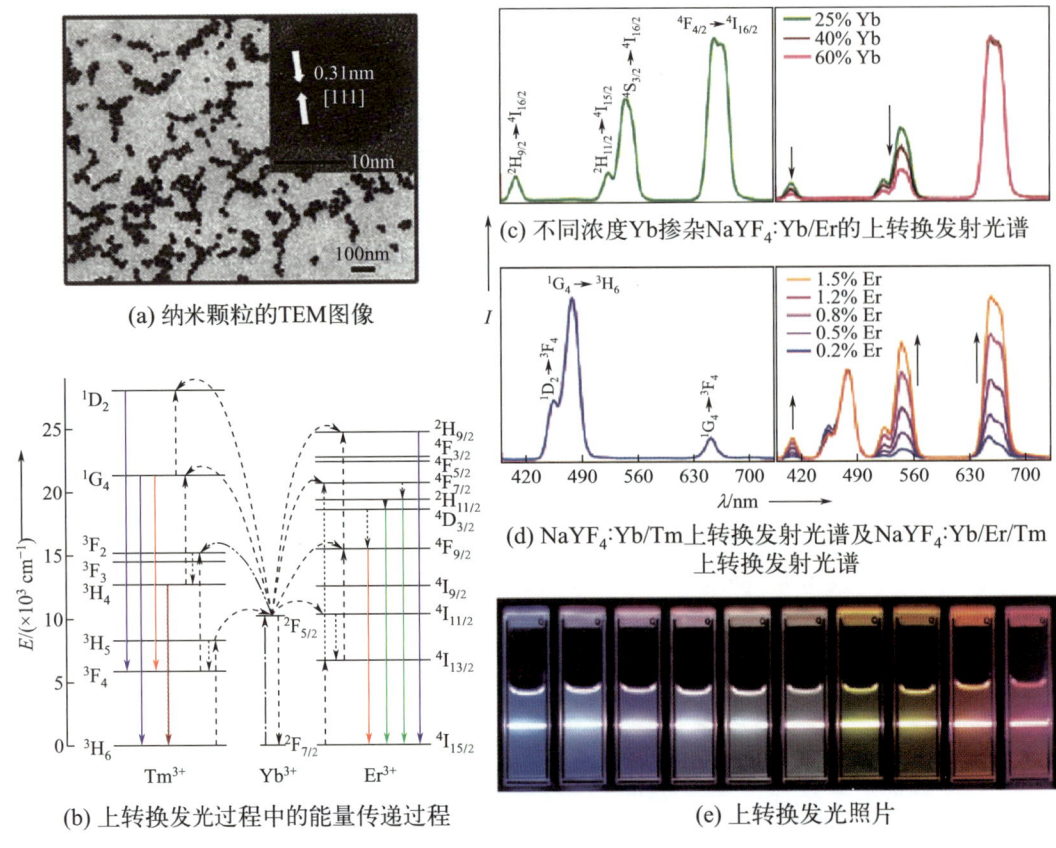

图 5-3 Yb/Er、Yb/Tm 及 Yb/Er/Tm 掺杂 NaYF$_4$ 纳米晶的上转换发射光谱、发光照片及上转换发光机制[35]

5.2 微结构调控对稀土纳米晶发光性质的影响

5.2.1 晶相调控

晶体相变对稀土离子掺杂上转换纳米晶的发光性质有重要影响。在这些晶体中,稀土离子的配位环境、化学键合和能级间距会因晶格结构改变而发生对应变化,使得相同离子在不同晶体相中的发光行为存在明显差异。

以稀土离子掺杂的 NaYF$_4$ 上转换材料为例,一般而言,NaYF$_4$ 有两种主要晶体相:α-相(立方)和 β-相(六方)。在 α-相中,Y^{3+} 处于由八个氧阴离子配位的立方环境中,此时稀土离子的配位环境相对较松弛,电子云较为分散,导致上转换效率相对较低。而在高温下得到的 β-相中,Y^{3+} 处于由六个氧阴离子配位的三角棱柱状环境中,配位环境较为紧密,电子云更集中,因而上转换效率更高[36-37]。

而有文献报道了 Yb^{3+} 吸收光能产生的光热效应在晶格内部引起了原子重排,从而实现了 NaYF$_4$ 从六方相到新立方相的相变[图 5-4(a)和(b)][37]。在新立方相中,Y^{3+} 和 Na$^+$ 的排列更加有序,与吸收中心的 Y^{3+} 形成了各向异性的排列,这种结构的改变使得 NaYF$_4$ 纳米晶体的上转换发射效率得到了显著提高。如图 5-4(c)所示,Yb/Er 掺杂的 NaYF$_4$ 纳米晶在相变后上转换发光强度提高了 367 倍,量子产率提高到 0.75%;而 NaYF$_4$: Yb/Tm 上转换纳米晶的发光强度提升了 717 倍 [图 5-4 (d)]。

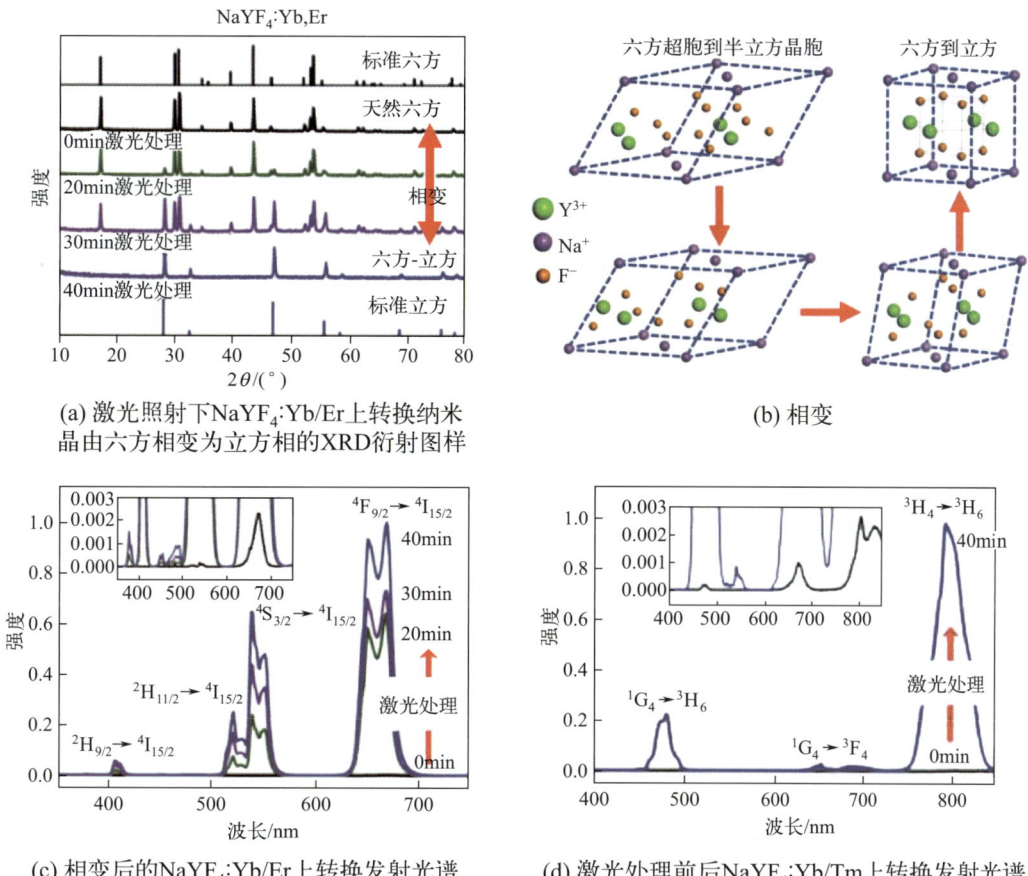

图 5-4　NaYF$_4$:Yb/Er 的相变与上转换发射光谱[37]

因此,晶体相变是调控纳米晶上转换发光性能的重要手段,通常可以通过改变合成条件(如温度、压力、溶剂环境等)控制相变过程,实现对上转换发光性能的调节。

5.2.2　核-壳结构上转换纳米晶

稀土离子掺杂上转换纳米晶的发光性质在很大程度上取决于其微观结构。对上转换纳米晶发光性质进行调控的有效方法之一是对其进行表面修饰。纳米晶的表面修饰一方面可以降低表面缺陷,显著提升上转换发光效率。另一方面,表面修饰还可以改变稀土离子的配位环境,间接地影响稀土离子的电子能级结构和跃迁规则。当纳米晶表面进行修饰后,稀土离子的配位环境会发生改变,从而直接影响其电子能级结构。例如,修饰层可能会增大或缩小稀土离子的配位距离,导致其能级间距变大或变小,从而改变其发光性质。另外,修饰层也可能改变稀土离子的电子跃迁规则。在没有修饰的情况下,稀土离子的电子跃迁可能受到晶体场的影响而被禁止或抑制。当表面进行修饰后,稀土离子可能从一个相对稳定的态跃迁到另一个态,从而使得原本被禁止的跃迁途径变得可能。因此,通过表面修饰,可以有效地改变稀土离子的电子能级结构和跃迁规则，从而调控其上转换发光性能。此外，如前所述，修饰层可以有效降低稀土离子与基底之间的能量耦合，从而抑制非辐射复合过程，提高上转换效率。修饰层还可以防止稀土离子与环境发生反应，使稀土离子在应用过程中保持良好的发光稳定性。某些修饰层可以增强纳米晶的光吸收能力，从而提高上转换效率。常见的表面修饰手段包括在纳米晶表面引入保护层，如 SiO_2、硅脂、聚合物等，或在纳米晶表面进行稀土离子的二次掺杂等[38-43]。这些表面修饰手段在提高上转换发光材料的效率及稳定性方面发挥了重要作用。

核壳结构属于一种表面修饰手段。在这种框架中，核通常是一种发光材料，例如稀土掺杂的上转换纳米晶。然后在其表面形成壳，壳通常是一种惰性的无机或有机材料，用于保护核，改善其发光性能，或者赋予核一些其他的功能属性[42]。核壳结构的设计需要考虑的主要因素包括壳材料的选择，壳的厚度，以及核与壳之间的界面特性。这些因素会直接影响到纳米晶的发光性能。例如，通过在纳米晶表面引入保护壳，可以有效阻止非辐射复合，提高上转换效率。同时，这种结构还可以提高核材料的稳定性，防止其在应用过程中发生光热或者化学降解[42]。

稀土上转换发光材料研究领域的著名学者，新加坡国立大学刘小钢教授报道了 $NaGdF_4$:Yb/Tm 纳米粒子表面包覆 Ln^{3+} 掺杂的 $NaGdF_4$ ($Ln^{3+}=Dy^{3+}$、Sm^{3+}、Tb^{3+}、Eu^{3+}、Tm^{3+})，他们的研究发现，核外电子被激发跃迁到亚稳态能级后部分非辐射弛豫到 $^8P_{10}$ 能级，此时发生能量转移，将能量传递给 Gd^{3+} 的 $^6P_{7/2}$ 能级，通过 $NaGdF_4$ 晶格作为媒介，最终将能量传递给壳层中的激活离子，实现新的上转换发光[17]。采用此方法将 Tm^{3+} 激发态的电子能量间接转移给其他发光离子，不要求其他离子具有亚稳态结构，因此可得到包括非上转换激活离子的上转换发光，扩展了上转换发光材料的发光范围。同时，由于激活离子与敏化剂 Yb^{3+} 被核壳结构隔开，因此可有效地消除其间的交叉弛豫，只需掺杂少量的激活剂离子即可产生强烈的上转换发光。他们进一步在此核壳结构的基础上再结晶生长了一层无掺杂的 $NaYF_4$ 晶体，可有效减少近红外激发下激活离子与表面有机配体之间的无辐射弛豫，通过改变掺杂的稀土离子比例，最终可以得到不同颜色上转换发光的复合材料（图5-5）。

此外，研究人员还证明，惰性壳层的包覆有助于克服发光过程中的浓度猝灭[44]。在不同浓度 Er 离子掺杂的 β 相 $NaYF_4$ 纳米晶内核上生长了约 10nm 厚的外延壳层 $NaLuF_4$，最终合成的核壳结构纳米晶 $NaY(Er)F_4@NaLuF_4$ 的平均尺寸为 35～38nm [图5-6（a）（b）]。在 980nm 和 800nm 近红外光照射下展现出明亮的红色上转换发光 [图5-6（c）]。其中发光强度最高的高度掺杂（100% Er^{3+}，以摩尔分数计）核/壳纳米晶体在 10W/cm² 功率密度的 980nm 激光辐照下，上转换量子产率可达 5.2%±0.3%，证实了外延壳层在克服浓度猝灭方面的独特能力。

除同质核壳结构外，异质壳层可在提高发光强度的同时改善纳米晶的热稳定性和生物相容性。研究人员合成了 α-$NaYF_4$:Yb/Er@CaF_2 异质同构型核壳结构上转换纳米晶，发光强度增强近 300 倍。CaF_2 壳层可有效避免稀土离子的释放，提高稀土掺杂纳米晶的生物安全性[45]。此外，他们还通过选择阳离子交换法构建异质核壳结构 β-$NaLnF_4@CaF_2$，立方结构的 CaF_2 壳层能有效提高上转换发光性能，量子产率从 0.2% 增大到 3.7%。与此同时，

CaF_2 壳层还能抑制内核纳米晶中的稀土离子在界面扩散，并阻止其在溶液中的泄漏，降低了生物应用中潜在的元素毒性[46]。

(a) $NaGdF_4$:Yb/Tm@$NaGdF_4$:A@$NaGdF_4$结构及合成纳米颗粒的形貌图

(b) 上转换发射光谱

(c) 核-壳-壳结构上转换纳米材料能量转移机理图

(d) 部分复合材料环己烷溶液在980nm近红外光激发下的发光照片

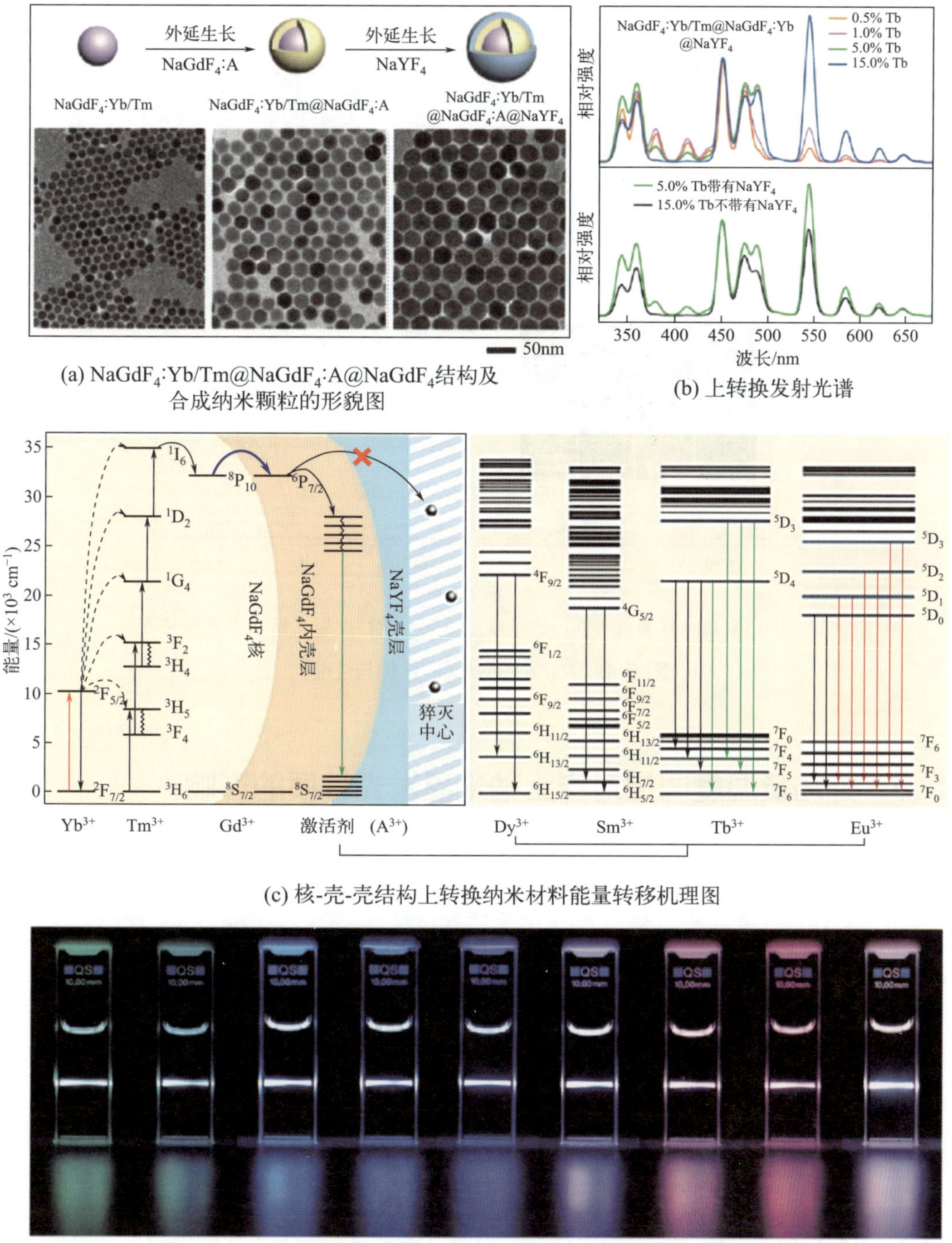

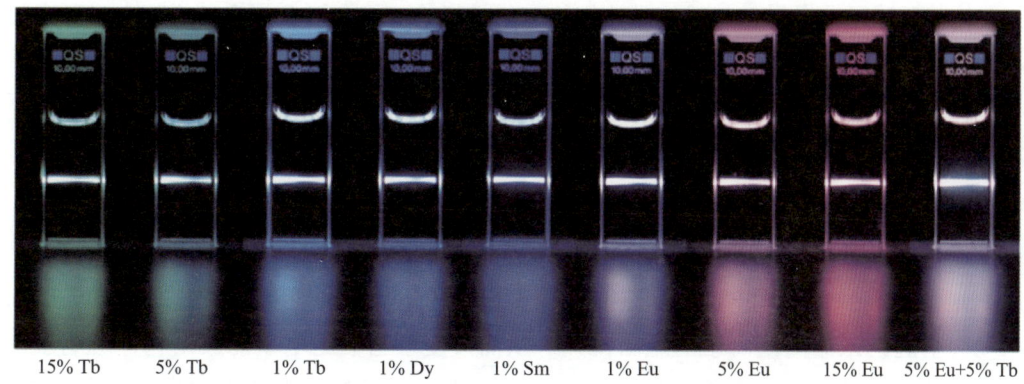

图 5-5 $NaGdF_4$: Yb/Tm@$NaGdF_4$: A@$NaGdF_4$ 材料的性能与原理[17]

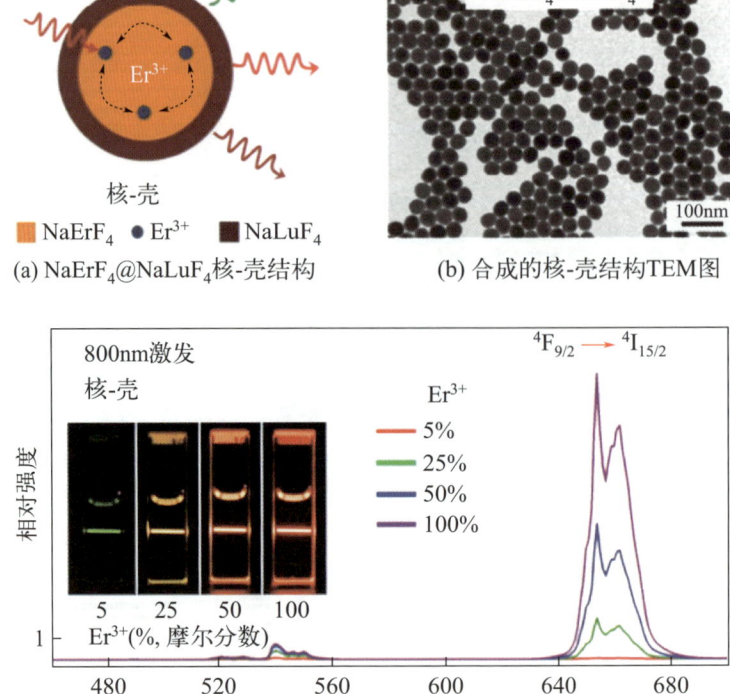

(a) NaErF$_4$@NaLuF$_4$核-壳结构 (b) 合成的核-壳结构TEM图

(c) 800nm泵浦时不同Er离子浓度下的上转移发射光谱及发光照片

图 5-6 NaErF$_4$@NaLuF$_4$ 结构与性能 [44]

5.3 外场及温度调控对稀土纳米晶发光性质的影响

5.3.1 外场调控

如前所述，发光材料基质的晶体结构、化学组成与掺杂以及核壳结构都会对稀土纳米晶的发光性质产生影响，我们可以将其归因于化学调控。除此之外，上转换纳米晶的发光性能还会受到外部物理场的调控影响，包括电场、磁场、力场（压力）以及光场等。下面介绍几种外场调控稀土上转换纳米晶的作用机制与相关实例。

（1）电场调控

电场可以改变上转换纳米晶内部的电子结构，影响其跃迁过程，进而调控其发光性质。在电场中，常规的上转换纳米晶可能会呈现出不同的光学性能。这一现象的原因是电场会引起纳米晶内部离子的重新排列，从而改变了它们的电子能级结构，影响了电子从一个能级跳跃至另一个能级的过程。这一过程直接影响了上转换纳米晶的发光性能，包括其发光强度、发光波长等 [47]。如图 5-7 所示，实现上转换发光调控可以通过传统的化学方法，改变基质材料的对称性和上转换发光中心所处的晶体场，而电场则是实现这一目的的物理方法，可以原位、实时地调控激活剂离子周围晶格的对称性。根据经典的

Judd-Ofelt 理论，在初始态 $|[S,L]J\rangle$ 和终态 $|[S',L']J'\rangle$ 之间自发的电偶极跃迁概率 A_{ed} 可表示为式（5-10）[48–50]：

$$A_{ed} = \frac{64\pi^4 e^2}{3h(2J+1)\lambda^3}\left[\frac{n(n^2+2)^2}{9}\right]S_{ed} \qquad (5\text{-}10)$$

式中，e 为电子电荷量；J 为总角动量量子数；λ 为跃迁的平均波长；n 为跃迁波长处的折射率；h 为普朗克常量；S_{ed} 为电偶极吸收线强度。

故有式（5-11）：

$$S_{ed} = \sum_{t=2,4,6}\Omega_t\left(\left\langle 4f^n[S,L]J\|U^{(t)}\|4f^n[S',L']J'\right\rangle\right)^2 \qquad (5\text{-}11)$$

式中，$U^{(t)}$ 为跃迁矩阵元；Ω_t (t=2,4,6) 为 J-O 强度参数，可通过最小二乘法计算得到；S 为总自旋量子数；L 为总轨道量子数。其中，Ω_2 参数与稀土离子所处格位的对称性紧密相关。因此通过施加外电场调控纳米晶的基质晶格对称性，可以实现对其上转换发光性能的调控[47]。

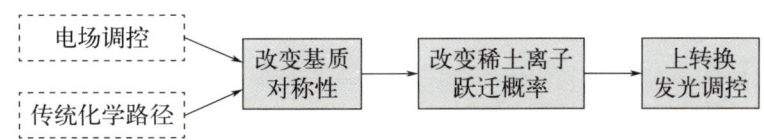

图 5-7　上转换发光对电场及传统化学路径变化的响应路线

例如，研究人员已经观察到在外加电场下，掺杂铋钛酸钡（BTO）薄膜中的铒离子（Er^{3+}）的上转换发光发生了明显的变化[51-52]。如图 5-8 所示，在没有外加电场的情况下，BTO 薄膜中的铒离子发出的上转换发光主要集中在红光区域。然而，当施加电场时，发光峰值发生了蓝移，并且发光强度增加。这是因为外加电场改变了 BTO 薄膜中铒离子的能级结构，使得发光峰值发生了变化。

电场与上转换发光材料的相互作用不仅可以用于调控发光特性，还可以用于开发电场传感器和光电器件。通过改变外加电场的强度和方向，可以实现对发光材料的精确控制，从而实现电场传感和光电调制等应用[52]。应注意的是，尽管电场调控的理论基础较为成熟，但在实际应用中可能需要面对一些设计和操作上的挑战。例如，如何设计并实现一个可控的电场源，如何将这个电场源与上转换纳米晶精确连接，以及如何确保在电场的影响下上转换纳米晶的稳定性等，都是需要考虑的实际问题。

（2）磁场调控

法拉第效应描述了光通过磁性材料传输时的变化，而克尔效应描述了光从磁性表面反射时的变化。此外，还有一些相关的效应，如塞曼效应、沃伊特效应和科顿-穆顿效应，这些效应都是由于材料的磁性有序性，无论是外加磁场引起的还是自发产生的[53]。磁致发光是指在外加磁场下，发光或电致发光（EL）发生变化的现象，这在过渡金属掺杂的发光材料、二维电子气体、有机化合物等材料中得到了研究，通常在高磁场和低温条件下进行[54]。例如，Dewitz 等记录了在低于 100K 的温度和高达 60T 的磁场下的 InP/GaP 量子

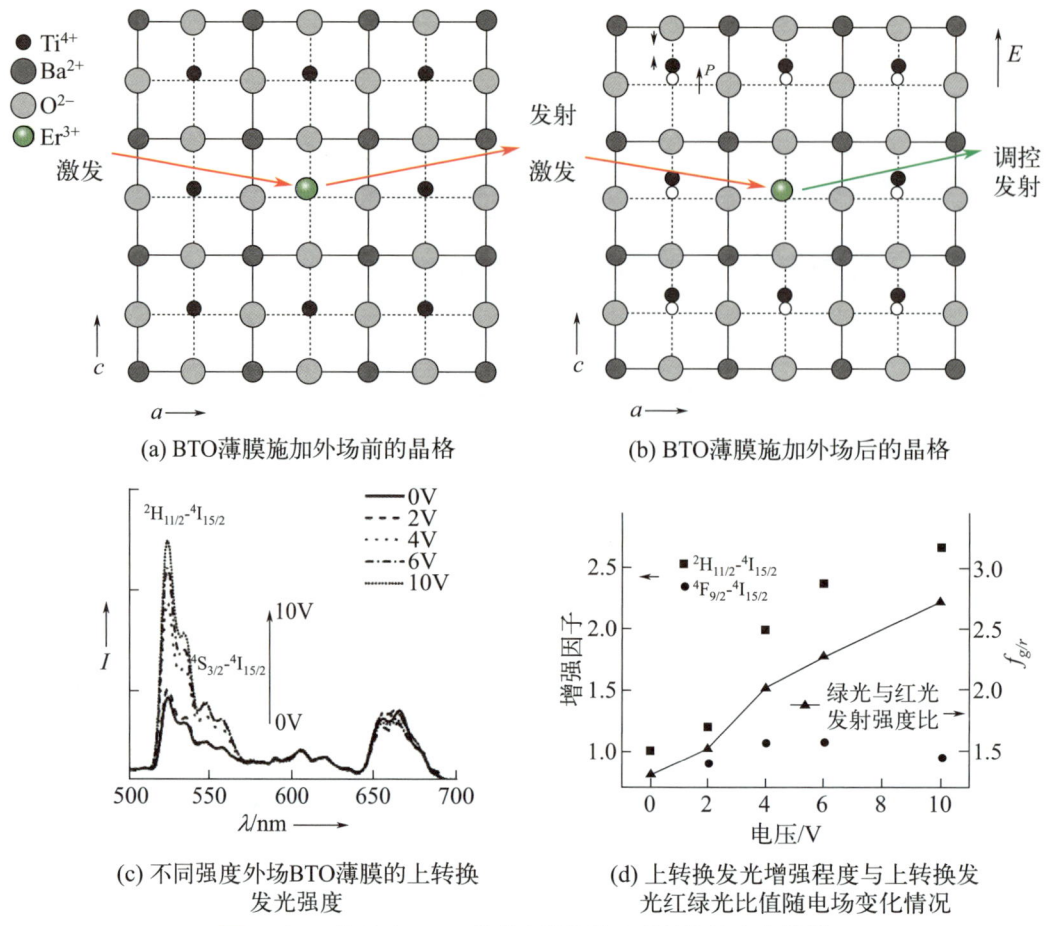

图 5-8 Er³⁺ 掺杂 BTO 薄膜上转换发光随外场的变化 [51-52]

点的磁致发光[55]。正如上文所述，当施加磁场时，由于部分稀土上转换纳米晶中磁性元素（如Gd）存在，这些上转换发光材料中经常可以观察到磁化现象。这种类型的磁响应归因于化合物中磁矩的非相互作用局域性。磁性元素的存在使得上转换发光材料具有磁化能力和磁矩弛豫能力，从而在生物分离和磁共振成像（MRI）等领域具有应用前景[54]。然而，迄今为止，只有少数报道观察到上转换发光材料中的磁致发光现象。上转换发光材料中磁致发光效应的相关机制可以通过稀土离子（如Er³⁺）能级的塞曼（Zeeman）分裂来解释。图5-9显示了包含$^4S_{3/2}$和$^4I_{15/2}$态的Er³⁺的简化能级图。由于外部磁场下上转换发光材料的晶体场效应，Er³⁺的$^4S_{3/2}$态通过塞曼效应分裂为四个简并态，即|+3/2⟩、|-3/2⟩、|+1/2⟩、|-1/2⟩。随着磁场的增加，|-3/2⟩和|-1/2⟩之间的分裂增大。这导致|+3/2⟩与|-3/2⟩双重态的分裂更大，而从|+3/2⟩到|-3/2⟩的辐射概率可以忽略不计。同时，大部分上转换发光来自Er³⁺ $^4S_{3/2}$四重态中的最低能级|-3/2⟩。因此，外部磁场会降低Er³⁺ $^4S_{3/2}$四重态的可见上转换发光强度[47,56]。

磁场可以影响稀土离子的能级结构和跃迁规则，从而改变上转换纳米晶的发光性质。一些实验研究发现，磁场还可以显著增强上转换纳米晶的发光强度。宏观层面上，磁场对上转换纳米晶体发光性能的影响主要体现在发光强度和发光颜色的改变。这主要涉及磁场改变了纳米晶体内部的自旋状态和电子跃迁过程，从而影响了纳米晶体的发光性能[57]。在

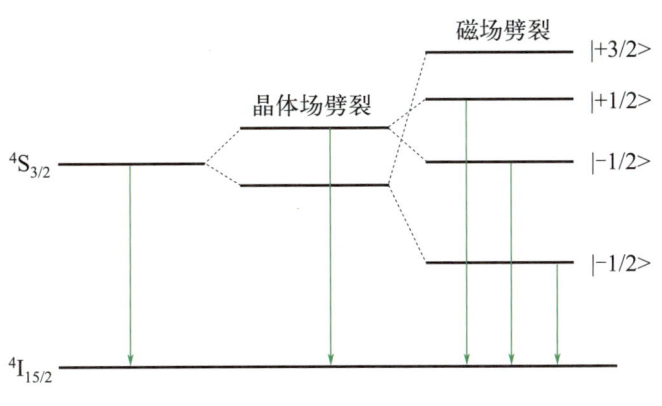

图 5-9　包含 $^4S_{3/2}$ 和 $^4I_{15/2}$ 态的 Er^{3+} 的简化能级图

微观机制上，磁场主要通过以下两个途径影响上转换纳米晶体的发光性能。①Zeeman效应：磁场可以改变上转换纳米晶体内部电子的自旋状态，这使得电子在能级上的跃迁发生变化，从而影响了纳米晶的发光强度和色散[58]。②磁致双折射效应（科顿-穆顿效应）：在磁场的作用下，晶体的光学性质会发生变化，特别是其双折射性。这会导致晶体的偏振特性发生变化，进而改变了其发光特性[59]。值得注意的是，这两种效应在实际应用中可能需要强大的磁场才能实现，并且这种作用通常具有方向性，即只有在一定的磁场方向下才会产生。并且不同的材料和晶体结构对磁场的敏感性也有所不同，需要具体问题具体分析。

(3) 光场调控

光场为上转换纳米晶提供了能量来源，是驱动其发光的关键因素。通过改变光场（例如光源的强度、波长等），可以在一定程度上调控纳米晶的发光强度和发光波长。以激活剂 Er 离子为例，由于其丰富的阶梯状能级，掺杂 Er 离子的上转换纳米晶可以被 980nm 和 1550nm 激光激发，吸收不同数目的光子后向上跃迁至激发态，随后以不同概率向下跃迁至基态发光。

(4) 力场调控

由于上转换纳米晶的发光特性主要由其内部电子态决定，因此外部压力通过影响晶格常数和结构，会进一步影响其内部电子态分布，从而改变其发光特性。增加外部压力将压缩晶格，从而改变晶格常数和带隙宽度，可能导致发光光谱的红移或蓝移。压力减小后晶格会尝试恢复到其原始状态。如果晶格完全恢复，则发光光谱将回到原始状态[60]。但是在某些情况下，可能出现一些永久性的结构畸变，从而导致发光特性的永久性改变。人们还研究了在局部压力下纳米晶的发光特性。这种研究主要关注的是如何通过施加不同的压力获得不同的发光性能[61]。Lis 等将立方相 SrF_2:Yb/Er 纳米晶的体系压力从 0.03GPa 提高至 5.29GPa，并未发现晶体结构及对称性的变化，但稀土离子之间的平均距离在增加压力时缩短（图 5-10），稀土离子之间的能量传递和交叉弛豫的效率随之增加，导致红光的荧光寿命从 220μs 缩短至 130μs。撤去压力后发光寿命可恢复至初始水平[62]。

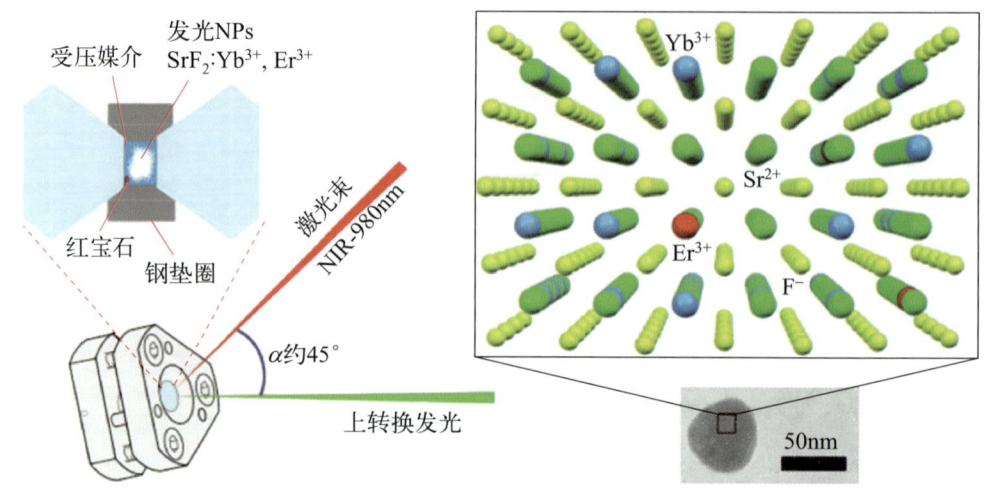

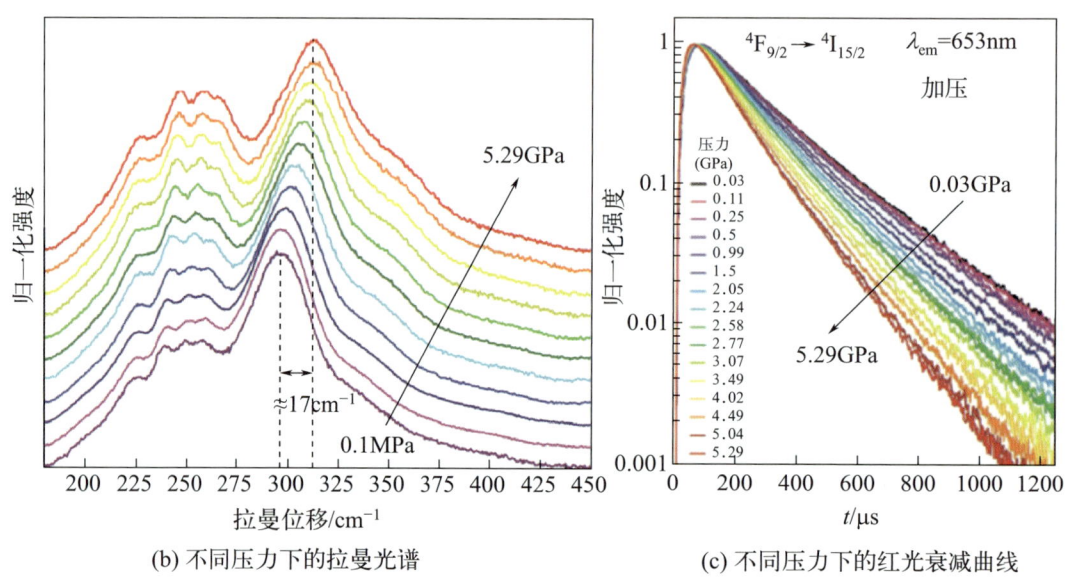

(a) SrF$_2$:Yb/Er 纳米晶高压光谱测试及TEM照片

(b) 不同压力下的拉曼光谱

(c) 不同压力下的红光衰减曲线

图 5-10 SrF$_2$:Yb/Er 纳米晶的光学性能 [62]

同时，利用不同类型的外场，比如电场和磁场的联合控制，可能实现对上转换纳米晶发光的细粒度调控。然而，如何精确控制这些外部场来有效调控上转换纳米晶的发光性能，仍是一个有待进一步研究的问题。香港理工大学郝建华课题组基于压电光子学效应，以智能发光材料作为研究目标开展了系列工作，有兴趣的读者可以关注相关研究论文 [47,63-66]。

5.3.2 温度调控

温度对上转换纳米晶发光材料的性能有显著的影响。一般而言，上转换纳米晶的发光强度会随着温度上升而下降，这是因为高温增加了晶体中原子或分子的热振动，从而增加了非辐射复合的概率。非辐射复合是一种能量流失的方式，它指的是电子从激发态跃迁到基态的过程中，其能量并未以光子形式释放出来，而是以热能等其他形式耗散掉了，故而在升高温度时引发的非辐射复合会减弱上转换纳米晶的发光强度[16]。

值得一提的是,温度对于上转换纳米晶的发光并非只有负面作用。在许多文献中也报道了上转换发光的热增强现象,即在升温时纳米晶的上转换发光强度随之提高,这种反热猝灭的上转换发光的可逆性在材料中由于诱导机制不同而表现各异[67-68]。图5-11总结了三种发光热增强的机制[69-70]。声子辅助能量传递存在于敏化剂与激活剂共存的体系中,以Yb^{3+}和Er^{3+}为例,一般而言Yb^{3+}的激发态$^2F_{5/2}$与Er^{3+}的激发态能级$^4I_{11/2}$并不匹配,约有$40\sim90cm^{-1}$的能量差。此等小的能量失配可在Yb/Er能量传递中由低能声子抵消。然而在上转换纳米晶材料中,纳米级的尺寸会导致晶格声子模的显著减少,低能声子模缺失,故能量传递效率降低。当升高温度使晶格振动加剧时,可以恢复一些缺失的低能声子模,进一步提高Yb/Er之间的能量传递效率,引起上转换发光的增强[71]。由于上转换纳米晶在合成时通常采用湿化学法,其表面往往残留有疏水的有机基团或者水分子,对纳米晶的上转换发光造成损耗。加热可促进表面有机基团或水分子的脱离,进而提高上转换发光效率。需要注意的是,由于水分子脱附作用不可逆,因此这种模式下的上转换发光热增强也是不可逆的[72]。此外,部分基质材料在升温时晶格收缩(负热膨胀),如$Yb_2W_3O_{12}$、ScF_3等,此时晶格中敏化剂与激活剂之间的间距被缩短,由于能量传递正比于此间距的10^{-6},因此缩短的间距会导致更高的能量传递效率,引发反热猝灭的上转换发光[73-74]。值得一提的是,纳米晶上转换发光对温度的特异性响应,表明其在温度传感领域具有巨大的应用潜力。

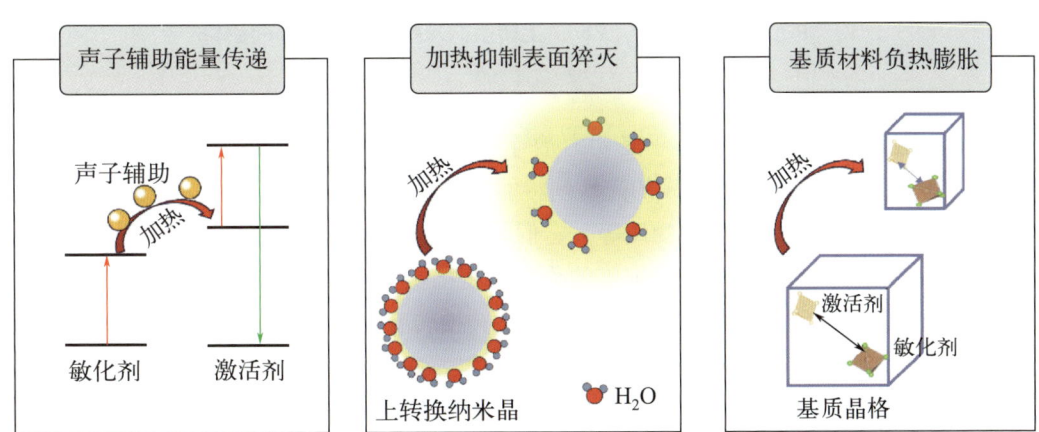

图5-11 上转换发光纳米晶中存在的三种发光热增强机制

5.4 稀土上转换纳米晶的应用

5.4.1 生物成像

稀土上转换纳米晶发光材料表现出荧光寿命长、化学性质稳定、光稳定性强和斯托克斯位移大等优点,其一般由长波长的近红外光激发,相比于紫外光激发具有更深的组织穿透深度、更低的背景干扰和组织损伤、更弱的毒性等优势,特别适用于生物成像领域。图

5-12 展示了聚乙烯亚胺（PEI）修饰的 NaYF$_4$：Yb/Er 上转换纳米晶在小鼠体内的活体成像。通过皮下注射将上转换纳米颗粒（UCNPs）分别注射到小鼠的腹部和大腿中，注射深度 10mm 时上转换荧光信号依然可见[12]。

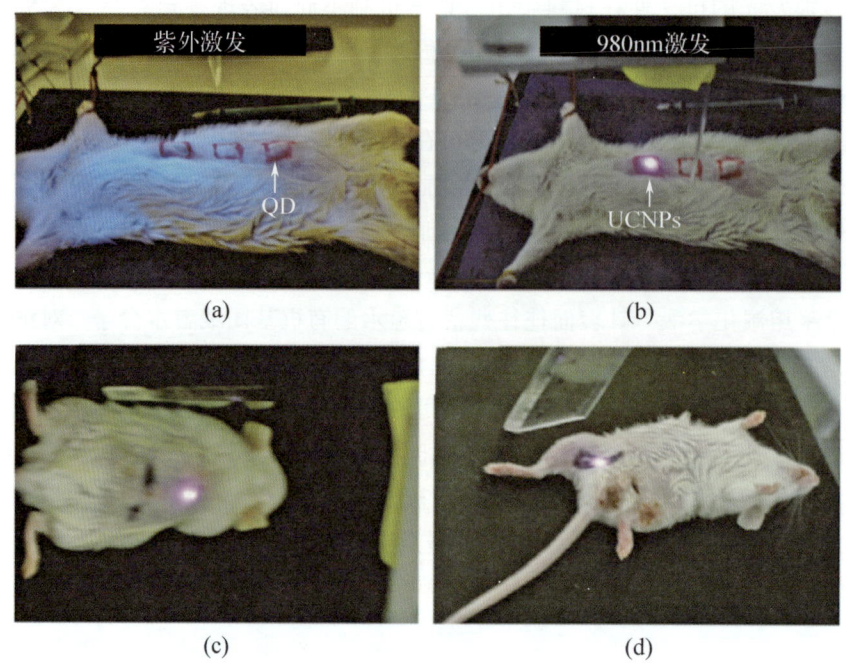

图 5-12　PEI 修饰的 NaYF$_4$：Yb/Er 上转换纳米晶在小鼠体内的活体成像[12]

QD为量子点

此外，上转换纳米晶还可用于光动力治疗（photo dynamic therapy，PDT）。PDT 是用特定波长的光激发光敏剂，被激发的光敏剂将能量传递给周围的氧，产生大量活性氧物质，包括活性单线态氧和其他活性氧物质等，它们与周围的生物大分子发生氧化反应，继而引起细胞结构的破坏，起到杀伤肿瘤细胞的作用。将稀土上转换纳米晶应用于 PDT 技术后，它可利用低能量的近红外作为激发光源，通过上转换转变成能量较高的光，达到 PDT 光敏剂所需的频谱。相对传统 PDT 使用紫外和可见光作为激发光源，近红外具有更深的光透射深度，这就使得 PDT 可用于更深组织的治疗。上转换纳米晶同时还具有可调发光特性，能在 PDT 中使用更多不同的光敏剂种类。此外，上转换纳米晶既能搭载光敏剂，还能进行磁性包覆，对癌细胞定位靶向治疗等，使得 PDT 治疗技术可获得更精准的靶向性，显著地提高其治疗效果[75]。

5.4.2　新型显示

上转换纳米晶的发光中心是具有阶梯状能级的稀土离子，其发光颜色丰富，可覆盖多个波段的发射，并具有特征的窄谱带锐线 f-f 跃迁发射，因此可应用于显示领域。图 5-13 展示了上转换纳米晶的三维全光谱显示的实验设计以及三维显示应用[76]。将具有多色发射的上转换发光纳米晶分散到聚二甲基硅氧烷中，通过控制不同脉冲的 980nm 和 808nm 近红外激光泵浦源在透明显示媒介中的扫描路径，产生三维立体结构的上转换荧光图像[77]。

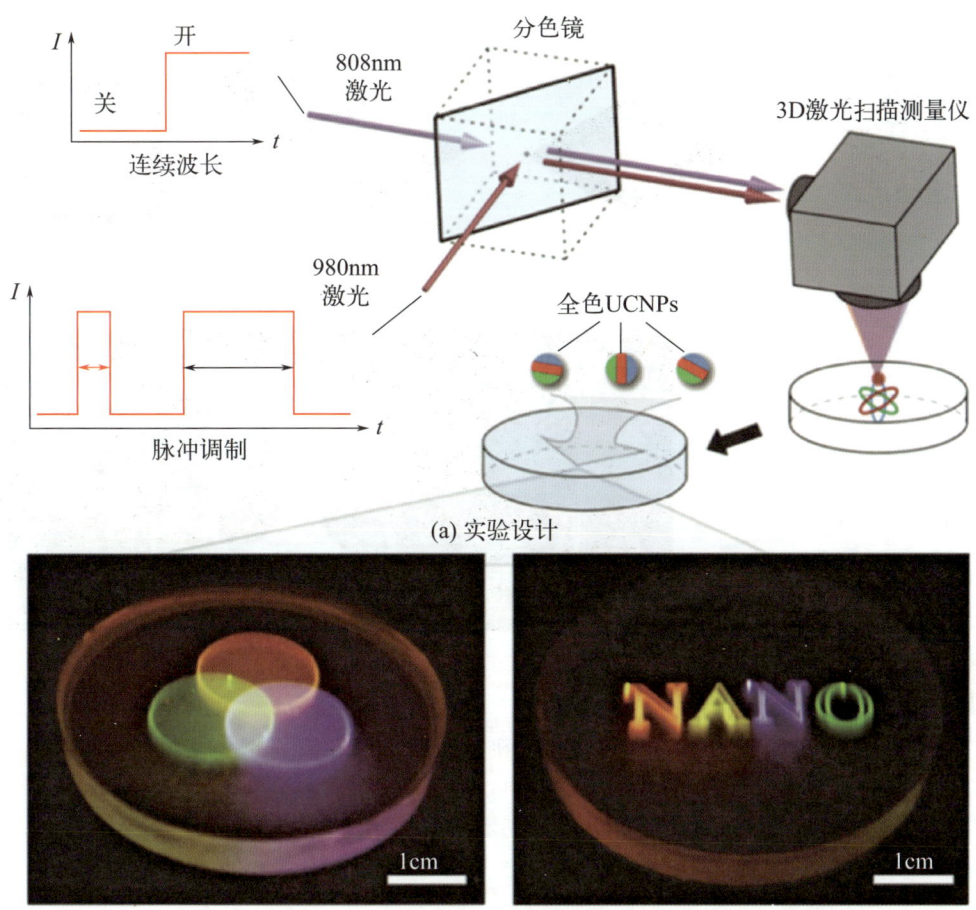

图 5-13 上转换纳米晶的三维全光谱显示的实验设计以及三维显示应用[76]

5.4.3 信息加密与光学防伪

随着科学技术的飞速发展，高安全级别的防伪技术对于确保财产及信息安全而言至关重要。由于激活剂离子丰富的阶梯状能级，稀土上转换纳米晶的发光颜色可通过多种模式被有效调控，这使得其在信息存储与防伪领域有巨大的应用潜力[78]。图 5-14 展示了上转换纳米晶的防伪应用[79]。$NaErF_4@NaYbF_4$ 核壳结构纳米晶可同时被 980nm 与 1530nm 的近红外光激发，并产生完全不同的红光与绿光发射。基于此，研究者利用上转换纳米晶打印出了二维码图案，背景由仅能被 980nm 激发的 $NaYF_4$:Yb/Ho/Ce@$NaYF_4$ 和 $NaYF_4$:Yb/Er@$NaYF_4$ 纳米晶组成。一旦将激发光源从 980nm 调整为 1530nm，此二维码图案就可以被快速识别出[图 5-14（a）][79]。另外，上转换纳米晶的光色调制还可通过改变激发功率实现。例如，$NaGdF_4$:Yb/Er/Tm@$NaGdF_4$:Eu@$NaGdF_4$ 纳米晶的上转换发光颜色可通过改变 980nm 近红外激光的功率密度由绿色调整为青色、白色、红色[图 5-14（b）]。将此纳米晶制作成防伪墨水，并印刷出图案，可通过调整激发光功率密度实现防伪应用[图 5-14（c）][80]。

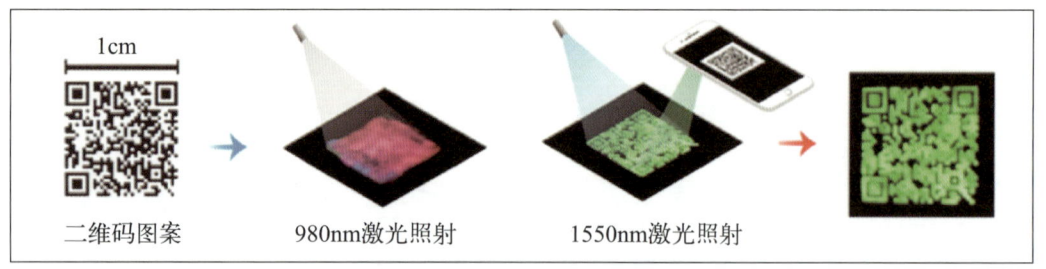

(a) 二维码图案的防伪应用

(b) RGB随980nm激发功密度的变化

(c) 防伪墨水印刷的防伪图案

图 5-14　NaErF$_4$@NaYbF$_4$ 核壳结构纳米晶印刷成二维码图案的防伪应用、NaGdF$_4$：Yb/Er/Tm@NaGdF$_4$：Eu@NaGdF$_4$ 纳米晶上转换发光的红绿蓝三色（RGB）随 980nm 激发功率密度的变化及将此纳米晶制成防伪墨水后印刷的防伪图案[79-80]

5.4.4　温度传感

温度是日常生产和生活中不可或缺的基本物理量。为了实现对温度的精准测量，目前已有多种测温仪器被开发，如双金属温度计、光学温度计等。相比之下，光学温度传感器由于其非接触、响应快、受外界干扰小等优异性质，在近年来受到广泛关注。光学温度传感器的根本原理是材料的发光性能对外界温度变化作出不同的特征响应，包括寿命、荧光强度比、偏振、峰强、带宽和峰位等（如图 5-15 所示）。上转换纳米晶中所拥有的丰富能级的稀土离子在基质中会呈现各异的发光行为。当外界温度变化，发光中心受到能量传递或者温度猝灭等因素的影响，处于激发态能级向基态跃迁时产生差异，发光性能也随之变化[81]。

其中，荧光强度比（fluorescence intensity ratio，FIR）是通过运用两个不同激发态能级对应发射的发光强度比值随温度变化的规律进行对温度标定的测温方法，是当前报道和应用最多的光学测温方法[82]。一般而言，从激发态跃迁至基态能级的发光强度 I_i 可表示为激发态能级上的粒子数分布 N_i 的函数［式（5-12）］：

$$I_i = A_i N_i \hbar \omega_i \tag{5-12}$$

式中，A_i 与 ω_i 依次为自发辐射概率与光子角频率。因此 FIR 可表达为式（5-13）：

$$\text{FIR} = \frac{I_1}{I_2} = \frac{A_1 N_1 \hbar \omega_1}{A_2 N_2 \hbar \omega_2} \tag{5-13}$$

值得注意的是，由于稀土离子具有丰富的阶梯状能级，部分间距处于 200～2000cm^{-1}

的能级在变温时容易发生热耦合，其上粒子数遵循玻尔兹曼分布[79]，且其粒子数之比与温度 T 满足如下规律［式（5-14）］：

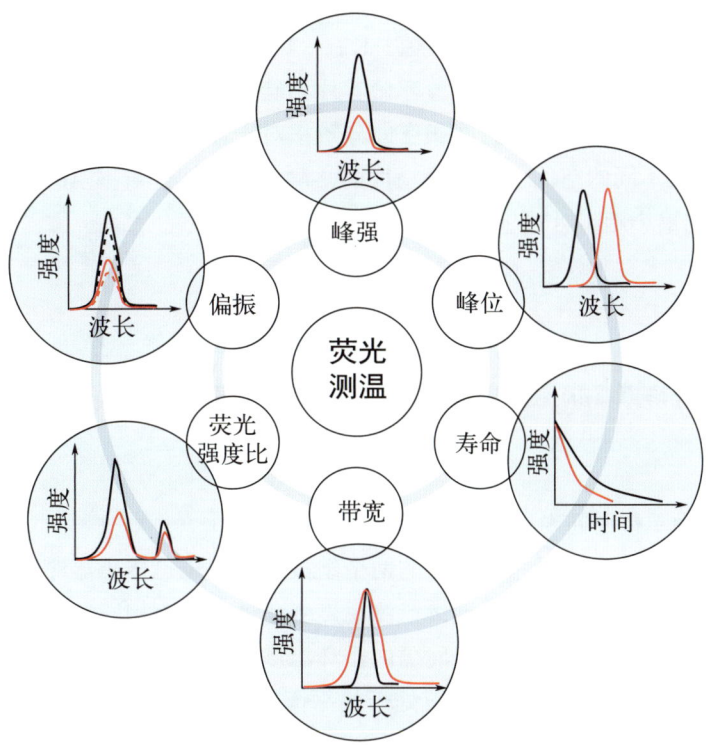

图 5-15 基于不同光谱特征如带宽、寿命、峰位、峰强、偏振和荧光强度比的荧光测温方法

$$\frac{N_1}{N_2} = \frac{g_1}{g_2} \times \exp\left(-\frac{\Delta E}{kT}\right) \tag{5-14}$$

式中，g_1，g_2 为 N_1，N_2 对应的简并度；ΔE 为两个热耦合能级（thermally coupled energy levels, TCELs）之间的能级间距；k 为玻尔兹曼常数。结合式（5-12）可知，基于 TCELs 的 FIR 可表示为式（5-15）：

$$\text{FIR} = \frac{I_1}{I_2} = \frac{A_1 g_1 \omega_1}{A_2 g_2 \omega_2} \times \exp\left(-\frac{\Delta E}{kT}\right) = B \times \exp\left(-\frac{\Delta E}{kT}\right) \tag{5-15}$$

式中，用与温度无关的比例常数 B 表示系数。由此可见，通过对热耦合能级的 FIR 随温度变化的拟合，还可以计算出此对热耦合能级的能级间距。

为了评估光学温度传感器的性能，研究人员提出了绝对灵敏度（absolute sensitivity, S_a），相对灵敏度（relative sensitivity, S_r）和温度不确定度（temperature uncertainty, δT）等概念，其计算方式如式（5-16）～式（5-18）：

$$S_a = \frac{d\text{FIR}}{dT} \tag{5-16}$$

$$S_r = \frac{1}{\text{FIR}} \times \frac{d\text{FIR}}{dT} \times 100\% \tag{5-17}$$

$$\delta T = \frac{1}{S_r} \times \frac{\delta \text{FIR}}{\text{FIR}} \tag{5-18}$$

式中，S_a 为温度每改变 1K 时，FIR 的改变量；S_r 为当变温 1K 时，FIR 为相较于其本身的变化程度；δT 为材料可分辨的温度值，K。

当下飞速发展的微电子和光电子、存储芯片和硅基生物传感器等技术领域对于温度的时空分辨有更大的需求，因此，时间和空间分辨率对于评估荧光温度计在动态测温的适用性十分重要。当在不同的空间位置测量温度时，测量的空间分辨率（δx）定义为温度差高于 δT 的点之间的最小距离 [式（5-19）]：

$$\delta x = \frac{\delta T}{\left|\vec{\nabla} T\right|_{\max}} \tag{5-19}$$

式中，$\left|\vec{\nabla} T\right|_{\max}$ 为探测空间的最大温度梯度。

测量的时间分辨率（δt）是高于 δT 温差的测量之间的最小时间间隔，见式（5-20）：

$$\delta t = \frac{\delta T}{\left|dT/dt\right|_{\max}} \tag{5-20}$$

式中，分母为单位时间内最大的温度变化量。

可重复性和再现性是测量系统精度的两个组成部分，也是传感器件的主要关注点。由于绝大多数工业和科学应用都需要连续监测温度变化，因此在相同的外部刺激下实现相同的响应至关重要。通过在给定的时间间隔内循环温度来估计荧光温度计的可重复性，确保每次测量都是在荧光温度计与控温装置处于热平衡的情况下进行的。使用式（5-21）量化温度循环时的可重复性 R：

$$R = 1 - \frac{\max|\Delta_c - \Delta_i|}{\Delta_c} \tag{5-21}$$

式中，Δ_c 为测温参数的平均值；Δ_i 为每次测温参数的测量值。例如，在 10 个连续温度循环的给定范围内进行温度循环时，重复性（以百分比表示）大于 99.1% 意味着热循环试验期间的最大试验偏差低于 0.9%。

图 5-16 展示了上转换纳米晶在温度传感方向的应用。Brites 等将上转换纳米晶 $NaYF_4$：Yb/Er@$NaYF_4$ 分散在水与氯仿中，制备成纳米流体，通过监测纳米晶上转换发光对温度的响应，实现在水溶液和有机溶剂中对布朗运动瞬时速度的测量[83]。变温时 Er 离子 $^2H_{11/2} \rightarrow {}^4I_{15/2}$（530nm）和 $^4S_{3/2} \rightarrow {}^4I_{15/2}$（550nm）跃迁的发光强度表现出不同的升降趋势，因此纳米温度计可通过解码 Er 离子热耦合能级 $^2H_{11/2}/^4S_{3/2}$ 的 FIR 随温度变化的函数关系实现。

上转换纳米晶的激发光源通常为近红外光，其相较于可见光和紫外光具有更强的生物组织穿透能力（>2mm），对细胞的损伤更小，还可以不受组织自发荧光干扰，综合以上因素，上转换纳米晶的温度传感还可用于生物领域。李富友教授和王锋教授课题组联合开发了一种用于化疗（chemotherapy，CT）- 光热治疗（phot thermal therapy，PTT）联合治疗的复合纳米材料，包含温度敏感的核壳结构上转换纳米 $NaLuF_4$：20%Yb，2%Er@$NaLuF_4$@SiO_2、光热剂和热响应药物释放单元，在近红外 730nm 激光的激发下，该复合材料可以产生光热效应，实现光热治疗和化疗的热触发药物释放。通过上转换发光监测纳米复合材料的微观温度,调节光热效应,进而实现与一系列 CT 和 PTT 的热触发联合治疗[84]。

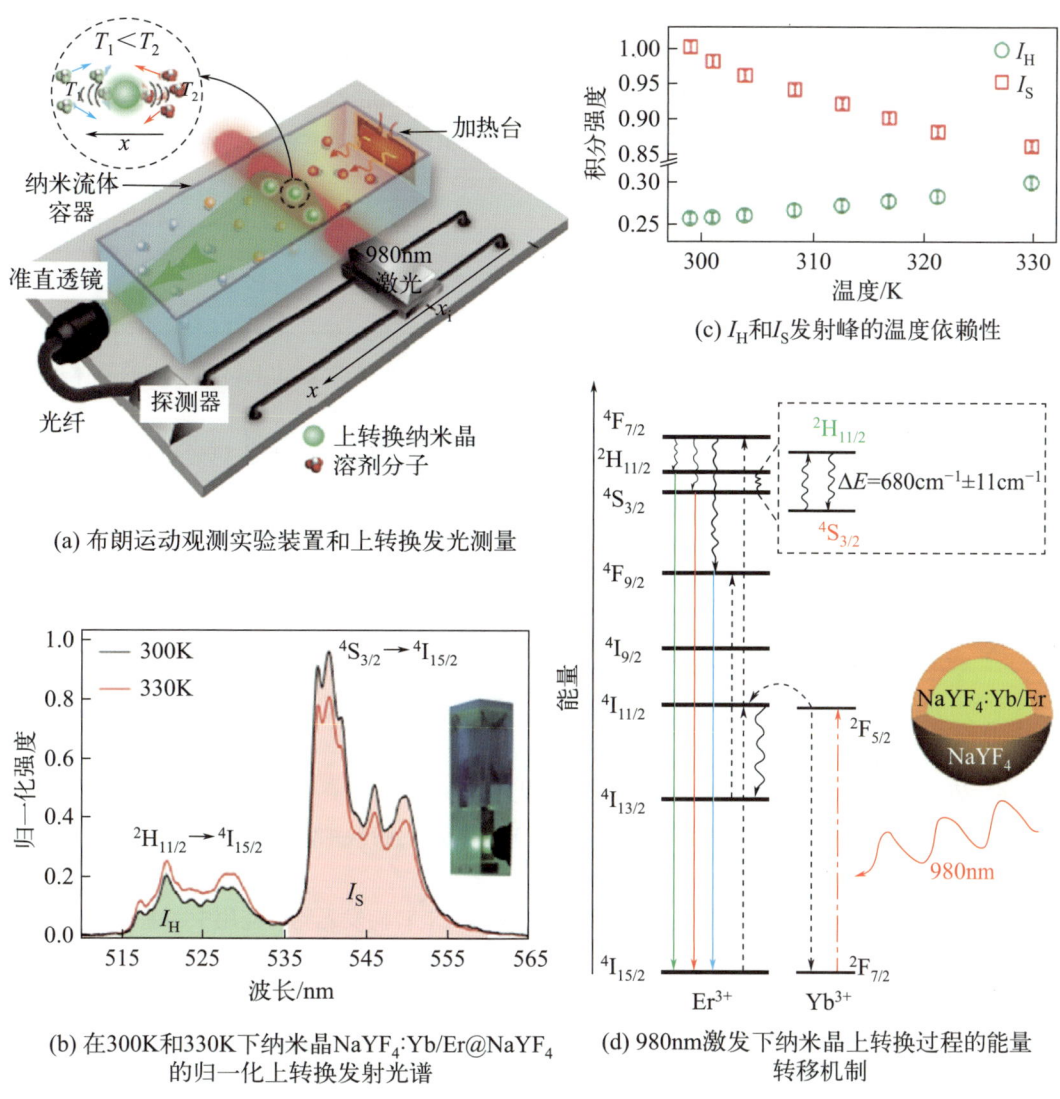

图 5-16 上转换纳米晶在温度传感方向的应用[83-84]

此外,目前诸多文献还报道过运用非热耦合能级(non-thermally coupled energy levels, NTCELs)的 FIR 值随温度变化的规律进行温度传感性质标定。对于 NTCELs,虽然其上粒子数并不遵循玻尔兹曼分布,因而无法通过式(5-15)进行拟合,得到能级间距的理论值,但是,通过对其进行普通的数学拟合(单指数拟合、多项式拟合等)仍然可以得到温度传感性质数据。并且由于其不受能级间距的限制,温度传感的相对灵敏度甚至可以超过基于热耦合能级 FIR 的荧光测温,其劣势在于受测温对象的影响较大,在正式应用于温度监测前需要全方位校准。另外,基于上转换纳米颗粒荧光寿命的测温也常见报道,并且由于其不受激发光源的影响,测温性质更加稳定[85]。基于寿命的传感方法通常需要更长的采集时间和后处理技术,并且组件仪器的复杂性和需求随着衰减时间的减少而增加。荧光寿命测温的另一弊端在于不能用于动态温度测量，倘若温度变化的时间间隔小于或等于荧光寿命，此种方法的测温会完全失效。梁晋阳教授团队使用单次光致发光寿命成像测温法（single-shot photoluminescence lifetime imaging thermometry，SPLIT）在宽场进行实时动态温度传感，利用核/壳结构上转换纳米颗粒 $NaGdF_4:Er^{3+}/Yb^{3+}@NaGdF_4$ 的绿色和红色发光寿命对温度的特异性响应进行温度传感，绝对灵敏度分别为 1.90μs/℃和 2.40μs/℃，空间分辨率为 20μm。SPLIT 方法可被应用于单层洋葱表皮样品单细胞的动态温度监测，测温精度可达 ±0.35℃[86]。

习　题

5.1　简述在 $NaYF_4$:Yb/Er 在 980nm 和 1550nm 激发下产生红光发射的上转换发光的具体过程，并比较二者的区别。

5.2　通常上转换发光材料由激光激发，简述在生物应用中如何避免激光热效应对生物组织的影响。

5.3　以特定的上转换纳米晶 $NaYF_4$:Yb/Er 为例，简述提高其上转换发光量子产率的方法有哪些。

5.4　Yb/Er 共掺杂的上转换纳米晶中，简述敏化剂离子 Yb 到激活剂 Er 离子的能量传递是以哪种方式进行的，会受到哪些因素影响。

5.5　上转换纳米晶的量子产率与其温度传感的性能是否有关？若是，请指出具体与哪些参数如何相关？

5.6　简述核壳结构上转换纳米晶形貌的影响因素有哪些。

5.7　简述如何构筑 980nm 激光激发下具有白光发射的上转换纳米晶，并介绍其可能的应用场景。

5.8　简述何为热耦合能级和非热耦合能级，以及其在上转换发光测温应用中的差异。

参考文献

6

稀土发光晶体、玻璃、陶瓷与光纤及应用

　　无机固体按其原子（或分子）的聚集状态可分为晶体与非晶体两大类。晶体中的原子或离子在空间呈现一定规律周期性重复排列，并具有自范性、各向异性、均匀性、对称性和熔点确定等特点。通常来说，稀土固体发光材料包括前述稀土荧光粉，都是以多晶的形式存在，它是由众多的发光微晶颗粒形成的；而单晶是一个各向异性的结晶体，诸如激光晶体和闪烁晶体等，由于其结构的完美性，通常表现出优异的光学性能。但是，单晶材料的制备成本较高，也限制了其应用领域。非晶材料在空间结构上没有一定规律，具有各向同性、亚稳性、无固定熔点、连续性和可逆性等特征，玻璃就是一种典型的非晶材料，在发光领域具有重要的应用前景。研究者还将荧光粉复合到玻璃基体中，获得了荧光粉-玻璃（PiG）复合材料，或者通过玻璃拉制出光纤，进一步扩展了非晶发光材料的应用领域。

　　因此，由于组成、结构上的不同，晶体与非晶材料在发光领域所展现的特性也有所不同，并各具特色。本章将以组成与结构上的差异为分类标准，总结介绍稀土发光晶体、玻璃、陶瓷和光纤的主要材料体系、发光特点与性能，以及其在激光、闪烁、照明、显示和传感等领域中的应用。

6.1　稀土发光晶体材料与应用

　　自20世纪60年代以来，稀土掺杂晶体凭借着优异的性能和独特的光学性质引起了大量科研人员的兴趣。目前，稀土掺杂晶体已经被广泛应用于国防军事、激光武器、生物成像、医学治疗和工业领域中。本节主要介绍了研究较为成熟的稀土激光、闪烁和自倍频晶体。

6.1.1　稀土激光晶体

　　激光由于高亮度、准直性和单色性等诸多优点，成了20世纪的重要发明之一，在国防军事、医学治疗、通信工程和民用工业等各个领域应用广泛。1917年，爱因斯坦提出了激光的重要原理，即处于高能级的粒子在受到外来能量的辐射时会向低能级或基态跃迁，从而辐射出光子。通过"受激辐射光放大"（light amplification by stimulated emission of radiation）各个单词的首字母组成了激光（laser）的英文名。与自发辐射不同，受激辐射过

程发射出的光子与外来辐射光子的频率、传播方向、位相和偏振性完全相同，并能完成光信号的放大。随后，众多科学家开始了激光器的探索道路。1960 年，Theodore Harold Ted Maiman 制成了世界上第一台红宝石激光器，预示着激光时代的来临[1]。

激光器中必不可少的装置是激励源和具有亚稳态能级的工作物质。激励方式有光、电、热和化学激励等，如气体放电激发和脉冲光源照射等形式。工作介质中大量处于低能级的电子在吸收激励源发出的外来能量后被激发到高能级，从而实现了粒子数反转这一激光产生的前提。同时，激光工作物质不仅是实现粒子数反转的载体，同时其具有的亚稳态能级使得受激辐射占据跃迁的主导地位。因此，激光工作物质亦可称为激光增益介质，对于光放大过程具有重要贡献。激光器又可分为固态（体）激光器、半导体激光器、气体激光器、液体激光器和自由电子激光器等。其中，固体激光器具有能量大、功率高和结构简单等优点，发展较为成熟，并且已经应用于各个领域。具体地说，固体激光器工作物质主要分为晶体和玻璃两种基质，在其中掺杂能够实现受激辐射过程的离子构成发光中心，第一台激光器就是典型的固体激光器。

相较于玻璃，激光晶体在固态激光器中的使用更加广泛，其种类也更繁多，占据主导地位。它可将激励源提供的能量在光学谐振腔内转化为相干性、单色性和准直性好的激光。与大多数发光材料类似，激光晶体在组成结构上可分为基质晶体和激活离子两部分。基质晶体的作用主要是为受激辐射过程提供一个适宜的晶体场环境，而激活离子则作为发光中心部分取代了基质中的阳离子，其特殊的亚稳态能级在受到激励源辐射后发射出各种波段的激光。激活离子和基质晶体分别主要影响激光晶体的光学和物理化学性能，同时也会互相影响，对于激光的性能都有着非常重要的作用。一般，优良的激光晶体需要满足以下要求：①具备优异的光学均匀性，激光晶体内部诸如气泡、杂质和应力等缺陷尽可能少，从而减少不均匀的折射率影响激光光束的质量问题；②具备良好的激光性能，这需要激光晶体有较宽的吸收谱带并有较高的吸收系数，使得发射效率和激光输出尽可能高；③具备出色的热稳定性和力学性能。和其他发光过程类似，激光晶体工作时，除了受激辐射过程之外，发光中心的无辐射弛豫过程也会伴随出现。同时，基质晶体也会吸收激励光的部分能量，二者都会发出一定的热量，影响晶体的光学均匀性和激光的质量。尤其是高功率下工作时，激光晶体内部发出的热量会更多。因此，良好的热稳定性至关重要。力学性能则影响着激光的弹性模量、膨胀系数和机械加工抛光等性质。

自 1960 年以来，在众多科学家的不懈探索下，短短几十年内激光技术得到了飞跃式的发展。特别是稀土离子掺杂的激光晶体被广泛应用于各个领域，目前全世界已开发出的 320 余种激光晶体中稀土离子掺杂的类型超过 290 种，占比超过 90%。因此，稀土激光材料与激光几乎同时诞生与发展。1961 年，紧随红宝石激光器之后，Stevenson 在 CaF_2 晶体中掺入了稀土离子 Sm^{2+} 可输出脉冲激光，具备良好的光学性能和机械稳定性[2]。次年，出现了稀土离子 Nd^{3+} 掺杂的 $CaWO_4$ 激光晶体可输出连续激光[3]。随后，科学家成功制备出了能够在室温条件下工作的 Nd^{3+} 掺杂 $Y_3Al_5O_{12}$ 激光晶体并输出连续激光，其凭借出色的激光性能成了目前使用最广泛的激光晶体材料。除了固体激光工作物质之外，短短十多年中，稀土元素在液态和气态激光工作物质中都实现了受激辐射过程发出激光。可见，稀土元素以优异的光谱特性、特殊的电子结构和丰富的跃迁能级在激光工作物质中有着不可或缺的地位，其具体的性质和发光机理在之前的章节中已有详细阐述。

如前所述，稀土激光晶体与传统稀土发光材料一样，其组成包括基质晶体和稀土发光中心。在本章节中，我们将按照基质晶体的分类作介绍，通常分为以下三种。

（1）氟化物激光晶体

图 6-1 为不同稀土离子掺杂的氟化物系列晶体[4]。常见的类型有 BaF_2、CaF_2、SrF_2、LaF_3 和 MgF_2 等。氟化物晶体的发展历史尤为悠久，20 世纪 60 年代，Sorokin 率先在氟化物晶体 CaF_2 中掺杂了 U^{3+} 元素，成功输出了波长为中红外波段的激光[5]。相比氧化物，氟化物晶体熔点较低，易于晶体的生长与制备。然而，此类晶体大多数需要在低温的条件下才能输出激光，起初其应用被大大限制。随着激光技术的迅速发展，越来越多的氟化物晶体被不断探索发现，如 BaY_2F_3（BYF）、$LiLuF_4$（LLF）和 $LiYF_4$（YLF）等。氟化物晶体更多的特性逐渐体现，如声子能量低、无辐射跃迁概率小、荧光寿命长、禁带宽度大以及具有负的热光系数。表 6-1 列出了典型氟化物晶体的基本性质[6-8]。简而言之，其工作功率阈值更高，在紫外、可见到中红外波段均可输出激光。凭借着上述优点，氟化物激光晶体受到了广泛关注与研究。

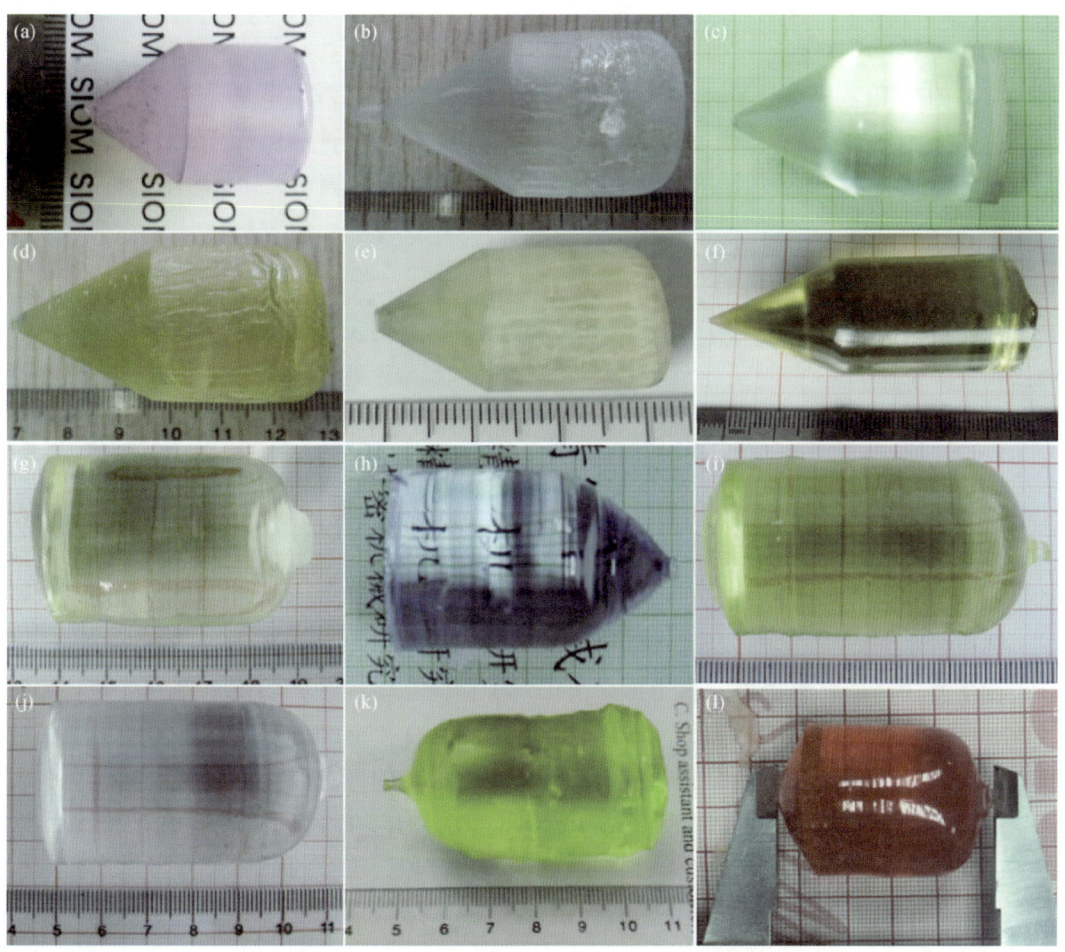

图 6-1　不同稀土离子掺杂的氟化物系列晶体[4]

(a) $Nd:CeF_3$；(b) $Tm:LaF_3$；(c) $Yb,Na:PbF_2$；(d) $Ho:LaF_3$；(e) $Tm,Ho:LaF_3$；(f) $Ho:PbF_2$；
(g) Ho:LLF；(h) Tm:LLF；(i) Ho,Pr:LLF；(j) Yb:LLF；(k) Pr:YLF；(l) Ho:BYF

表 6-1 典型氟化物晶体的基本性质[6-8]

晶体	空间群	熔点/℃	折射率(@1μm)	热导率/[W/(m·K)]	最大声子能量/cm^{-1}	热光系数$(dn/dT)/(×10^{-6}K^{-1})$
PbF_2	$Fm\bar{3}m$	855	1.82	3.15	256	—
LaF_3	$P3c1$	1493	n_o：1.60, n_e：1.61	5.1(c)	350	—
CeF_3	$P3c1$	1640	n_o：1.609, n_e：1.602	1.74(c)	380	—
LLF	$I4_1/a$	830	n_o：1.46, n_e：1.49	5.0(a), 6.3(c)	440	$-4.6(\sigma), -6.6(\pi)$
YLF	$I4_1/a$	842	n_o：1.45, n_e：1.47	5.3(a), 7.2(c)	447	$-3.6(\sigma), -6.0(\pi)$
BaY_2F_8	$C_{2/m}$	960	n_x：1.52, n_y：1.53, n_z：1.51	3.5(b)	350	—
YAG	$Ia3d$	1970	1.82	13	857	7.8

(2) 氧化物激光晶体

常见的类型有 Al_2O_3、$Y_3Al_5O_{12}$（YAG）、YVO_4 和 $YAlO_3$（YAP）等。这类晶体的优点众多，如优异的力学性能、稳定的物理化学性质、出色的导热性能以及易掺杂稀土离子等，因此在实际应用中得到了广泛的使用。其缺点为氧化物熔点较高，晶体材料不易制备。

(3) 含氧盐晶体

常见的类型有钨酸盐晶体、硅酸盐晶体、钼酸盐晶体、锗酸盐晶体和磷酸盐晶体等。这类晶体材料的力学性能较差，加工不易，更重要的是其导热性能没有其他两种晶体优异，难以应用于实际。

稀土激光晶体的生长同样也是影响材料物理化学和光学性能的关键。目前，众多研究人员已摸索出较为系统的晶体生长理论，包括晶体成核理论、晶体生长相变驱动力和熔体生长动力学等。在结合上述理论的同时，研究者可通过严格控制熔体-固体界面形状和设计反应炉温度区域来生长出高品质的稀土激光晶体。在温度、过饱和度等热力学不平衡条件的驱动力影响下，晶体生长动态过程完成了形成晶核到生长晶核这两个阶段。根据不同的晶体类型，生长方法也有差异。第 3 章对生长方法已进行详细介绍，此处不再赘述。

除了基质晶体材料以外，稀土掺杂离子对于激光晶体的激光输出也尤为关键。目前十七种稀土元素中只有 La、Gd、Lu、Y 和 Sc 这些具有全空、全满或半充满外层电子层的元素没有实现激光输出。同时稀土元素 Pm 缺乏稳定的同位素，难以有实际应用。因此，其余 11 种稀土 Ce、Pr、Nd、Sm、Eu、Tb、Dy、Ho、Er、Tm 和 Yb 离子掺杂激光晶体均能发射出不同波段的激光。根据激光的发射波段，本节将晶体分为可见光波段和近、中红外波段稀土激光晶体。下面对这两种类型以及各个稀土元素的发光特性进行详细介绍。

可见光波段稀土掺杂激光晶体可应用于各个领域，诸如投影仪、光通信、激光医疗、数据存储和激光打印等。实现可见光波段激光输出的方式主要有三种：①通过激光二极管泵浦激发稀土离子直接输出可见光；②基于上转换机理获得可见光，该方法也较为简单有效，对材料的物理化学性能要求不高，通过泵浦稀土离子实现上转换可见光输出已有众多研究结果；③基于激光倍频或自倍频晶体获得。尤其是获得 2014 年诺贝尔物理学奖的大功率蓝光泵浦源，推进了稀土离子在可见光波段激光输出的发展。目前，国内外主要被研究用于直接输出可见光波段激光的稀土元素有 Pr、Sm、Eu、Tb、Dy、Ho 和 Er 等，下面介绍几种典型的稀土元素掺杂激光晶体。

（1）Pr^{3+} 掺杂激光晶体

关于 Pr^{3+} 掺杂激光晶体实现可见光输出的研究较多，发展也更成熟。Pr^{3+} 在 445nm 和 468nm 处有较强的吸收截面，这与 InGaN 和 2ω-OPSL 等蓝光泵浦源的发射波长非常接近，成了促进其应用的天然优势。同时，由于含有众多的辐射跃迁能级，Pr^{3+} 在蓝光、绿光、橙光到红光等几乎整个可见光波段都能实现激光输出。在大多波段的输出功率均已超过了瓦级，应用潜力巨大。从能级角度来看，Pr^{3+} 的 $^3H_4 \rightarrow {}^3P_2$、$^3P_1 \rightarrow {}^3H_5$、$^3P_0 \rightarrow {}^3H_6$、$^3P_0 \rightarrow {}^3F_2$ 和 $^3P_0 \rightarrow {}^3F_4$ 等能级跃迁均已实现不同波长的激光输出。声子能量较小和晶体场强度较弱的氟化物基质晶体能够抑制多声子弛豫过程，更适合 Pr^{3+} 的掺杂，如 YLF、LLF、BYF、KY_3F_{10}（KYF）和 CaF_2 晶体等。尤其是，在蓝光泵浦下，Pr:YLF 晶体在绿光 523nm（$^3P_1 \rightarrow {}^3H_5$）和红光 640nm（$^3P_1 \rightarrow {}^3F_2$）处均已分别实现了高达 4.2W 和 4.8W 的连续激光输出[9-10]。

（2）Sm^{3+} 掺杂激光晶体

相比较 Pr^{3+}，Sm^{3+} 有着较高的 5d 能级，因此其对于基质晶体材料的声子能量要求不高。从激发光谱来看，Sm^{3+} 的吸收峰值约为 400nm，GaN 泵浦源同样可以激发。在发射特性方面，Sm^{3+} 的发射波段为绿光 560nm（$4G_{5/2} \rightarrow {}^6H_{5/2}$）、橙光 600nm（$^4G_{5/2} \rightarrow {}^6H_{7/2}$）、红光 650nm（$^4G_{5/2} \rightarrow {}^6H_{9/2}$）和远红光 700nm（$^4G_{5/2} \rightarrow {}^6H_{11/2}$）。但其主要的发射在橙红光波段，绿光的发射截面仅有橙光的十分之一。1979 年，首次出现了基于 $Sm:TbF_3$ 晶体的激光输出，Tb^{3+} 的 $^5D_4$ 能级和 Sm^{3+} 的 $^4G_{5/2}$ 能级间存在能量传递促进了吸收泵浦光源[11]。得益于蓝光泵浦光源的出现，2015 年 Sm:LLF 激光晶体将输出功率突破至 100mW，输出波长为 606nm[12]。

（3）Eu^{3+} 掺杂激光晶体

Eu^{3+} 凭借着优异的发射单色性和较高的量子效率在白光照明和平板显示等领域有着诸多应用。目前，对于 Eu^{3+} 掺杂的激光晶体的研究较少，远没有荧光粉领域深入。一般而言，Eu^{3+} 主要是由高能级 $^5D_0$ 到 ^7F_J(J=0,1,2,3,4,5 和 6) 能级跃迁引起的红光发射。2015 年，Dashkevich 等制备出 Eu^{3+} 掺杂 $KGd(WO_4)_2$ 晶体，在 702nm 处发出连续激光[13]。

（4）Tb^{3+} 掺杂激光晶体

Tb^{3+} 的吸收截面一般较低，但其猝灭浓度阈值较高，因此可以通过高浓度掺杂改善低吸收截面这一缺点。一般地，Tb^{3+} 能够在 544nm（$^5D_4 \rightarrow {}^7F_5$）、590nm（$^5D_4 \rightarrow {}^7F_4$）和 625nm（$^5D_4 \rightarrow {}^7F_3$）处发出绿光、黄光和红光，是极少数能够发出黄光的稀土元素之一[11]。Tb^{3+} 的 $^5D_4$ 能级不易发生非辐射跃迁，因此氟化物和氧化物均可作为基质材料，如具有黄光激光输出潜力的 Tb:YAP、实现绿光输出功率达到瓦级的 Yb:LLF、发出 587nm 黄光的 Tb:YLF 和全掺杂 TbF$_3$ 晶体等。

(5) Dy^{3+} 掺杂激光晶体

和 Tb^{3+} 一样，Dy^{3+} 同样也能发出黄色光。由于其在可见光波段的能级跃迁需要自旋反转，因此，Dy^{3+} 的吸收截面相对较低。但大功率蓝光激光器的出现，直接泵浦 Dy^{3+} 掺杂晶体获得黄色激光输出的方式，引起了研究人员的广泛关注。从发射特性来看，Dy^{3+} 在黄光发射的能级跃迁为 $^4F_{9/2} \rightarrow {}^6H_{13/2}$，这恰好是可见光波段强度最高的跃迁。1996 年，在低温工作条件下 Dy^{3+} 掺杂铌酸锂晶体首次实现激光输出[14]。2012 年，在大功率蓝光泵浦源的帮助下，Dy:YAG 晶体的黄光输出功率突破 150mW[15]。相对而言，Dy^{3+} 掺杂的氟化物晶体输出效率则小得多，还需进一步改善工作稳定性和降低能量损耗。

(6) Ho^{3+} 掺杂激光晶体

Ho^{3+} 在 450nm 处有明显的吸收截面，因此，可用大功率蓝光泵浦源激发。在发射特性方面，Ho^{3+} 的主要发射波段在中红外区域，同时也存在着 $^5S_2 \rightarrow {}^5I_8$ 和 $^5F_4 \rightarrow {}^5I_8$ 能级跃迁的绿光发射。在蓝光 2ω-OPSL 激发下，Ho^{3+} 掺杂的 LaF$_3$ 晶体下实现了 549nm 的绿光输出，但激光输出功率不到 10mW[16]。

(7) Er^{3+} 掺杂激光晶体

和 Ho^{3+} 一样，Er^{3+} 在中红外波段也有激光输出。图 6-2 展示了 Er 掺杂 PbF$_2$ 晶体的近红外发射光谱，基于 $Er^{3+}\ {}^4I_{13/2} \rightarrow {}^4I_{15/2}$ 的跃迁，可产生 1550nm 的中红外激光[17]。至于可见光波段，目前主要的实现方式是通过上转换发光机理实现 Er^{3+} 的绿光发射。不过，Er^{3+} 在 450nm 和 485nm 等蓝光波段也有吸收峰，存在蓝光直接泵浦的可能性。在蓝光泵浦下，Kränkel 等实现了 Er^{3+} 掺杂 LLF 晶体于 552nm 的绿光输出，激光功率为 33mW[9]。

近、中红外波段稀土掺杂晶体在各个领域都有着非常重要的作用，早已成为了激光的主流研究方向之一。目前，17 种稀土元素中在近、中红外波段存在激光输出的元素主要有 Pr、Nd、Dy、Ho、Er、Tm 和 Yb 等。下面，我们将根据近、中红外的不同波段介绍各稀土离子的发光特性。

(1) 约 1μm 波段稀土激光晶体

发射 1μm 左右的近红外波段稀土晶体主要在激光加工、激光倍频、医学治疗和激光遥感等领域有着重要应用。该波段晶体掺杂的稀土离子主要是 Nd^{3+} 和 Yb^{3+}，其技术发展较为成熟，众多类型的晶体已经实现商业化应用。在全球范围内，Nd:YAG 激光晶体凭借着较高的热导率和抗损伤阈值成了众多企业的研发对象，已在 1064nm 波长处实现数万瓦的超高功率激光输出。同时，Nd^{3+} 在这个波段的其他波长也有激光输出。2016 年，Lin 等在 885nm 泵浦条件下完成

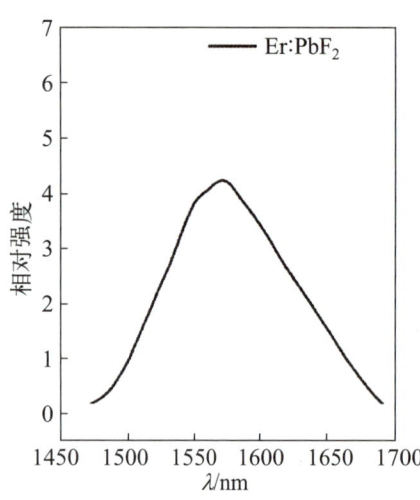

图 6-2 Er 掺杂 PbF$_2$ 晶体的近红外发射光谱[17]

了 Nd:YAG 晶体在 1319nm 和 1338nm 处的连续激光输出,输出功率为 8.28W[18]。除了氧化物基质以外,Nd:YLF 氟化物激光晶体目前也已实现商业化应用,在 910nm、1047nm、1053nm 和 1314nm 处的近红外波段均有激光输出。而 Yb^{3+} 掺杂的 LLF 和 LaF_3 晶体分别在 1040nm 和 1028nm 处存在激光输出,其输出功率也达到了数瓦。

(2) 约 2μm 波段稀土激光晶体

该发射波段激光在激光遥感、激光医疗和国防军事领域应用广泛。在这个波段的激光晶体主要是掺杂 Tm^{3+} 和 Ho^{3+}。具体来说,Tm^{3+} 在 790nm 左右有着很大的吸收截面,并且具有交叉弛豫的能量传递这一优势。因此,在不同声子能量、格位条件和强弱场等条件的氟化物或氧化物基质晶体材料中,均实现了 Tm^{3+} 在 2μm 波段左右的激光输出,诸如常见的 YLF、LLF、YAG、YAP 和 CaF_2 等。2018 年,苏良碧等在 CaF_2 激光晶体中共掺杂了 Tm^{3+} 和 La^{3+},利用 Tm^{3+} $^3F_4 \rightarrow {}^3H_6$ 的能级跃迁在约为 2μm 处实现了激光输出,斜率效率高达 67.8%,输出功率超过 4W[19]。这里的斜率效率(也称微分效率)为单位长度的激光器净增益与泵浦光功率之比,是衡量激光器输出特性很普遍的一个物理量。特别地,Tm^{3+} 的 $^3H_4 \rightarrow {}^3H_5$ 能级跃迁在约为 2.3μm 中红外波段处也有激光输出。2019 年,在 790nm 泵浦源激发下,已经实现 Tm:YLF 晶体在 2.3μm 波段的激光输出,输出功率为 1.15W,但其斜率效率远没有输出在 2μm 波段的 Tm 掺杂晶体高[20]。相比较 Tm^{3+},另一个在此波段存在发射的 Ho^{3+} 难以被激光二极管直接泵浦。但可以通过 Tm^{3+} 在约 2μm 波段的发射泵浦,使 Ho^{3+} 产生 $^5I_7 \rightarrow {}^5I_8$ 能级跃迁从而发出约 2.1μm 波长的激光输出。2018 年,Duan 等通过 Tm:YLF 晶体在 1.908μm 处发出的激光泵浦 Ho:YAG 晶体,从而实现了 2.09μm 的激光发射,输出功率高达 108W,斜率效率为 63.2%[21]。

(3) 约 3μm 波段稀土激光晶体

3μm 波段稀土激光晶体主要的应用领域在国防军事、红外对抗、卫星遥感、激光医疗和激光监测等方面。在此波段发光晶体掺杂的稀土离子种类有 Er^{3+}、Ho^{3+} 和 Dy^{3+},其荧光光谱如图 6-3 所示[22]。具体而言,Er^{3+} 主要在约 2.7μm 波长处存在激光输出,由 $^4I_{11/2} \rightarrow {}^4I_{13/2}$ 能级跃迁产生;Ho^{3+} 主要在约 2.9μm 波长处存在输出,由 $^5I_6 \rightarrow {}^5I_7$ 能级跃迁产生;而 Dy^{3+} 的激光输出主要在约 3.0μm 波长处,发生的能级跃迁为 $^6H_{13/2} \rightarrow {}^6H_{15/2}$。目前,在此波段的激光晶体存在两个需要克服的障碍。第一个是自终止效应,即 Er^{3+} 和 Ho^{3+} 在 2.7~2.9μm 波段发生的均为激发态之间的跃迁,此时上能级寿命远远短于下能级寿命。这导致的结果是难以维持激光产生所必需的粒子数反转条件,从而发生激光自终止。第二个障碍是目前的商用高功率泵浦源与 Ho^{3+} 和 Dy^{3+} 的吸收带匹配不是很符合,难以

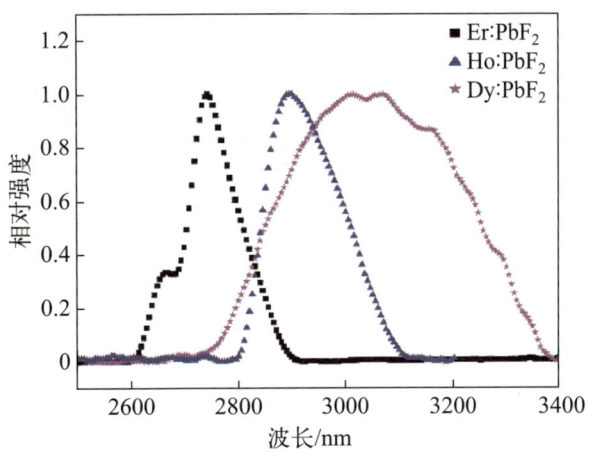

图 6-3 3μm 波段稀土激光晶体的荧光光谱[22]

实现有效泵浦。针对上述两点障碍，解决的思路是除了选择声子能量更加合适的基质晶体材料以外，还可以通过共掺杂激活或敏化离子如 Pr^{3+}、Nd^{3+} 等，能够缩短下能级寿命，从而有效抑制自终止效应。例如，在 Ho^{3+} 掺杂的 LLF 晶体中共掺杂 Pr^{3+} 后，下能级的寿命从 16ms 显著缩短至 1.97ms。2017 年，Nie 等在 Ho，Pr：LLF 晶体中实现 2.95μm 中红外激光输出的同时，将输出功率也提升到了 1.16W，完成了调 Q 和锁模激光输出[23]。

(4) 大于 3μm 波段稀土激光晶体

要想在此波段实现激光输出，所选择的基质晶体材料尽可能是卤化物或硫化物等，这样凭借着极低的声子能量才能有效降低无辐射跃迁带来的负面影响。从稀土离子角度来看，Er^{3+}、Pr^{3+} 和 Dy^{3+} 均已实现波长更长的中红外激光输出。具体地，Er^{3+} 掺杂的 KPb_2Cl_5 晶体在 4.52μm（$^4I_{9/2} \rightarrow {}^4I_{11/2}$）处实现了激光输出，Bowman 在 $LaCl_3$ 晶体中实现了 Pr^{3+} 在 5.242μm（$^3F_3 \rightarrow {}^3H_6$）处的激光输出[24]。而 Dy^{3+} 在 $PbGa_2S_4$ 晶体中分别呈现 4.32μm（$^6H_{9/2} \rightarrow {}^6H_{11/2}$）和 5.4μm（$^6H_{11/2} \rightarrow {}^6H_{13/2}$）的激光输出，前者的输出功率只有 67mW，还需进一步改善[24]。

综上所述，对于稀土激光晶体而言，在可见光波段，Pr^{3+} 掺杂晶体输出功率有着明显的优势，基本超过了瓦级，其在氟化物基质晶体中的功率更高，并且涵盖了蓝、绿、橙、红和远红等众多可见光波段，应用潜力巨大。但 Pr^{3+} 在相当重要的黄光波段没有激光输出，因此，这大大推进了 Dy^{3+} 和 Tb^{3+} 掺杂激光晶体的发展。图 6-4 为稀土掺杂激光器装置[25]。890nm 激光束通过 25cm 焦距的透镜聚集在 Ho：BaY_2F_8 激光晶体中，Ho：BaY_2F_8 晶体上的入口镀层在 3.9μm 处具有较高的反射性，在泵浦光波长处具有高透过性；晶体的另一面在 3.9μm 处利用镀膜技术，镀有抗反射层，以确保 3.9μm 激光输出。而 970nm 近红外光经过

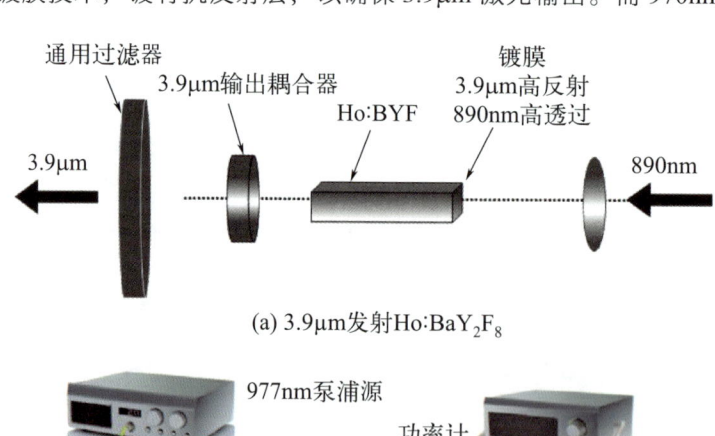

(a) 3.9μm 发射 Ho：BaY_2F_8

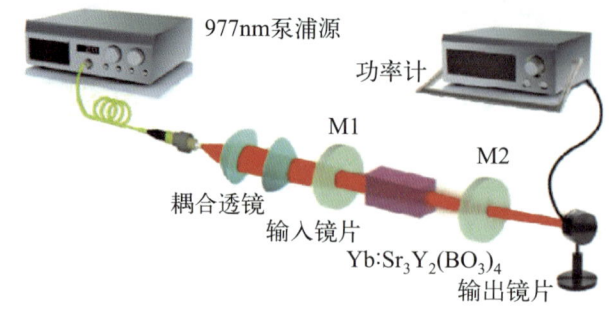

(b) 1060nm 发射 Yb：$Sr_3Y_2(BO_3)_4$

图 6-4　稀土掺杂激光器装置[25]

耦合透镜和输出镜片后可泵浦Yb：$Sr_3Y_2(BO_3)_4$晶体，获得1060nm的输出光。在近、中红外波段，Nd^{3+}和Yb^{3+}掺杂的YAG和YLF等激光晶体在1μm波段附近已实现了超高功率激光的输出，并且成功完成商业化应用。同时，在约2μm波段输出激光的Tm^{3+}和Ho^{3+}与3μm波段附近的Er^{3+}在国防军事、光通信、医学治疗和分子监测等众多领域同样具有十分重要的作用。表6-2列出了各个波段常见稀土激光晶体的激光发射波长、输出功率和斜率效率[4]。这些不同波段的稀土激光晶体在各自的应用领域都散发着属于自己的魅力，一起推动着固态激光器技术的发展。

表6-2 各个波段常见稀土激光晶体的激光发射波长、输出功率和斜率效率 [4]

激光晶体	激光发射波长/nm	激光输出功率/W	激光斜率效率/%
Pr:YLF	491	0.07	6
Pr:YLF	522	4.3	45
Pr:YLF	607	4.88	49
Pr:YLF	638.1	1.05	42.4
Pr:YLF	721.1	0.711	28.6
Pr:LaF_3	718.6	0.176	12.6
Pr:BaY_2F_8	495	0.201	27
Pr:BaY_2F_8	607	0.099	12.6
Pr:BaY_2F_8	639	0.06	6.4
Dy:YAG	583	0.15	12
Nd:LLF	910	1.17	16.3
Nd:LLF	1 047	1.3	49.5
Nd:LLF	1 053	6.22	37.2
Nd:LLF	1314, 1321	6.08	32.1
Nd:LaF_3	1040, 1065	0.302	18.5
Yb, Na:PbF_2	1 056	2.37	17.4
Yb, Na:PbF_2	1 045	2.65	41
Yb:LLF	1 040	1.68	27.2
Yb:YLF	1 040	1.42	24.2
Yb:LaF_3	1028, 1033	1.19	37.1
Tm:LLF	1 922	10.4	40.4
Tm, Ho:LLF	2 066	1.12	24
Tm:YLF	1 910	54.4	35.6
Tm:YLF	1 909	50.2	26.6
Tm:PbF_2	1 900	1.17	26
Tm, Ho:LaF_3	2 047	0.574	18.5
Tm:YLF	2 053	1.14	9.7

6.1.2 稀土闪烁晶体

自 1895 年，德国物理学家威廉·伦琴偶然发现 X 射线以来，高能射线或高能粒子凭借着优异的穿透性、电离性和衍射作用等特性，被广泛应用于医学诊断、生物成像、安全检测和结构表征等各个领域[26]。然而，由于高能射线的波长通常只有 $10^{-3}\sim10^{-1}$ nm，远远低于人眼分辨波长范围，在实际应用中迫切需要特殊的方法来监测到这些高能射线。在受到诸如 X 射线、γ 射线等高能（能量大于 10keV）光子或 α 粒子、中子、质子和强子等高能粒子的辐照时，某些特殊材料会将高能电离辐射转换为能量较低（约 $2\sim3$ eV）的紫外或可见波段光子，这一现象被称为闪烁。相应地，这种特殊的材料则是闪烁体，由于闪烁在本质上也属于发光现象，闪烁体也是发光材料的一种类型。因此，伴随着 X 射线的发现，闪烁体的发展紧随其后。作为辐射探测传感器件的核心材料，除了高能射线的应用领域之外，闪烁体还在放射性探测、高能物理、安全检测和医学成像等领域有着重要应用。

一般而言，闪烁材料的发展历程分为三个阶段，首先是 19 世纪末到 20 世纪 40 年代。在伦琴发现 X 射线后，$CaWO_4$ 闪烁体随即被研发用于 X 射线的增感屏，从此开始了闪烁体的发展道路。1910 年，Rutherford 在 α 粒子散射实验中成功利用 ZnS 检测到了高能粒子。第二阶段是 20 世纪 40 年代至 80 年代，1948 年，Hofstedter 发现了经典的离子掺杂卤化物闪烁体 NaI:TI 并将其用于 X 射线和 γ 射线的检测，进一步推进了闪烁体的快速发展。在此阶段，$Bi_4Ge_3O_{12}$（BGO）晶体和众多卤化物基质材料诸如 CsI 和 CaF_2 等被用于闪烁体领域。同时，Ce^{3+}、Eu^{2+} 等离子掺杂的稀土闪烁晶体登上了历史舞台。最后阶段是 20 世纪 80 年代至今。图 6-5 为不同稀土掺杂闪烁晶体的外观图[27]。随着科学技术的发展，诸如卤化物闪烁体、稀土闪烁晶体等众多的闪烁体材料层出不穷，但是在现在及未来必然会对闪烁体有着更高性能的要求与期望。

从组成来看，闪烁体材料可分为有机和无机两大类。其中，无机闪烁体的应用相对广泛、研究相对成熟并且性能相对优异，也是本节讨论的主要内容。无机闪烁体又可分为闪烁晶体、闪烁陶瓷和闪烁玻璃。这三种不同结晶形态的闪烁材料在不同的场所有着自己独特的优势，都是现在以及未来的研究热点。本节主要介绍闪烁晶体，闪烁陶瓷和闪烁玻璃将在后续部分进行介绍。

从发光形式来看，闪烁体材料又可分为本征发光和非本征发光两种。前者指的是材料自身具有发光中心，无需掺入激活剂即可完成发光过程，如 $CaWO_4$、BGO 晶体等。而非本征发光则需要掺入激活剂实现发光过程，例如稀土闪烁晶体就是这一类型，凭借着稀土离子优异的发光性能和独特的荧光特性等优势得到了众多学者的研究。目前，用于闪烁晶体的稀土元素主要有 Ce、Pr 和 Eu 等，而其中 Ce^{3+} 掺杂晶体的闪烁性能一般较为理想，因此也最常用。诸如 Ce^{3+} 掺杂的氧化物基质材料 $Lu_{2(1-x)}Y_{2x}SiO_5$（LYSO）、YAG、$Gd_3Al_5O_{12}$ 等和卤化物基质 $LaBr_3$、$LaCl_3$ 等。

下面将以典型的 LYSO:Ce 稀土闪烁晶体为例，详细介绍其闪烁原理，如图 6-6（a）所示[28-29]。Ce^{3+} 的 5d 和 4f 能级位于晶体的导带底（CBM）和价带顶（VBM）之间，其掺杂的 LYSO 晶体闪烁过程可分为 4 个阶段。首先是对高能量的转换。在受到高能射线或粒子的辐照后，晶体内部的电子从价带被激发跃迁至导带，并产生众多的空穴。在经过俄歇过

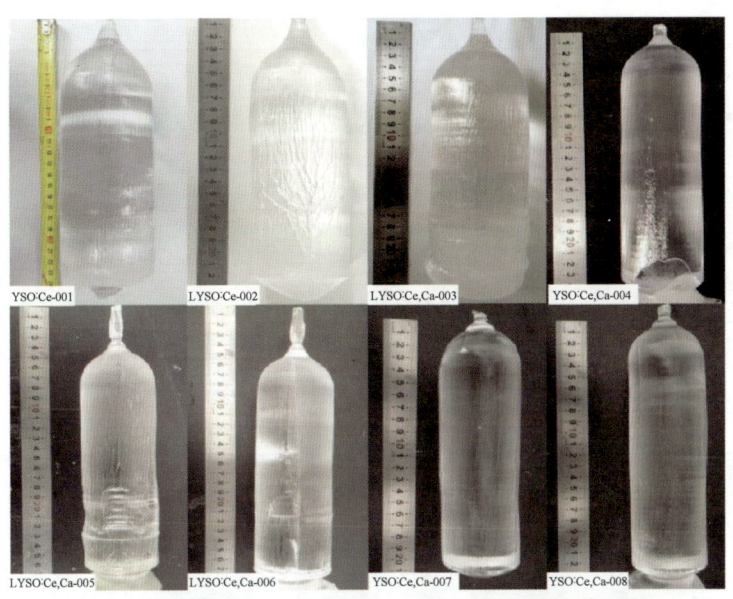

(a) 日光下的稀土Ce掺杂YSO、LYSO闪烁晶体外观图

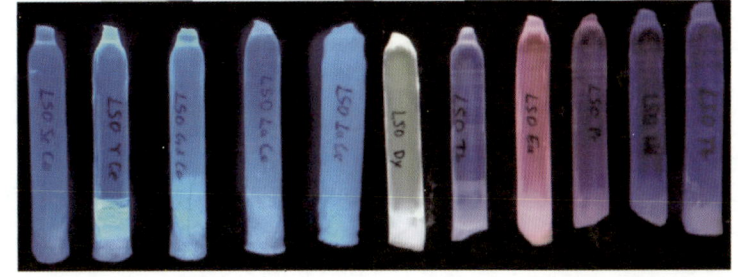

(b) 紫外线激发下的稀土Ce、Pr、Nd、Eu、Tb、Yb单掺杂LSO晶体外观图

图6-5 不同稀土掺杂闪烁晶体的外观图[27]

程和非弹性散射后，晶体内部短时间形成了大量的二级电子和空穴。随后，这些电子和空穴将额外的动能转换成声子能，完成热平衡过程并分别扩散至导带底和价带顶附近。紧接着，这些电子和空穴被晶体内部发光中心Ce^{3+}的5d和4f能级所捕获，在能量传递后形成了Ce^{3+}的激发态。最后，处于Ce^{3+}激发态上的电子由辐射跃迁回基态，并实现发光这一过程。由此可见，闪烁体材料的禁带宽度对其发光机理有着重要的影响，这关乎发光能级是否能被容纳以及其捕获电子空穴的能力。值得一提的是，在一些阳离子共掺杂和氧化气氛退火后的LYSO晶体中，Ce元素还会以Ce^{4+}的形式存在。闪烁发光原理如图6-6（b）所示，基态Ce^{4+}直接捕获导带上的电子，在形成激发态Ce^{3+}的同时辐射出光子，随后激发态与价带上的空穴复合后又回到基态Ce^{4+}。相比较Ce^{3+}，Ce^{4+}辐射光子过程更为迅速。

如前所述，稀土闪烁晶体在众多领域都有所应用，诸如医学成像、工业检测、正电子发射断层成像（PET）和高能物理等。在不同应用场景下，需要X射线闪烁体具有不同的性能。随着电子设备器件的市场需求，低剂量、高分辨、高稳定性成了闪烁体间接X射线探测器未来的发展方向。因此，其常用性能的参数包括X射线的衰减能力、光谱特性、光产额、检测限、荧光衰减时间、辐射硬度以及X射线成像的空间分辨率等。下面将简单介绍这些性能参数。

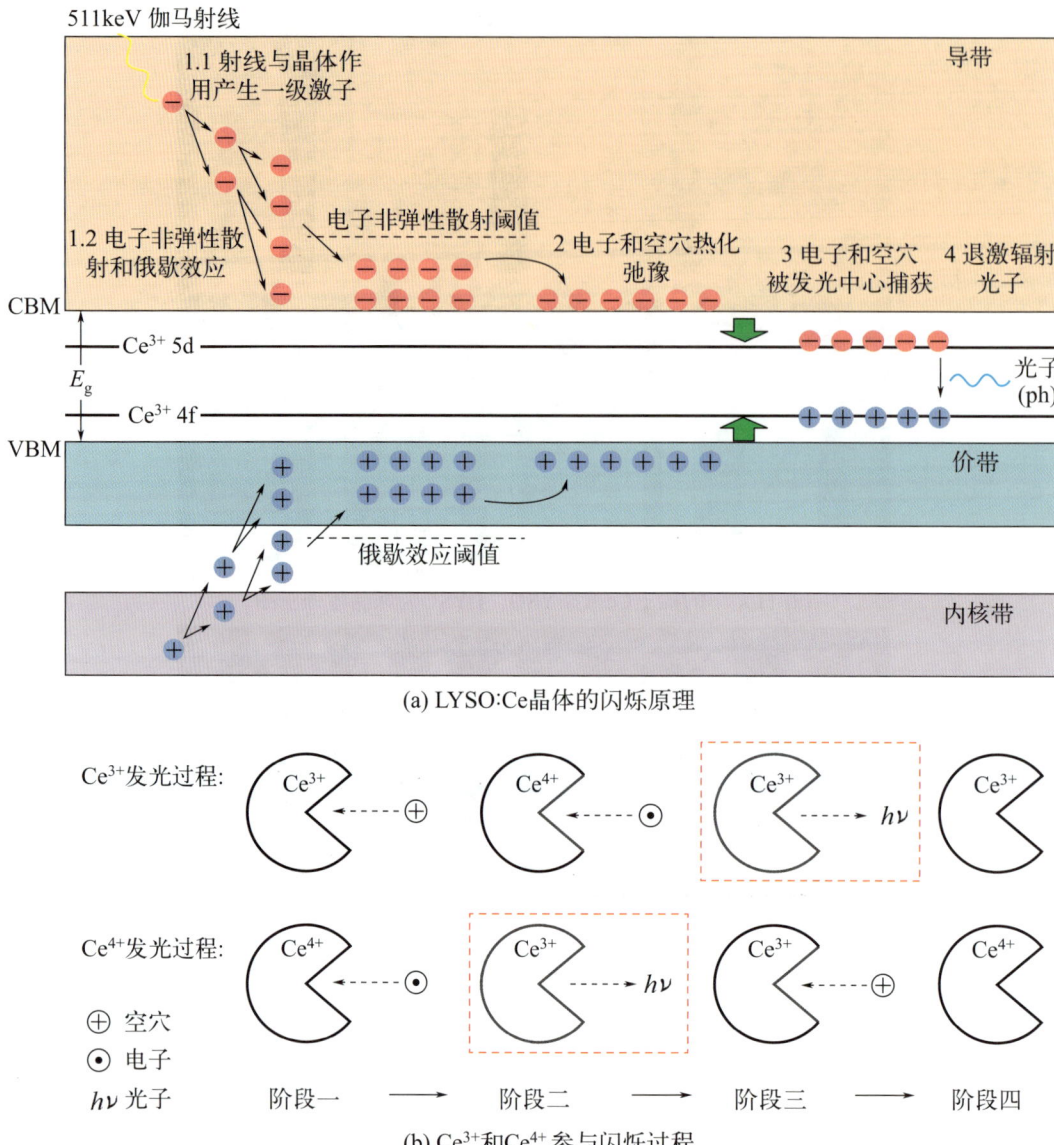

图 6-6　LYSO：Ce 晶体的闪烁原理和 Ce 参与闪烁过程 [28-29]

(1) X 射线的衰减能力

X 射线的衰减能力可以通过 X 射线吸收系数（α）来定义，其中 α 主要取决于闪烁体的原子序数（Z_{eff}）和密度（ρ），见式（6-1）：

$$\alpha \propto \frac{\rho Z_{eff}^4}{E^3} \tag{6-1}$$

式中，E 为能量。由式（6-1）可知，含重原子组分以及高密度的闪烁体有利于提升其 X 射线吸收系数能力 [22]。

(2) 光谱特性

辐射发光（radioluminescence，RL）是指由 X 射线激发的闪烁体引起的发光，其发光光谱是闪烁体材料的代表性质之一。为了提升间接 X 射线探测器的探测效率和减少闪烁体辐射发光后的损耗,闪烁体 RL 发射波段应与光电探测器光谱灵敏度的光谱匹配。Si-PD 理想的灵敏度波段为 400~900nm,因此,闪烁体的理想发射峰值波长应处于此区间之内。

(3) 光产额

光产额(light yield,LY)是影响间接 X 射线探测器探测效率的最重要性能指标之一。LY 被定义为当闪烁体被 X 射线激发并且吸收每 MeV 的高能辐射能量时,RL 所产生的可见光子数(ph),单位是 ph/MeV。LY 可以使用式 (6-2) 进行预测和计算[30]:

$$LY = (10^6/\beta E_g)S \times Q \tag{6-2}$$

式中,β 为一个现象学参数,其定义为 X 射线激发阶段,产生一对热电子-空穴时所需要的平均能量值,对于大多数闪烁体该值通常在 2 和 3 之间;E_g 为闪烁体的光学带隙;S 和 Q 分别为载流子传输阶段和发光阶段的量子效率,其中,Q 与荧光量子效率相近。

(4) 检测限

检测限是由直接探测器的性能引用而来,是探测器能分辨噪声和信号对应的辐射剂量的最小值,其中信号和噪声比(signal-to-noise ratio,SNR)为 3 时对应的辐射剂量值,常用的辐射剂量单位为 μGy/s 或 nGy/s。目前商业化的医疗诊断中提出的标准所需的辐射剂量要低于 5.5μGy/s[31]。

(5) 荧光衰减时间

更快的响应速度有利于动态检测以及快速 X 射线成像。间接 X 射线探测器的响应时间是由衰减时间决定的,并与载流子传输阶段和发光阶段有关,即闪烁体从吸收高能 X 射线光子到发射光子的时间。由于闪烁过程中载流子的传输阶段通常为极短的时间(10^{-10}s),闪烁衰减时间主要取决于发光阶段的荧光衰减时间。因此,通常情况下,闪烁体的衰变时间可以通过如下拟合发光衰减曲线 [式 (6-3)] 来计算:

$$A(t)=A_1 e^{-t/\tau_1}+A_2 e^{-t/\tau_2} \tag{6-3}$$

式中,$A(t)$ 为荧光强度随时间 t 变化的函数;A_1 和 A_2 为常数;τ_1 和 τ_2 为快和慢两种衰减方式的荧光寿命。事实上,为了满足最新的医疗 CT 扫描仪的需求(≥10kHz),要求闪烁体的衰减时间最好能低于 10μs。

(6) 稳定性

闪烁体的稳定性直接影响了其实际应用的可能性,通常包括温度/湿度稳定性、辐射稳定性,是主要的研究性能之一。在高能 X 射线的长时间辐照下,闪烁体内部会产生缺陷,使得发光效率下降或产生余辉。因此稳定性的研究一直受到广泛关注。

早在 20 世纪 90 年代,Melcher 就在硅酸镥中掺杂 Ce^{3+} 后发现其光产额高、衰减时间短等优点。掺杂一定的 Y 元素之后,成本更低的 LYSO:Ce^{3+} 闪烁晶体在 PET 设备上具有相当大的应用潜力,成了目前主流的商业化闪烁晶体之一。在此之后,法国 Saint-Gobain 公司研究了 Ca^{2+}/Mg^{2+} 阳离子共掺杂的 LYSO:Ce^{3+} 闪烁晶体,并提出了 Ce^{4+} 参与的高效发光机理。表 6-3 列出了常见无机闪烁材料的物理和光学性质[32]。2019 年,研究人员生长出了 ϕ80mm×200mm 尺寸的 LYSO:Ce^{3+} 晶体,其光输出高达 30400ph/MeV,能量分辨率和衰减时间分别达到 8.7% 和 40.3ns[33]。2001 年,新型卤化物闪烁晶体 Ce:LaBr$_3$ 被荷兰科学家 van LOEF 发现[34]。随后,研究人员制备出的 Ce:LaBr$_3$ 闪烁晶体光产额最高可达 67000ph/MeV,在 661keV 时的能量分辨率为 3.3%,衰减时间为 21ns[35]。虽然 Ce:LaBr$_3$ 闪烁晶体的性能非常优异,但其潮解严重,对应用十分不利,暂未取代 Ce:LYSO 晶体用于 PET 等设备。Ce:Gd$_3$Al$_2$Ga$_3$O$_{12}$(GAGG)氧化物闪烁晶体的光输出性能同样优异,Ce:GAGG 晶体光产额可达到 54000ph/MeV,物理化学性能稳定,成了 PET 用潜在替代材料之一[36]。

表 6-3 常见无机闪烁材料的物理和光学性质参数[32]

闪烁材料	密度 /(g/cm³)	原子序数 Z	折射率	发射波长 /nm	衰减时间 /ns	光产额 /(ph/MeV)	相对光产额 NaI:Tl
CsI(快)	4.51	55, 53	1.95	315	16	2000	0.04~0.06
CsI(慢)	4.51	55, 53	1.95	450	1000	约 200	—
CsI:Na	4.51	55, 53	1.84	420	630	41000~49000	0.85
CsI:Tl	4.51	55, 53	1.79	550	600	54000~61000	0.45
LiI:Eu	4.08	3, 53	1.96	475	1400	15000	0.35
NaI:Tl	3.67	11, 53	1.82	415	230	43000	1.00
BaF$_2$(快)	4.88	56, 9	1.54	220	0.6~0.8	1800	0.03
BaF$_2$(慢)	4.88	59, 9	1.5	310	630	10000	0.16
CaF$_2$:Eu	3.18	20, 9	1.44	435	900	24000	0.50
CaI$_2$	3.96	20, 53	1.8	410	550	86000	—
CaI$_2$:Eu	3.96	20, 53	1.8	470	790	86000	—
CaWO$_4$	6.1	20, 74	1.94	425	8000	约 20000	—
SrI$_2$:Eu	4.55	38, 53	1.85	435	1200	115000	—
CdWO$_4$	7.90	48, 74	2.30	470	14000	约 1350	0.3~0.5
YAlO$_3$:Ce	5.35	39, 13	1.95	370	27	18000	0.45
Y$_3$Al$_5$O$_{12}$:Ce	4.55	39, 13	1.82	550	88, 320	17000	0.50
Y$_2$SiO$_5$:Ce	4.45	39, 14	1.8	420	56	24000	—
ZnS:Ag	4.09	30, 16	2.36	450	110	50000	1.3
Bi$_4$Ge$_3$O$_{12}$	7.13	83, 32	2.15	480	300	8200	0.12
CsBr$_3$	5.2	58, 35	2.09	371	17	68000	—
Gd$_2$SiO$_5$	6.71	64, 14	1.85	440	56, 400	9000	0.20
LaCl$_3$:Ce	3.86	57, 17	2.05	350	28	49000	0.70~0.90
LaBr$_3$:Ce	5.29	57, 35	2.05	380	16	63000	1.65
LuAlO$_3$:Ce	8.34	71, 13	1.94	365	16.5, 74	11400	—
Lu$_3$Al$_5$O$_{12}$:Pr	6.71	71, 13	1.84	310	20~22	约 18000	—
Lu$_2$SiO$_5$:Ce	7.4	71, 14	1.82	420	47	25000	0.75
Lu$_{1.8}$Y$_{0.2}$SiO$_5$:Ce	7.1	71, 39	1.82	420	41	32000	0.75
Cs$_2$LiYCl$_6$	3.31	55, 39	1.81	305	6600	6535, 22420	—
Cs$_2$LiYCl$_6$:Ce	3.31	55, 39	1.81	372	600, 6000	9565, 18400	—
Cs$_2$LiLaBr$_6$:Ce	4.2	55, 57	1.85	420	180, 1100	43000	1.15

综上所述，为了满足 21 世纪各个领域对于高质量闪烁体的需求，研究者正不断努力探索新材料，例如，本书第 8 章中介绍的金属卤化物发光材料即是一类新体系。新的材料将进一步提升材料的闪烁性能，诸如追求更高的发光效率或光产额、更小的能量分辨率、更优异的光谱特性、更好的时间分辨率、更稳定的晶体材料和更低的生产成本等。

6.1.3 稀土自倍频晶体

前文提到，获得可见光波段激光输出有多种方式，除了大功率蓝光二极管直接泵浦之外，利用稀土自倍频晶体在新波段实现激光发射是一个非常重要的途径。1961 年，Franken 首次发现 694.3nm 波长的激光通过石英晶体后产生了 347.15nm 波长的光输出，也就是倍频效应[37]。随后，科学家将非线性光学理论与激光晶体融合，使晶体同时具有倍频效应和激光输出。

一般而言，当入射光电场较小时，光在晶体内部传播发生的是线性光学现象诸如光的反射、折射和吸收等。然而激光的光频电场较大（10^7V/cm）时，晶体内部则可能会出现非线性效应，如倍频（二次谐波）、混频、参量振荡和三倍频等。从能量交换角度来看，非线性光学可分为参量和非参量过程两种。前者指的是介质参与能量交换，并且存在晶格振动频率参与，如受激拉曼散射等；而后者介质不参与能量交换，如倍频、差频和光学参量放大等。当激光通过非线性晶体时，晶体内部会形成非线性极化波。同时，这些极化波会再次发射出二次谐波。由于它们的频率相同，在传播过程中会发生光的干涉效应。相干强度取决于谐波的相位，若相位一致，则其强度增加，若相位不同，则强度减弱甚至不会发生倍频效应。因此，在非线性光学晶体中，相位匹配对于获得较高的转换效率至关重要。根据能量守恒，倍频前后的角频率遵循式（6-4）～式（6-7）：

$$\omega_1 + \omega_2 = 2\omega_1 = \omega_2 \tag{6-4}$$

根据动量守恒公式：

$$k_1 + k_1 = 2k_1 = k_2 \tag{6-5}$$

即：

$$\Delta k = k_2 - k_1 = 0 \tag{6-6}$$

得到：

$$n_1\omega_1 = n_2\omega_2 = n_2 2\omega_1 \tag{6-7}$$

式中，ω_1 和 ω_2 分别为基频光和倍频光的角频率；k_1 和 k_2 分别为基频光和倍频光的波矢，$k = \dfrac{n\omega}{c}$，其中 c 为光速；Δk 为矢量差；n_1 和 n_2 为角频率 ω_1 和 ω_2 下的折射率。上式即为满足倍频效应的相位匹配条件。根据宏观电动力学，有式（6-8）：

$$I_{\omega 2} \propto \left[\frac{\sin(l\Delta k/2)}{l\Delta k/2}\right]^2 \tag{6-8}$$

式中，$I_{\omega 2}$ 为倍频光的强度；l 为光传播的距离；$\left[\dfrac{\sin(l\Delta k/2)}{l\Delta k/2}\right]^2$ 为位相因子。图 6-7（a）展示了自倍频晶体中倍频光强度 $I_{\omega 2}$ 与 Δk 的关系图[38]。当满足相位匹配条件时，即 $\Delta k=0$，此时倍频光的功率达到峰值。以 Yb:YCOB 自倍频晶体为例，按照图 6-7（c）所示原理搭建好实验装置后，经由 1026nm 激光泵浦，可获得 513nm 的自倍频输出光[图 6-7（b）]。

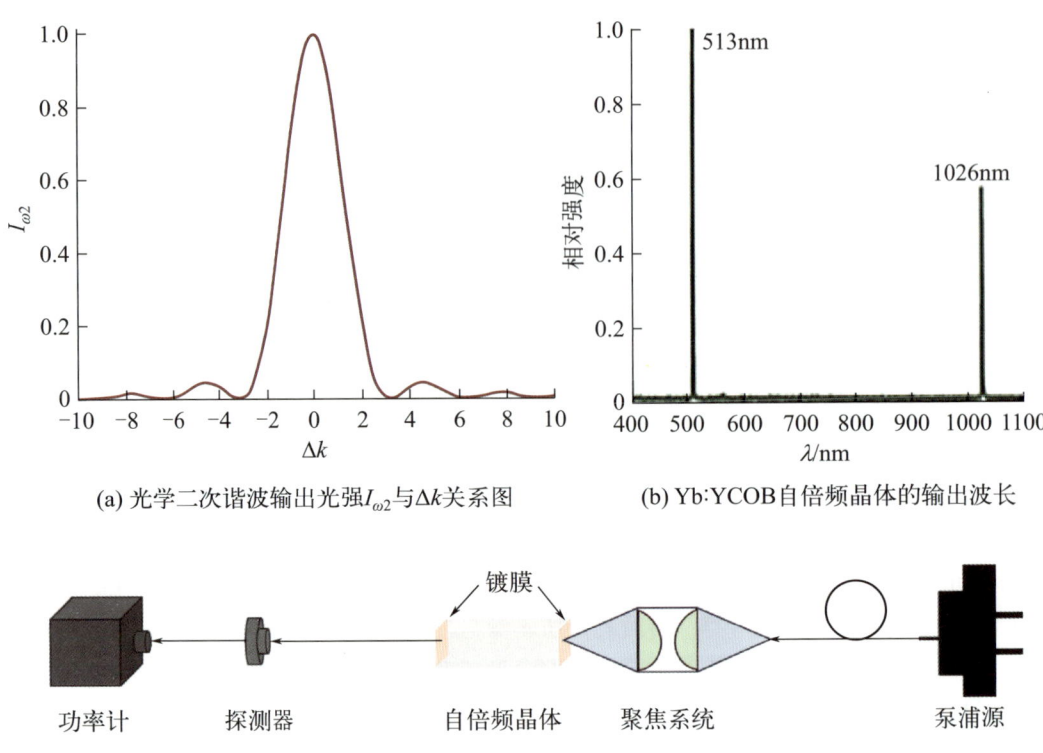

图 6-7 光学二次谐波输出光强 $I_{\omega 2}$ 与 Δk 关系图、Yb:YCOB 自倍频晶体的输出波长以及自倍频实验装置原理图[38]

根据以上与倍频效应相关的非线性光学理论可知,激光自倍频晶体的实现需要将激光特性与倍频效应在晶体内部有效结合,而不是简单的叠加。因此,对自倍频晶体具备的特性提出了以下几点要求:①合适的非线性光学特性。具体包括折射率、非线性光学系数和相位匹配条件等方面。②优良的激光发射特性。诸如合适的吸收截面、发射光谱和声子能量等。③稳定的力学和物理化学性能。需要满足易加工、耐湿性和耐腐蚀等条件。④优异的热力学性能。例如较小的热膨胀系数、较大的热导率和热损伤阈值等。

1969 年,世界上首次出现的激光自倍频晶体就是通过掺杂稀土离子实现的。Johnson 和 Ballman 等在 $LiNbO_3$ 晶体中掺杂了 Tm,实现了从 1853.0nm 到 926.6nm($^3H_4 \rightarrow {}^3H_6$ 能级跃迁)的自倍频激光输出[40]。除了稀土离子掺杂的铌酸锂晶体之外,还出现了其他众多优异的体系,如硼酸双盐 [$YAl_3(BO_3)_4$,YAB]、硼酸镧钙($La_2CaB_{10}O_{19}$,LCB)和钙氧硼酸盐 [$ReCa_4O(BO_3)_3$,YCOB,Re=La、Nd、Sm、Gd、Er 和 Y 等]。其中,Yb:YAB 和 Nd:GdCOB 已经实现了瓦级的自倍频绿光输出。1983 年,苏联科学家 Dorozhkin 首次合成了 Nd:YAB 自倍频晶体,在闪光灯泵浦下实现了 1320~660nm 的自倍频红光输出[41]。随后于 2001 年,Yb 掺杂的 YAB 晶体的自倍频绿光输出功率突破瓦级,转换效率为 10%[42]。1998 年,Wu 等首次发现了 LCB 自倍频晶体,并研究了其非线性光学特性[43]。研究发现,在 Ho、Pr 和 Nd 掺杂的 LCB 自倍频晶体中,8% 掺杂的 Nd:LCB 发光性能较好,绿光输出功率达到了 100mW。1992 年,新型 YCOB 系列晶体首次被研究发现[44]。1999 年,在钛宝石激光器泵浦下，Yb 掺杂的 GdCOB 晶体的近红外激光输出功率为 40mW[45]。2019 年，在零声子线对应的波长泵浦下，Yb：YCOB 晶体发出了 513nm 的绿色激光，输出功率高达 6.2W[46]。2022 年，张怀金团队基于多声子耦合激光原理在 Yb：YCOB 激光晶体中实现了突破荧光范围的激光辐射，如图 6-8 所示[39]。这些自倍频晶体在激光武器、测距、显示、医疗和工业领域都有着广泛的应用。随着研究人员的不断努力，相信在未来会有功率更高、性能更好、更稳定和波长范围更广的稀土自倍频晶体被研发出来。

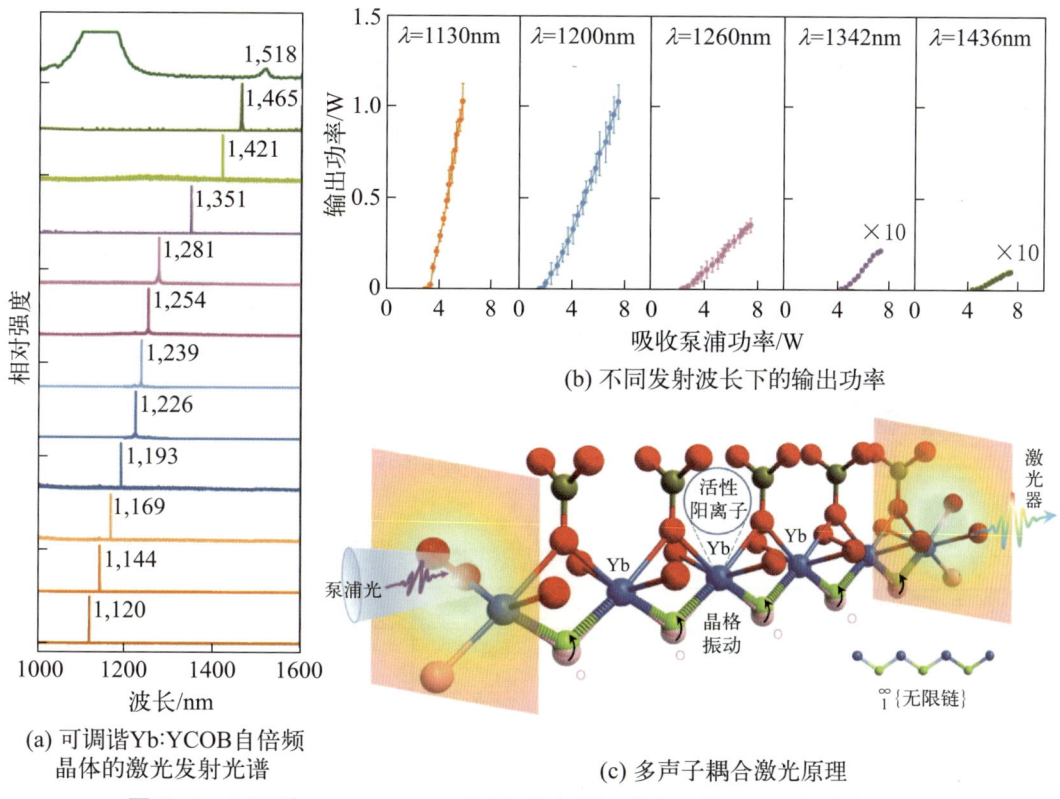

(a) 可调谐Yb:YCOB自倍频晶体的激光发射光谱

(b) 不同发射波长下的输出功率

(c) 多声子耦合激光原理

图 6-8　可调谐 Yb：YCOB 自倍频晶体的激光发射光谱、不同发射波长下的输出功率以及多声子耦合激光原理[39]

6.2　稀土发光玻璃与应用

玻璃是熔融体在冷却后形成的非晶态固体，其独特的短程有序而长程无序的结构特性，使其明显区别于晶体、陶瓷等其他材料。相比于晶体和陶瓷，稀土发光玻璃具有制备周期短、成本较低和可大规模制备等独特优点，吸引了众多学者的关注。目前，稀土玻璃已经应用于激光通信、医疗、测距、照明和成像等各个场景。本节主要介绍激光钕、铒玻璃，稀土荧光玻璃。

6.2.1　激光钕、铒玻璃及应用

18 世纪以来，人们就发现玻璃能够溶解诸如氧化物或矿物质等其他化合物，并且能够

提升其自身的某些性能。随后，德国Schott公司发现了硼硅酸盐玻璃，利用氧化硼改善玻璃的化学稳定性和制备条件，为发光玻璃的发展作出了新的贡献。图6-9为近三十年以来不同激光装置上使用的磷酸盐激光钕玻璃。

玻璃的原料成本一般较低，并且制备过程简单，可塑性较强。其制备方法主要有高温熔融法、浮粉法等。从基质类型的角度来看，玻璃可分为传统的石英玻璃、磷酸盐玻璃、重金属氧化物玻璃、氟化物玻璃和硫系玻璃等。表6-4列出了各种基质玻璃的性质[47]。

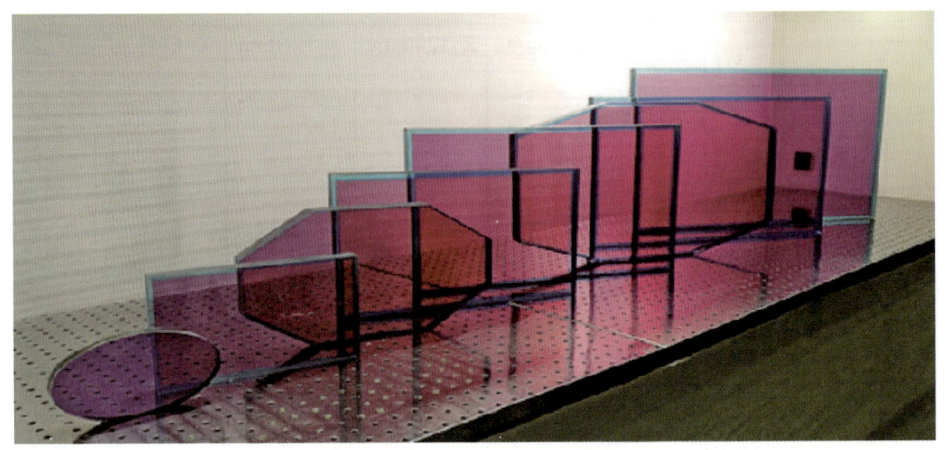

图6-9 近三十年以来不同激光装置上使用的磷酸盐激光钕玻璃

表6-4 各种基质玻璃的性质[47]

性质	石英	磷酸盐	锗酸盐	碲酸盐	氟化物	氟磷酸盐
密度/(g/cm^3)	2.2	2.43~3.66	6.4	5.5	5	3.46~3.52
玻璃化转变温度/℃	1250	265~765	387~452	280~430	270~300	420~480
热膨胀系数/($\times 10^{-7}$℃$^{-1}$)	5	65~140	100~130	120~170	150	138~165
透过范围/μm	0.20~2.50	0.20~4.00	0.38~5.00	0.40~5.00	0.20~7.00	0.28~4.00
软化温度/℃	1600~1750	450~700	570~675	350~600	300~400	497~656
声子能量/cm^{-1}	1100	1200	900	700	500	1128
非线性折射率/(m^2/W)	10^{-20}	10^{-20}	10^{-19}	10^{-19}	10^{-21}	10^{-20}
线性折射率	1.46	1.7~2.1	1.7~1.8	1.9~2.3	1.4~1.6	1.43~1.50
阿贝数	80	33~71	25~40	10~20	60~100	87.7
光纤损耗/(dB/km)	0.2@1.55μm	4000@1.31μm	2340@1.49μm	20@3μm	15@1.5μm	130@0.37μm
稀土掺杂量/($\times 10^{20}$ions/cm^3)	0.1	10	7.6	10	10	10
机械强度	高	低	适中	适中	低	低
水溶性	<10^{-3}	溶	<10^{-2}	<10^{-2}	溶	溶
毒性	安全	安全	安全	安全	高	高

① 石英玻璃主要由二氧化硅组成,其具有成本较低、耐高温、性能稳定和易于制备等优点。但其声子能量较高,在中红外发光领域的应用能力较差。

② 磷酸盐玻璃基质具有较宽的透过范围和优异的激活剂溶解能力,因此在中红外波段光纤激光器有一定的应用。

③ 重金属氧化物玻璃可分为碲酸盐、锗酸盐和铋酸盐等,由各个重金属氧化物的玻璃网络修饰体组成,声子能量相对于石英玻璃较低。通常情况下二氧化碲自身难以形成玻璃,但在加入氧化硼、氧化锌和氧化钡等氧化物后形成了玻璃网络结合体。碲酸盐玻璃的透过范围更广,稳定性和耐腐蚀性较好。同时,其能允许高浓度的稀土离子掺杂,有利于获得更高的量子效率。锗酸盐玻璃有着较高的折射率和较低的非辐射弛豫概率。而铋酸盐物理化学稳定性较强,声子能量较低,容易制备成玻璃光纤。

④ 相比氧化物而言,氟化物玻璃的声子能量一般更低。因此,其在中红外波段的透过范围很广,非辐射跃迁概率很低。

自1960年世界上第一台红宝石激光器的出现后,发光玻璃才真正迎来了飞速的发展。相较于晶体结构的有序性,玻璃的长程无序性使得透过其内部的激光线宽更大,具有更高的激光阈值。同时,由于光学各向同性这一特点,稀土激活离子等其他元素能够均匀地掺杂到玻璃的内部。从而形成了由稀土离子和玻璃基质组成的稀土激光玻璃,前者主要影响激光玻璃的光学特性,后者则主要决定其物理化学性能,但二者之间也会互相影响。目前,众多稀土离子已在发光玻璃中实现了激光输出,其中钕(Nd)和铒(Er)是研究相对成熟且重要的两种,在激光通信、武器、测距、医疗和工业等领域都有着商业化应用,具体介绍如下。

(1) 钕掺杂激光玻璃与应用

以玻璃作为基质制备固体激光器能够储存更多的能量、易大规模生产和制备成玻璃光纤,同时具有高透射率和优异的光学均匀性。一般地,玻璃基质中Nd的质量分数约为1%~5%。稀土Nd^{3+}具有较宽的吸收带和较大的吸收系数,同时在1.06μm($^4F_{3/2} \rightarrow {}^4I_{11/2}$)左右有较强的发射。1961年,Snitzer等首次在硅酸盐玻璃丝中掺杂氧化钕(Nd_2O_3)就实现了激光输出[48]。随后我国也开始了稀土掺杂光学玻璃的难题攻克探索,并于1963年完成Nd^{3+}掺杂玻璃激光器的研发[49]。2010年,彭等研制的钕掺杂激光玻璃受激发射截面达$4.8\times10^{-20}cm^2$,荧光寿命达320μs,可满足民用和军用大型激光装置的使用要求[50]。2021年,张勤远教授团队总结了Nd^{3+}掺杂氟硫磷酸盐激光玻璃的结构及性质[51]。图6-10为稀土Nd^{3+}氟硫磷酸盐激光玻璃的性能(相图、发射光谱和荧光衰减曲线)。

(2) 铒掺杂激光玻璃与应用

根据Er^{3+}的能级跃迁机理,在808nm、980nm和1480nm波长泵浦下,Er^{3+}发出波长约为1.5μm($^4I_{13/2} \rightarrow {}^4I_{15/2}$)。这个波段的激光对人眼来说相对安全,允许的曝光量是1.06μm波长的40万倍,并且刚好处于光通信的第三窗口。因此,Er^{3+}掺杂激光玻璃在1.5μm处的发射是其主要的应用波段,可用于激光雷达、医疗和通信等领域。但由于Er^{3+}对980nm波

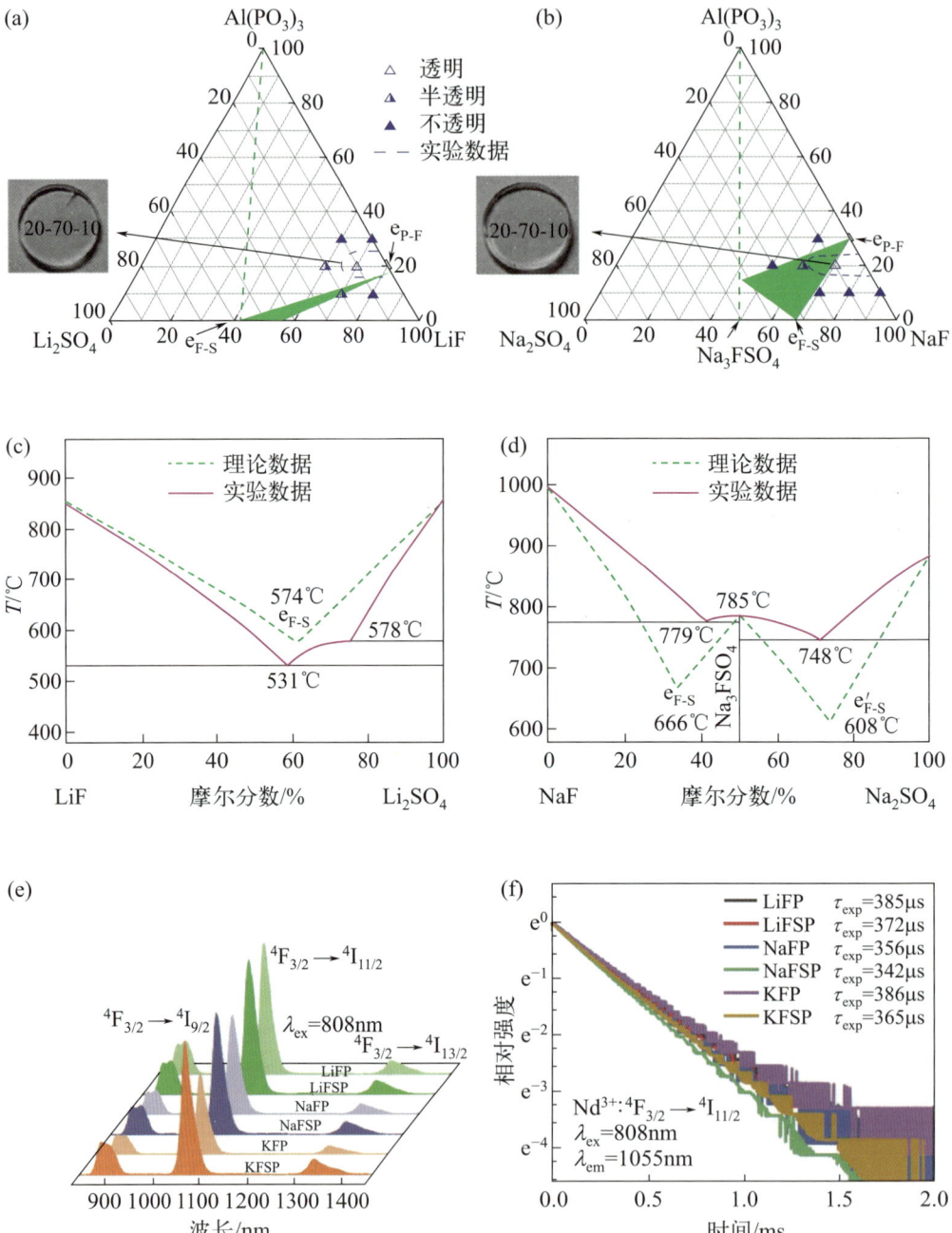

图 6-10 稀土 Nd^{3+} 氟硫磷酸盐激光玻璃的性能[51]

(a)~(b) 三元相图；(c)~(d) 二元相图；(e) 发射光谱；(f) 荧光衰减曲线

段吸收截面较小，因此在实际应用中通常共掺杂Yb^{3+}和Er^{3+}，通过吸收截面更大的Yb^{3+}将吸收的980nm光子能量传递给Er^{3+}，从而有效增强吸收效率。图6-11为不同浓度Er^{3+}掺杂激光玻璃在980nm近红外光激发下的发射光谱和荧光衰减曲线。常用的玻璃基质为磷酸盐，能够溶解更多的稀土离子。1980年以来，铒掺杂激光玻璃得到了长足的发展。苏联、美国Kigre公司和德国Schott公司都研制出了不同类型的铒激光玻璃。我国的上海光机所也制备出了能应用于实际的几种铒掺杂磷酸盐激光玻璃，输出功率可达数百毫瓦。此外，Er^{3+}也可以在980nm泵浦下发出约3μm（$^4I_{11/2} \rightarrow {}^4I_{13/2}$）左右的激光，可用于医学诊断、军事对抗和环境监测等领域。

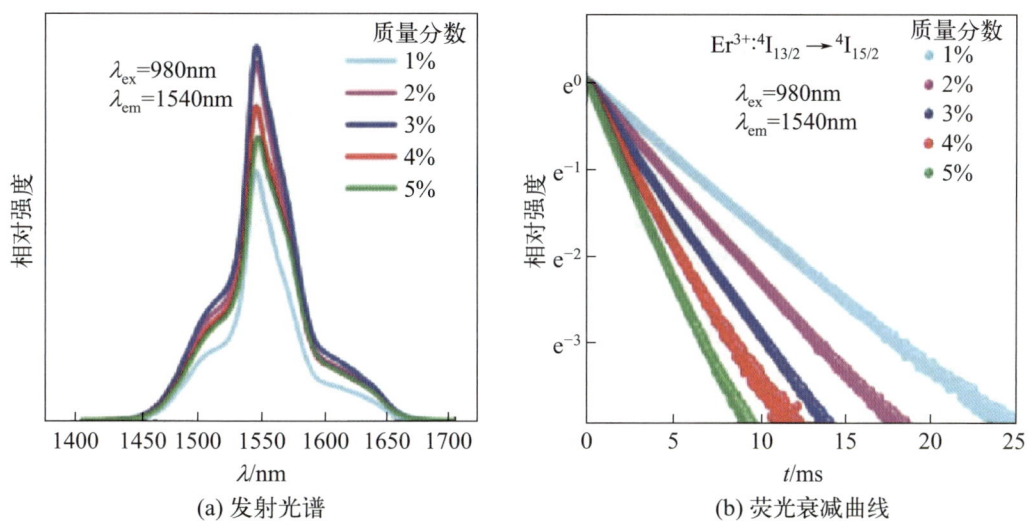

(a) 发射光谱　　　　　　　　　　　　(b) 荧光衰减曲线

图 6-11　不同浓度 Er^{3+} 掺杂激光玻璃在 980nm 近红外光激发下的发射光谱和荧光衰减曲线[47]

短短几十年内，钕和铒掺杂的激光玻璃技术完成了飞跃式的发展。凭借着特殊的发射波段、优异的光学性能和良好的物化性能，这两种稀土激光玻璃在众多领域都有着重要的应用，未来也必会向着更高功率、更好的光学性能和规模化应用等方向继续进步。

6.2.2　稀土光热敏折变玻璃及体光栅器件

光敏玻璃是将诸如金（Au）、银（Ag）和铜（Cu）等的离子添加入硅酸盐玻璃中而形成的特殊光学玻璃之一。早在激光器出现之前，康宁公司就已经制备出光敏氟硅酸盐玻璃，其掺杂了 Ag、Sb、Sn 和稀土 Ce 等元素，并观察到紫外曝光后的不透明结晶现象。但当时并未能产生经济社会价值，直到光热敏折变（photo-thermo-refractive，PTR）玻璃的出现才打破了这一僵局。PTR 玻璃的外观图和体光栅器件的表面形貌如图 6-12 所示[52]。作为光敏玻璃的一种，PTR 透明硅酸盐玻璃的主要成分为 SiO_2-Na_2O-Al_2O_3-ZnO-NaF，掺杂 Ag、Sb、Sn 和稀土 Ce 等元素后，其内部会在紫外曝光和热处理时发生敏化和晶化现象，从而实现折射率的调制。1989 年，Glebov 等首次提出光热折变效应，即经过紫外曝光和热处理之后的 PTR 玻璃内部形成的晶体会改变部分折射率，随后基于 PTR 玻璃实现的体布拉格光栅器件也随之出现[53]。

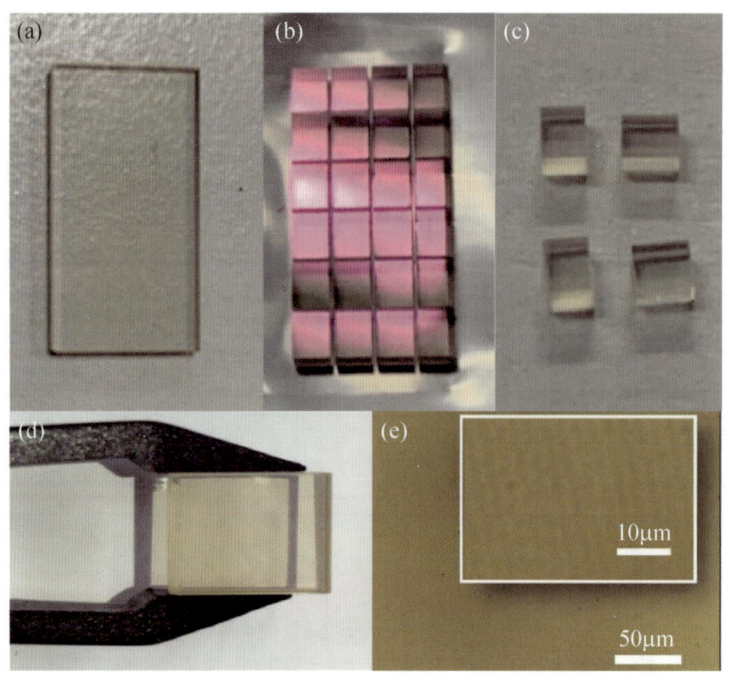

图 6-12　光热敏折变玻璃的外观图和体光栅器件的表面形貌[52]

PTR 玻璃的制备可分为前驱体玻璃熔制、紫外曝光和热处理三个阶段。前驱体玻璃一般可采用传统的高温熔融法、溶胶凝胶法、浮粉法和气相沉积法等制备。将各组分按照化学计量比进行融化，同时控制好反应温度、时间、浇注、退火等流程中的条件。在紫外曝光之前，需要对 PTR 玻璃的内部应力进行消除。在 325nm 左右的紫外光照射后，玻璃中的 Ce^{3+} 会释放出电子将 Ag^+ 还原成 Ag^0，其颜色也会发生不同程度的变化。最后是热处理，包括成核和析晶两个阶段。成核阶段的温度一般会比玻璃化转变温度高 20~40℃，其目的是让 Ag^0 在热应力下形成银团簇；而析晶阶段的温度会比玻璃软化温度略高一点，有利于银团簇诱导析出 NaF 晶体，从而在曝光和热处理前后实现折射率的调制。其工作机理如下：

$$Ce^{3+} + h\upsilon \longrightarrow Ce^{4+} + e^- \tag{6-9}$$

$$e^- + Ag^+ \longrightarrow Ag^0 \tag{6-10}$$

在有效紫外光照射下，光敏因子 Ce^{3+} 释放出一个电子后形成了 Ce^{4+}。这个电子会被 Ag^+ 所捕获，从而形成 Ag^0。大量的 Ag^0 在热作用力下会形成 Ag^0 团簇，实现对 NaF 和 $Li_2O\text{-}SiO_2$ 等的诱导析晶。

$$2Ce^{4+} + Sb^{3+} \longrightarrow 2Ce^{3+} + Sb^{5+} \tag{6-11}$$

$$2Ce^{4+} + Sn^{2+} \longrightarrow 2Ce^{3+} + Sn^{4+} \tag{6-12}$$

$$2Ag^+ + Sb^{3+} \longrightarrow 2Ag^0 + Sb^{5+} \tag{6-13}$$

$$2Ag^+ + Sn^{2+} \longrightarrow 2Ag^0 + Sn^{4+} \tag{6-14}$$

引入的光敏调节剂 Sb^{3+} 和 Sn^{2+} 不仅可以将 Ce^{4+} 重新转化成 Ce^{3+}，还可以直接将 Ag^+ 还原成 Ag^0，大大促进析晶效率。

基于康宁公司研制的光敏玻璃，20 世纪 80 年代，Glebov 等在 Si-Al-Li 玻璃体系中掺杂 Ce 和 Ag 等金属的离子后，发现了 LiO_2-SiO_2 晶体的析出和折射率的改变。但该类晶体散射非常严重，衍射效率仅为 20% 左右。1990 年，该团队将实际衍射效率提升到了 40%。1999 年，Glebov 等研制出了目前常用的以 NaF 作为晶体析出的 PTR 玻璃，并利用激光全息技术成功制备了体光栅器件，绝对衍射效率高达 93%[54]。2008 年，国内研究人员制备出了一系列 PTR 玻璃，并进行了成核剂种类和氟化物含量对晶体析出特性的研究。中国科学院上海光机所也已研发出了和国外性能水平相当的 PTR 玻璃，具有良好的热敏和光敏特性，制备成的体光栅器件达到了国内外领先水平。

体布拉格光栅指的是利用 PTR 玻璃的光、热敏特性，经过紫外曝光和热处理后析晶永久改变曝光部分的折射率，从而获得具有特定效率和超窄带宽的衍射元器件。其效率一般为 5%~95%，带宽为 0.02~0.5nm。目前，常见的体布拉格光栅主要有透射式体全息、反射式体全息和啁啾体全息布拉格光栅等类型。在应用方面，透射式体全息布拉格光栅可用于多模激光器的相位锁定和横模选择；反射式体全息布拉格光栅在高能激光的光谱选择性器件和陷波滤波器等方向都有应用；而啁啾体全息布拉格光栅在超短脉冲领域有着独特的优势。2000 年，Glebov L.B. 团队成功在 1mm 厚度的 PTR 玻璃上刻写了布拉格反射光栅，空间频率高达 9200mm^{-1}，衍射效率得以进一步提升[55]。2010 年，Lumeau 等基于 PTR 玻璃制备了反射式体全息布拉格光栅，工作波长为 1550nm，带宽为 50pm，同时其具有高达 95% 的透过率，在制备拉曼光谱仪器和雷达等器件的滤波器方面有着巨大的优势[56]。此外，体布拉格光栅在半导体和全固态激光器的波长锁定和制备方面也展现出了其应用价值。2014 年，美国 Optigrate 公司就将基于稀土掺杂的 PTR 玻璃制备出的体布拉格光栅用于全固态激光器的搭建，成功实现了单纵模和窄线宽的激光输出，波长和输出功率分别为 1066nm 和 150mW[57]。面对这一项"卡脖子"技术，国内众多科研人员也开始了攻克研究。2017 年，熊宝星等利用二次熔融法制备出了 PTR 玻璃并采用双光束干涉法成功实现了相对衍射效率达 91% 的透射式体布拉格光栅[58]。除了掺杂稀土 Ce 以外，PTR 玻璃还可以掺杂其他稀土离子从而改变光谱和激光的发射性能，例如 Yb/Er 共掺体系和 Nd 掺杂体系等。2008 年，Nikonorov 等在 PTR 玻璃中掺杂 Yb/Er 元素，在不改变其光敏特性的同时实现了激光输出，从而为 PTR 玻璃作为激光增益介质的应用开辟了新的道路[59]。Glebov 团队也制备出了 0.8% Nd^{3+}（以原子百分数计）掺杂的 PTR 玻璃，激光器输出的斜率效率为 24.9%，为单片分布式反馈激光器的开发提供了理论基础[60]。

6.2.3 纳米晶复合玻璃闪烁体

如前所述，无机闪烁体材料主要包括闪烁晶体、玻璃和陶瓷。尽管闪烁晶体有着较高的光产额，同时也成功在医疗诊断和辐射监测等众多领域实现商业化应用，但晶体的生长普遍耗时耗力，制作成本高，晶体内部的光学均匀性存在差异，使得闪烁晶体的应用受到了一些限制。相比较闪烁晶体，闪烁玻璃有着众多突出性的优点：①制备工艺简单成熟，可实现大尺寸规模生产；②成本低廉，玻璃组分和性能可控性较好；③机械加工性能好，可熔制成多样化的形状，包括典型的闪烁光纤。然而单纯的闪烁玻璃内部存在大量的缺陷，作为闪烁材料而言，光产额太低，很难满足仪器设备的实际应用需求。

纳米晶复合玻璃闪烁体是基于闪烁玻璃的基础之上，通过对前驱体玻璃进行热处理，在其内部析出纳米晶体的复合闪烁体材料。纳米晶复合玻璃也叫微晶玻璃，其历史可追溯到 20 世纪 50 年代，研究人员首次观察到微晶玻璃。相比较纯玻璃材料，微晶玻璃最大的不同之处是其内部较为均匀地分布有众多纳米晶体颗粒。纯玻璃材料由于短程有序和长程无序的结构特点，因此内部具有大量的缺陷，使其作为闪烁体等发光材料时的光产额急剧减少。而微晶玻璃中存在声子能量更低的纳米晶，同时缺陷密度要小得多，更有利于载流子的传输。因此，微晶玻璃不仅可以具有闪烁玻璃自身较高透明性、良好稳定性、大尺寸和低成本的优点，还可以显著弥补其光产额不足的缺点，改善其发光性能，成为一种非常有潜力的闪烁体材料。

和闪烁晶体类似，纳米晶复合玻璃闪烁体的发光机理主要包括三个阶段，包括能量的吸收与转换、载流子的迁移与运输、电子-空穴的复合，最终实现发光现象。同时，纳米晶复合玻璃的闪烁性能一般也可以从透过率、光产额、发光效率、衰减时间和辐照长度等方面进行评测。

纳米晶复合玻璃闪烁体通常由基质玻璃和稀土发光晶体组成。基质玻璃在很大程度上决定了纳米晶复合材料的物理化学性质，同时其内部的晶体场会改变发光中心的能级结构位置，从而影响着复合材料的光谱特性和发光性能。同样地，在基质玻璃的材料类型上包括常见的硅酸盐、磷酸盐、硼酸盐、碲酸盐和氟化物玻璃等，但它们各自的物理化学性能却有着很大的不同。在选择时，可以从玻璃的透明度、声子能量、紫外-可见光吸收率、晶体场环境、物理化学稳定性和机械加工等方面考虑。表 6-5 列出了各种玻璃基质的声子能量。对于闪烁材料，除了较高的透明度、良好的稳定性、有益的晶体场环境、合适的光吸收强度和易机械加工之外，基质玻璃的声子能量对于闪烁性能也有着非常重要的影响。较低的声子能量可以有效降低发光中心的非辐射弛豫概率，从而提升发光效率。

表 6-5　各种玻璃基质的声子能量

玻璃基质	硼酸盐	磷酸盐	硅酸盐	锗酸盐	碲酸盐	氟化物	硫化物
声子能量/cm^{-1}	1400	1200	1100	900	700	500	350

基质玻璃内部的纳米晶主要决定了复合材料的闪烁性能，从类型上，这些纳米晶主要可分为稀土离子掺杂、非稀土离子掺杂、量子点纳米晶和有机-无机复合纳米晶。非稀土离子掺杂的纳米晶包括几种具有自激活特性的 ZnO、BGO、Bi_2GeO_5 和 $Ba_2TiGe_2O_8$ 等，然而可能会面临光产额不足和玻璃结晶失透等问题。得益于较高的量子效率和可调谐发光特性，量子点纳米晶在复合玻璃闪烁材料领域也引起了众多科研人员的兴趣。目前，已有学者实现了诸如 CdSe、ZnS、CdTe 和 $CsPbBr_3$ 等无机量子点纳米晶掺杂的复合玻璃闪烁体，衰减寿命更短、量子效率较高，具有一定的应用潜力，但需要克服严重的自吸收对于光产额的限制。有机-无机复合纳米晶是将平均原子数高的无机纳米晶与有机材料结合，比有

机闪烁体有着更高的稳定性，是一种潜在的闪烁材料。而稀土离子掺杂的纳米晶复合玻璃闪烁体的研究更加成熟、应用更加广泛，按其能级跃迁机理可分为4f-4f和5d-4f两种类型。

(1) 5d-4f跃迁型纳米晶复合玻璃闪烁体

Ce^{3+}和Eu^{2+}都属于5d-4f跃迁型稀土离子，具有发光效率高和衰减时间短的优点，是常见闪烁材料的发光中心。相比较微秒级的Eu^{3+}，Eu^{2+}的衰减寿命在纳秒级，更适合用于医学成像等实时探测领域。早在2006年，研究人员就将氟化物玻璃与Eu^{2+}掺杂的$BaCl_2$纳米晶复合制备闪烁材料，具有较高的光产额[61]。2009年，日本Ohara玻璃公司参与研发了$CaF_2:Eu^{2+}$纳米晶复合玻璃，其闪烁发光强度可达到$CaF_2:Eu^{2+}$闪烁晶体的30%[62]。2020年，Rahimi等制备出的$CaF_2:Eu^{2+}$闪烁微晶玻璃可应用在γ射线和热中子辐照探测领域，具有良好的响应光谱[63]。图6-13为稀土Eu^{2+}掺杂$SrO-B_2O_3-SrCl_2$纳米晶复合玻璃闪烁体的外观图与BGO发射光谱的对比图[64]。在40keV/80μA的X射线激发下，可产生位于蓝光区和红光区的发射峰。通过直接调整$SrCl_2$晶体相和玻璃相的比例，最高可达同等条件下BGO强度的97%；而在^{241}Am α粒子激发下，最高发射峰为BGO的3.93倍。

Ce^{3+}在X射线激发下的发射波段通常在紫外和蓝光区域，其寿命比Eu^{2+}更短，也因此成为闪烁材料的主要研究对象。2011年，Han等在氟硅酸基质玻璃中加入了$GdF_3:Ce^{3+}$纳米晶，γ射线能量分辨率为27%，并利用了Gd^{3+}与Ce^{3+}之间的能量传递，显著增强了Ce^{3+}的发光性能[65]。同时，相对于玻璃基质，Gd的有效原子序数较大，提高了材料对高能射线的截止性能。2013年，Nikitin等制备了Ce^{3+}掺杂的$LiAlSi_4O_{10}$纳米晶复合玻璃，在室温到170℃内可以稳定用于慢中子探测领域，具有较高的光产额和70ns的快衰减时间[66]。2021年，Ren等研发了$KLaF_4:Ce^{3+}$纳米晶复合玻璃，进一步在玻璃基质中加入了Gd^{3+}形成Gd^{3+}-Ce^{3+}能量传递，从而在X射线辐照下显著增加了发光强度[67]。图6-14给出了稀土Ce^{3+}掺杂纳米晶复合玻璃闪烁体的辐射发光性能和荧光衰减曲线。在X射线照射下，$Ce:CsLu_2F_7$纳米晶复合玻璃产生峰值波长约为390nm的宽带辐射发光，约为BGO的115%；而其寿命短至50ns，可实现对X射线照射的快速响应[68]。目前，部分5f-4f跃迁型纳米晶复合玻璃已经相当接近商用闪烁晶体的光产额，但后续仍应继续研究如何避免Eu^{3+}或Ce^{4+}等氧化价态离子对发光性能的影响。

(2) 4f-4f跃迁型纳米晶复合玻璃闪烁体

用于闪烁玻璃领域的4f-4f跃迁型稀土离子主要有Tb^{3+}、Sm^{3+}和Pr^{3+}等，其中Tb^{3+}的发光效率较高，X射线下发射波长（545nm）与光电探测器响应波长匹配。2010年，Sun等在声子能量更低的CaF_2氟化物纳米晶复合玻璃中掺杂了Tb^{3+}，经过热处理作用，样品的发光强度提高到原来的300%，与LHK-6型商业闪烁玻璃接近[69]。2020年，Guo等制备了$Sr_2GdF_7:Tb^{3+}$纳米晶玻璃，其在X射线激发下的发光强度高达$Bi_4Ge_3O_{12}$闪烁晶体的194%，这得益于Gd^{3+}与Tb^{3+}直接的能量传递，如图6-15所示[70]。2016年，Okada等报道了$BaCl_2:Sm^{3+}$纳米晶玻璃，其发射波段为橙红光[71]。而Pr^{3+}的发光分别位于强度较弱但衰减寿命很小（26ns）的紫外区域以及较强的可见光区域，因此它可以满足快速扫描成像设备的需求，如$BaSiO_3$和$BaYF_5$等纳米晶复合玻璃均已实现了Pr^{3+}的掺杂。

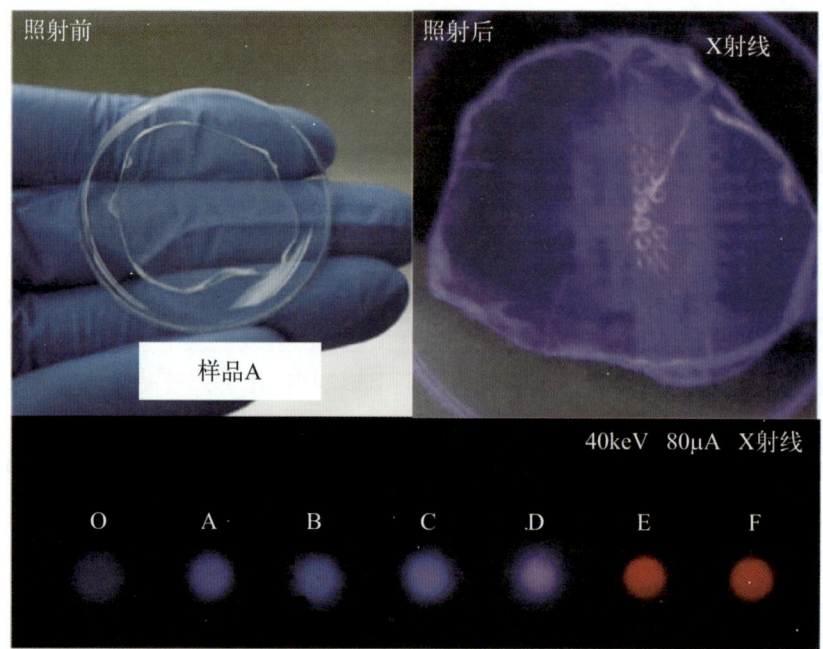
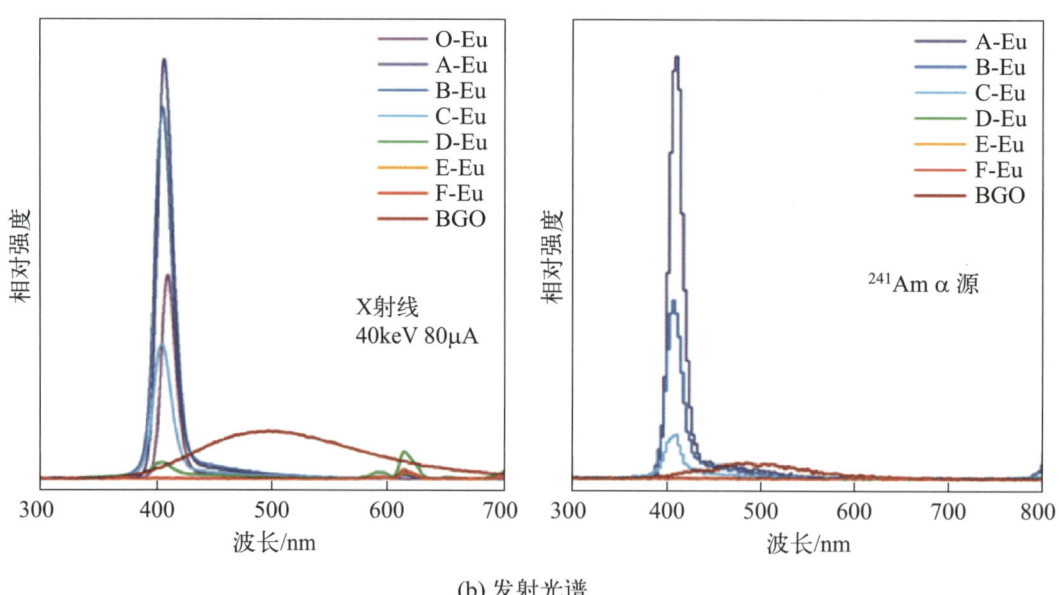

(a) 闪烁体在X射线照射前后及不同浓度$SrCl_2$组分的闪烁照片

(b) 发射光谱

图 6-13　稀土 Eu^{2+} 掺杂 $SrO-B_2O_3-SrCl_2$ 纳米晶复合玻璃闪烁体的外观图与 BGO 发射光谱 [64]

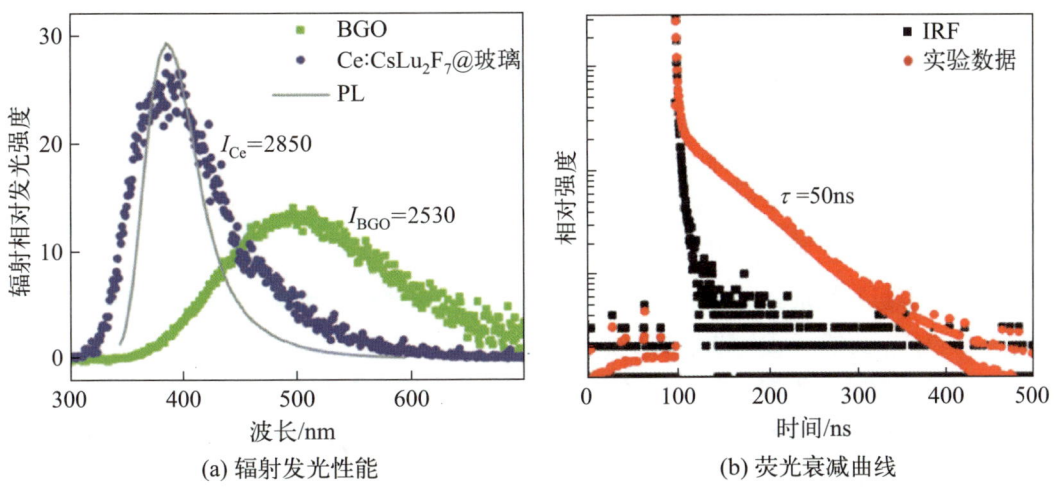

(a) 辐射发光性能　　　　　　　　　　(b) 荧光衰减曲线

图 6-14　稀土 Ce^{3+} 掺杂纳米晶复合玻璃闪烁体的辐射发光性能和荧光衰减曲线[68]

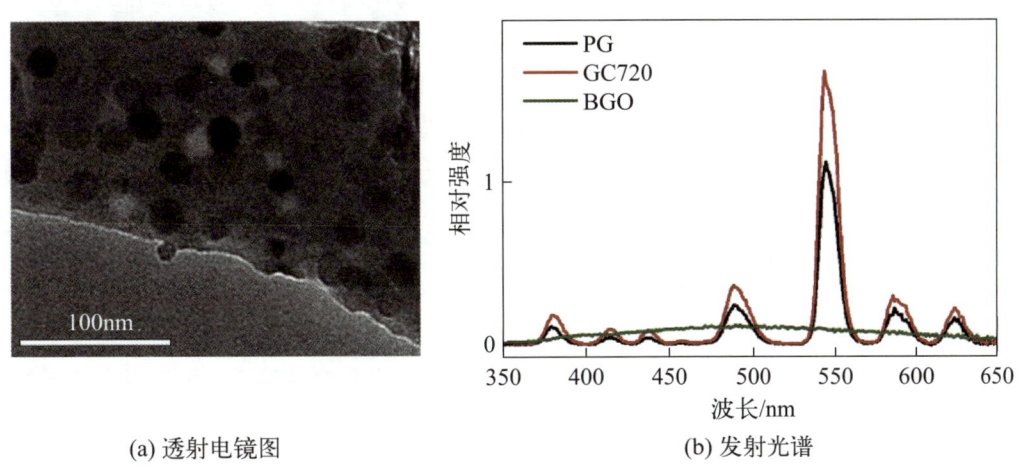

(a) 透射电镜图　　　　　　　　　　(b) 发射光谱

图 6-15　稀土 Tb^{3+} 掺杂纳米晶复合玻璃闪烁体的透射电镜图和发射光谱[70]

综上所述，稀土离子掺杂的纳米晶复合玻璃兼顾了纳米晶的发光强度和玻璃自身的独特优势，已成为极具潜力的闪烁材料之一。其显著的高光产额、较短的衰减寿命、较好的物理化学稳定性和优异的透光性使得该材料在医学治疗、光学成像、辐射探测以及环境监测等众多领域得到越来越广泛的应用。

6.2.4　稀土荧光玻璃

稀土荧光玻璃除了用于激光增益介质、体光栅和闪烁体领域，在大功率 LED 照明和激光照明应用领域也备受关注。目前，获得白光 LED 的主要方式是蓝光 LED 芯片激发分散在有机黏结剂中的稀土荧光粉。然而，当输出功率逐渐增大时，LED 器件内部的温度往往会超过 150℃，稀土荧光粉会产生热猝灭现象，有机黏结剂的官能团也会分解黄化从而降低透光性，进而影响器件的发光效率和颜色稳定性。因此，为了满足部分照明应用场景对大功率 LED 的需求，研究人员开始研究热稳定性更高的块体荧光材料，例如荧光玻璃和荧光陶瓷等。本小节主要介绍满足此类应用的稀土荧光玻璃的类型、制备工艺及其应用实例。

稀土荧光玻璃是一种将稀土荧光粉与玻璃基质复合的块体材料，按照材料形态通常可分为块体荧光玻璃和荧光玻璃薄膜。在发光性质方面，稀土荧光玻璃既能保留荧光粉自身优异的发光性能，同时又用耐热性和透光稳定性更好的玻璃取代了诸如环氧树脂和硅胶等不耐高温的有机黏结剂。因此，与荧光粉相比，荧光玻璃在较高温度下能够稳定工作，热膨胀系数较低，更能满足大功率 LED 器件的需求。

按照制备方式的不同，荧光玻璃主要可分为荧光粉-玻璃复合材料 PiG（phosphor in glass）、微晶玻璃片 PGP（phosphor glass plate）和发光玻璃片 GPP（glass phosphor plate）三种类型，其中 PiG 的研究与应用较多。

（1）PiG 型荧光玻璃

PiG 型荧光玻璃是利用丝网印刷烧结、流延烧结和低温共烧等制备方法将荧光粉均匀地分散在透明玻璃基质中得到的。常见的玻璃基质为硅酸盐、磷酸盐、硼酸盐和碲酸盐等氧化物玻璃，它们具有较高的物理化学稳定性、良好的透光性、较低的烧结温度，并且与荧光粉不会发生反应。在复合时也需要注意荧光粉的耐热性，防止在高温下相变或晶化影响发光性能。近年来，常被用于制作大功率 LED 用 PiG 型荧光玻璃的荧光粉有 YAG∶Ce^{3+}、LuAG∶Ce^{3+} 和 β-SiAlON∶Eu^{2+} 等类型，其具有出色的量子效率和热猝灭性能。

（2）PGP 型荧光玻璃

PGP 型荧光玻璃是将发光材料与玻璃基质的原材料进行熔融混合，经过退火后在玻璃基质中析出荧光晶体，也可称为微晶玻璃，其玻璃相一般超过 30%。PGP 型荧光玻璃的发光性能和内部的结晶率有很大关系，而且能够在玻璃基质中析晶的荧光粉类型有限，改善性能的难度也较大。因此，大功率 LED 用 PGP 型荧光玻璃的发光性能难以满足实际应用。近年来，$CsPbX_3$ 钙钛矿量子点复合荧光玻璃凭借着较高的量子产率吸引了众多学者的关注，但如何进一步改善其稳定性还需要进一步研究。

（3）GPP 型荧光玻璃

GPP 型荧光玻璃指的是将稀土或其他发光中心直接掺入玻璃基质中形成的发光材料，利用玻璃内部的能量传递实现了发光过程。无需单独合成荧光粉是 GPP 型荧光玻璃的优势，制备过程简单，成本较低。其缺点是发光性能受玻璃基质的声子能量影响较大，声子能量较低的玻璃基质发光效率较高，然而物理化学稳定性则较差。同时，玻璃内部较多的缺陷、不均匀的晶体场分布和紫外光激发条件等因素也极大地限制了 GPP 型荧光玻璃在大功率白光 LED 领域的发展。

稀土荧光玻璃的制备工艺同样在很大程度上影响着其发光性能。下面将介绍另一种制备方法，这种方法相较于第 3 章所介绍的方法，对发光性能的影响更小，包括准备浆料、丝网印刷、干燥挥发和低温烧结四个部分。

（1）准备浆料

这一部分指的是制备荧光玻璃之前通常需要准备由荧光粉、玻璃粉、有机溶剂和黏结剂四个部分组成的浆料。对于有机溶剂一般需要其在低温下不挥发，而在高温时易挥发，从而不会影响浆料的性能。有机溶剂的种类一般有松节油透醇、丁基卡必醇醋酸酯等。而黏结剂可用于调节浆料的黏稠度、可塑性和黏性，诸如乙基纤维素等。将上述原料称取倒入烧杯，水浴加热搅拌均匀。

（2）丝网印刷

这一部分的工艺通常是先将玻璃基板超声清洗10分钟，随后吹干立即放入烘箱干燥。之后，在丝网的一端倒入配好的浆料，用刮刀将浆料均匀地覆盖在玻璃基板表面。印刷后静置5分钟，形成光滑均匀的膜层。

（3）干燥挥发

这一部分的工艺通常是将印刷后的玻璃基板放入烘箱干燥，使有机溶剂挥发而保留黏结剂，这样玻璃粉和荧光粉能够附着在玻璃基板上。

（4）低温烧结

这一部分的工艺通常是将玻璃片放入炉中，在350℃下保温一刻钟使得黏结剂完全分解。继续加热至合适温度，玻璃粉熔化后会将荧光粉均匀地包裹在内部。最后退火两小时以消除内应力，增强发光性能。

近年来，不断有学者通过改进制备工艺研究荧光玻璃用于大功率LED白光照明。2017年，王静等采用熔融淬冷法制备了YAG:Ce^{3+}荧光玻璃，研究发现掺杂荧光粉的含量增加，玻璃的透明度会逐渐下降[72]。具体而言，质量分数为5%的荧光粉掺杂的玻璃在1A电流的驱动下色坐标为（0.329，0.333），相关色温和流明效率分别为5649K和110lm/W。图6-16为荧光玻璃的合成步骤与外观图、发射光谱和封装后LED的照片、发射光谱、变温光谱和功率依赖光谱。2005年，Fujita等首次利用结晶法制备了荧光玻璃，采用的荧光粉为YAG:Ce^{3+}，并研究了热处理温度对于荧光玻璃量子效率的影响[73]。2019年，王静课题组将硅酸盐荧光玻璃与蓝宝石片复合，荧光饱和功率从1.3W增加至4W，饱和功率密度从0.39W/mm^2增加至1.21W/mm^2，流明效率和光通量分别为172lm/W和689lm[74]。2020年，中国科学院长春光机所在蓝宝石基板上制备出了YAG:Ce^{3+}硅酸盐荧光薄膜，在452nm激发下，荧光薄膜的流明效率高达234lm/W，饱和功率密度为14.3W/mm^2，色温为4986K[75]。最近，笔者课题组报道了一种基于玻璃熔体中粒子自稳定模型的快速合成技术，研制出面向激光照明应用的新型高稳定性稀土荧光粉-玻璃复合材料，制备的YAG:Ce^{3+}基荧光粉-玻璃复合材料具有高的量子效率（98.4%）和吸收系数（86.8%）[76]。在450nm蓝色激光激发下，其激光饱和功率密度为8.5W/mm^2，并产生光通量为1227lm、光效为276lm/W的理想白光。

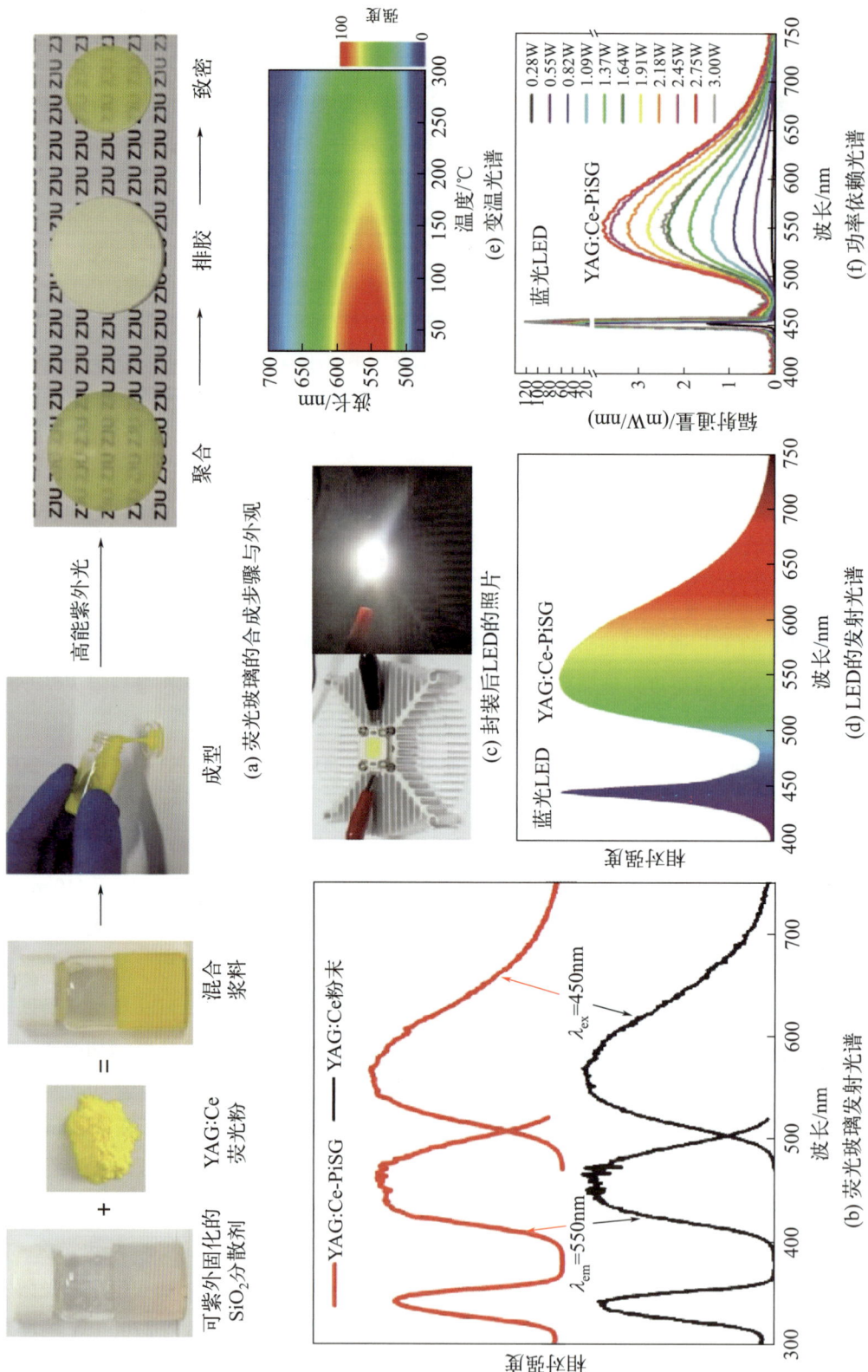

图 6-16 荧光玻璃的合成步骤与外观图、发射光谱和封装后 LED 的照片、发射光谱、变温光谱和功率依赖光谱[72]

6.3 稀土发光陶瓷与应用

随着应用需求的不断提升，光学材料在保持高性能的同时，对于透明度的要求也越来越高。在之前的小节中已经详细介绍了发光晶体和玻璃这两种有较高透明度的块体材料及其相关性能。然而，单晶生长具有生长周期漫长、成本昂贵和设备复杂等缺点，不利于大规模商业化应用。玻璃成本低廉、稳定性较高，易大批量制备，但其内部缺陷密度高，导致发光强度还欠缺。凭借着优异的光学性能、物理化学稳定性和力学性能，世界上第一块透明陶瓷从问世以来便迅速引起了众多学者们的关注。相比于晶体和玻璃，发光透明陶瓷在具有经济效益高和可大规模生产等优点的同时，还可以兼顾优异的发光性能，几十年以来已逐渐在激光照明、闪烁材料和固态激光器等领域实现商业化应用。本节主要介绍激光照明用透明陶瓷、闪烁陶瓷、固态激光器用发光陶瓷。

6.3.1 激光照明用透明陶瓷

由于内部存在大量的杂质、孔隙和晶界，在研究初期报道的陶瓷透明度很低，难以被用于光学材料。同时，当光线穿过陶瓷时会发生多次反射、折射、散射和吸收等现象，很容易受到其内部孔隙所带来的负面影响，从而呈现不透明的状态。透明陶瓷是通过特殊的烧结、成型和抛光制备工艺，以无机粉末为原料，获得的具有一定透明度的陶瓷。一般透明陶瓷的光线透过率需要大于40%。图6-17展示了影响陶瓷透光率的6个主要因素，分别为晶界、孔隙、杂质、双折射、二次相和表面粗糙度。孔隙的表面边界具有不同的光学特性，这会促进光线的反射和折射，从而导致陶瓷失透，多晶陶瓷若要达到高透明度，其总孔隙率要小于0.01%。因此，在制备透明陶瓷时，应最大程度上减少孔隙的存在，使用高纯度的原料以及严格控制助熔剂的添加量。此外，并不是任何材料都可以制备出透明陶瓷。对称性较低的结构具有光学各向异性，光线穿过晶界时更容易发射光散射。也就是说，高度对称的晶体结构一般是形成透明陶瓷的前提。第3章详细介绍了稀土荧光陶瓷的制备方法，此处不再赘述。除了第3章介绍的制备方法之外，研究者还报道了通过熔融淬火法制备出透明玻璃陶瓷，将晶相和玻璃相结合在一起。相比于晶相占比超过99.5%的陶瓷，玻璃陶瓷中的玻璃相含量通常高于30%。透明玻璃陶瓷因其可大规模生产、较高的稳定性以及优异的光学性能等优点，同样引起了广泛的关注。

在透明陶瓷的应用中，一个主要的场景是大功率LED，特别是激光照明领域。如第4章所介绍的，获得白光发光二极管（LED）的主要方式是由获得2014年诺贝尔物理学奖的蓝光LED芯片与分散在有机黏结剂中的商用黄色荧光粉（YAG：Ce^{3+}）结合。然而，随着功率的增加，蓝光LED芯片本征的"效率骤降"以及热导率[$0.1 \sim 0.4$W/(cm·K)]和耐热性（小于150℃）较差的有机黏结剂极大地限制了其在大功率照明领域的应用，如图6-18所示。针对这一问题，众多学者研究了解决方案，如荧光透明陶瓷、荧光玻璃陶瓷、荧光粉复合玻璃和荧光晶体等。相比于其他材料，荧光透明陶瓷在高功率激光辐照下仍能保持较好的热稳定性，具有良好的透明度、力学性能、颜色稳定性、高热导率、较低的生产成本和可大规模制备等优点。与此同时，激光二极管（LD）具有高亮度、较快响应速度和较小的尺寸等优点，尤其是在大功率密度驱动下的转换效率同样非常出色，因此，基于LD的荧光透明陶瓷在汽车照明、投影仪和室外照明等领域十分具有前景。

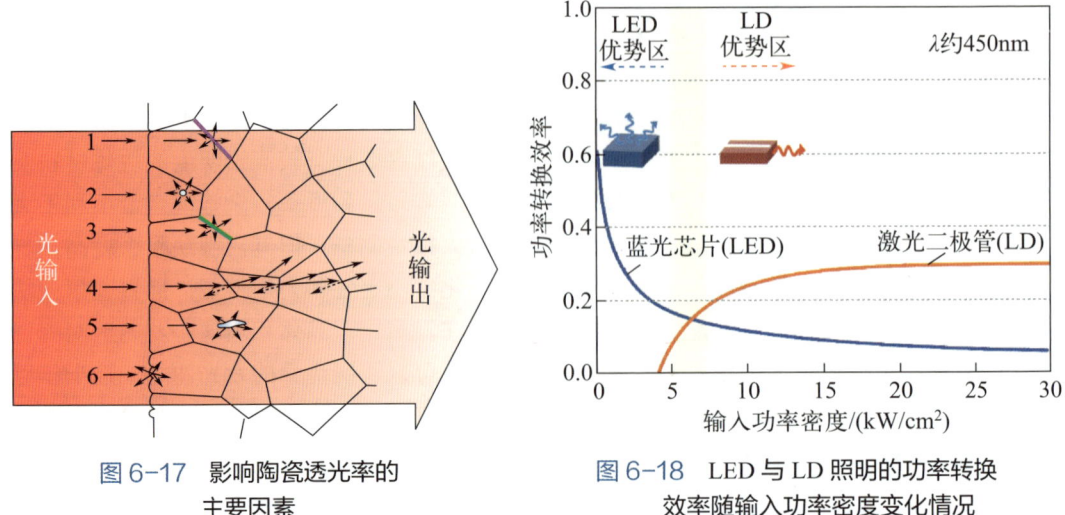

图 6-17 影响陶瓷透光率的主要因素

1—晶界；2—孔隙；3—杂质；4—双折射；
5—二次相；6—表面粗糙度

图 6-18 LED 与 LD 照明的功率转换效率随输入功率密度变化情况

目前，荧光透明陶瓷在黄、绿和红光等波段均已有相关的研究，详细介绍如下：

(1) 黄光发射透明陶瓷

YAG:Ce 黄色荧光粉具有出色的发光效率和优异的热稳定性，是目前商用 LED 的首选材料体系。然而，荧光粉转换法在大功率 LED 器件方面的表现不佳，这限制了 YAG 荧光粉的应用。1984 年就有学者采用真空烧结法制备出 YAG 陶瓷，但透明度不高。20 世纪初，基于透明陶瓷的激光器输出功率达到了千瓦量级，引起了众多学者对透明陶瓷的巨大关注，开始了激光照明透明陶瓷的新时代。

2011 年，Nishiura 团队制备出 YAG:Ce 透明陶瓷，透过率为 70%～81%，并研究了陶瓷发射强度与厚度和吸收系数之间的关系[77]。2019 年，解荣军团队将商用 YAG:Ce 黄色荧光粉原料与质量分数为 0.5% 的正硅酸四乙酯（TEOS）助熔剂混合，球磨 28h 后过筛，并真空烧结 5h，反应温度为 1720～1780℃[78]。随后在空气中于 1450℃退火 10h，制备出了一系列厚度为 1mm 的不同 Ce 掺杂浓度的 $(Y, Lu, Gd)_3Al_5O_{12}$ 透明陶瓷。在 445nm 的 LD 照射下，当 Ce 的掺杂浓度为 0.1% 时，YAG:Ce 透明陶瓷的饱和功率密度为 25.98W/mm^2，此时的光通量为 2227lm。将厚度减少到 0.74mm 时，YAG 陶瓷的饱和功率密度提升到 31.94W/mm^2，色温为 7623K。2020 年，中国科学院福建物构所 Liu 等在原料中掺杂了不同浓度的 SiO_2-MgO，经过筛和压模等流程后，在 200MPa 静压下提高致密度，于 1750℃烧结 5h 制备出 YAG:Ce 透明陶瓷，厚度也同样为 1mm。在 455nm 的 LD 激发下，退火后样品的流明效率从 106lm/W 提升到了 223lm/W，发光效率大幅度提升[79]。

(2) 绿光发射透明陶瓷

和 YAG 类似，LuAG:Ce 荧光陶瓷同样具有较高的热导率、发光效率和热稳定性，是大功率绿光发射陶瓷的有力竞争者。2018 年，Xu 等制备的 LuAG:Ce 绿光陶瓷在 445nm 的大功率

LD 激发下外量子效率高达 77%，工作温度为 220℃时，发光强度仅下降到室温下的 95.9%，光通量达 472lm 且未饱和，十分具有前景[80]。2023 年，Hong 等将所制备的 LuAG∶Ce 绿光透明陶瓷与（Sr，Ca）AlSiN$_3$∶Eu^{2+} 红色荧光粉结合，在蓝光 LED 激发下获得了暖白光[81]。

（3）红光发射透明陶瓷

红光透明陶瓷的代表类型是 CaAlSiN$_3$∶Eu^{2+}，它具有高量子效率和优异热稳定性。2016年，中国科学院上海硅酸盐研究所以 Si$_3$N$_4$ 和 SiO$_2$ 作为助熔剂，成功合成了 CaAlSiN$_3$∶Eu^{2+} 半透明陶瓷，在 450nm 蓝光 LD 激发下，样品在 655nm 处发出强红色光，外量子效率高达 60%[82]。然而，高致密化氮化物透明陶瓷的制备依然是一个挑战。近年来，包括笔者课题组在内的研究者也开始氧化物基透明陶瓷的研究。最近，笔者团队设计发现了一类新型双钙钛矿 Sr$_3$TaO$_{5.5}$ 化合物作为基质，稀土 Eu^{2+} 掺杂 Sr$_3$TaO$_{5.5}$ 荧光粉在 450nm 蓝光激发下产生峰值 620nm 的高效红光发射（外量子效率 54%）[83]。进一步地，将其压制成红光透明陶瓷，制作了激光白光照明器件，其显色指数 R_a 值 >90，最大光通量为 1115lm。具有红色发光的氧化物透明陶瓷也将是这个领域的未来研究方向。

总之，应用于激光照明领域的荧光陶瓷正在面临着大功率激发和高热负荷等挑战，但毫无疑问，未来的应用前景是非常光明的，如何制备出高量子效率、低热猝灭并且在较高功率密度下保持发光效率的透明陶瓷是未来的主要研究方向。

6.3.2 闪烁陶瓷

在之前的小节中，本书已经介绍了典型无机闪烁材料中的闪烁晶体和闪烁微晶玻璃这两种类型，在本节中将继续介绍闪烁陶瓷。和闪烁晶体和微晶玻璃类似，闪烁陶瓷同样可以吸收诸如 X 射线、γ 射线和中子等高能粒子的能量，并将其传递给发光中心，内部大量的次级电子和空穴复合从而完成发光过程。闪烁陶瓷与光电倍增管等探测器耦合，则可以应用于医疗诊断、生物成像和辐照探测等领域。评估闪烁材料的关键参数一般有光产额、寿命衰减时间、吸收截面、发射波长、发光效率和能量分辨率等。

闪烁晶体材料的光产额和寿命衰减时间等性能优异，在很多诊断和探测仪器上都实现了商业化应用，但单晶制备生长条件苛刻、尺寸规模受限、原料与设备生产昂贵，制约了其进一步发展。对于玻璃及微晶玻璃而言，非晶相的无规则结构使得其内部缺陷密度较高，非辐射复合概率较大。尽管玻璃及微晶玻璃优点众多，但如何提升其光产额等闪烁性能是目前亟须解决的问题。而闪烁陶瓷则有着相对较低的制备成本和较好的物理化学稳定性，易掺杂稀土离子，是非常具有潜力的闪烁体材料之一。

如前所述，闪烁体是辐照探测和医疗诊断设备的核心材料之一。以 X 射线计算机断层扫描（X-CT）设备为例，早期 X-CT 主要使用的是 Tl∶NaI 单晶，它具有闪烁效率高和成本较低等优点。然而，Tl∶NaI 单晶存在易吸收进而发生潮解、密度低等问题。随后，出现了 BGO 晶体应用于 X-CT 设备，其密度高且物理化学性质稳定，然而较低的光产额限制了其应用。20 世纪 80 年代，闪烁陶瓷逐渐引起了人们的关注。美国通用电气公司首次制备了用于 X-CT 设备 Eu 掺杂的（Y，Gd）$_2$O$_3$ 闪烁陶瓷。随后，由于 Pr^{3+} 具有数十纳秒的极快衰减时间，德国西门子和日本日立等公司制备了 Pr∶Gd$_2$O$_2$S 闪烁陶瓷，成功在 X-CT 设备中得以应用。同时，Ce^{3+}掺杂陶瓷也凭借着优异的闪烁性能在CT和探测器设备中都实现了商业化应用，如Ce:(Lu, Tb)$_3$Al$_5$O$_{12}$闪烁陶瓷，其光产额高达45000ph/MeV[84]。下面详细介绍研究较为成熟的Ce、Pr和Eu掺杂石榴石基和Gd$_2$O$_2$S基代表性闪烁陶瓷材料的发展历程及其应用，表6-6列出了典型闪烁陶瓷的性质[85]。

表6-6 典型闪烁陶瓷的性质[85]

闪烁体	密度/(g/cm^3)	发射波长/nm	光产额/(ph/MeV)	衰减寿命/ns
Tl:NaI	3.67	410	41000	230
Tl:CsI	4.51	550	66000	1220
BGO	7.13	480	9000	300
CdWO$_4$	7.9	495	20000	5000
Tb:Gd$_2$O$_2$S	7.3	545	60000	1000000
Pr, Ce, F:Gd$_2$O$_2$S	7.3	510	35000	4000
Eu, Pr:(Y, Gd)$_2$O$_3$	5.9	610	42000	1000000
Cr, Ce:Gd$_3$Ga$_5$O$_{12}$	7	730	40000	140000
Ce:(Lu, Tb)$_3$Al$_5$O$_{12}$	约6.6	585	45000	30
Ce:Lu$_2$SiO$_5$	7.4	420	26000	40

(1) 石榴石基闪烁陶瓷

石榴石结构通式一般为A$_3$B$_2$C$_3$O$_{12}$（A=Y、Lu、Gd等，B=Al、Ga等），属于立方晶系。以Lu$_3$Al$_5$O$_{12}$（LuAG）石榴石为例，其A位点为Lu^{3+}，B和C位点为Al^{3+}，Lu^{3+}占据了十二面体间隙，而四面体和八面体内则是Al^{3+}。早在1960年左右，YAG单晶就已经被制备出来，但最初由于发光效率低并没有得到大规模利用。直到20年后，Ce^{3+}和Pr^{3+}等稀土离子掺杂的石榴石具有较高的光产额、较快的衰减和优异的稳定性，在闪烁材料和激光增益介质材料领域受到了广泛的关注。

在制备方法上，石榴石基透明陶瓷的原料粉体可采用固相反应法、共沉淀法和真空烧结等方法制备。与此同时，Ce^{3+}和Pr^{3+}掺杂的石榴石具有极快的衰减时间和较高光产额的优点，因此这两种离子掺杂的石榴石闪烁体已经在很多领域实现了商业化应用。而Eu^{3+}、Cr^{3+}等稀土离子则表现出较慢的衰减时间，其能够应用的领域也受到限制。图6-19为稀土掺杂LuAG闪烁透明陶瓷的外观、辐射发光光谱、晶体结构、荧光发射光谱及其生物成像应用展示[84]。2012年，Yanagida等报道了Pr:LuAG闪烁陶瓷，其光产额超过同类型单晶的20%[86]。2014年，引入了缺陷工程后，Liu等共掺杂Mg^{2+}成功将Ce:LuAG闪烁陶瓷的光产额提升到了21900ph/MeV，表现出更高的光产额和更快的闪烁响应[87]。利弗莫尔国家实验室利用能带工程的指导思想成功制备了光产额超过50000ph/MeV的Ce:Gd$_{1.5}$Y$_{1.5}$Ga$_2$Al$_3$O$_{12}$（GYGAG）闪烁陶瓷，具有出色的分辨率[88]。随后，中国科学院宁波研究所采用了热等静压烧结法将Ce:GYGAG闪烁陶瓷的光产额提升到了61000ph/MeV，表明了稀土离子掺杂的透明陶瓷在闪烁体材料中有着巨大的发展前景[89]。

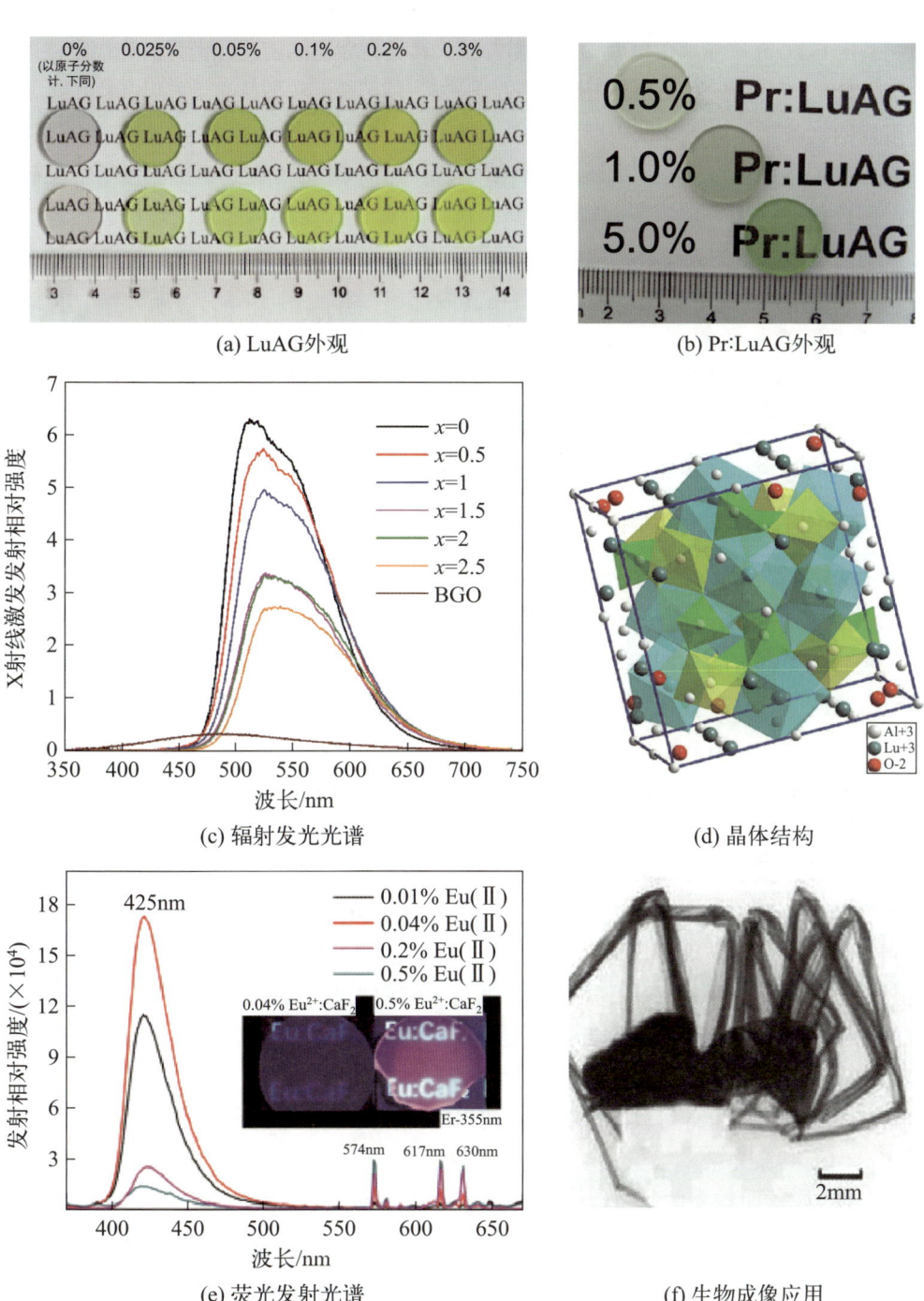

图 6-19 稀土掺杂 LuAG 闪烁透明陶瓷的外观、辐射发光光谱、晶体结构、荧光发射光谱及其生物成像应用展示[84]

（2）Gd_2O_2S 基闪烁陶瓷

Gd_2O_2S 属于六方晶系，每 3 个 Gd 离子包围一个 O 离子，同时每个 S 离子被 6 个 Gd 离子所包围，形成了 Gd-O-Gd 层与 S 层叠加的稳定结构。由于具有较高的熔点和易挥发的 S 元素，难以制备出 Gd_2O_2S 单晶。在物理化学性能方面，其具有较高的密度、优异的热稳定性以及较大的禁带宽度，所制备的 Gd_2O_2S 闪烁陶瓷在 X-CT、辐照探测和增感显示方面有较好的应用。

陶瓷的制备工艺对于降低内部孔隙率，提升透明度和闪烁性能尤为关键。通常情况下，闪烁陶瓷可先将原料粉末压制成坯体再烧结致密，然而 Gd_2O_2S 在过高的温度下会使硫大量挥发，因此需要施加一定的压力辅助烧结。例如可通过前文提到的热压烧结、热等静压烧结和流动惰性气氛下的无压烧结等方法制备 Gd_2O_2S 闪烁陶瓷。

由于 Gd_2O_2S 基质不发光，因此需要在其内部掺杂稀土离子实现闪烁过程。Pr 掺杂的 Gd_2O_2S 陶瓷具有极快的衰减和较低的余辉，这有利于医用扫描成像方面的应用。研究发现，微量的 F^- 共掺杂既能够减少 $Pr:Gd_2O_2S$ 陶瓷的余辉，又能够使得光产额有一定的增加。同时，Ce^{3+} 共掺杂后，其转换成的 Ce^{4+} 形态载流子俘获中心同样也能降低余辉。因此，Pr，F，$Ce:Gd_2O_2S$ 闪烁陶瓷被日立、西门子、飞利浦和东芝等众多企业应用于 X-CT 设备中。

6.3.3　固态激光器用发光陶瓷

自 1960 年梅曼以红宝石作为增益介质制备成世界上第一台固态激光器以后，激光技术进入了高速发展通道，并广泛应用于国防军事、工业制造和医学治疗等领域。特别地，以激光二极管为泵浦源和石榴石基激光增益介质组成的固态激光器具有发光效率高、体积小和重量轻等优点，在商业化市场占据了一定地位。按组成结构来说，固态激光器主要包括泵浦源、增益介质和谐振腔三部分，其中增益介质起到了转换能量和实现激光输出的作用，决定了激光器的功率、效率和发光性能等关键因素。图 6-20 展示了固态激光器装置实物图和原理[90]。

激光增益介质主要有激光晶体、玻璃和陶瓷等类型，在之前的小节中已经介绍了激光晶体和玻璃。由于制备工艺和生长尺寸的约束，光学和力学性能优异的激光晶体在应用方面受到了限制。尽管玻璃的尺寸已经达到了米级，但非均匀的晶体场和较差的热机械性能使得其更适合用于低重复频率、短脉冲和低功率的激光器。而随着制备工艺的发展，激光陶瓷的光学和物理化学性能逐渐赶上甚至超过单晶材料，并且其有着可大尺寸和大规模生产等优势，在固态激光器领域具有可观的发展前景。

早在 1966 年，Hatch 等就首次报道了使用氙灯作为泵浦源，实现了 $Dy:CaF_2$ 陶瓷的激光输出，然而其激光效率很低[91]。1980 年左右，在 $Nd:YAG$ 晶体的启发之下，研究人员尝试进行 YAG 透明陶瓷的制备。早期，由于工艺还不成熟，所制备的陶瓷具有较低的透明度和较高的孔隙率。加上当时激光器构造技术的限制，以陶瓷作为增益介质的性能离单晶还有一定差距。直到 1995 年，Ikesue 等首次成功制备出了高品质的 $Nd:YAG$ 透明陶瓷，在 1064nm 发射的斜率效率达到了 28%，已经不逊色于单晶激光器[92]。以 YAG 为代表的石榴石基陶瓷具有各向同性、稳定的立方相、较宽的光学透过范围、高热导率和较低的泵浦阈值等众多优点。随后，各种稀土元素掺杂的 YAG 基陶瓷被不断报道，除了 Nd 以外，还有 Yb、Tm、Ho、Er 等，涵盖了较宽的发射波段，下面进行详细介绍。

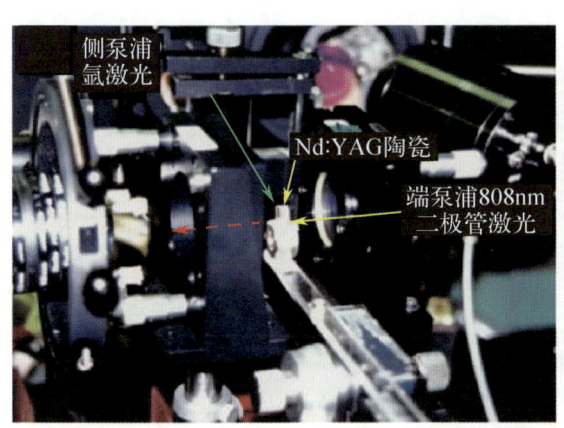

(a) 装置实物图

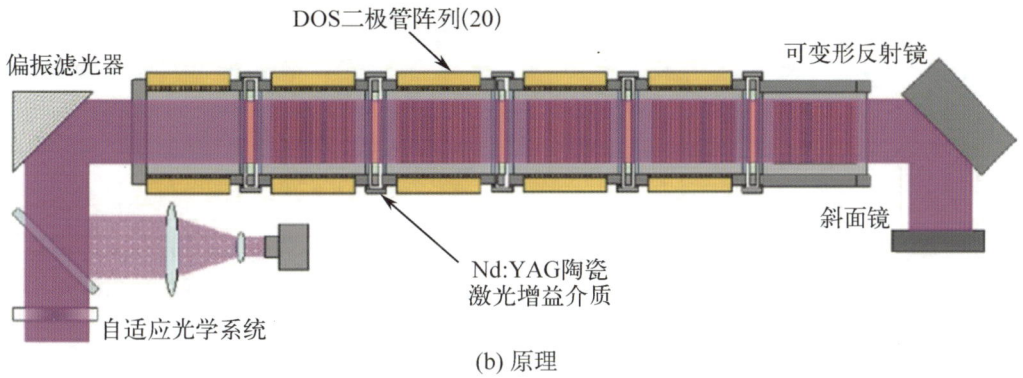

(b) 原理

图 6-20 固态激光器装置实物图和原理[90]

(1) Nd 掺杂 YAG 陶瓷激光器

2000 年，Ueda 课题组和 Lu 等将 Nd:YAG 透明陶瓷的最高斜率效率和激光输出功率分别提升到了 55.4% 和 1.46kW，极大地推进了其实际应用[93-94]。2005 年，达信公司将 Nd:YAG 陶瓷的激光输出功率提升到了 5kW[95]。然而很快，时隔一年后这一纪录被利弗莫尔国家实验室大幅度超越[96]。该实验室将 5 块尺寸为 100mm×100mm×20mm 板条型 Nd:YAG 陶瓷串联在一起作为增益介质，从而实现了 67kW 的输出功率。2009 年，达信公司增加了板条型 Nd:YAG 陶瓷的数量、长度和体积，同时改善了激光器的热效应，最终实现了 100kW 的激光输出功率，正朝着 1MW 超高量级的功率发展[97]。除了 1064nm 以外，Nd:YAG 陶瓷在波长选择元件的帮助下还可以在 900nm、1300nm 和 1400nm 波长左右实现激光发射。图 6-21 为 Nd 掺杂 YAG 陶瓷激光器装置、光谱特性、斜率效率和材料组成结构[98]。

(2) Yb 掺杂 YAG 陶瓷激光器

Yb^{3+} 掺杂的 YAG 陶瓷同样研究较为成熟，其发射峰与吸收峰更接近，且有着较长的荧光寿命和较高的猝灭浓度等优点。图 6-22 为 Yb 和其他稀土离子掺杂陶瓷激光器装置及其斜率效率。2003 年，Yb:YAG 陶瓷被 Takaichi 等首次报道，实现了最大功率为 345mW 的连续激光输出[99]。2019 年，Jiang 等利用真空烧结和热等静压法制备了 1mm×10mm×60mm 的大尺寸 Yb:YAG 陶瓷，在 940nm 的 LD 泵浦下发出了 1030nm 的激光发射，输出功率高达 1.25kW，

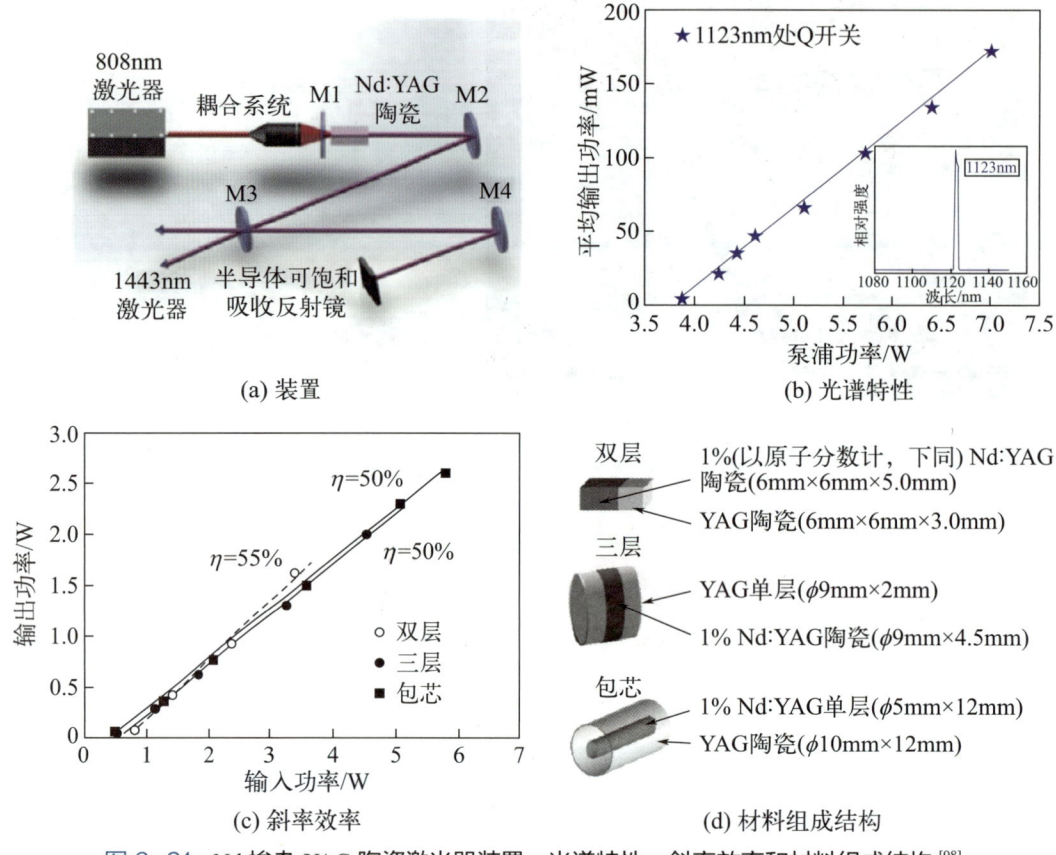

图 6-21 Nd 掺杂 YAG 陶瓷激光器装置，光谱特性，斜率效率和材料组成结构[98]

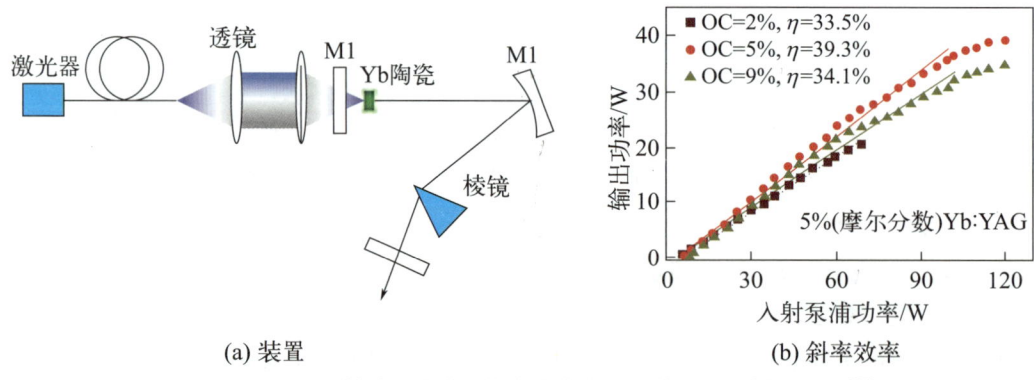

图 6-22 Yb 和其他稀土离子掺杂陶瓷激光器装置及其斜率效率[98]

斜率效率为30%[100]。同时，Meng等制备了板条型Yb：YAG陶瓷激光器，最高输出功率和斜率效率分别高达6.2kW和72.1%[101]。

(3) Tm、Ho、Er 掺杂 YAG 陶瓷激光器

除了 Yb/Nd：YAG 陶瓷激光器之外，发射波段位于 1.4~2μm 的 Tm、Ho、Er 掺杂 YAG 陶瓷激光器同样也备受关注，在遥感、军事对抗、通信和雷达等领域有着重要的作用。2015 年，Gluth 等报道了 Tm：YAG 陶瓷在 2μm 波段左右实现了可调谐激光输出[102]。2016年，Wu 等设计了平面波导型 Ho 掺杂 YAG 陶瓷激光器，最大功率为 530mW，激光输出波

长为 2.09μm[103]。

综上可见，自 1964 年首次作为激光器增益介质以来，短短的数十年间陶瓷激光器在功率和效率等激光性能方面实现了长足的发展，相信凭借着稀土发光陶瓷固有的优势，其在未来仍会有更广阔的发展空间。

6.4 稀土光纤与应用

由于抗干扰性能优异、传输速度快和损耗较小等众多优点，稀土有源光纤不仅在光通信领域有着重要应用，还能应用于激光技术领域。其中，以光纤作为增益介质的器件成了第三代激光器的代表。具体地说，光纤激光器拥有高转换效率和输出功率、可调谐波长、优异稳定性和小型易集成等优点，吸引了众多学者们的关注。此外，稀土光纤还可以应用于传感领域，所制备的传感器具有更高的传感精度和分辨率，能够在复杂环境下检测到传感变量。本节主要介绍了稀土光纤在通信、激光器和传感器领域中的发展历程、作用机理和应用展望。

6.4.1 稀土光纤通信

1966 年，被誉为"光纤之父"的高锟教授首次将石英制备成光纤，展示了其在通信领域应用的可能性[104]。1970 年，美国康宁玻璃公司利用气相沉积法成功制备出了传输损耗低于 20dB/km 的光纤[105]。其中，稀土光纤实现通信的原理如图 6-23 所示[106]。光纤通信在过去的几十年中迅速发展，凭借着较宽的传输频带、较高的抗干扰性和较小的信号衰减等优势已经成了全球通信的主要方式之一，高锟教授也因此获得了 2009 年诺贝尔物理学奖。我国也较早地开始了对光纤通信的研究。1976 年，武汉邮电科学研究院（现在转制并更名为烽火科技集团）制备出了国内第一根光纤。经过几十年的快速发展，我国在光纤材料、性能与应用技术方面不断进步，对社会发展和通信技术产生了重要的推进作用。

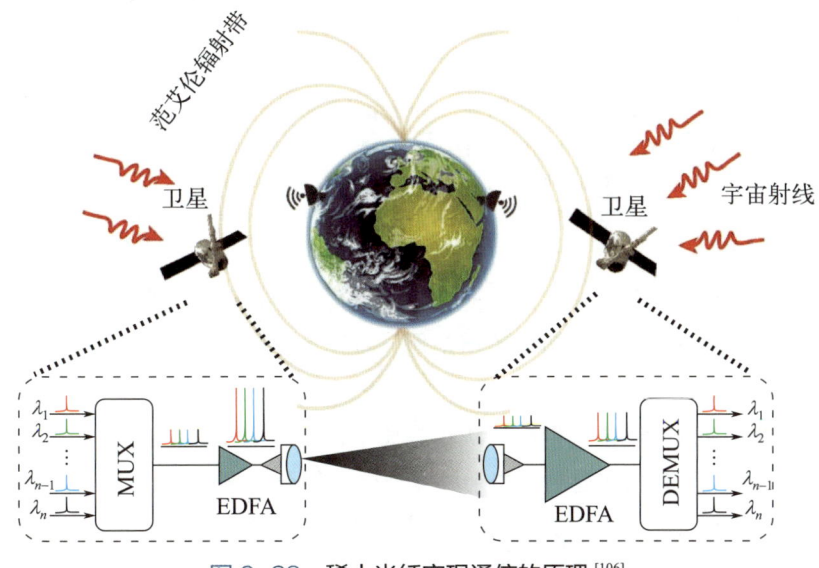

图 6-23　稀土光纤实现通信的原理[106]

MUX—复用器；EDFA—掺铒光纤放大器；DEMUX—解复用器

光纤既可以用于通信领域，也可以在通信光纤的基础上改变其制备技术、掺杂成分和波导结构等特性，使其能够满足特殊场景下的应用需求，也就是特种光纤。一般地，光纤的基质选择可以是石英或者其他更多的组分。和闪烁体类似，光纤也分为稀土掺杂和不掺杂稀土离子两种类型。目前，掺杂不同稀土元素的光纤有着不同的工作波长、特点以及主要应用场景，如图6-24所示，也是本节介绍的重点[107]。其中，Er掺杂光纤可以用于制备光纤放大器，在通信领域有着较为广泛应用，而掺Nd、Yb、Ho和Tm等稀土元素的光纤激光器，则可用于工业加工、国防军事、生物医疗和雷达等多个领域。

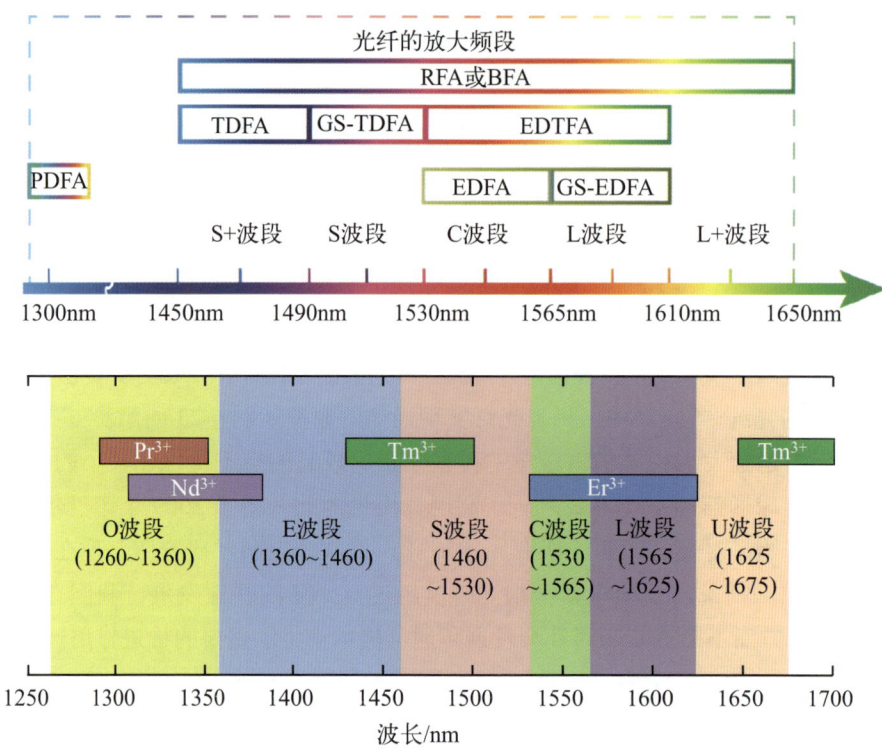

图6-24 不同稀土离子光纤的放大频段[107]

PDFA—掺镨光纤放大器；RFA—拉曼光纤放大器；BFA—布里渊光纤放大器；
TDFA—掺铥光纤放大器；GS-TDFA—增益位移掺铥光纤放大器；
EDTFA—碲基掺铒光纤放大器；GS-EDFA—增益位移掺铒放大器

稀土掺杂光纤通常具有较为复杂的设计和制备工艺，以保证所应用的器件能够达到较高的转换效率、低噪声、高输出功率和稳定性。特别地，除了石英材料的化学沉积，稀土离子的高质量掺杂也尤为重要。目前，稀土掺杂光纤的沉积工艺主要包括外部气相沉积法、轴向气相沉积法、改进的化学气相沉积法和等离子化学气相沉积法。其中，改进的化学气相沉积法（MCVD）具有操作简易、掺杂浓度与合成组分易调控等优点。MCVD是一项基于热泳效应的制备方法，具体是通过对反应衬管内部的化学原料进行高温旋转加热，原料充分发生化学反应后形成的产物均匀沉积在衬管内壁并熔融成实心玻璃化的芯棒，相关反应方程见式（6-15）～式（6-19）。

$$SiCl_4 + O_2 \longrightarrow SiO_2 + 2Cl_2 \uparrow \qquad (6\text{-}15)$$

$$GeCl_4 + O_2 \longrightarrow GeO_2 + 2Cl_2 \uparrow \qquad (6\text{-}16)$$

$$4POCl_3 + 3O_2 \longrightarrow 2P_2O_5 + 6Cl_2 \uparrow \qquad (6\text{-}17)$$

$$4YbCl_3 + 3O_2 \longrightarrow 2Yb_2O_3 + 6Cl_2 \uparrow \qquad (6\text{-}18)$$

$$4AlCl_3 + 3O_2 \longrightarrow 2Al_2O_3 + 6Cl_2 \uparrow \qquad (6\text{-}19)$$

稀土掺杂光纤的典型制备流程如图 6-25 所示[106]，详细介绍如下：

① 反应前准备。首先准备好光纤沉积所用的高纯原材料和反应所需的其他材料。其次利用稀释的 HF 溶液清洗衬管，将清洗后的衬管连接进料和气体排放管。最后准备好高温加热灯并检查整体装置的稳定性。

② 芯棒沉积。首先需要沉积阻挡层，其目的是减少其他杂质对所制备光纤的污染，同时也可以降低损耗。随后沉积疏松层，反应生产的产物逐步在衬管内壁玻璃化。

③ 稀土掺杂。可采用液相掺杂，将配制好的稀土溶液从进气端注入衬管内，竖直旋转实现稀土离子的均匀掺杂，溶液内亦可添加其他共掺杂离子。

④ 干燥脱水。芯棒沉积与稀土掺杂完成后，向衬管内通入氮气干燥。随后通入氯气在高温下脱水。

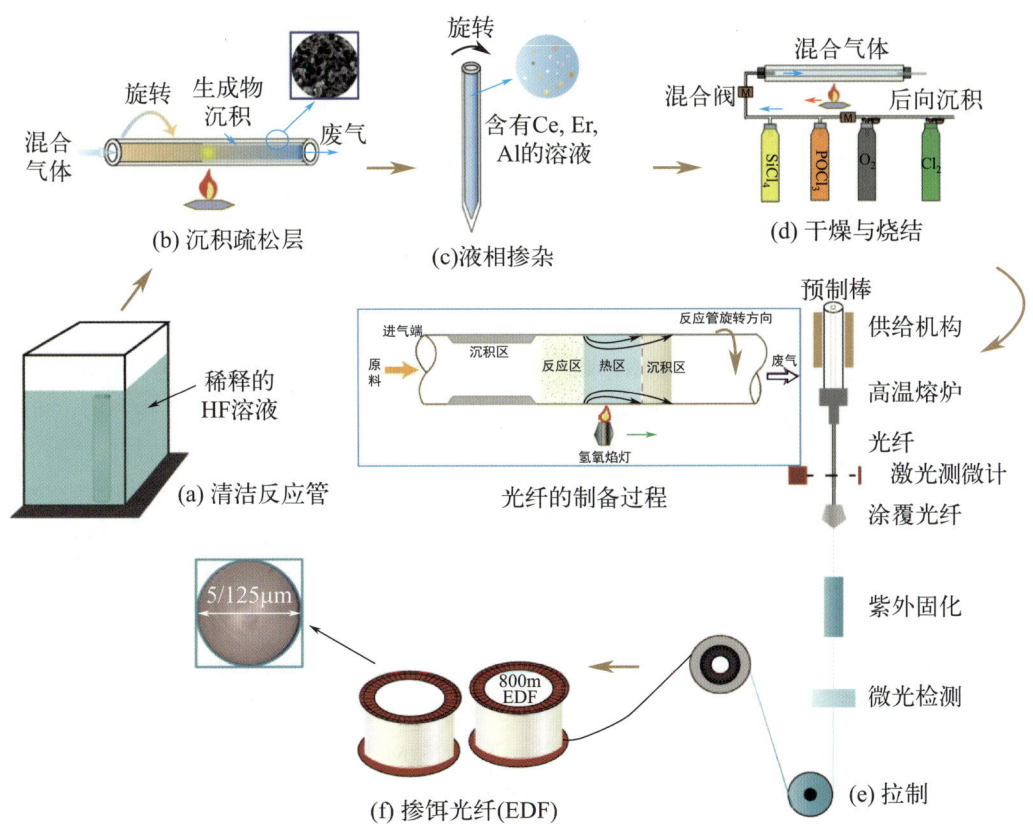

图 6-25　稀土掺杂光纤的典型制备流程过程[106]

⑤ 玻璃化加工。在适合的气氛和温度下，使得芯棒完全形成实心玻璃棒。

⑥ 拉制与测试。依靠重力与高温，在拉丝塔上完成对玻璃化芯棒的拉丝过程，这一过程需要精细的制备工艺。随后对制备完成的稀土掺杂光纤进行性能测试。

现代光通信作为一项新兴的技术在短短几十年内就已经实现了飞速的进展。特别地，由于消除了光-电-光信号放大的限制，光放大器的出现有力地推动了光纤通信在长距离方面的传输，其装置如图 6-26 所示。光放大器一般可分为半导体光放大器（SOA）、非线性光纤放大器和掺杂光纤放大器。虽然 SOA 具有低成本、功耗和体积小等优点，但 SOA 有着较大的噪声系数，且稳定性较低。非线性光纤放大器具有优异的特性，一般需要较高的泵浦功率，在某些特定场所也有着诸多应用。而掺杂光纤放大器是将常见的稀土元素（如 Er、Yb、Nd 和 Pr 等）掺入光纤，具有许多优势，被广泛应用于光放大器、光纤激光器和传感器等领域。尤其是 Er 掺杂光纤放大器（EDFA）凭借着低耦合损耗、高泵浦效率、良好兼容性和较大增益带宽等优点，成了目前应用最为广泛、技术最为成熟的一种光放大器。

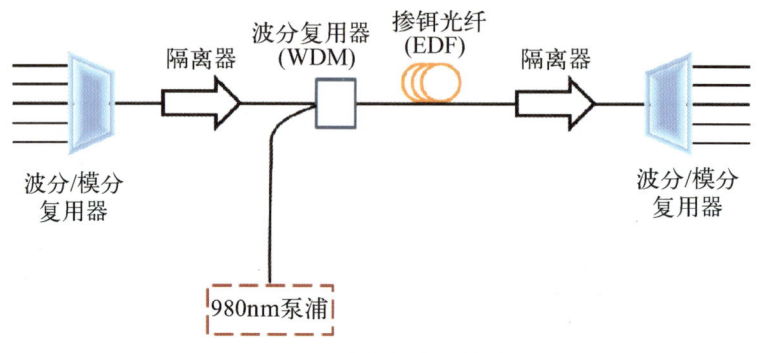

图 6-26　光纤放大器的装置

EDFA 的结构主要由掺 Er 光纤（EDF）和泵浦源构成，不需要激光器中的谐振腔。具体地，EDFA 的工作基本原理是在泵浦源的激发下 Er^{3+} 能级上的电子可从 $^4I_{15/2}$ 跃迁到 $^4I_{11/2}$。由于亚稳态 $^4I_{13/2}$ 的寿命长，更易积累粒子数，位于 $^4I_{11/2}$ 上的电子会无辐射跃迁到 $^4I_{13/2}$ 能级。最终，在基态能级与亚稳态能级之间会发生粒子数反转这一激光形成的必要条件。此时，受激辐射发射出的光子频率、相位和传播方向一致。通过改变 Er^{3+} 掺杂的浓度与方式，可以调节 EDFA 放大信号增益和噪声特性。通常，EDFA 采用的半导体激光器泵浦源发射波长为 980nm 和 1480nm。如果信号光与泵浦源的传播方向相同，即正向泵浦时，粒子数反转系数较高，噪声系数较小。如果传播方向相反，即反向泵浦，会导致噪声系数的增大，但能够提升泵浦的转换效率。隔离器的作用是减弱光的反射，以增强输出效率，同时避免反射光引起噪声。而波分复用器（WDM）则可以将泵浦源的光和信号光同时耦合入掺铒光纤中。

1961 年，Snitzer 首次提出了光纤放大器的概念[108]。然而，此后的二十年内，由于光纤制备工艺的限制以及稀土 Er^{3+} 掺杂光纤未被发现、光纤损耗过大、耦合效率太低和泵浦要求过高等缺点，光纤放大器难以应用于实际。直到 20 世纪 80 年代，英国南安普顿大学 Poole 和 Townsend 等首次提出基于气相和溶液掺杂的 MCVD 制备工艺，使得所制备的稀土掺杂光纤性能大大提升，从此给 EDF 和 EDFA 器件的发展按下了加速键[109]。以 EDF 为核心的 EDFA 在放大光信号方面展现了极大的传输容量和信号通道的高效利用优势，为光纤通信技术的推进作出了重要贡献。对于单模传输系统，EDFA 于 1990 年左右就已经实现了近 9000km 的中继传输，数年后成了长距离光通信中应用最为广泛的中继传输器件。21 世纪以来，研究人员进一步改善了 EDFA 在增益、信号、噪声和集成度等方面的表现。2004 年，Lu 等报道了基于双级放大结构的 EDFA，放大增益可达 71dB，并于 1550nm 处的输出功率达到了 4.37W[110]。2019 年，Sarojini 等研究发现正向泵浦方案对 Yb/Er 共掺光纤放大器的输出效果更加有利[111]。不同于单模系统，由 Berdagué 等于 20 世纪 80 年代提出的空分复用系统被称为光通信的第二次革命，其在某一信号下可同时支持不同信息的多个模式，引起了众多学者的研究。英国南安普顿大学率先将可支持的模式从 3~5 个增加到了 8~10 个，增益可达 19dB。在 2017 年的国际光纤通信会议上，有学者表明在理论上已经可实现放大至 36 个模式。表 6-7 列出了近十年光纤放大器的发展历程及其特性。然而，模式的增加会对整个系统的要求不断提升，在未来仍需要进一步优化和改善。

表 6-7 近十年光纤放大器的发展历程及其特性

年份	研究内容	研究成果
2012	阶跃折射多模掺铒光纤放大器的特性	单模增益：20dB 模间增益差：2dB
2013	增益平坦化的研究	增益平坦度：(24 ± 0.29)dB
2013	研制环形掺铒光纤	平均增益：22dB 模间增益差：3dB
2014	研制新型双环掺铒光纤	平均增益：21.3dB 模间增益差：0.6dB
2015	基于微结构的少模掺铒光纤的增益均衡设计方法	平均增益：19.2dB 增益平坦度：0.14dB
2016	研制新型的铒镱共掺光纤放大器	增益平坦度：0.12dB
2017	研制无自发辐射的可调谐连续掺铒镱共掺光放大器	平均增益：19.4dB
2017	研制新型低噪声、高增益双路掺铒光纤放大器	平均增益：20.14dB 噪声指数：3.86dB
2020	使用 C 波段光源泵浦石英光纤增加 L 波段的增益值	平均增益：20dB 噪声指数：5.7dB
2021	研制高峰值功率脉冲放大的锥形掺铒光纤放大器	泵浦转换效率：15.6%
2021	开发出一种掺铒镱共掺光纤，通过增加光纤芯中的磷含量提高其泵浦效率	泵浦转换效率：35.5%
2021	研制基于线性腔结构的双向掺铒光纤放大器	平均增益：15.52dB 噪声：3.25dB
2022	研制新型的 L-频段石英基掺杂光纤	单级泵浦结构增益 10.5dB 噪声指数 5.9dB 多段放大结构增益 23.4dB
2023	研制具有 18μm、124μm 和数值孔径为 0.119 的少模掺铒光纤	平均增益：19.4dB 差分模态增益：最高 0.66dB，最低 0.46dB

6.4.2 稀土光纤激光器

早在首台红宝石激光器问世的第二年，即 1961 年，美国光学公司 Snitzer 就已经实现了稀土 Nd 掺杂棒状玻璃波导位于 1064nm 处的激光输出,并提出了光纤激光器的概念。和光纤放大器类似,直到 20 世纪 80 年代,贝尔实验室和英国南安普顿大学在制备工艺和稀土掺杂技术方面的开创性研究使得光纤激光器开始了高速发展。

相比于气体和固体激光器,光纤激光器凭借着峰值功率高、脉冲短、精度高等特性及其独特的天然优势在光通信、生物医疗、激光诊断和工业加工等领域得到了越来越多的应用。表 6-8 总结了不同稀土离子掺杂激光器的工作波长、特点和应用场景。随着信息时代的发展,能够承载更多信息的超宽带光纤放大器和激光器的研究显著提升了光纤传输信息的带宽,覆盖了从原始到超长波段的 O、E、S、C、L、U 等六个波段。此外,光纤激光器还具有保密性优异和传输距离远的优点。据预测,2028 年全球光纤激光器将会达到近 90 亿美元的市场规模。

表 6-8 不同稀土离子掺杂激光器的工作波长、特点和应用场景

稀土元素	典型工作波长	主要特点	主要应用场景
铒(Er^{3+})	1550nm	增益平坦、低噪声、性能稳定	光纤通信
钕(Nd^{3+})	1060nm	高功率	工业加工、国防等
镱(Yb^{3+})	1060nm	高功率、高电光效率等	工业加工、国防等
铥(Tm^{3+})	1600~2000nm	人眼安全、远红外、抗干扰	国防、生物医疗等
钬(Ho^{3+})	2000nm	人眼安全、远红外、抗干扰	生物医疗、雷达
铒镱共掺(Er^{3+}/Yb^{3+})	1550nm	高增益输出、低噪声	光纤通信
铒铋共掺(Er^{3+}/Bi^{3+})	O/C/L 波段	适合共掺、多波段放大	光纤通信

表 6-9 列出了光纤激光器类型的分类。从结构上来说,光纤激光器的三个主要部分是增益介质、泵浦源和谐振腔。增益介质是以稀土掺杂的光纤为主,和稀土掺杂光纤放大器类似,它能够在受到有效激发时其中的稀土离子发生能级跃迁,从而实现粒子数反转。一般地,处于激发态的粒子会以自发辐射和受激辐射两种方式跃迁回基态,前者不受外界影响,粒子跃迁是自发和任意性的,所产生光子在传播方向、相位和频率也是不同的。而后者则需要在外界场的激发下才能辐射出一个与泵浦源传播方向和相位等性质完全相同的光子。并且此时所产生的是相干光,能够发生光的干涉和衍射效应。泵浦源的作用是使得光纤中的稀土离子发生粒子数反转。谐振腔则是施加一个能够让腔内的光子多次反射以达到谐振放大效果的反馈机制。图 6-27 为 Er 掺杂光纤截面图和单频光纤激光器装置的两种结构[112]。

表 6-9 光纤激光器类型的分类

分类	光纤激光器类型
光纤结构	单包层光纤激光器,双包层光纤激光器,微结构光纤激光器等
谐振腔结构	F-P 腔光纤激光器,DBR 光纤激光器,DFB 光纤激光器,环形腔光纤激光器等
基质材料	石英玻璃光纤激光器,氟化物玻璃光纤激光器,硫系玻璃光纤激光器,磷酸盐玻璃光纤激光器,锗/碲酸盐玻璃光纤激光器,微晶玻璃光纤激光器等
发光中心	稀土离子掺杂光纤激光器,过渡金属离子掺杂光纤激光器,量子点光纤激光器等
输出波长	可见波段光纤激光器,近红外波段光纤激光器,中远红外光纤激光器等
工作方式	连续光纤激光器,脉冲光纤激光器等

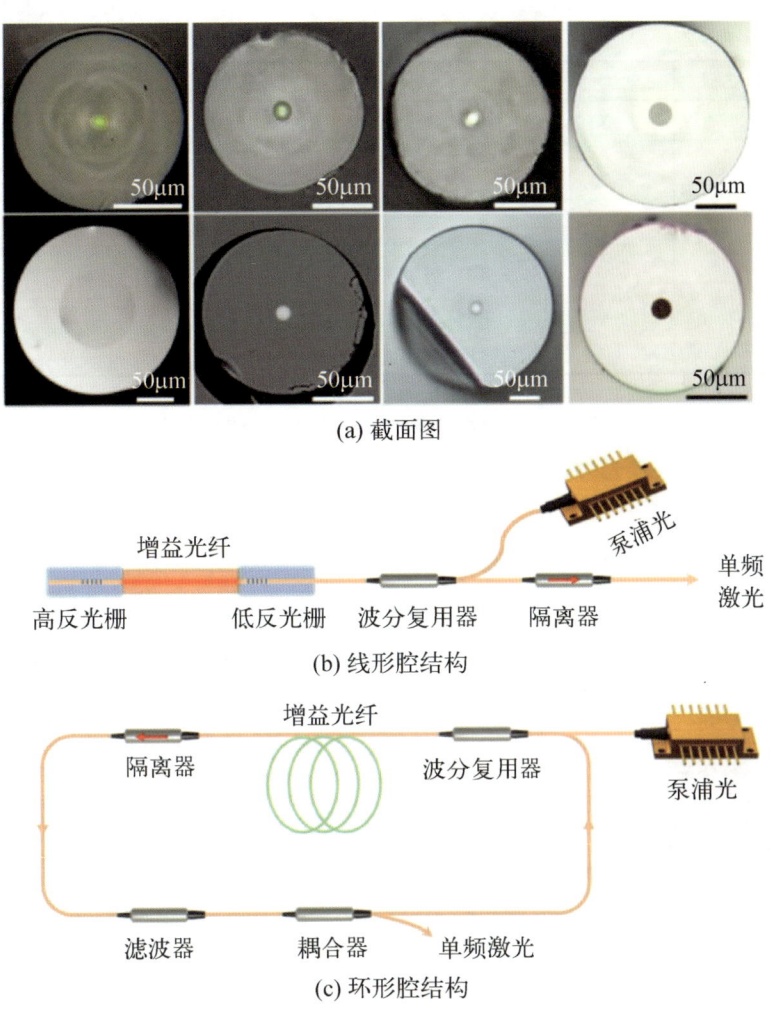

图 6-27　Er 掺杂光纤截面图和单频光纤激光器装置的两种结构[112]

1988 年，英国南安普顿大学的 Hanna 等采用了上述介绍的 MCVD 光纤制备工艺和稀土溶液掺杂技术成功制备出了 Yb 掺杂光纤，并在 1015～1140nm 范围处实现了连续激光输出，峰值输出功率大于 4mW，斜率效率为 15%[113]。研究发现，Yb^{3+} 具有更宽的激发光谱，较大的吸收截面和较高的斜率效率。随后，研究学者为了解决单模光纤在泵浦功率耦合方面的限制，研制出了包层泵浦和双包层光纤技术。1999 年，美国 SDL 公司使用了双包层稀土掺杂光纤，模场直径为 9μm，通过 180W 半导体激光器的泵浦于 1120nm 实现了 110W 的单模激光输出[114]。为了进一步增加光纤激光器的输出功率，增加光纤模场直径是一种有效的方案。2004 年，英国南安普顿大学将模场直径提升到 43μm，并采用了双包层 Yb 掺杂光纤和高功率的端面泵浦技术，首次成功将 Yb 掺杂光纤激光器的输出功率带入了千瓦级别，斜率效率高达 80%[115]。发展至今，实验室已经具备调谐任意波长、功率和输出参数的光纤激光器技术。表 6-10 列出了光纤激光器的发展历程。同时，2018 年的诺贝尔物理学奖颁发给了高功率超短脉冲光纤激光器，也标志着光纤激光器的影响进一步扩大。

表 6-10　光纤激光器的发展历程

年份	研究进展
1988	双包层光纤
1994	掺镱双包层光纤
1999	百瓦级光纤激光器
2004	大规模双包层光纤及千瓦级光纤激光器
2009	级联泵浦技术与万瓦级光纤激光器
2013	光束合成与十万瓦级光纤激光系统
2018—至今	"任意波长、任意脉宽、任意功率"光纤激光器

国内对于光纤激光器的研究虽然起步较晚，但也在与时俱进。2002年，上海光机所制备了 Yb 掺杂双包层玻璃光纤，输出功率为 4.9W[116]。2006年，清华大学将 Yb 掺杂光纤的激光输出功率提升到了 714W[117]。2013年和 2018年，武汉锐科公司和深圳大族激光公司将 Yb 掺杂光纤激光器的输出功率分别提升到了 10kW 和 20kW 级别[118]。笔者所在的华南理工大学光通信材料研究所团队也在这一领域作出了重要的贡献。图 6-28 为 Yb 掺杂光纤激光器的泵浦功率和发射特性，输出功率可达 7030W[119]。国内在光纤激光器的制备工艺和技术上愈发成熟，达到了国际先进水平。

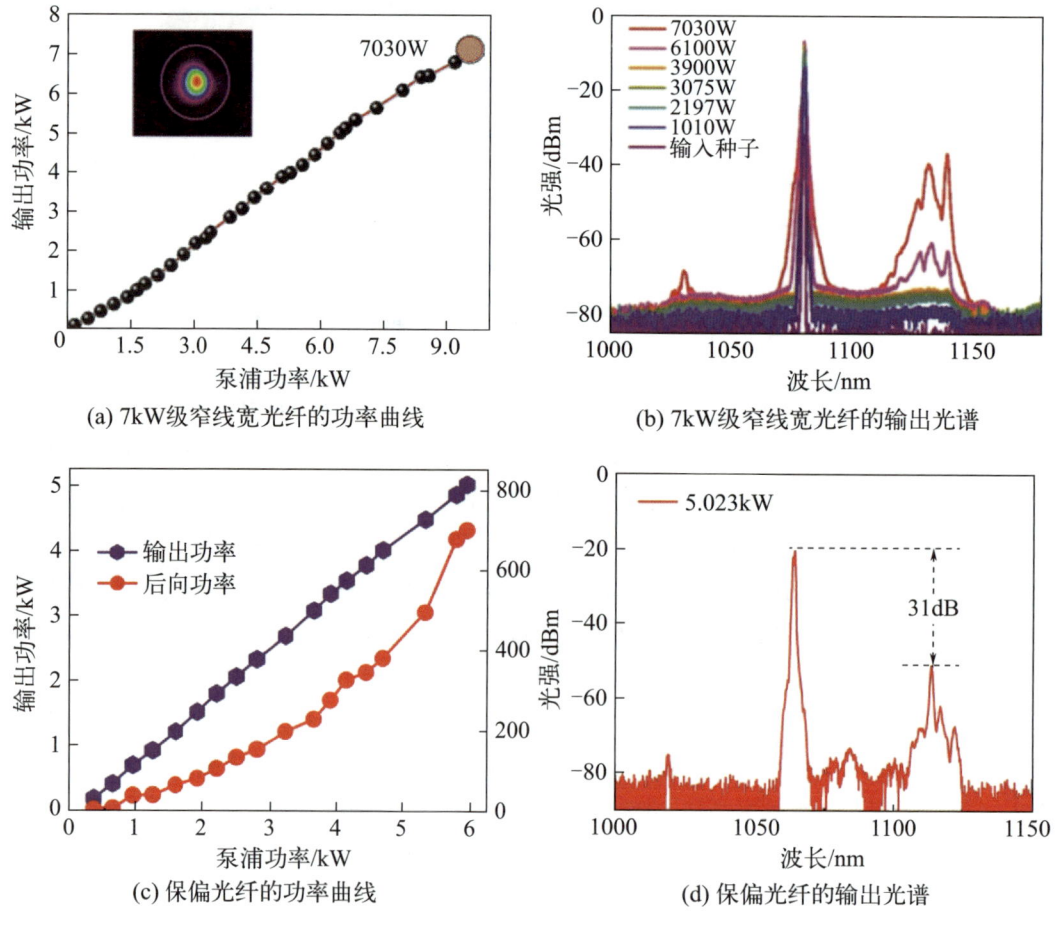

图 6-28　Yb 掺杂光纤激光器的泵浦功率和发射特性[119]

6.4.3 稀土光纤传感器

稀土离子掺杂的光纤不仅在通信和激光器领域有着广泛应用，还在传感器领域上展现出快速发展的潜力。相对于其他经典传感器，光纤传感器具有更高的信噪比、传感精度和分辨率，更易于在特殊复杂环境下检测到环境变量的改变，诸如温度、应力、气体、曲率、浓度和pH值等众多传感变量。下面进行详细介绍。

(1) 稀土光纤温度传感

温度是一种非常重要和常见的物理量之一，人类漫长的文明史以至在未来仍会与温度息息相关。环境和生物温度的精确测量重要性不言而喻，关乎科学技术、工业生产、生物医疗和监测等各个领域的发展。随着21世纪的到来，对于温度传感技术在工作场合复杂程度和精确度等方面的要求也愈发严格。目前，研究人员已经发明了众多类型的测温计，如热电偶、红外温度计、半导体温度传感器、压力计和液体温度计等。按照使用方式，这些温度计可分为以水银体温计和热电偶为代表的接触式传感器和以红外温度计为代表的非接触温度传感器两种类型。经过不断的发展，上述温度传感器尽管技术已经相当成熟，但受强电磁场、高压和工作温度等环境因素的影响较大，从而影响测量精度和误差。

光纤温度传感具有较高的抗干扰能力，在电磁场、高压和腐蚀性环境下也能够保持较高的测量精度。具体地，稀土光纤温度传感技术是将光纤与稀土发光中心结合所形成的探针，依靠发光中心对温度的敏感程度而实现精确测温的方式。从测温原理角度，稀土光纤温度传感主要包括荧光强度法、荧光强度比法和荧光寿命法等。

以荧光强度比法为例，它是基于荧光强度法的基础上加以改善的，具有更高的抗干扰能力、稳定性和测温精度，显著减弱环境和材料自身对于测温的负面影响。第5章已详细介绍了荧光测温机理，此处不再赘述。除第5章所述上转换发光材料外，下转换的荧光材料也可以用于温度传感。Zhu等制备了Sm^{3+}掺杂的YAG单晶光纤，在405nm激光激发下有明亮的红色下转换发光，还利用荧光强度比技术对光学温度传感特性进行了详细的研究[120]。如图6-29所示，将Sm^{3+}掺杂的YAG单晶光纤作为温度传感探头，与YAG单晶光纤耦接。Sm^{3+}的$^4F_{3/2}$和$^4G_{5/2}$是一对热耦合能级，其跃迁到基态的发射峰FIR随着温度的升高而单调增加，温度测量范围可扩展到1178K，最大绝对灵敏度S_a和最大相对灵敏度S_r分别为$3.046\times10^{-4}K^{-1}$（1129K）和$5.033\times10^{-3}K^{-1}$。Tu等基于Yb/Er共掺杂的碲酸盐玻璃光纤温度计在293~569K温度范围内实现了对温度的精确测量，Yb^{3+}在增加吸收截面的同时也大大增强了Er^{3+}热耦合能级的上转换绿光发射，在553K时最大灵敏度达到了$86.7\times10^{-4}K^{-1}$，绝对误差在$\pm1K^{-1}$左右[121]。Yang等同样也设计了基于荧光强度比法的Yb/Er掺杂光纤传感器，并能够实时测量复杂环境下的反应温度。980nm泵浦光通过隔离器激发Y型光纤，随后经探头传输到光谱仪并由计算机处理信号。在420K时达到最高测温灵敏度$6.7\times10^3K^{-1}$[122]。

(2) 稀土光纤压力与曲率传感

在各种建筑结构和工业生产领域，拉力和弯曲曲率一直是非常重要的参数，光纤传感器具有响应速度快、灵敏度高、稳定性好和抗干扰与腐蚀性能力强等优点，可实现拉力与弯曲曲率传感器领域，装置和压力传感器如图6-30所示。光纤传感器受到拉力作用时，

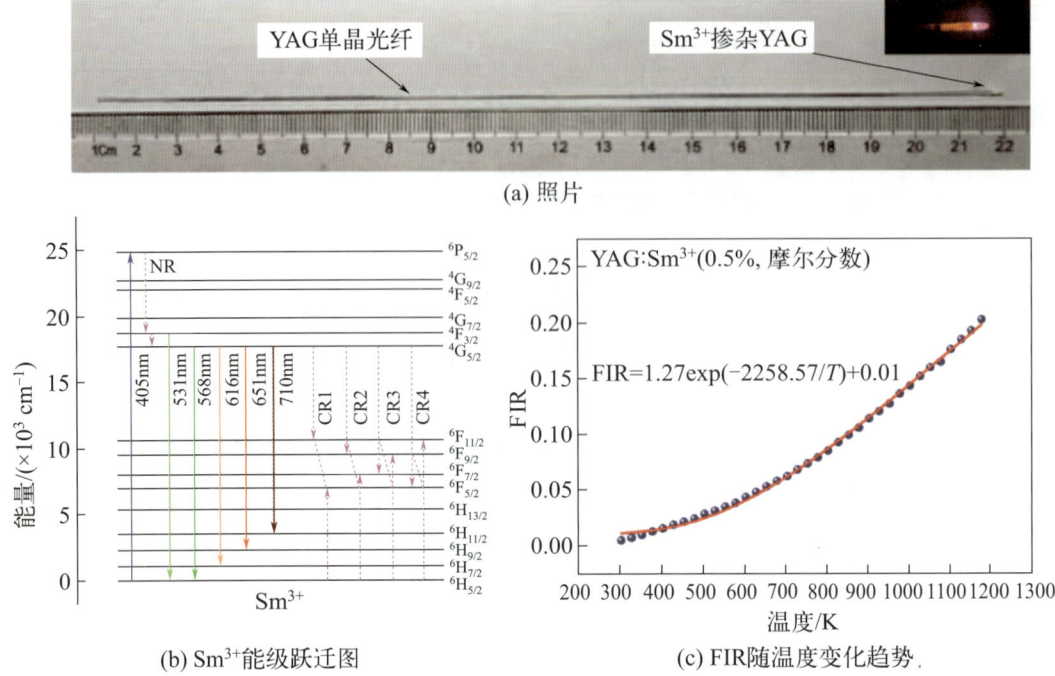

图 6-29 Sm^{3+} 掺杂 YAG 单晶光纤的照片，Sm^{3+} 能级跃迁图和 FIR 随温度变化趋势[120]

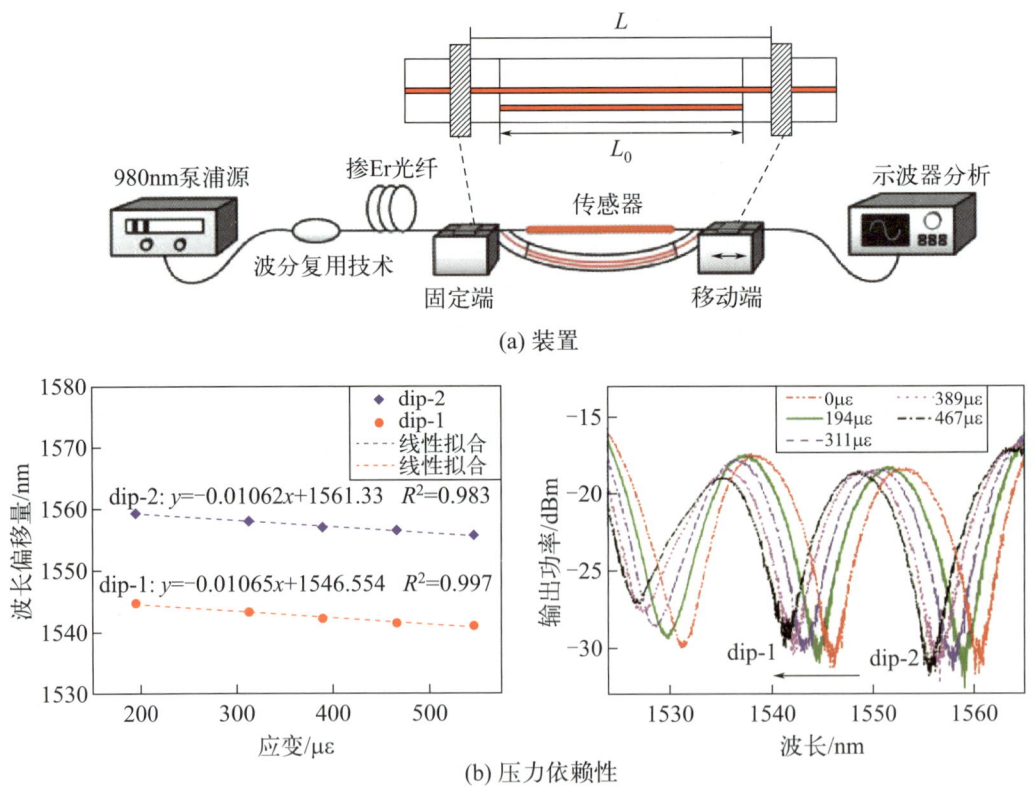

图 6-30 稀土光纤压力传感器装置及其压力依赖性[123]

由于弹光效应,纤芯与包层之间的有效折射率差会发生变化,从而导致传输光谱的改变[式(6-20)]。

$$\Delta\lambda_\varepsilon = \varepsilon\frac{\partial\lambda}{\partial\varepsilon} = \lambda_m\left(\frac{\partial\Delta n_{\text{eff}}}{\Delta n_{\text{eff}}\partial\varepsilon}+1\right)\varepsilon = \lambda(P_e+1)\varepsilon \qquad (6\text{-}20)$$

式中,$\Delta\lambda_\varepsilon$ 为波长偏移量;λ_m 为谷值波长;ε 为施加的应变;Δn_{eff} 为有效折射率之差;P_e 为有效应变光学系数。可以看出,$\Delta\lambda_\varepsilon$ 与 ε 成正比。同时,弯曲曲率与波长偏移量的关系如式(6-21):

$$\Delta\lambda_C \cong \frac{2kLd}{2m+1}\Delta C \qquad (6\text{-}21)$$

式中,C 为弯曲曲率;L 为光纤长度;k 为折射率系数;$\Delta\lambda_C$ 为发生形变时的波长偏移量;m 为自然数;d 为常数。同样地,$\Delta\lambda_C$ 与 ΔC 成正比。

根据上述原理,Tang 等基于 Er 掺杂光纤实现了拉力与弯曲曲率的传感,拉力灵敏度为 $-29.8\text{pm}/\mu\varepsilon$,高于大多数其他报道的光纤传感器,弯曲曲率的灵敏度为 18.29nm/m、-18.13nm/m[123]。此外,Marek 等制备了 Pr 掺杂的碲酸盐玻璃用于非接触式压力传感器,在室温下实现了 147~99700Pa 压力范围内的测量,这是源自 Pr^{3+} 的 $^3P_0 \to {}^3H_4$ 和 $^3P_0 \to {}^3F_2$ 能级跃迁与压力的相关性[124]。

(3)稀土光纤气体和 pH 传感

除了温度、拉力和弯曲曲率等参量之外,稀土光纤传感器还可以用于 CO_2、CH_4 和 NH_3 等气体和 pH 值等其他变量的测量。例如,Zhang 等报道了一种基于 Yb/Er 掺杂玻璃光纤用于测量水中氨气浓度,具体是将光纤与酚红指示剂结合,在氨气气氛下酚红可过滤掉 Er^{3+} 发出的绿色光,而红色光则不受影响,从而建立了水中氨气浓度与荧光强度比之间的线性关系[125]。

习 题

6.1 稀土激光晶体的基质类型主要有哪些,并举例三种稀土发光中心及其主要发光波长。

6.2 LYSO:Ce 稀土晶体的闪烁原理是什么?

6.3 试写出自倍频晶体中倍频光强度 $I_{\omega 2}$ 与 Δk 的关系公式,并说出 Δk 为何值时满足相位匹配的条件?

6.4 列举五种玻璃基质类型并指出其中具有最高玻璃化转变温度的类型。

6.5 光热敏折变玻璃的主要制备流程是什么?体布拉格光栅指的是什么?

6.6 试分别给出复合玻璃用于闪烁和照明领域的优缺点?

6.7 随着功率的增加,LD 照明在效率方面克服了什么关键问题?其优点主要有哪些?

6.8 相比较晶体和玻璃,稀土发光陶瓷在闪烁和固态激光器领域具有哪些优点?

6.9 掺铒光纤放大器的基本工作原理是什么?

6.10 光纤激光器的主要部分有哪些?光纤激光器与其他类型激光器相比具有什么优势?

参考文献

稀土长余辉及应力发光材料与应用

人们最早从萤石类天然矿石中发现了长余辉发光现象,并将其称为夜明珠。然而,直到最近几十年,特别是自1996年日本学者Matsuzawa(松沢隆嗣)等报道了具有里程碑意义的发光材料$SrAl_2O_4:Eu^{2+}$, Dy^{3+}以来,关于长余辉发光材料性质和机理的研究才得以发展,应用领域也不断扩展[1-2]。

长余辉是一种在外场力(γ射线、X射线、紫外-可见-近红外光、电子束等)激发作用停止后,依靠激发存储能量,出现的几秒、几小时乃至几天的长时间延迟发光现象。具有这类长时间发光能力的材料被称为长余辉发光材料[3-5]。长余辉发光材料的种类繁多,商用材料历经硫化物、铝酸盐、硅酸盐三代材料体系的发展。根据应用场景对材料需求的变化,长余辉发光材料也从传统的无机材料体系拓展到有机材料、杂化材料等,发光波段从可见光拓展到紫外和近红外非可见波段。如今,长余辉发光材料不仅广泛应用于夜间照明、应急显示、装饰装潢等民用领域,还在活体成像、X射线探测器、术中导航、消毒抑菌、光催化、指纹识别、防伪等国民经济的关键领域发挥着重要作用。

应力发光(ML)材料是一类能在压力、摩擦力、冲击力和超声波等各种机械外力作用下发光的新型功能材料,它也通常伴随着长余辉发光材料的特点,所以本章将二者放在一起介绍。关于ML的文字记录最早来自Francis Bacon于1605年在粉碎糖晶体时意外发现的发光现象。直到1999年,日本国立产业技术综合研究所(AIST)徐超男教授课题组首次报道了长余辉发光材料$ZnS:Mn^{2+}$和$SrAl_2O_4:Eu^{2+}$中的可恢复应力发光现象,此后便掀起了应力发光研究的热潮。在过去的20年中,科研人员开发出多种新型高性能应力发光材料,应力发光机理的研究也逐渐深入,其应用场景也从应力传感器扩展到显示以及生物科学领域。本章内容将围绕稀土长余辉和应力发光材料的机理模型、材料体系以及应用场景展开介绍。

7.1 长余辉发光机理模型

自$SrAl_2O_4:Eu^{2+}$, Dy^{3+}被开发并商用以来,研究人员提出了众多长余辉发光模型,包括Matsuzawa模型、Aitasalo模型、Dorenbos模型、Clabau模型。经过近几十年人们的大量探索,基于载流子脱陷模型的发光机理逐渐明朗。然而在微观模型的讨论上仍存在争议。其中一大争议是载流子是否通过能带传输,因此现有的机理模型又可分为全局模型(global model)和局域模型(local model)两大类,本节将详细介绍这两种模型。

7.1.1 全局长余辉发光机理模型

长余辉发光材料通常涉及两种激活中心，即发光中心和陷阱中心。发光中心可以是具有 5d → 4f 或 4f → 4f 跃迁的镧系离子（例如 Ce^{3+}、Eu^{2+}、Pr^{3+}、Sm^{3+}）；具有 d → d 跃迁的过渡金属离子（例如 Cr^{3+}、Mn^{2+}、Mn^{4+}、Ni^{2+}）；或具有 p → s 跃迁的主族/过渡金属离子（例如 Pb^{2+}、Bi^{3+}）等。陷阱中心可以是晶格内在缺陷（例如氧空位、F 中心、反位缺陷）、杂质（例如 Cu^+、Co^{2+}、Ti^{3+}），或者是有意引入的异价或等价共掺杂剂（例如 $SrAl_2O_4:Eu^{2+}$ 中的 Dy^{3+}，$CaAl_2O_4:Eu^{2+}$ 中的 Nd^{3+}，$Y_3Al_2Ga_3O_{12}:Ce^{3+}$ 中的 Cr^{3+}）等。在某些情况下，发光中心还可能充当陷阱中心，例如 Cr^{3+} 或 Bi^{3+}。发光/陷阱中心的基态能级都位于禁带内，而陷阱中心主要位于距离导带或者价带几个电子伏特（eV），或更精确地说是小于 1eV（根据不同陷阱深度估算方法而定）的距离，其中电子陷阱靠近导带（CB）底部，空穴陷阱靠近价带（VB）顶部[6]。

在过去的 20 年中，研究人员已经提出了多个模型来解释各种化合物中的长余辉发光及相关现象。目前被普遍接受的长余辉发光物理机制可以简要分为四个主要过程：①当长余辉荧光粉受到外部激发时，在特定波长的辐照下，电荷载流子（电子和/或空穴）被释放；②激发的电子或生成的空穴可以通过 CB 或 VB 非辐射地被电子或空穴陷阱捕获，或通过量子隧穿过程捕获。陷阱通常不发射电磁辐射，但它们存储激发能量很长时间，这也是余辉现象也被称为"光学电池"的原因；③在停止激发后，被捕获的电荷载体主要通过热激发能量释放，这被称为载流子脱陷过程；④最后，释放的电荷载流子回到发光中心，由于电子空穴复合而产生延迟发光，这被称为复合过程。因此，发光中心的特性主要决定了发射波长区域，而陷阱中心的特性，如陷阱深度、陷阱密度或浓度通常决定了在特定温度下长余辉发光的强度和持续时间[7]。

上述过程主要总结自 Matsuzawa、Aitasalo、Dorenbos 和 Clabau 等提出的不同光物理模型。这些模型存在许多差异，但最重要的差异涉及陷阱中载流子类型（空穴或电子），陷阱性质（局部或全局）以及陷阱的化学性质（内在或外在缺陷）。如图 7-1 所示，长余辉发光由发射中心和/或陷阱中心激活。前者通常是镧系或过渡金属离子，而后者可以是晶格的内在缺陷、杂质或共掺剂。发射中心影响发射波段，而陷阱中心则决定余辉的强度和衰减时间。在适当波长下激发荧光粉时，激发的电子和/或产生的空穴可以自由通过 CB 和 VB 移动 [过程①，图 7-1（a）和（b）]。根据陷阱中心的性质，可以区分两种不同的机制：电子捕获-脱陷模型 [图 7-1（a）] 和空穴捕获-脱陷模型 [图 7-1（b）] [2,6]。

在电子捕获-脱陷模型中，电子陷阱储存自由电子一段时间 [过程②，图 7-1（a）]，直到脱陷过程发生，此过程中热激活能量超过 CB 和陷阱能级之间的能隙（ΔE，陷阱深度）。通过这种方式，释放的电子可以返回到发射中心的激发态 [过程③，图 7-1（a）]，随后与基态中的空穴发生复合产生发光 [过程④，图 7-1（a）]。

在空穴捕获-脱陷模型中，相反，通过 VB 移动的激发空穴被空穴陷阱中心捕获，而生成的电子停留在发射中心的激发态 [过程②，图 7-1（b）]。当热激活能量高于能隙（ΔE）时，捕获的空穴通过 VB 释放 [过程③，图 7-1（b）]。最后，在空穴-电子复合中发生发光现象 [过程④，图 7-1（b）]。

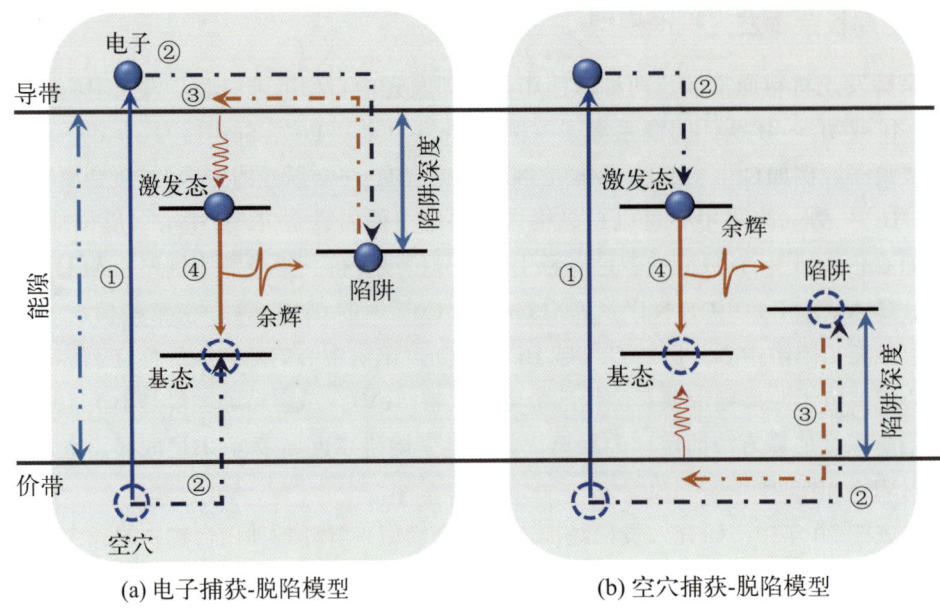

(a) 电子捕获-脱陷模型　　　(b) 空穴捕获-脱陷模型

图 7-1　长余辉发光机制

①载流子激发；②电子/空穴捕获过程；③电子/空穴脱陷过程；④电子-空穴复合过程

长余辉发光性能主要受陷阱深度的影响，即激发电子/空穴释放所需的能量。ΔE 小则导致快速余辉衰减和高初始强度；相反，具有大 ΔE 的陷阱深度导致较长余辉和较弱的初始强度。由于能量在整个过程中耗散，余辉发射通常发生在比初始吸收的辐射波长更长的波长上。这两个能量之间的差异被称为斯托克斯位移。尽管图 7-1（a）和（b）仅讨论了简单的载流子捕获-脱陷机制，但是长余辉发光过程也包含通过不同的电子跃迁机制（图 7-2）。

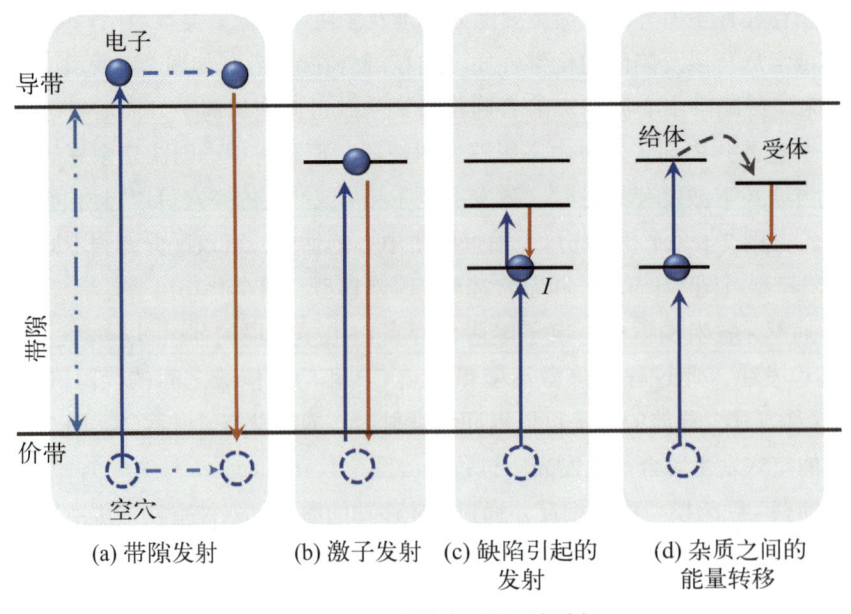

(a) 带隙发射　　(b) 激子发射　　(c) 缺陷引起的发射　　(d) 杂质之间的能量转移

图 7-2　不同的电子跃迁机制

① 带隙发射 [图 7-2 (a)]：激发电子从 VB 移动到 CB，反之亦然，在与 VB 中的空穴复合时最终发射光子。在这种情况下，发射波段（紫外光、可见光或近红外光）取决于 VB-CB 能隙的宽度。

② 激子发射 [图 7-2 (b)]：激发电子与 VB 中留下的空穴保持复合，电子不会到达 CB。在这种情况下，形成一个激子，其位置正好位于 CB 的下方。发光是由激子与 VB 中的空穴复合引起的。

③ 缺陷引起的发射 [图 7-2 (c)]：基质元素在 VB 和 CB 之间产生一些中间能级（陷阱）。缺陷可以是材料的本征缺陷，也可以通过掺杂产生。激发电子与空穴的复合可以延迟，直到它获得足够的能量再次在 CB 中自由运动。这是长余辉发光中的一个基本过程：脱陷过程所需的能量越高，长余辉发光持续的时间就越长。

④ 能量在材料中的传递引起的发射 [图 7-2 (d)]：即存在多个不同类型的邻近杂质中心，其中一些充当能量给体，其他充当受体，传递能量后发光。

7.1.2 局域长余辉发光机理模型

目前虽然已有被接受的长余辉发光的基本原理，但详细的长余辉发光机制仍然是科学界争论的焦点。例如，根特大学的 David van der Heggen 和 Jonas J. Joos 等提出，目前的余辉机理争议主要在于载流子是否通过导带/价带被捕获/脱陷，即以 Dorenbos 所提模型为代表的全局模型以及 David van der Heggen 和 Jonas J. Joos 等提出的局域模型[8]。接下来，本节以研究最多的商用长余辉荧光粉 $SrAl_2O_4：Eu^{2+}$，Dy^{3+} 为例来比较全局模型和局域模型。

自 $SrAl_2O_4：Eu^{2+}$，Dy^{3+} 被开发出来并被大范围商用以后，Matsuzawa、Aitasalo、Dorenbos 和 Clabau 等分别提出了不同的长余辉发光机理模型，但都大同小异，其主要共同点就是载流子均经过导带/价带被捕获或者释放，其中 Dorenbos 提出的机理模型更为完善和广泛接受。如果在一个能级图中能够准确确定 VB、CB、激发/基态的长余辉发光中心以及陷阱态的绝对能量，那么就有可能以更精确的方式解释长余辉荧光粉的载流子捕获现象。2005 年，P. Dorenbos 构建了 $SrAl_2O_4$ 基质的真空标度（VRBE）能级图[9]，其中两条锯齿状曲线代表二价和三价镧系离子的基态（见图 7-3，图的详细构建流程请参考文献 [10]）。在这个图中 VB 顶部的能量被设定为 0eV，Eu^{2+} 作为稳定的空穴捕获中心，而一些三价离子（如 Nd^{3+}、Dy^{3+}、Ho^{3+}、Er^{3+}）则可能成为潜在的电子捕获中心，因为它们对应的二价离子基态位于 CB 底部，具有适当的陷阱深度。基于此图，Dorenbos 提出了涉及 Eu^{2+} 的电子捕获-脱陷过程的改进模型：Eu^{2+} 的 5d 能级激发电子通过电离过程转移到 CB，然后被 Dy^{3+} 捕获（$Eu^{2+}+Dy^{3+} \rightleftharpoons Eu^{3+}+Dy^{2+}$ 氧化还原过程）。Eu^{3+} 能级位于靠近 CB 底部的位置，而 Dy^{2+} 能级位于靠近导带底部约 0.9eV 处。在这个模型中，电子在室温下从 Eu^{2+} 激发态热电离到导带，由于能量差较小，因此室温下的热电离是可能的。电子通过导带迁移并被 Dy^{3+} 捕获，从而使 Dy^{3+} 被还原为 Dy^{2+}。当电子从 Dy^{2+} 中释放后会激发 Eu^{2+} 中心。被激发的 Eu^{2+} 的电子有两条路径，一是再次通过热电离到达 CB，二是跃迁到基态并伴随光子发射（图 7-4）。

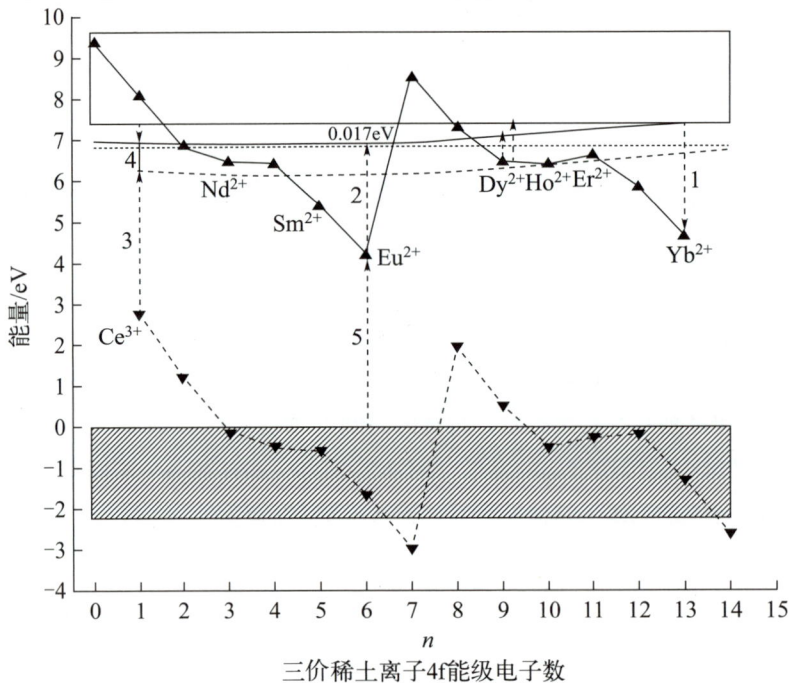

图 7-3 SrAl$_2$O$_4$ 基质的真空标度（VRBE）能级图

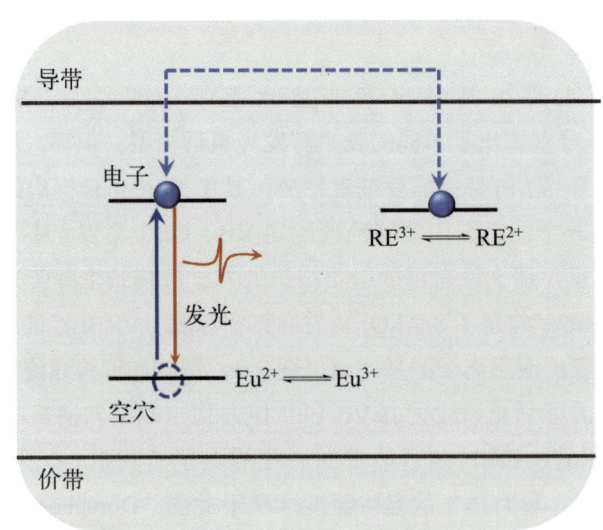

图 7-4 涉及电子通过导带迁移的长余辉发光 Dorenbos 模型

除了在 SrAl$_2$O$_4$:Eu^{2+}，Dy^{3+} 中解释 Dy^{3+} 的高效敏化作用外，图 7-4 还可以解释 Nd^{3+} 共掺剂的敏化现象，因为到 Nd^{2+} 与 Dy^{2+} 的基态与 CB 之间的陷阱深度相似。尽管这个模型难以直接证明共掺镧系离子的价态变化，但根据特定的光谱数据构建的能级图可以部分解释稀土掺杂长余辉荧光粉的发光机制。基于此，至少有可能预测以下内容：①电子和/或空穴传递的充电过程的性质；②稀土长余辉的候选发射/陷阱中心的鉴定以及共掺剂的作用。例如，Eu^{2+} 和 Ce^{3+} 通常作为发射中心，因为它们更倾向于形成稳定的空穴捕获中心，其基态与 VB 顶部之间存在较大的能隙，而 Nd^{3+}、Dy^{3+}、Ho^{3+}、Er^{3+}（Pm^{3+} 由于其强放射性而不太常用）通常是在室温下有效的电子捕获中心。相反，Eu^{3+} 和 Yb^{3+} 作为共掺电子捕获中心受关注较少，因为它们的二价离子的基态远低于 CB 底部，需要更高的热能使电子电离。

尽管这一模型逐渐被完善，其中涉及稀土离子的变价过程也逐渐被研究人员利用高端的局域晶体结构分析技术，如第 2 章提到的 XANES 技术等证实，但争议依然存在。Heggen 和 Joos 等提出在商用长余辉发光材料 $SrAl_2O_4:Eu^{2+}, Dy^{3+}$ 中，从发光中心离子 Eu^{2+} 到陷阱的电荷转移以及电子从陷阱返回发光中心是否通过局部跃迁发生，或者是否需要中间电子离域，并通过导带转移等问题。在前一种情况下，即局域模型，发光中心和陷阱必须足够靠近，因为载流子被陷阱捕获和脱陷存在距离依赖性。后一种情况被称为全局模型，电子可以通过导带自由移动到远处的捕获缺陷，距离依赖性消失。支持全局模型的最主要论据是荧光粉余辉过程中存在光电导性。然而，这两种现象不一定有共同的起源，所以支持全局模型的最重要论据并未得到实验证实。因此，他们提出了局域模型，并构建了如图 7-5 所示的表示余辉过程（包含电子捕获机制）的位形坐标图[8,11]。势能曲线代表激活剂和载流子捕获陷阱的总能量。除了基态和激发态的势能曲线，图中还包含一个电荷转移（CT）曲线，对应于在大多数情况下电荷（通常是电子）从激活剂转移到陷阱的情况。电荷转移伴随着电子供体（即激活剂或填满的陷阱）与最近邻供体之间键距的收缩，以及电子受体（即空陷阱或电离的激活剂）与最近邻受体之间键距的同时增加。这反映在基态和电荷转移态之间平衡几何构型的显著差异。Q 表示穿过两个极小值之间的鞍点（过渡态）的路径。被激发的激活剂随后发生电荷转移［箭头（1）］，前提是热能足以越过能垒 ΔE_1。电子脱陷发生在系统能够克服热能垒 ΔE_2，此时电荷被重新转移到激活剂，填充激发态并导致延迟发射或余辉。

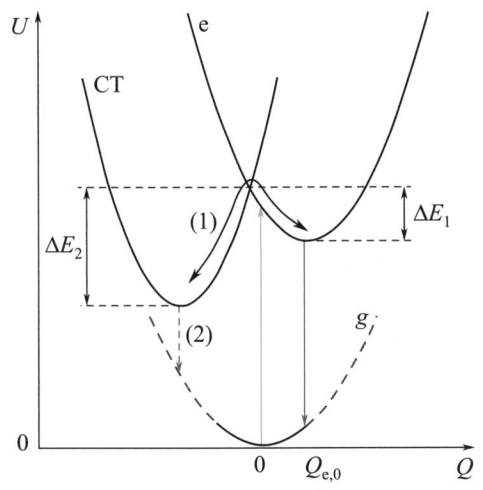
(a) 电荷转移（CT）电位曲线最小值位于基态电位曲线之内的情况

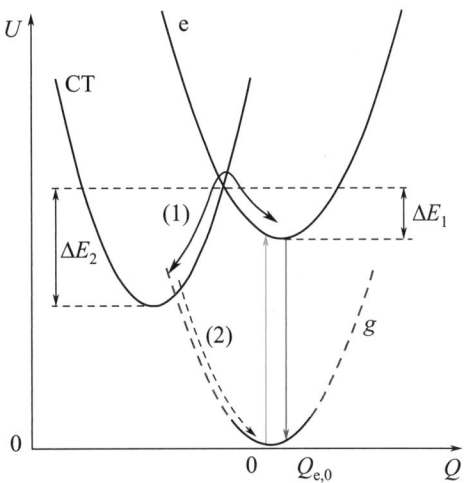
(b) CT电位曲线的最小值位于基态电位曲线之外的情况

图 7-5　表示余辉过程的位形坐标图

然而，长余辉荧光粉中的捕获态是亚稳态的，但图 7-5 中呈现的情况却不是。一方面，在图 7-5（a）中，电荷转移态的极小值位于基态势能曲线内部，这意味着该状态可以通过辐射跃迁回到基态［箭头（2）］，前提是辐射跃迁速率小于非辐射跃迁速率到激活剂激发态的速率，但目前缺乏相关实验观测结果来证实。另一方面，如果电荷转移态的极小值位于基态势能曲线外部，如图 7-5（b）所示，就不会发光，但现在引入了额外的非辐射弛豫路径［箭头（2）］。热脱陷的电子经过两个势能曲线的交叉点后弛豫到基态的情况不太可能引起激活剂的发光。虽然目前的机理模型存在争议，但上述不同的机理模型加深了人们对于长余辉发光机理模型的认识，对于研究者设计研发新的长余辉发光材料也提供了指导方向和新思路。

7.2 应力发光机理模型

物质在受到各类机械作用（摩擦、加压、冲击、破碎以及超声等）而产生的所有发光现象，均可称为应力发光，也称之为力致发光。而在科学研究以及材料开发中，应力发光主要指由弹性变形、塑性变形或分裂时（断裂）引起的发光[12-13]。固体材料在受到机械力刺激时会随着机械力的增大依次发生弹性形变、塑性形变和断裂。在这些过程中产生的发光现象分别被称为弹性应力发光、塑性应力发光和断裂发光[14]。弹性应力发光和塑性应力发光统称形变应力发光，属于非破坏性应力发光，特别是在弹性形变的范围内材料在循环的机械刺激下可以产生可重现的应力发光信号而且应力发光强度与所施加的应力强度呈线性关系。因此，弹性应力发光在应力传感方面具有很高的应用价值，可用于目标结构应力分布的实时监测和成像[15]。本节将对这些不同的应力发光类型及其机理模型进行介绍。

7.2.1 断裂发光

与形变应力发光不同，断裂发光与材料的不可逆性结构损伤有关，发光主要源于化学键断裂时的能量释放[16-17]。材料断裂面上的电荷分离（图 7-6），电子和空穴复合过程中产生光发射断裂 ML[18]。

在晶体断裂时，除了光发射之外还会产生局部热效应、强电场、声波等[19]，断裂表面会产生电荷以及电场。因此，在表面上产生的电荷被分离、转移和加速，进而激发发光中心。断裂 ML 最壮观的例子则是在地震期间由矿物的断裂和摩擦引起的发光。在聚集态中的大多数有机化合物的 ML 也属于断裂 ML，其受到分子封装和分子间/分子内相互作用的强烈影响。大量有机和无机化合物均能表现出断裂 ML，而较少具有塑性形变发光和弹性形变发光。塑性 ML 通常与移动错位段和填充电子陷阱的相互作用有关[20]，是材料由于发生不可逆的形变，由晶体位错和缺陷中心之间的机械或静电相互作用或是晶体表面带电所引起[21]。

7.2.2 非破坏性应力发光

7.2.2.1 摩擦发光

当应力发光材料与其他材料直接接触时，即使在没有形变的情况下也很容易形成摩擦起电（图 7-7）[22]。摩擦产生的电势会在材料周围引发界面放电和诱导电场进而对 ML 作出贡献。在摩擦发光中，材料需要与其他材料保持动态接触且不会发生永久形变。材料所受机械力和摩擦发光强度的变化将与弹性 ML 类似，因此难以通过直接观察区分两种 ML 类型。

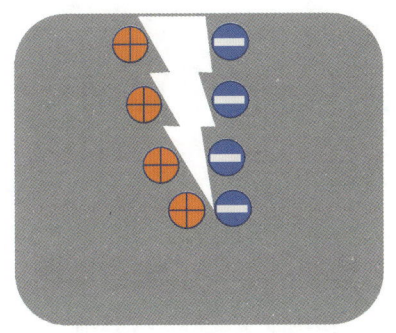

图 7-6　断裂面电荷分离

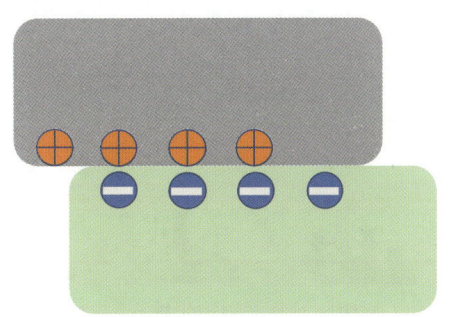

图 7-7　摩擦起电 [22]

摩擦发光通常是指通过摩擦电场激发发光材料。例如沉积在 Inconel 600 上且厚度为 10mm 的 $SrAl_2O_4:Eu^{2+}$ 在施加应力后，填充的浅陷阱将电子释放到导带，电子在返回的过程中触发光发射。如果 ML 颗粒与较软的弹性体复合时，颗粒与弹性体的界面也很容易发生摩擦作用。例如 $Sr_3Al_2O_5Cl_2:Ln$ 荧光粉与弹性体 PDMS 结合后产生的 ML 被认为可能由摩擦电场直接激发发光中心引起 [23]；$Lu_3Al_5O_{12}:Ce^{3+}$ 与 PDMS 结合后产生具有无需预照射且自恢复性的 ML，被认为可能源于摩擦发光机制 [24]。

7.2.2.2　弹性应力发光机理模型

当材料所受应力较小、产生可逆的变形时则产生弹性 ML，其特征是可重复性、机制较为复杂，研究人员从不同的角度提出了不同的分类标准 [25-26]。为了方便表征与应用，通常将 ML 材料与弹性基体混合形成复合膜或是将其聚集在薄膜的顶部表面，或是制备成复合纤维并将其编成织物 ［图 7-8（a）］，然后对其表面加载机械作用，使薄膜或颗粒受到力后产生弹性 ML。作用于复合膜上的典型机械运动包括垂直施压、冲击、负载滑动、拉伸和压缩，机械力通过聚合物基质传导至颗粒 ［图 7-8（b）］。但是，复杂的复合材料内部机械作用十分复杂。当实际负载滑动作用复合膜时，机械力对颗粒的作用表现为施压和释放的动态作用 ［图 7-8（c）］ [27]。在剧烈的横向拉伸或压缩复合膜时，除了拉伸和压缩应力之外，弹性模量的差异也可能会造成聚合物基质和颗粒之间的界面处发生快速摩擦作用。这些因素一定程度上增加了弹性 ML 机理的研究难度。

根据激发途径，弹性 ML 可被分为自恢复型和陷阱控制型两类。自恢复型 ML 可能不一定仅仅来自弹性 ML[16]。例如，当认为摩擦是主要引发 ML 的机制时，也能够观察到摩擦电引起的电致发光或阴极射线发光，此时 ML 的减弱将与弹性基底的松弛老化有关。自恢复型 ML 材料的 ML 强度在循环的机械刺激下可以稳定地输出，不需要额外的光对材料充能。典型的自恢复型 ML 材料是 ZnS:Mn/Cu。ZnS:Mn/Cu 复合薄膜在上万次的循环弯曲下依然能够产生稳定的 ML，表现出优异的自恢复特性 [28]。由于 ZnS 是半导体材料，Chandra 等认为 ZnS:Mn/Cu 的自恢复 ML 源于"漂移电荷"的产生，但并未给出具体的物理图像。图 7-9 是根据该假说和研究人员的理解描绘的自恢复型 ML 的机理示意图。主要包含以下几个过程：①力激发导致压电效应或摩擦电效应进而分离正负电荷，产生的漂移电荷载流子被陷阱捕获；②力激发的压电场或摩擦电场诱导能带倾斜，使陷阱深度降低；③载流子

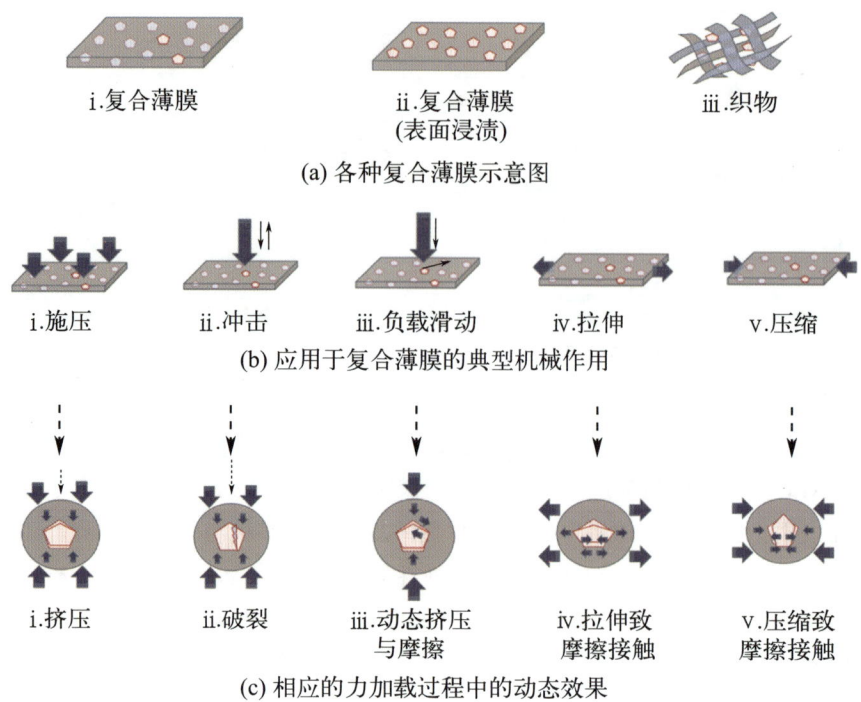

图 7-8 ML 复合薄膜和复合薄膜的机械作用[27]

从陷阱逃逸后复合产生的能量传递给发光中心产生ML；④再一次的力激发可产生新的漂移电荷使材料在连续的力刺激下稳定输出ML。自恢复型ML的机制非常复杂，目前的假说模型并不能完全解释自恢复型ML[29]。例如ZnS:Cu$^+$的ML被认为是摩擦电触发的电致发光，然而ZnS:Cu$^+$又表现出与缺陷和余辉的相关性，在增加硫空位缺陷后能够明显增强ML。此外不同的负载频率可导致该材料的ML光谱发生变化。

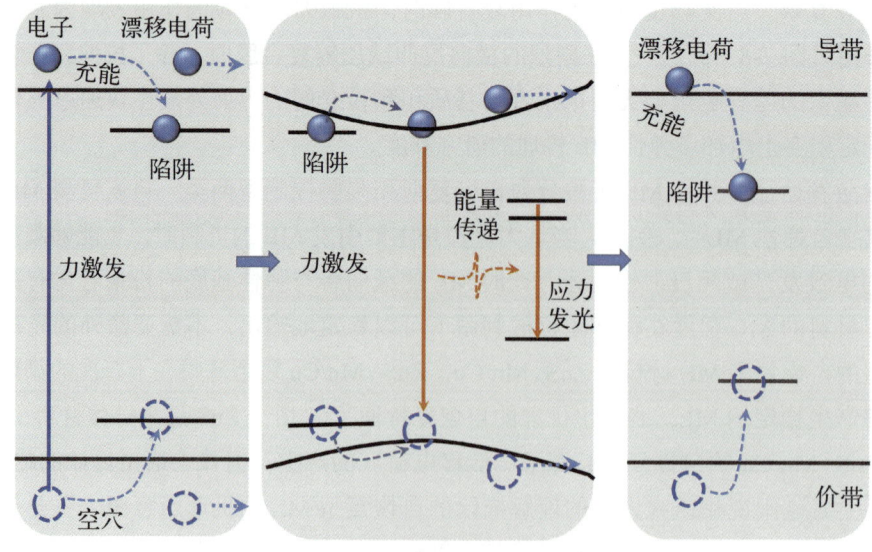

图 7-9 自恢复型应力发光机理

陷阱控制型 ML 通常需要预激发，常见于具有余辉的发光材料，这要求材料必须具有合适的陷阱[30]。图 7-10 展示了光辐照陷阱控制型应力发光机理模型图，主要包括以下过程：①光激发产生的电子空穴载流子被陷阱捕获；②力刺激产生压电或摩擦电效应激发电场使能带发生倾斜，陷阱深度降低[31]，被陷阱捕获的载流子释出后发生复合并将能量传递给发光中心产生 ML[32]；③陷阱捕获的电荷载流子被力激励不断消耗，从而导致 ML 强度随力激励次数增多逐渐减弱；④重复光激发为排空的陷阱充能恢复 ML 强度[33-34]。

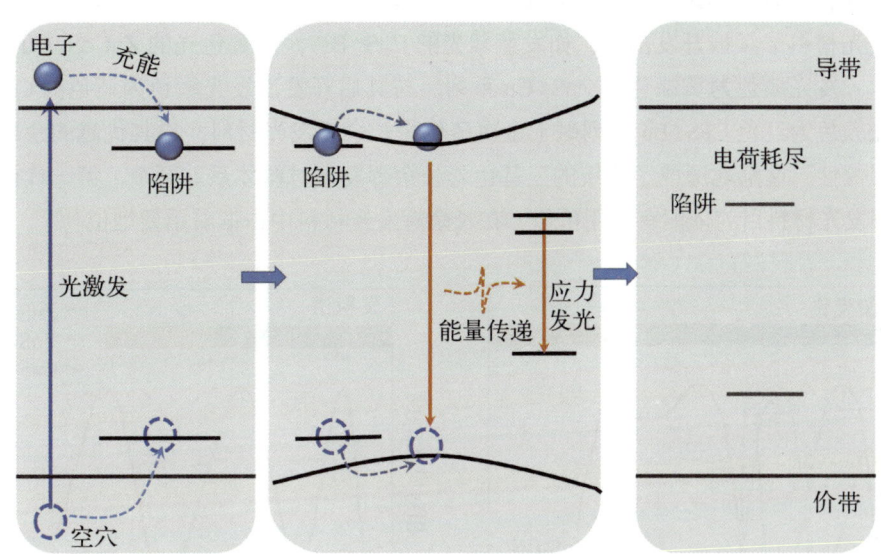

图 7-10　光辐照陷阱控制型应力发光机理

7.3　稀土长余辉发光材料与应用

近年来，人们在长余辉发光材料的种类探索、合成技术研究、机理深入分析以及应用领域拓展等方面取得了丰硕的研究成果。根据长余辉发光材料的商业化进程，可分为硫化物、铝酸盐氧化物、硅酸盐氧化物几大类。长余辉的应用也从最初的装饰装潢拓展至指纹识别、消毒抑菌、生物活体成像、X 射线探测等关键领域。随着不同应用领域对材料需求的变化，长余辉发光材料经历了从无机材料到有机材料、杂化材料，从可见长余辉发光材料到紫外、近红外非可见光长余辉发光材料，从稀土离子掺杂到过渡金属掺杂长余辉发光材料的演化。本节以长余辉发光材料的发展历程为主线，介绍经典的商用材料，新兴材料，发展过程中面临的挑战以及长余辉发光材料的应用。

7.3.1　商用长余辉发光材料

长余辉发光材料的研究动机与应用最初始于夜间照明和标牌指示。例如，第二次世界大战期间，长余辉发光材料被涂在了公路两边，用以指引公路运输的方向和路线，通过这种方式避免白天运输战略物资所带来的轰炸危险。时至今日，长余辉发光材料的用途愈加广泛，其性能评价指标首先是余辉寿命，其次是余辉波段。按照光照度的定义，可见光长余辉的寿命是指激发停止后发光亮度降至人眼可辨认的最小值(即 $0.32mcd/m^2$)的持续时间[35]。历史上首先将长余辉应用商业化的材料是硫化物长余辉基质材料。1603 年意大利炼金术士发现的黑夜中发光的矿物,1764 年英国人用牡蛎和硫黄混合烧制的蓝白色发光材料等,都与硫化物长余辉发光材料相关。1866 年,法国化学家 Theodore Sidot 首先制备出发绿光的长余辉发光材料 ZnS:Cu,即 Sidot 闪锌矿,并于 20 世纪初实现了工业化生产。传统的红、绿、蓝三基色长余辉发光材料基本都是以硫化物为基质,主要包括硫化锌、硫化锌镉、硫化锶、硫化钡、硫化钙等。具有最大实用价值的是以 ZnS 和 ZnCdS 为基质的发光材料,其后又有多种硫化物体系长余辉发光材料陆续被开发出来,如发蓝紫光的 $CaS:Bi^{3+}$,发黄色光的 $ZnCdS:Cu$[36]。如图 7-11 所示,发光颜色为黄绿色的 ZnS:Cu 系列,与其后开发出发光颜色为蓝色的 CaS:Bi 系列及发光颜色为红色 CaS:Eu 系列碱土金属硫化物长余辉发光材料,以其优越的余辉性能和良好的可控性,逐渐地形成了传统的三基色彩长余辉发光材料体系。至今,第一代传统硫化物长余辉发光材料目前依旧有实用价值,在长余辉发光材料中占据着重要地位[37]。

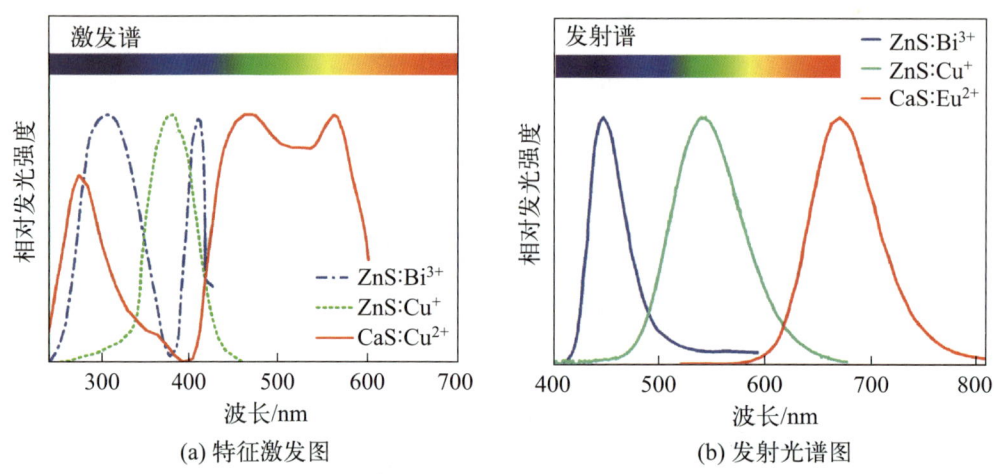

图 7-11　第一代商用三基色硫化物长余辉荧光粉的特征激发和发射光谱图

后来,伴随着镧系 15 个稀土元素的完全分离,人们开始尝试以稀土离子作为激活剂掺入硫化物体系,余辉性能得到明显提高。稀土掺杂硫化物长余辉发光材料以掺杂 Eu^{2+} 为主,共掺杂 Dy^{3+}、Er^{3+} 等稀土离子。目前主要有 $ZnS:Eu^{2+}$、$Ca_{1-x}Sr_xS:Eu^{2+}$、$Ca_{1-x}Sr_xS:Eu^{2+}$,Dy^{3+}、$Ca_{1-x}Sr_xS:Eu^{2+}$,Dy^{3+}、Er^{3+} 等,它们的亮度和余辉时间为传统硫化物的几倍,但仍存在硫化物长余辉发光材料化学稳定性差、耐候性差等缺点[38]。稀土掺杂硫化物体系的显著特点是发光颜色非常丰富,这是目前其他长余辉发光材料所无法比拟的,尤其是红色发光材料比其他基质长余辉发光材料更有优势。在相同辐射通量的情况下,发绿光的电磁辐射的亮度是发红光或橙光的 3~10 倍,因而发红光或橙光的磷光体为了达到发绿光的磷光体相同的亮度,必须具有发绿光磷光体的 3~10 倍的辐射量。因此,一般绿色荧光粉最先得到应用,而红色长余辉发光材料的制备和应用的难度更大一些。研究发现在 CaS:Eu 中掺杂 Tm^{3+},其余辉性能得到了提升,余辉时间可以持续 45min。之后,人们通过 Sr 取代 Ca 制备了新型长余辉发光材料 $Ca_{1-x}Sr_xS:Eu^{2+}$,Dy^{3+} 和 $Ca_{1-x}Sr_xS:Eu^{2+}$,Dy^{3+},Er^{3+},余辉时间可持续约 150min 以上,目前已经商业化[39]。

进入 20 世纪 90 年代,人们开发出商用的高性能稀土离子掺杂的铝酸盐体系长余辉发光材料，将稀土长余辉发光材料的应用和基础研究推向一个崭新的历史阶段[40]。1996 年 Matsuzawa 等报道了 $SrAl_2O_4$：Eu^{2+}，Dy^{3+} 具有长达 30h 的绿色长余辉，指出 Eu^{2+} 在不同衰减阶段的发光亮度比 ZnS：Cu 高出 5~10 倍，衰减 2000min 以上仍可达到肉眼分辨水平（0.32mcd/m²），极大推动了绿色长余辉发光材料的商业化进程[1]。此后，与 $SrAl_2O_4$ 同构的基质被广泛研究，即 MAl_2O_3（M=Ca，Ba）。图 7-12 是 CaO-Al_2O_3 和 SrO-Al_2O_3 体系的相图[8,41]，由此看出 CaO/SrO-Al_2O_3 体系可形成多种化合物，原料配比和烧结温度的不同都可能形成不同的化合物。铝酸盐体系材料已由最初研究的 $MeAl_2O_4$：Eu^{2+} 发展为：$SrAl_2O_4$：Eu^{2+}，Dy^{3+}、$Sr_4Al_{14}O_{25}$：Eu^{2+}，Dy^{3+}、$SrAl_2O_4$：Eu^{2+}，Nd^{3+}、$CaAl_2O_4$：Eu^{2+}，$Nd^{3+}/Tm^{3+}/La^{3+}$、$CaAl_2O_4$：Eu^{2+}，Dy^{3+}、$BaAl_2O_4$：Eu^{2+}，Dy^{3+}、$MgAl_2O_4$：Eu^{2+}，Dy^{3+} 等系列[42]。合成稀土发光材料的原料要求较高，纯度一般在 99.99% 以上。激活剂、助熔剂、添加剂的纯度和配比对长余辉型材料的发光性能均会产生很大的影响。目前研究和报道能产生长余辉现象的激活离子主要为 Eu^{2+}，此外 Ce^{3+}、Tb^{3+}、Pr^{3+}、Mn^{2+} 等离子在某些基质中存在长余辉现象。现在用来替代硫化物的商业化铝酸盐材料是 $CaAl_2O_4$：Eu^{2+}，Dy^{3+} 蓝紫光长余辉发光材料[43]、$Sr_4Al_{12}O_{25}$：Eu^{2+}，Dy^{3+} 蓝绿光长余辉发光材料[44]，以及 $SrAl_2O_4$：Eu^{2+}，Dy^{3+} 绿光长余辉发光材料。这些材料的余辉时间基本在 30h 以上。种类繁多的铝酸盐体系材料作为第 2 代长余辉发光材料具有以下突出优点：①在可见光区有很高的吸收效率，发光效率高；②长余辉性能优良，长余辉发光亮度和持续时间是传统稀土硫化物的 10 倍以上；③具有良好的抗氧化性、抗辐射性以及无放射性等优点；④耐紫外线辐照，可在户外长期使用，经阳光暴晒 1 年后其发光亮度无明显变化，而 ZnS：Cu，Co 在光照 300h 后丧失发光功能。

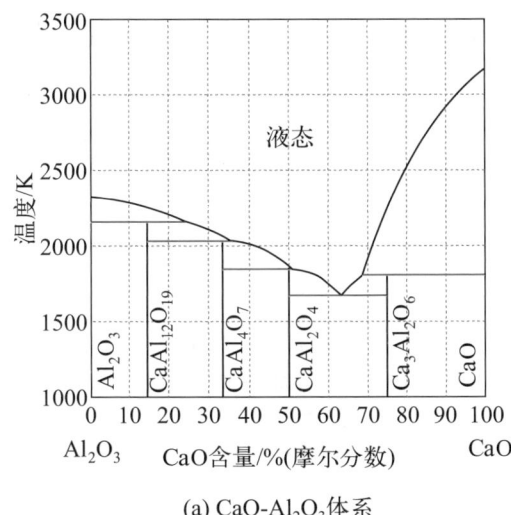
(a) CaO-Al_2O_3 体系

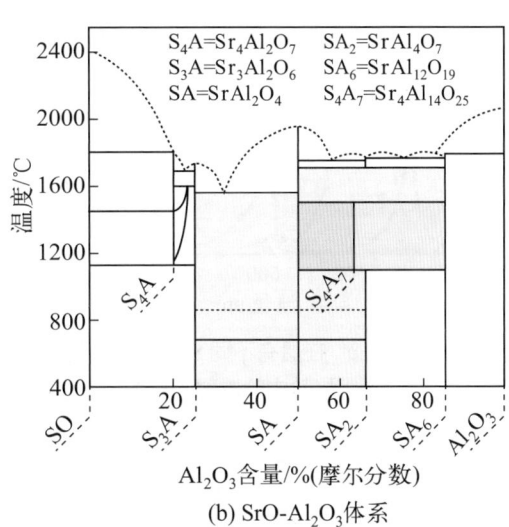
(b) SrO-Al_2O_3 体系

图 7-12　CaO-Al_2O_3 体系和 SrO-Al_2O_3 体系相图

Eu^{2+} 在碱土铝酸盐体系中主要表现为 5d→4f 宽带跃迁发射，因而发射波长随基质组成和结构的变化而变化，因为 Eu^{2+} 的外壳层 5d 电子裸露，5d→4f 跃迁随晶体环境而明显改变，造成长余辉发光的不同[45]，如图 7-13 所示。Eu^{2+} 掺杂碱土铝酸盐体系的发射波长主要集中在蓝绿光波波段，由于 Eu^{2+} 在紫外到可见区较宽的波段内具有较强的吸收能力，因此 Eu^{2+} 掺杂碱土铝酸盐在太阳光、日光灯或白炽灯等光源的激发下就可产生由蓝到绿的长余辉发光。相对于其他三价稀土离子，Ce^{3+}、Tb^{3+} 和 Pr^{3+} 的 5d → 4f 跃迁能量较低，而且这三种离子容易形成 +4 价氧化态。它们的长余辉发光需要在 254nm、365nm 紫外光或飞秒激光激发下产生。用 254nm 或 365nm 紫外光激发，一般余辉时间较短，大约 1～2 小时，如用飞秒激光诱导激发，其余辉甚至可达 10 小时以上。

当激活剂离子为 Eu^{2+} 时需要添加所谓的辅助激活剂（即敏化剂），它们在基质中本身不发光或存在微弱的发光，但可以对 Eu^{2+} 的发光强度特别是余辉寿命产生重要的影响。20 世纪 90 年代在氧化物体系中由于 Dy^{3+} 的引入而出现余辉寿命长的材料。目前发现的一些有效的辅助激活剂主要是 Dy^{3+}、Nd^{3+}、Ho^{3+}、Er^{3+}、Pr^{3+}、Y^{3+} 和 La^{3+} 等稀土离子以及 Mg^{2+}、Zn^{2+} 等非稀土离子。这些辅助激活剂在基质中形成捕获电子或空穴的陷阱能级，电子和空穴的捕获、迁移及复合对材料的长余辉发光产生了至关重要的作用。

与铝酸盐体系长余辉发光材料一起作为第 2 代长余辉发光材料的是硅酸盐体系长余辉材料。铝酸盐体系长余辉发光材料具有耐水性差、余辉颜色单一及原料纯度要求高等缺点。相比之下，硅酸盐基质具有良好的化学稳定性和热稳定性，而且高纯二氧化硅原料廉价易得。在硅酸盐体系中，最具有代表性的长余辉发光材料是黄长石类的 $M_2MgSi_2O_7$：Eu^{2+}，Dy^{3+} 和镁硅钙石结构的 $M_3MgSi_2O_8$：Eu^{2+}，Dy^{3+}（M=Ca，Sr）。其荧光光谱如图 7-14 所示。它们的余辉发射都来自 Eu^{2+} 的 5d → 4f 跃迁。

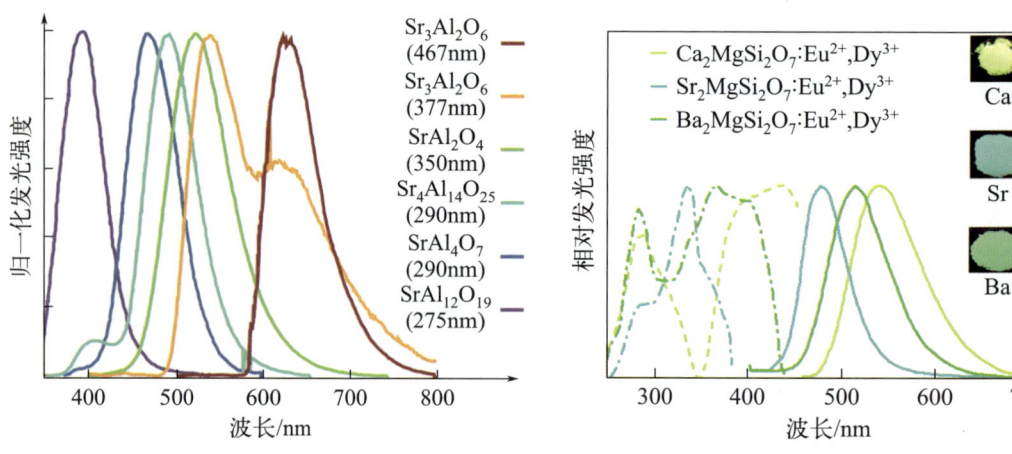

图 7-13　Eu^{2+} 在具有不同 SrO：Al_2O_3 比例的锶铝酸盐中的发射光谱[45]

光谱在 300K 下测试，仅 $Sr_3Al_2O_6$：Eu 的测试温度为 4K

图 7-14　$M_2MgSi_2O_7$：Eu^{2+}，Dy^{3+}（M=Ca、Sr、Ba）荧光粉的光致发光激发光谱（虚线）、发射光谱（实线）[46]

插图展示了相应荧光粉在紫外光照射下的发光照片

硅酸盐体系长余辉发光材料具有很好耐水性和紫外稳定性、长余辉发光颜色多样、余辉亮度较高、余辉时间较长的优点，弥补了铝酸盐体系的一些缺点。如图 7-14 所示，硅酸盐体系扩展了材料发光颜色范围，材料发射光谱分布在 420～650nm 范围内，峰值位于 450～580nm，通过改变材料的组成，发射光谱峰值在 470～540nm 范围内可连续变化，从而获得蓝、蓝绿、绿、绿黄和黄等颜色的长余辉发光[46-47]。特别是蓝色长余辉发光材料 $Sr_2MgSi_2O_7$：Eu^{2+}，Dy^{3+} 不仅余辉亮度高、时间长，而且应用特性优异[48]。硅酸盐长余辉荧光粉可应用于陶瓷行业，优于铝酸盐长余辉发光材料。但是硅酸盐体系的长余辉发光性能在整体上距离铝酸盐体系还有相当的差距,目前只有焦硅酸盐体系达到了商业应用的水平。

7.3.2 新兴长余辉发光材料

目前商用的长余辉荧光粉发光均在可见光波段,特别是蓝色和黄绿色长余辉发光材料的研究与应用较为成熟。随着应用场景的丰富,紫外波段和近红外波段的长余辉发光材料的需求也在增加。如图 7-15 所示,紫外光(UV)是位于 400~100nm 区域的电磁波,分为 UV-A(400~320nm)、UV-B(320~280nm)、UV-C(280~200nm)、UV-D(200~100nm)[49]。来自太阳的射线是 UV 辐射的一个重要来源,尤其是 UV-A 和 UV-B 辐射。地球上从太阳接收到的 UV 辐射量因海拔、天气、年份、季节、一天中的时间和纬度而异。这些 UV 辐射会导致人体的色素沉淀或晒黑。UV-A 和 UV-B 分别在基底细胞层和表皮上层引起晒黑。高剂量 UV 辐射的后果还包括 DNA 损伤和光致癌变。UV 光也可被有效地利用,光动力疗法是治疗细菌感染患者的一种新技术。根据选择曝光 UV 辐射的种类(UV-A/B/C),可以对不同的光疗技术进行分类。因此,根据不同应用领域中的需要,人们需要新型且有前景 UV 发光材料[50],不同的紫外发光波段用途总结在表 7-1。

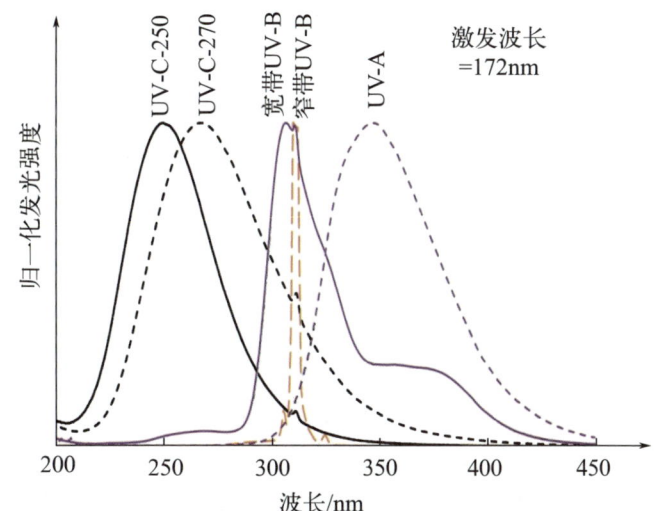

图 7-15 172nm 紫外光激发的紫外发光荧光粉发射光谱

虽然早在 20 世纪初就已有紫外长余辉发光材料的研究报道,但是材料的余辉强度和时间都不理想。其主要原因是长余辉发光材料普遍采用紫外光激发,然而实现紫外光区域的长余辉激发/发射比较困难。

表 7-1 紫外发光材料发光峰位及其应用

发光区间	发光峰位/nm	用途
UV-C-250	250	杀菌
UV-C-270	270	杀菌
窄带 UV-B	312	医疗
宽带 UV-B	307	分析,固化
UV-A	350	固化

在开发新型发射 UV 的长余辉发光材料时，有两个要素：基质晶格的选择、掺杂离子的选择。研究人员用于制备长余辉长材料的基质材料包括石榴石、硅酸盐、磷酸盐和钙钛矿等。对于发光中心的选择主要集中在 Pb^{2+}、Bi^{3+}、Pr^{3+}、Gd^{3+}、Ce^{3+} 和 Tb^{3+} 等[51-52]。稀土离子具有电子构型 $[Xe]4f^n6s^2$，其中 n 的变化范围为 1（对于 Ce）到 14（对于 Lu）[53]。稀土离子可以呈现 +2、+3 或 +4 的氧化态，分别失去 $6s^2$、$6s^24f^1$ 和 $6s^24f^2$ 电子。由于屏蔽效应，除了 Ce^{3+} 之外，其他 Ln^{3+} 的发光并不太受基质晶格的影响。在 14 种不同的稀土元素中，使用较多的紫外发光中心是 Ce^{3+}。根据晶格位点对称性，Ce^{3+} 掺杂可以观察到最多五个不同的 $4f \rightarrow 5d$ 跃迁[54]。Ce^{3+} $5d \rightarrow 4f$ 跃迁的典型寿命在不同的晶格中变化约在 10～60ns 的范围内。Ce^{3+} 的长余辉发光可以在不同的基质中观察到，包括氧化物、硫化物、硅酸盐、石榴石等。对于仅 Ce^{3+} 掺杂的基质，可以观察到长余辉发光峰值从 385nm 到 525nm 的明显变化。在铝酸盐中，$SrAl_2O_4:Ce^{3+}$ 在 385nm 处具有 UV-A 长余辉发光，余辉时间超过 10 小时[55]。除了 Ce^{3+} 之外，在紫外区域（200～400nm）发射的镧系元素的选择非常有限。能够发出紫外线的稀土元素包括 Ce^{3+}、Pr^{3+}、Pm^{3+}（有放射性）、Gd^{3+} 和 Tb^{3+}。Lu^{3+} 掺杂的发射位于真空紫外区域。对于所有这些掺杂离子，都需要来自高能量的激发（用于下转换），因此需要更复杂的仪器来激发和检测紫外长余辉发光材料。

步入 21 世纪，随着纳米光学材料在生物光学成像领域的渗透，近红外长余辉发光材料的需求日渐增长。按照 ASTM（美国试验和材料检测协会）定义，波长在 780～2526nm 范围内的电磁波为近红外光，在该区域发光的长余辉长材料被称为近红外长余辉长材料。而依据生物体内不同波长光的不同透过率、散射系数得出的生物窗口波长范围则位于 650～1350nm，包含了生物第一窗口（650～950nm）和生物第二窗口（1050～1350nm），可与近红外光谱范围匹配[56-57]。

早期关于近红外长余辉长材料的研究，是通过在 $Ca_{0.2}Zn_{0.9}Mg_{0.9}Si_2O_6:Eu^{2+}$, Dy^{3+} 中共掺杂 Mn^{2+} 以及在 $SrAl_2O_4:Eu^{2+}$, Dy^{3+} 中共掺杂 Er^{3+} 的能量传递方式予以实现[58-59]。2007 年 de Chermont 等将 $Ca_{0.2}Zn_{0.9}Mg_{0.9}Si_2O_6:Eu^{2+}$, Dy^{3+}, Mn^{2+} 用于生物标记，在无外加光源的情况下连续观察生物标记物的扩散分布达 60min 之久，揭开了生物窗口近红外长余辉长材料的研究序幕[59]。随后关于近红外长余辉长材料的研究以 Mn^{2+} 和 Cr^{3+} 发光中心在不同基质中的长余辉性能为主，其中 Cr^{3+} 亚稳态能级 $^4T_2/^2E$ 更低，常温下其光谱展宽更明显，因此更适合用作近红外长余辉长材料的发光中心。自 2012 年起，Cr^{3+} 掺杂不同基质的近红外长余辉长材料也不断被发现，如 $LiGa_5O_8:Cr^{3+}$、$La_3Ga_5GeO_{14}:Cr^{3+}$、$Gd_3Ga_5O_{12}:Cr^{3+}$、$MgGa_2O_4:Cr^{3+}$、$Ca_3Ga_2Ge_3O_{12}:Cr^{3+}$、$SrGa_{12}O_{19}:Cr^{3+}$ 等[60]。关于基质材料的研究基本围绕镓酸盐展开。Cr^{3+} 在这些镓酸盐八面体格位中配位场较强，所以均包含 Cr^{3+} 的 ^2E 能级向基态跃迁的强尖峰发射，以及 $^4T_2$ 能级向基态跃迁的弱宽带发射。部分非镓酸盐体系理论上可通过 Cr^{3+} 的 $^4T_2$ 能级跃迁实现更宽的近红外长余辉[61]。除了对 Mn^{2+} 和 Cr^{3+} 两个发光中心的研究外，在宽带近红外发光中心方面，还发现了 Mn^{4+}（600～850nm）、Fe^{3+}（750～1050nm）在铝酸盐、锡酸盐材料体系也具有长时间的近红外长余辉[62-63]。实际上，除过渡金属离子外，稀土离子也具有近红外长余辉，但是稀土离子的窄带发光使得其相对于过渡金属离子，在生物窗口宽谱带光学成像方面不具有优势。至今报道的稀土近红外长余辉中心包括 Pr^{3+}、Yb^{3+}、Nd^{3+}、Er^{3+}、Ho^{3+}、Tm^{3+}、Nd^{3+} 等，部分稀土离子的近红外长余辉发光如图 7-16 所示[64-67]。

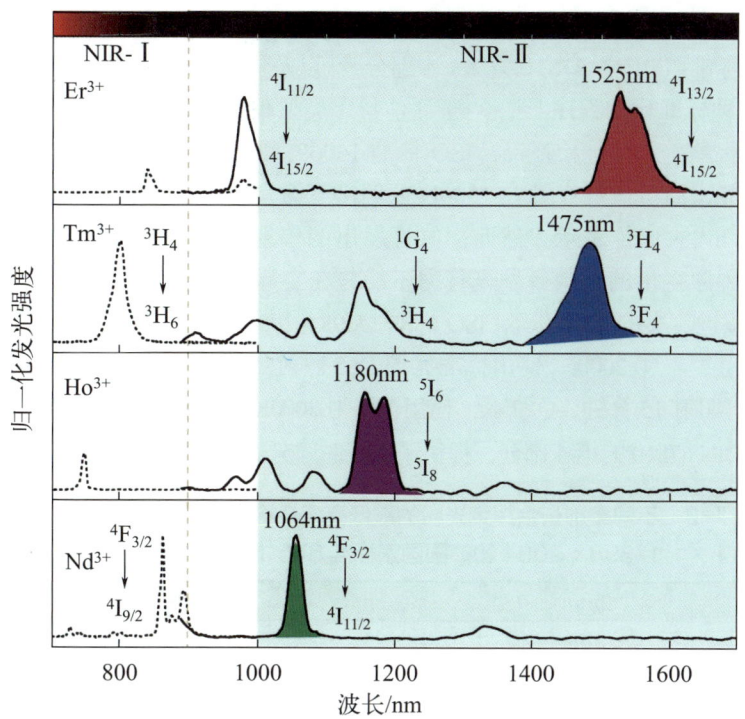

图 7-16 Nd^{3+}、Ho^{3+}、Tm^{3+} 以及 Er^{3+} 掺杂 $NaYF_4$ 近红外纳米长余辉发光材料的余辉光谱

7.3.3 可见光余辉测量标准

光度学标准已经在室内和室外测量人工光源性能方面得到很好的建立。光度学是一个根据与明暗视觉相关的两个效能函数来指定人类视觉刺激的系统[68]。白天，人眼使用三种称为锥体的光感受器，它们位于视网膜的中央区域，负责颜色检测。在黑暗环境下，锥体不活动，视觉依赖于散布在视网膜上、灵敏度比锥体更高但无法进行颜色识别的杆状光感受器的活动。第 1 章中提到了两个视觉函数曲线：明视觉曲线（峰值为 555nm）和暗视觉曲线（峰值为 507nm）（图 1-13）[69]。中间位置被介于光视和光暗之间的中视区域占据，其中锥体和杆状光感受器同时起作用，处于光视到光暗的过渡阶段。在这个背景下，对长余辉发光进行的研究，即低亮度光源，可以与中视视觉相关联。

长余辉发光材料的性能是通过以坎德拉（cd）每单位面积测量的亮度值随时间的变化来量化的。根据国际单位制，cd 依赖于 1W 的光功率，在 5.40×10^{14}Hz（约 555nm）的频率下，与 683lm 的光通量成对应关系[70]。因此，基于光视条件定义的相同光度学量被用于表征长余辉发光材料，但是它并不适用于低亮度光。这种不准确性会导致低估长余辉荧光粉照明效果和光效。为了克服中视亮度测量的问题，2010 年 CIE 发布了一份名为"基于视觉性能的中视光度学推荐系统"的技术报告[71]，提出了一种新的中视敏感性函数，该函数由光暗和光视函数的组合导出。尽管该系统在描述低亮度光源方面取得了进展，但仍不适用于完全表征长余辉发光材料的行为。人眼的敏感性不仅随着光强度而变化，而且随着时间而变化：在黑暗中暴露 30 分钟后，人眼完全适应黑暗，其特点是敏感性逐渐增加，以抵消荧光体快速初始衰减，导致对恒定亮度的感知。这种效应可能持续很长时间，但不能通过任何传统的光度学单位或模型来描述。

德国国家标准（DIN）67510 第 1—4 部分[72] 以及国际标准化组织（ISO）标准 16069：2017 提供了一种标准化的程序[73]，用于评估特定类型辐照后的荧光强度和衰减。虽然 DIN 67510 涉及长余辉发光材料和产品，ISO 标准 16069：2017 则专注于安全标志[74]。根据这些标准，样品应该通过氙灯光源在 1000lx 的照度下激发 5 分钟，长余辉衰减应该通过光度计检测，以 cd/m² 的单位表示。然而，氙灯发出的辐射与室内照明和自然阳光大不相同，因此，从这种程序得出的长余辉发光行为不能与在实际条件下发生的长余辉发光行为进行比较。为了更接近真实的照明情况，ISO 标准 17398：2004 要求根据不同的照明情景提供有关荧光产品的信息[74]：① 200lx，使用标准光源 D65 照射 20 分钟；② 50lx，使用色温为 4300K 的冷白色荧光灯照射 15 分钟；③ 25lx，使用色温 3000K 的暖白色荧光灯照射 15 分钟。相同的标准，以及 DIN 67510 的第 4 部分，提供了按照时间分类长余辉荧光粉的最低规格（表 7-2）。

表 7-2　不同类别长余辉荧光粉的最低亮度规格 [基于国际标准组织标准 17398：2004 和德国国家标准 67510，第 4 部分][72]　　单位：mcd/m²

类别	2min	10min	30min	60min
A	108	23	7	3
B	210	50	15	7
C	690	140	45	20
D	1100	260	85	35
E	2000	500	160	60
F	4000	1000	320	120

不论具体的应用，长余辉发光应当在没有电源的情况下可见，确保在黑暗环境中提供长时间足够的光亮水平。实际上，就像在安全标志或道路标线的情况下一样，长余辉发光应该持续整个夜晚，不仅考虑可见性（亮度，以 cd/m² 为单位），还要考虑特定区域照明水平的当地要求（照度，以 lx 为单位）。为此，参考标准提供了评估荧光产品行为的方法，主要基于在充能结束后的特定时间进行的亮度测量。然而，这些时间间隔是专门为安全标识用途设定的，并且不充分体现现有可见光余辉材料的可用性，特别是涉及与城市热岛效应相关的应用。例如，无论是 DIN 67510 的第 4 部分还是 ISO 标准 17398：2004 都建议在激发结束后的 2 分钟、10 分钟和 30~60 分钟内检测亮度值，而 ISO 标准 16069：2017 则提供相等于 10 分钟、60 分钟和 90 分钟的时间间隔。然而，这些时间框架无法充分表征荧光体的余辉行为，这对于评估它们的城市热岛缓解和节能潜力至关重要。

7.3.4　长余辉发光材料的应用

长余辉荧光粉最为人熟知的用途之一是装饰，如玩具、手表和墙饰（图 7-17）。然而，在其他一些应用中对荧光粉的初始亮度和余辉持续时间提出了更严格的要求。成功商业化并完全依赖于长余辉荧光粉余辉的应用示例是建筑物和飞机上的夜光安全标识。使用长余辉荧光粉确保安全标识即使在停电情况下仍然可见。除了在玩具和安全标识中广泛使用长余辉荧光粉外，每年都有许多新的应用提出。可能的应用包括在夜光道路标线中使用长余辉荧光粉，用于生物成像、光催化、减少交流驱动 LED 中的闪烁，作为压力传感器，或用于可视化超声波束[75-76]。然而，并非所有提出的这些应用都可实际应用，由于当前一代长余辉荧光粉的性能有限，这阻碍了它们在大多数具有挑战性的实际场景中的应用[77-78]。接下来，我们将讨论上述一些应用，并详细阐述需要面对的挑战。

 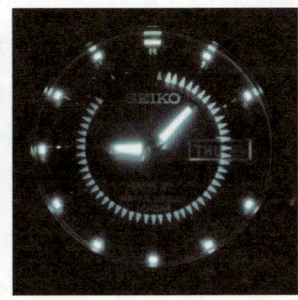 

图 7-17　长余辉荧光粉在装饰、仪表盘和安全标识中的应用[78]

（1）道路标识

几年前，科研人员提出了在夜光道路标线中使用长余辉发光材料的方案（图 7-18）[79-80]。这种应用与在安全标识中使用长余辉发光材料非常相似，但在户外条件下使用长余辉发光材料存在一些缺点。在室内和室外条件之间最重要的差异是缺乏受控温度。尽管基础的光谱陷阱深度分布允许在非常宽的温度范围内使用大多数商用的长余辉发光材料，但是长余辉发光材料的充能（白天）和余辉发射（夜晚）之间的温度差异可能导致余辉强度的明显降低[80]。虽然目前性能最好的长余辉荧光粉适用于普通的安全应用，应急标识通常应在停电后保持可见一小时，但存储能力尚不足以支持整个夜晚，这妨碍了其在道路标线中的应用。

图 7-18　长余辉荧光粉在夜光道路标线中的应用

（2）交流 LED

尽管长余辉荧光粉和用于固态照明或显示应用的稀土荧光粉之间存在明显的相似之处，但在荧光研究领域，这两个领域很少有重叠。一个例外是在交流 LED（AC-LED）中使用长余辉发光材料。研究发现，长余辉发光可以用来填补交流电 LED 在换频时 LED 不发光的阶段，从而降低交流 LED 的频闪[81-82]。中国科学院长春应化所张洪杰院士团队在 AC-LED 的产业化中作出了开创性的贡献，成功地推出了相应的商业化产品。与一些余辉时间为几小时的长余辉荧光粉相比，AC-LED 中使用的长余辉发光材料余辉时间应在几十毫秒的数量级，以减小 LED 脉冲引起的闪烁，其频率应是主频的两倍（50~60Hz）。虽然在过去几年中在 AC-LED 中使用长余辉荧光粉的想法似乎变得越来越受欢迎，但最近报道的由于陷阱导致的量子效率降低引发了人们对它们在固态照明中的适用性的一些担忧。至少，它表明在设计新型长余辉荧光粉时应考虑陷阱的吸收特性。此外，陷阱深度分布应设计成与 LED 芯片在运行过程中升温引起的热猝灭相匹配。最后，应避免在高亮度 LED 中长余辉发光饱和。

（3）近红外生物成像

长余辉荧光成像被认为是新一代无自发荧光的光学生物成像技术。2007 年发表的一项概念验证工作实现了使用近红外长余辉发光材料 $Ca_{0.2}Zn_{0.9}Mg_{0.9}Si_2O_6:Eu^{2+},Dy^{3+},Mn^{2+}$ 作为生物标记物进行体内成像（图 7-19），从而为长余辉荧光粉的广泛应用开辟了新途径[59]。2014 年发表的另一项开创性工作提出了一种利用铬掺杂的氧化锌镓酸盐作为近红外发射的长余辉荧光粉的新型低能红光子可充电体内成像方法，可在 NIR-Ⅰ 区域（650~950nm）追踪体内标记细胞。对于体内成像的使用，长余辉荧光粉的发射波长需要位于生物光学窗口（即波长在 650nm 到 950nm 之间的第一近红外窗口，或波长在 1000nm 到 1350nm 之间的第二近红外窗口）。在这些波长范围内，散射、吸收和自体荧光都受到限制，生物组织部分透明。因此，开发发射深红或近红外光的长余辉荧光粉在体内生物成像系统或医学成像领域引起了广泛的关注[83-85]。

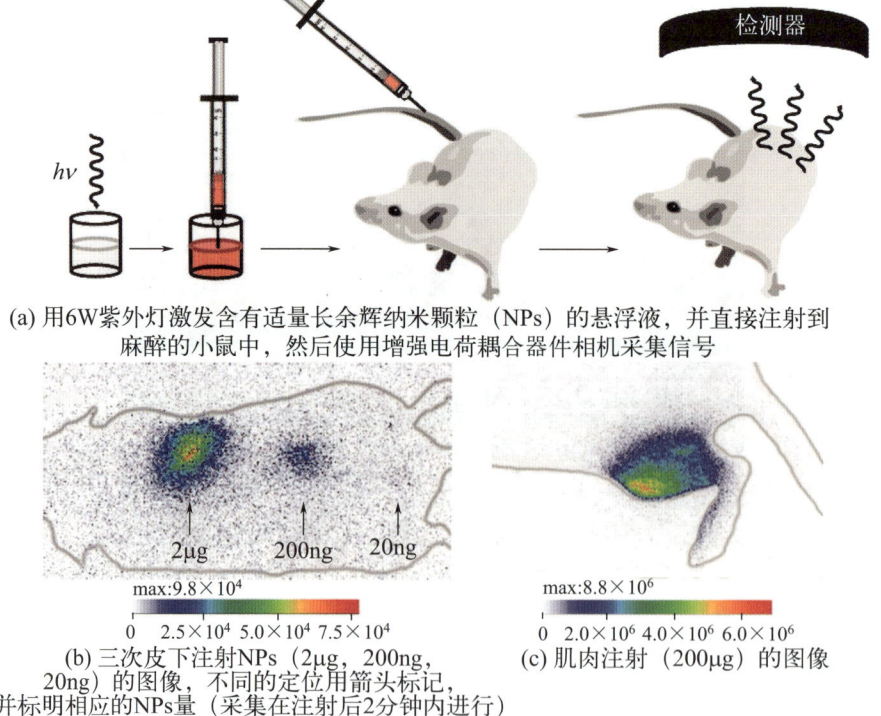

(a) 用6W紫外灯激发含有适量长余辉纳米颗粒（NPs）的悬浮液，并直接注射到麻醉的小鼠中，然后使用增强电荷耦合器件相机采集信号

(b) 三次皮下注射NPs（2μg，200ng，20ng）的图像，不同的定位用箭头标记，并标明相应的NPs量（采集在注射后2分钟内进行）

(c) 肌肉注射（200μg）的图像

图 7-19　生物体内成像的原理[59]

（4）在极端条件下的长余辉荧光粉

对于最常见的应用，长余辉荧光粉应在初光度和衰减时间之间找到一个合适的平衡。如果陷阱的深度较浅，那么即使在室温下，陷阱也会被排空，长余辉荧光粉的衰减时间会非常短。然而，有一些特定的应用场景需要使用具有浅陷阱的荧光粉，例如在低温保存中。如果这种类型的荧光粉在非常低的温度（例如液氮温度）被激发，那么陷阱将在很长时间内保持填充状态，不会发光[86]。如果温度升高，那么陷阱就会被排空。因此，将具有浅陷阱的长余辉荧光粉应用到保持在液氮温度下保存的样品（如生物样品或病毒）可以检查样品的冷链是否中断。

有些化合物具有非常深的陷阱，在室温下可以保持填充状态数周或数月。这些化合物非常适合用作热释光剂量计（图7-20），被广泛用于个人剂量计徽章或医学成像板[88-89]。如果陷阱更深，那么能量可以在其中储存数千年，而辐射诱导的矿物缺陷，如石英和长石，已经成功用于地质年代学[89]。虽然这些化合物与"正常"的长余辉荧光粉之间唯一的重大区别是陷阱深度，但这两种类型的材料几乎不可能被认为是长余辉荧光粉，它们远远超出了本书的范围，将不再进一步讨论。

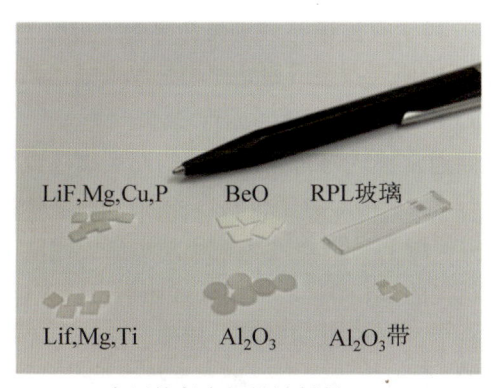

(a) 商用热释光剂量计材料

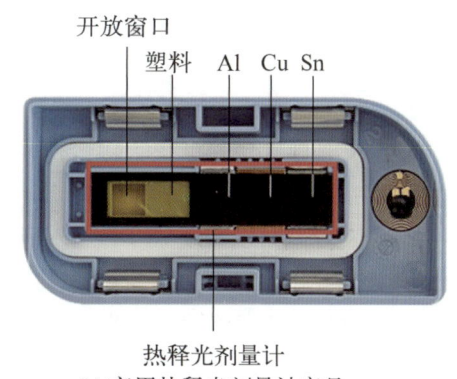

(b) 商用热释光剂量计产品

图 7-20　商用热释光剂量计材料与商用热释光剂量计产品[87]

有关长余辉发光材料的文献提供了大量关于这些荧光化合物的研究，并给出了长余辉发光材料在不同领域的应用建议。然而，长余辉发光材料在这些领域中的实际应用任重道远。例如，尽管长余辉发光材料在节能和缓解城市热岛效应方面具有良好的潜力，但在城市环境中实现应用最为困难。目前的长余辉发光材料表征框架的主要缺陷可能是缺乏解决真实边界条件的表征方法，应正确评估长余辉发光材料的性能，包括材料所受的辐照源类型，即余辉效应的激发源，以及相关的衰减时间。具体来说，前者应该代表材料应用的环境。例如，在室外空间，辐照源可以是太阳模拟器或者甚至是太阳本身，适用于现场应用，而曝光时间可能根据季节而变化。对于室内应用，激发源可以是照明系统或类似的设备，但应适当考虑与余辉材料的相对位置。此外，应该准确地模拟从高照度环境过渡到黑暗环境的过程。对于室内应用，应模拟打开和关闭灯的必要时间，通常只需要几秒钟内完成。而室外应用则需要模拟太阳下山的时间。总的来说，衰减时间应该测量到材料达到

$0.32 mcd/m^2$ 的亮度阈值，这是在黑暗条件下人类可见度限制的 100 倍。因此，应该设计合成具有足够亮度和衰减时间的长余辉发光材料，而不仅仅是在当前标准中的指定的短时间监测区间发挥作用。所有的观察结果都应基于对荧光材料在实地真实应用中正确表征。因此，研究人员应当致力于制定一个明确的程序来正确评估长余辉发光材料的性能。

7.4 稀土应力发光材料与应用

如前所述，ML 是指材料在受到各种机械刺激作用下的发光现象，包含了复杂的物理化学变化过程，是一种瞬态发光。ML 强度与机械刺激之间的量化关系受机械力加载速率的影响。本小节将介绍稀土应力发光材料的发展历史、重要研究参数和应用场景等内容。

7.4.1 起源与发展

Francis Bacon 在粉碎糖晶体时意外发现了 ML，并最早以文字形式记录下来[90]。而后，人们发现摩擦、挤压、粉碎一些类似材料也可观察到光发射。关于 ML 现象的初步解释是材料受力导致电荷分离形成电场或放电激发光能[91]。因此，最初的 ML 先后被译为拉力发光，摩擦发光或是压电发光[92]。随着科学的进步，科学家逐渐将该现象命名为"应力/力致发光"。在 18~19 世纪和 20 世纪上半叶，人们开始使用裸眼或原始照相板等来描述和记录 ML 现象，但受限于当时的技术程度，对其表征和机理的研究相当困难[93]。

应力发光现象普遍存在于化合物中，并在早期通常被认为与固体物质的断裂破坏或塑性变形相关联[75]。根据 20 世纪 90 年代末的估计，在约 36% 的无机材料和 50% 的晶体材料中均可发现应力发光现象[15,94-95]。现代 ML 研究领域的转折点发生在徐超男研究团队于 1999 年发现了 $ZnS:Mn^{2+}$ 和 $SrAl_2O_4:Eu^{2+}$ 中存在明亮的 ML，且能被紫外线照射反复充能，具有可重复性[13,96]。将此类荧光粉与有机基质复合后，通过施加摩擦、拉伸、挤压等循环的机械负载能够不断地生成 ML，这为建筑或桥梁的应力传感或裂纹检测提供了新的技术，也为 ML 的表征提供了重要参考。自此，大量具有弹性 ML 特性的材料被相继开发[97]，包括掺杂过渡金属离子或稀土离子的氧化物、氟化物、硫化物、磷酸盐、硅酸盐、铝酸盐、锡酸盐、氮氧化物、硫氧化物等 ML 材料，其晶体结构模型涵盖矿盐、鳞石英、尖晶石、纤维锌矿、黄长石、钙长石、钙钛矿、氮氧化物、硫氧化物、独居石等数十种[98]。图 7-21 总结了几种典型的应力发光材料及其开发节点。ML 材料的发射颜色也逐渐从紫外光、蓝光、绿光到红橙光覆盖了整个可见光谱区甚至近红外区域[99]。然而，相较于研究年限较长的其他类型发光材料，其材料种类、基质构型还相当有限。更严峻的问题在于，可实际应用的高性能材料十分匮乏，且各自存在着不可忽视的性能短板。

目前普遍认为 $SrAl_2O_4:Eu^{2+}$（SAOE）体系和 $ZnS:Cu/Mn^{2+}$ 体系的 ML 材料具有优越性能[100]。SAOE 是一种余辉时间可达 60h 的长余辉发光材料，但其长余辉发光会对 ML 光信号产生干扰，并且需要激励光源、重复性较差、应力检测精度有限[101]。ZnS:Mn 具有极低的响应阈值，具多种优异的光电、电磁学性能的特点，但是由于硫化物的热稳定性和化学稳定性较差，一定程度影响了其在实际领域的应用[102]。因此，新型 ML 荧光粉的开发迫在眉睫。目前，大量力致发光材料的开发虽然具有一定的规律可循，但主要还是停留在实验试错阶段。

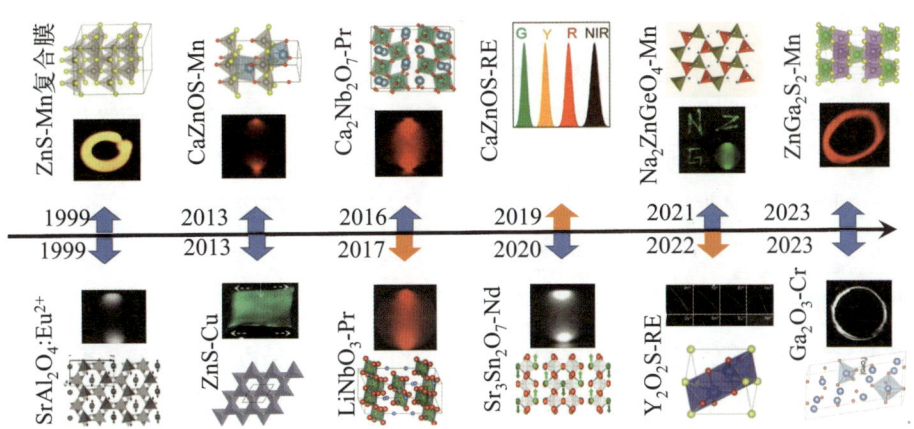

图 7-21 典型的应力发光材料及其开发节点

7.4.2 重要发光参数

通常，研究者用线性、灵敏度、可重复性和响应时间几个指标来衡量 ML 材料的发光性能，如图 7-22 所示，具体阐述如下。

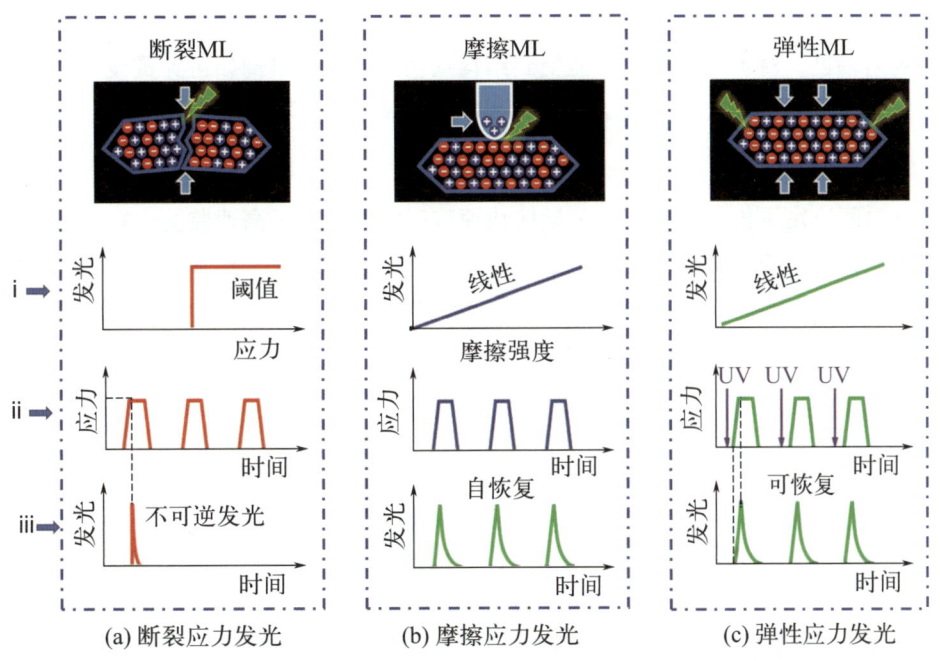

图 7-22 应力发光及其三个类别和机械作用模式对机械发光颗粒的作用[12]

由于其受到的关注较少，这里没有显示第四个类别——塑性力致发光

i）机械发光强度与应力振幅（或摩擦强度）之间的关系。断裂发光的应力阈值对应于颗粒破裂的值。ii）施加的应力值随时间的变化。iii）机械发光强度与时间之间的关系。可能存在一些特殊情况，例如，如果机械发光材料具有自愈（自恢复）能力，断裂发光就会变得可重复。如果颗粒在摩擦过程中受损，摩擦发光的自愈能力可能会丧失。

(1) 线性

应力传感器的基本原理是将应力转换成可以精确测量的物理量（输出信号），建立应力幅度和测得信号之间的线性或相关关系[103-104]。理想情况下，测得信号应始终与应力幅度保持线性关系（图 7-22）。然而，在实际传感器中，线性关系可能仅存在于有限的范围内。超出此范围，可能会出现非线性和滞后效应，这给传感器的校准带来了困难，降低了传感的可靠性。扩大线性范围是开发应力传感器的一个重要任务。

(2) 灵敏度

灵敏度定义为测得信号在增加应力时相对变化的斜率，是应力传感器最重要的性能之一。更高的灵敏度意味着对于给定的应力变化，可以产生更大的信噪比，使传感器能够检测微小的应力变化。科研人员已经进行了大量研究以提高灵敏度。例如，已经创造了不同的微结构（如金字塔形、多孔的或者是交锁的结构）以增强电容或压阻传感器的灵敏度[105-107]。设计特定的微结构也是增强基于 ML 的应力传感器灵敏度的有效方法。

(3) 可重复性

传感器的重复性是指在多次应力加载和释放周期中保持相同的传感能力。这是确保传感器在长时间内具有优异性能的关键技术特性［图 7-22（b）］。重复性的先决条件是传感器的结构和功能在反复的机械作用后不产生不可逆的损害。在评估重复性时，必须定义加载模式和应力幅度。对于在操作中可能受到结构损伤的传感器（例如可穿戴设备中使用的柔性或可伸缩传感器），通过材料的自愈能力可以保持重复性[108-109]。

(4) 响应时间

响应时间决定了传感器对机械刺激的快速响应能力。对于高速监测，短响应时间尤为重要。由于聚合物的黏弹性、信号传递、发光动态过程等原因，实际传感器的响应时间可能会延长[110-111]。各种材料设计方法，如提高聚合物的弹性系数、减小薄膜厚度或创建特定的微结构，已成功应用于缩短电容式传感器的响应时间。

7.4.3 应力发光材料的应用

基于发光强度或颜色与机械作用的耦合关系，ML 材料可以预估材料在不同载荷条件下的应力分布，裂纹附近的应力场、尾迹及其传播轨迹也可以在原位实现可视化[112]。因此，在温压记录、应力分布的可视化和工程结构诊断等传感领域，ML 材料可谓具有广阔的应用前景[113]。不仅如此，ML 材料还有望实现自驱动、柔性、多模耦合等先进功能[114]。针对其在智能可穿戴设备、柔性电子签名与防伪、机械驱动光发生器、生物医学诊断治疗、人工智能与电子皮肤等前沿应用的开发工作也逐渐成为新的研究热点，其潜在应用领域可涵盖医疗、农业、信息、军事、航空等众多产业[27,30]。

然而，基于应力发光材料的传感技术应用仍处于起步阶段。在 ML 材料的表征和应用过程中通常是将所制备的微米级颗粒与光学透明的弹性聚合物混合通过丝网印刷、浸涂、旋涂和喷涂等技术将其涂敷于目标结构表面，从而制得一类弹性的应力发光涂层。紧密贴敷于目标结构表面的应力发光涂层可以将结构所承受的机械刺激转化为应力发光从而通过对应力发光图像的采集和分析获得目标结构中应力分布的动态图像和信息。利用将应力发光颗粒和弹性聚合物复合的方法可以制备出具有不同结构的应力发光弹性体，不仅可以丰富应力发光材料的功能，也能够拓宽其应用领域。图 7-23 总结了一些不同发展阶段的应力发光材料及其应用。

图 7-23　不同发展阶段的应力发光材料及其应用

(1) 可穿戴设备

模拟人类皮肤感知和保护功能的装置，被称为电子皮肤或人工皮肤，是健康监测、机器人技术和假肢等可穿戴设备中最重要的组成部分之一。在电子皮肤和可穿戴设备应用中，传统的应力传感器在可伸缩性、自愈能力和大面积集成方面面临重大挑战。基于应力发光的应力感测技术中的远程感测和应力分布成像的特性有望为电子皮肤和可穿戴设备的发展提供突破口。在 1999 年，徐等首次提出了采用应力发光薄膜作为人工皮肤的想法。他们通过含有 $SrAl_2O_4:Eu^{2+}$ 颗粒的复合薄膜的可见光发射演示了对施加应力的远程检测。在接下来的十年里大量应力发光材料、聚合物和材料成型技术的开发极大地提高了在电子皮肤中采用应力发光进行应力感测的可行性[115]。电子皮肤的实际应用需要在广泛的检测范围内具有高灵敏度。为了扩展柔性应力传感器的检测范围，一些研究组提出了通过将基于应力发光的传感器与基于电的应力传感器相结合，实现双模式应力感测的概念[116-118]。

(2) 生物力学和生物医学工程

生物力学是应用力学原理和方法定量分析生物学中的力学问题的一门新兴的交叉学科。生物力学对于理解生物系统中运动、生长和疾病发展的动态过程具有重要意义。由于人体骨骼、牙齿等大部分生物组织都位于体内，因此远程实时机械传感技术在生物力学研究中具有重要价值。Xu 等比较了热弹性应力分析和 ML 成像方法对人工骨表面应力状态的检测，得出 ML 成像方法在时间响应和空间分辨率上具有优势 [图 7-24 (a)][119]。Wang 等提出了一种基于 $SrAl_2O_4:Eu^{2+},Dy^{3+}$ 中 ML 的假牙咬合检查评价方法，表明假牙的表面应力分布可以可视化 [图 7-24 (b)]。这表明基于 ML 的应力传感技术是一种非常有效的生物力学技术，它可以支持体外和体内生物组织的生物力学分析，以及假肢装置的实际实施[120]。由于近红外光通过生物组织的优异穿透能力,具有近红外光发射的 ML 材料在生物力学方面的应用需求很大。2011 年,Xu 等报道了第一个在生物窗口中发光的 ML 材料的例子。随后,Peng 和 Xu 的团队报道了另一种重要的 ML 材料 $Sr_3Sn_2O_7:Nd^{3+}$,具有强烈的应力响应近红外发射。他们还研究了化合物 $CaZnOS:Nd^{3+}$、$LiNbO_3:Nd^{3+}$ 和 $CaZnOS:Er^{3+}$ 的近红外 ML 特性,并展示了 ML 穿透各种生物组织的可视化成像[121-122]。这些研究证实 ML 材料可以提供非接触、实时和组织穿透的机械传感,因此在生物力学工程应用中是非常有前途的机械探针。诊断与治疗相结合是未来生物医学的重要发展方向。在生物医学应用中,除了运动驱动的辅助诊断和生物成像能力外,ML 材料还显示出远程控制疾病治疗的潜力[123]。Wu 等证明了 ML 纳米粒子 ZnS:Ag,Co@ZnS 在通过完整的头皮和头骨的聚焦超声波触发时,可以作为小鼠大脑中的局部光源。注射的 ML 纳米颗粒通过内在循环系统进入大脑,并通过超声波打开,重复发射蓝光进行光遗传学模拟。据报道,在超声刺激下发光的其他 ML 材料制成纳米颗粒后,可以成为体内的局部光源,用于精确可控的药物释放、光热治疗和光动力治疗[124]。

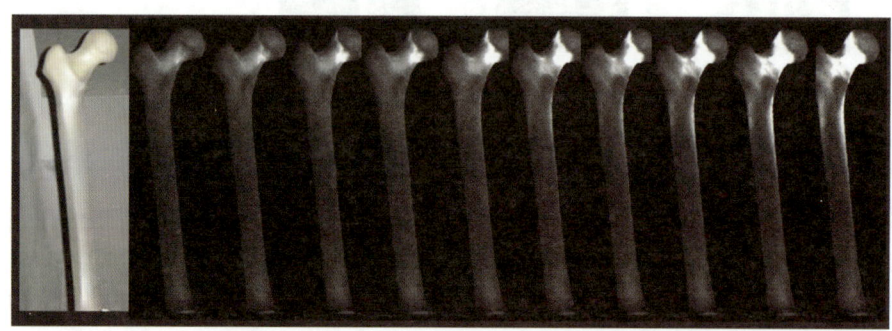

(a) 人造股骨的受力后的动态应力发光图像[119]

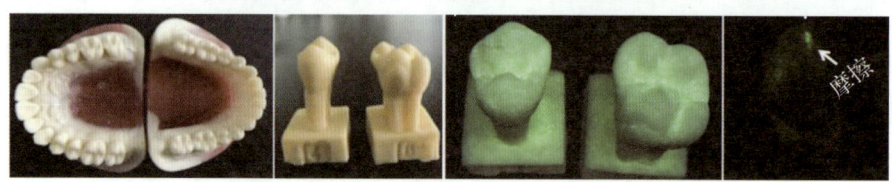

(b) 使用 $SrAl_2O_4:Eu^{2+},Dy^{3+}$ 复合材料制备的人造牙照片以及用紫外光激发和摩擦后的人造牙 PL 和 ML 图像[120]

图 7-24 应力发光材料在生物力学和生物医学工程领域的潜在应用

(3) 工程结构诊断与损伤监测

保证工程结构在整个服役期内受力在允许范围内是避免结构失效的前提。一旦结构发生故障,可能会造成巨大的灾难和损失。因此,工程结构的健康诊断,如桥梁、建筑物或金属承重部件,是全世界关注的一项重要技术[125-126]。基于 ML 的应力传感技术提供了一种简单、有效、低成本的解决方案,可以实现对工程结构的远程、实时、大面积监测。例如,将一个 ML 板型传感器附着在桥梁的混凝土梁表面。当重型车辆通过桥梁时,根据 ML 成像,混凝土梁表面的应力分布清晰可见,裂缝周围存在明显的应力集中(图 7-25)[125]。通过计算应力集中的位置和程度等关键信息,可以对裂纹扩展进行早期预测。基于 ML 的应力传感器在高速公路和高层建筑等基础设施中也显示出重要的价值。通过基于 ML 的健康诊断,可以确定基础设施中存在过度压力或疲劳的高风险区域。在高风险区域进行谨慎的维修工作,以减少应力集中,可以以较低的成本大大延长基础设施的使用寿命[127]。基于 ML 的应力传感器也被应用于液氢储罐或管道等高压容器的结构健康诊断。特别是,附着在外表面的 ML 传感器可以可视化高压容器的内部裂缝,这提供了一种有效的无损评估技术。除了检测静应力分布和裂纹扩展蠕变外,ML 传感器还因其实时性和分布式成像特性,被应用于快速扩展裂纹的研究,以了解工程材料的破坏过程。迄今为止,利用无机 ML 材料进行工程结构诊断的研究主要集中在 $SrAl_2O_4:Eu^{2+}$ 和 Ln^{3+} 共掺杂的 $SrAl_2O_4:Eu^{2+}$[128]。

(a) 被检查基础设施
（城市高速公路）的外景

(b) 基础设施现场检查的场景

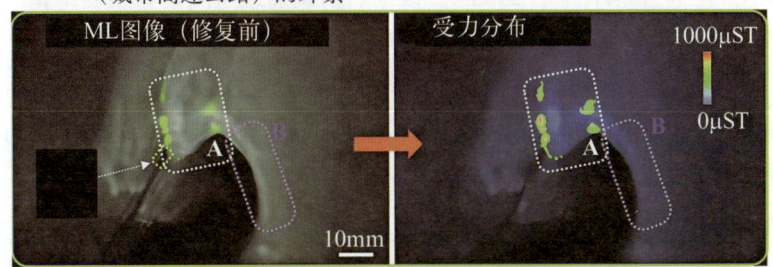

(c) 修复前的高应力集中分布图像显示,最大应变约为1000μST

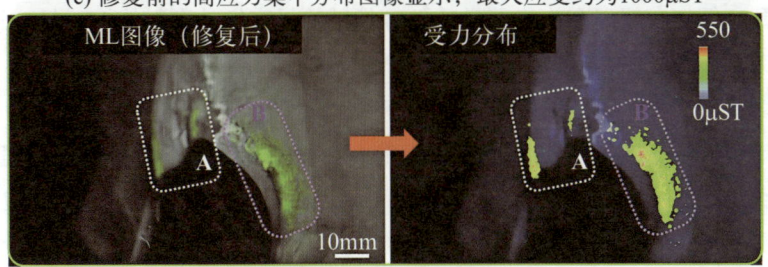

(d) 修复后（使用研磨机研磨焊接部分）的应力
集中分布图像显示,最大应变降至约500μST

图 7-25　高速公路断面现场定量应变成像及有效危险
等级诊断的可伸缩弹性发光传感器[125]

(4) 航空航天

飞机和航天器在飞行过程中会受到各种类型的严重机械冲击。飞机结构健康诊断和表面应力监测对飞行安全具有重要意义。然而,由于接触面大、工作环境复杂,全区域、全程监测具有挑战性[126]。Goedeke 等为未来的航天器开发了基于 $ZnS:Mn^{2+}$ 的传感器涂料。

他们使用速度从 2~6km/s 的气枪来模拟太空撞击，并使用硅探测器来收集 ML 信号。在超高速撞击下，附着在靶板背面的传感器涂料产生黄色 ML，衰减时间约为 0.3ms，从而保证了对撞击的超高速响应。Ryu 等开发了由应力发光的 ZnS：Cu 和聚 (3- 己基噻吩)（P3HT）组成的多层传感器。ZnS：Cu 的 ML 强度和 P3HT 的吸光度随拉伸应变的增大而增大。由于空间可用能量有限，这种自供电应力传感器在航天器结构健康诊断方面的应用前景广阔。此外，Aggarwal 和 Ryu 等独立研究了基于二苯甲酰甲基铕三乙基铵（EuD_4TEA）强 ML 的飞机结构损伤传感器的潜力。结果表明，基于 ML 的传感器涂料可以在小重量增加的情况下为飞机提供实时和远程结构健康监测[12]。

(5) 电子签名与防伪

信息安全已成为维护社会发展稳定的关键问题。信息加密和信息泄露是信息安全博弈的两个方面。为了达到更高的信息安全水平，总是需要利用新兴技术对信息加密系统进行升级。研究人员正在探索通过使用 ML 材料来提高信息安全水平的新方法。到目前为止，已经提出了两条主要路线。一种是通过实时、动态、高灵敏度的机械传感获取个性化的行为信息，并据此构建信息加密数据库。另一种是采用 ML 具有难以复制的特点，构建了多模态信息防伪系统。Wang 等设计了一种基于 $ZnS：Mn^{2+}$ 自恢复 ML 的电子签名系统，响应时间小于 10ms，空间分辨率高于 256dpi。该签名系统通过监测签名过程中整个签名面板上的动态应力分布，能够详细记录每一笔的受力幅度和书写速度。通过对深度个性化签名习惯的精确记录，可以构建多维度的行为数据库，实现高层次的信息安全。随后，通过选择不同的 ML 材料（如氧化 $ZnS：Mn^{2+}$、ZnS：Cu、$CaZnOS：Sm^{3+}$）或设计特定的结构（如方形电池），进一步研究了电子签名系统[96,129]。

目前，ML 的相关研究由于材料种类相对较少、发光机理复杂，在机理研究和新型 ML 材料开发方面仍然面临着相当严峻的挑战。材料种类的多样性、发射波长及可调谐性均需要进一步提升，例如有望用在生物医学成像等领域的具有红外发射的 ML 材料还相当匮乏。在材料性能方面，能够达到实际应用水平的 ML 材料也非常有限，即使是公认性能最佳的 $SrAl_2O_4：Eu^{2+}$ 和 $ZnS：Cu^+$，也在某些方面各存劣势。

在机理研究方面，当前还很难提出统一的 ML 机制，针对不同材料分别提出不同的机理将不可避免地存在大量重叠和歧义。例如目前仍无法确定陷阱和（或）压电是否为产生 ML 的必要条件，也无法确认电场究竟以何种途径和何种过程激发 ML。对于大多数 ML 材料，发光中心的能级随应力的变化以及陷阱浓度在原子水平的应变作用下的变化过程也尚未明确，也缺乏理想的数学模型和确凿的实验证据去揭示 ML 机制。

在表征方面，相关表征手段匮乏，缺乏表征 ML 材料性能的标准。多数情况下需要将 ML 颗粒与聚合物混合制备复合膜或纤维从而实现机械力负载。基质的应力传导会产生不同方向张量的不同效果，导致难以控制和量化。复合材料内部机械作用的复杂性增加了理解 ML 机理过程的复杂性。根据目前的测试技术，只能在统计力学的尺度上检测 ML，如果能够掌握材料受到的真实负载及应变、局域极化、缺陷水平等相关量，就有机会建立构效关系，提出性能优化的策略。因此，迫切需要开发更多先进的表征设备、建立能够定量描述的数学模型。尽管面临数种挑战，ML 材料巨大的潜在应用空间值得人们在这一特殊的发光领域进行深入的研究。

习 题

7.1 简述无机长余辉荧光粉中常用作电子捕获中心的稀土离子有哪些。
7.2 简述靠近价带顶和导带底的能级分别属于哪种类型的陷阱。
7.3 应力发光有哪些分类？简述哪些类型的应力发光更具应用前景，并举例。
7.4 人眼在明亮和黑暗环境下的视觉敏感曲线峰值分别是多少？并简述人眼可见的最低亮度值以及对于长余辉发光材料应用的意义。
7.5 紫外光的分区及对应的波长是什么？太阳光中不包含哪个波段的紫外光？
7.6 生物组织透过窗口对应的近红外光谱范围是多少？哪个波段的近红外光穿透性更强？

参考文献

无机稀土发光新材料的前沿交叉与展望

本书的前述章节介绍了无机稀土发光新材料被广泛应用于照明、显示、生物医学成像、光通信、传感与探测等领域的基础理论与研究进展。随着科学技术的不断发展和新材料创制手段的不断进步,研究人员发现了众多其他类型的发光材料,发光机理与稀土离子发光大相径庭,但也各有千秋。与此同时,其他发光材料的化学组成并不局限于全无机体系,也包含有机-无机杂化和纯有机材料体系。因此,本章节将简述无机稀土发光新材料的前沿交叉,展望相关领域的最新进展。

以照明领域为例,本书第4章介绍了稀土荧光粉转换型白光LED(light-emitting diode)的相关原理和新材料。然而,作为一种竞争性的照明技术,有机发光二极管(organic light emitting diode,OLED)能够在电场作用下实现电致发光,与荧光转换型LED照明相比,各有千秋。同样地,以显示为例,本书第4章重点介绍的是背光源LCD(liquid crystal display)技术及其所用到的窄带发射稀土发光材料,如β-SiAlON:Eu^{2+}绿粉和K_2SiF_6:Mn^{4+}红色荧光粉等。相比而言,搭载Ⅱ~Ⅵ族量子点技术的液晶显示在色域呈现效果上有明显提升;而基于Ⅱ~Ⅵ族量子点、卤化物钙钛矿量子点的电致发光显示技术,具备更高光致发光量子效率(>90%)和更窄的半峰宽(<20nm),可实现更宽的显示色域;此外,新兴的OLED显示技术在显示色域、暗场效果、可视角度、能耗、成本及产品形态等方面呈现出明显的优势。纵观上述新进展和新材料,量子点材料以其更高亮度、宽带吸收、窄带发射、波长可调(400~800nm)等优点备受关注,成为推动QD-LED、Micro-LED及Mini-LED等新型显示技术发展的关键发光材料。

因此,本书在前7章中阐释了无机稀土发光新材料的发光基本原理、晶体学基础和制备方法,并主要围绕传统LED用稀土荧光粉、上转换纳米晶、发光晶体、陶瓷、玻璃和光纤等无机材料,介绍了其在照明光源、背光显示、上转换、传感、长余辉及应力发光等领域中的应用。在众多研究人员的努力下,发光材料及其应用正进入百家争鸣、百花齐放的时代,正在从传统的照明显示应用,逐步扩展到多功能智能传感与信息探测等更多的领域。基于此,本章将分为几个小节,介绍几种与稀土发光新材料共同发展的前沿发光新材料,包括有机发光二极管材料、Ⅱ~Ⅵ族及钙钛矿量子点发光材料、碳点和低维金属卤化物发光材料等,简介其发展历程、发光机理和应用领域,展望其未来发展方向。

8.1 有机发光二极管材料

有机发光二极管（OLED）是一种电流型的有机发光器件，其通过载流子的注入和复合而发光。与市场主流的 LCD 相比，OLED 具有自发光性、柔性好、色域广、响应快、更轻薄等优点。目前，OLED 器件已经被广泛应用于手机、电脑、电视和汽车等，如图 8-1 所示。除了显示领域，OLED 同样可以用于以白光为主的照明器件中。和常见的 LED 器件相比，OLED 在照明领域更加健康环保，光线柔和，频闪和蓝光更少，并且可制备大面积的柔性曲面面板光源，更能满足 21 世纪人们对高质量光源的需求。凭借上述优点，OLED 成了新一代背光源显示和照明技术的典型代表[1]。到目前为止，有机红光和绿光 OLEDs 基本上已能够达到商业应用的标准。但蓝光材料固有的宽带隙和较高的光子能量，使得蓝光材料在器件效率和寿命上有待提高，这使得蓝光 OLED 的发展和应用受到了较大限制。因此，高性能蓝光及白光器件的开发一直是 OLED 研究的重点和难点。本节主要介绍 OLED 的结构与发光机理、OLED 荧光和磷光材料以及 OLED 延迟荧光材料。

图 8-1　有机发光二极管应用场景[2]

8.1.1　OLED 的结构与发光机理

OLED 器件由基板、阴极、阳极、空穴注入层（HIL）、电子注入层（EIL）、空穴传输层（HTL）、电子传输层（ETL）、发光层（EML）等部分构成，形成"夹心"层状结构，如图 8-2 所示。一般地，阳极材料可选用透明的氧化铟锡（ITO），因为其具有较高的透光率。阴极材料选用较低功函数的金属材料，能够减少注入时的能量损耗。而传输层需要尽可能平衡两种不同载流子的传输速率，尽量选用匹配的材料。发光层是 OLED 器件的核心，它能够在外部电场作用下形成激子，实现电致辐射发光。OLED 的发光过程主要包括载流子的注入、传输、复合和辐射发光等 4 个部分。

① 载流子的注入指的是 OLED 器件处于工作电压时，空穴从阳极注入，而电子从阴极向功能层注入。载流子的注入过程需要克服阳极或阴极费米能级和空穴传输层最高占据轨道或电子传输层最低未占据轨道之间的能级差，即注入势垒。实现低注入势垒有利于增加载流子的注入，从而提升器件的性能。

② 载流子注入后进行载流子的传输过程，形成电流。一般地，有机材料的空穴迁移率要高于电子迁移率。选择合适的传输层材料对于器件的性能同样十分重要。

③ 在外部电压的作用下，经过传输层注入的电子和空穴被发光层俘获，复合形成激子并传递能量给发光中心。

④ 发光中心的最外层电子在吸收能量后会辐射跃迁回基态，并发射出光子实现发光过程[3]。

相对于单色光来说，白光 OLED 器件的结构要复杂一些，如图 8-3 所示，主要包括以下 3 种结构设计思路。

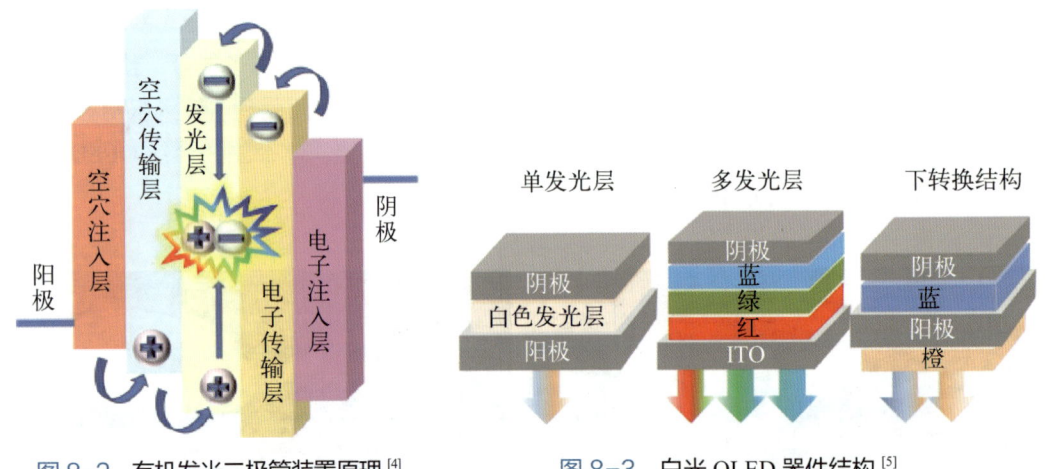

图 8-2　有机发光二极管装置原理[4]　　　　图 8-3　白光 OLED 器件结构[5]

① 单发光层。白色发光材料或不同发射特性的两种或三种材料掺杂均匀组合在一起，制备出发射白光的单发光层结构 OLED。

② 多发光层。将红、绿和蓝色发光层单独制备并组合到一起实现三基色混合的白色发光多层 OLED 器件。

③ 下转换结构。除了上述夹心结构之外，还可以在阳极内外两侧分别镀上蓝光和黄橙光发光层，基于蓝光能量高这一特性，激发黄橙光材料从而实现白光发射 OLED。

8.1.2　OLED 荧光和磷光材料

1963 年，美国纽约大学 Pope 等在施加了 400V 高压的蒽单晶上观察到了电致发光（蓝光）现象，从而激发了众多学者对于 OLED 器件的研究兴趣[6]。但由于施加电压过高及发光效率太低，导致其在当时没有得到很好的应用。1987 年，美国 Eastman Kodak 公司邓青云等基于真空蒸镀法制备了双层薄膜 OLED 器件，在 10V 的驱动电压下实现了约 1% 的外量子效率，亮度超过 1000cd/m^2，将 OLED 带入了一个新的时代[7]。1988 年，日本九州大学 Adachi 等将电子传输层引入上述的双层结构中，进一步提升了器件的外量子效率[8]。1990 年，剑桥大学 Friend 等以聚对苯基乙烯作为发光层制备了首个聚合物 OLED 发光器件[9]。1992 年，美国 UNIAX 公司 Heeger 等在塑料基底上成功将 OLED 应用于柔性显示器领域[10]。1994 年，日本国立大学 Kido 等将蓝色、绿色和橙色荧光染料掺入聚合物聚（N-乙烯基咔唑）中实现了白光发射，标志着 OLED 正式进入白光照明时代[11]。1997 年，同是 Eastman Kodak 公司的 Hung 等通过 Al/LiF 复合阴极成功降低了电子注入势垒，从而有效提升了 OLED 器件的发光效率和运行稳定性[12]。1998 年，马於光课题组等率先报道了电致磷光发光材料，标志着第二代 OLED 材料的出现，吸引了众多学者对 OLED 器件的深入研究[13]。经过 30 年的快速发展，OLED 器件在制备工艺、发光效率、结构设计以及性能方面均取得了显著的进步，并已广泛应用于手机、电视、电脑显示器和照明台灯等平板显示和固态照明领域。在未来，随着技术的不断发展，OLED 还有望在可穿戴显示设备领域大放光彩。按照发展历程，OLED 中有机发光材料主要分为第一代荧光材料、第二代磷光材料和第三代热活化延迟荧光材料（TADF），如图 8-4 所示，以及正在发展的下一代发光材料。

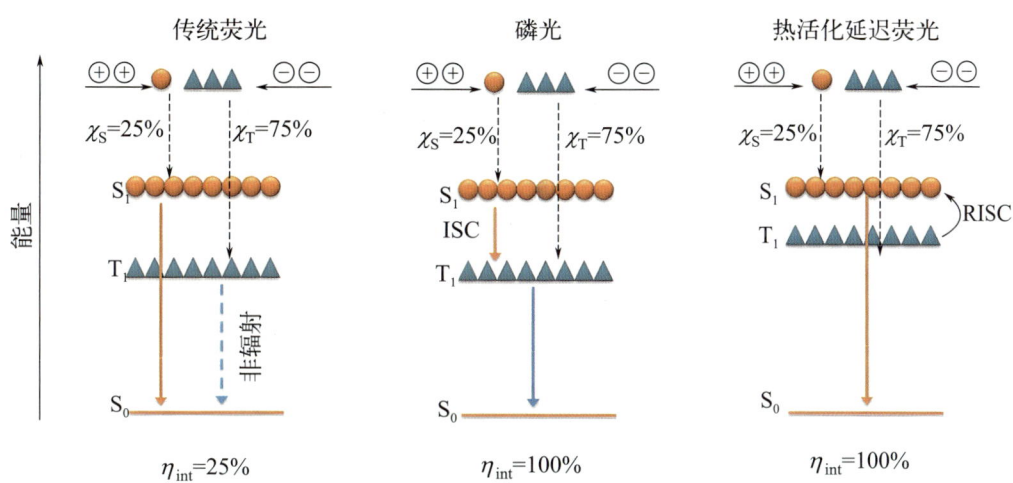

图 8-4　三代不同的 OLED 发光材料及其发光原理[14]

（1）荧光材料

荧光指的是在光刺激下，物质吸收能量从基态跃迁至不稳定的激发态，并且立即退激发并发出不同波长的光，荧光物质一旦停止光照，其发光现象也立刻消失。16 世纪后期，西班牙学者 Monardes 就发现黄色的紫檀木水溶液在受到太阳光照射时会发出天蓝色的荧光[15]。

传统的荧光材料主要以稀土掺杂的无机荧光粉和有机小分子/高分子材料为代表的有机发光材料为主，而应用于 OLED 器件的荧光材料一般为有机小分子材料。在施加电压的情况下，根据自旋统计规则，传统有机小分子荧光材料会产生 25% 单重态激子和 75% 的三重态激子。由于没有重原子效应，有机分子辐射荧光的方式基本通过单重态激子，而超过 75% 的三重态激子只能通过无辐射跃迁以热能等其他形式的能量散发。也就是说，传统的第一代荧光材料用于 OLED 器件中发光的能量被严重浪费，理论上的最高内量子效率上限只有 25%。具有代表性的化合物是 8-羟基喹啉铝（Alq$_3$），由邓青云和 Van Slyke 等于 1987 年首次报道。利用 Alq$_3$ 作为发光材料，氧化铟锡透明薄膜和镁银合金分别作为阳极和阴极，所制备 OLED 器件的流明效率为 1.15lm/W[7]。2019 年，华南理工大学马东阁课题组提出了一种高效稳定的白色全荧光 OLED 辐射激子的调谐策略[16]，所制备的 OLED 宽带白光模拟与实验发射光谱、理论计算输出效率和结构工作机理分别如图 8-5 中的（a）和（b）所示。可以看出，该 OLED 光谱中蓝色和橙色发射光分别贡献了 46% 和 54%，理论和实验结果基本一致。电子和空穴传输层厚度分别为 65nm 和 50nm 时，器件的最大输出效率预测为 27%。此外，该 OLED 器件的工作机理包含两个平行通道，分别是有效的能量传递和直接激子形成过程，如图 8-5（c）所示。尽管第一代荧光材料的稳定性较好、结构简单、荧光寿命短，但发光效率低的关键问题严重限制了其进一步发展。

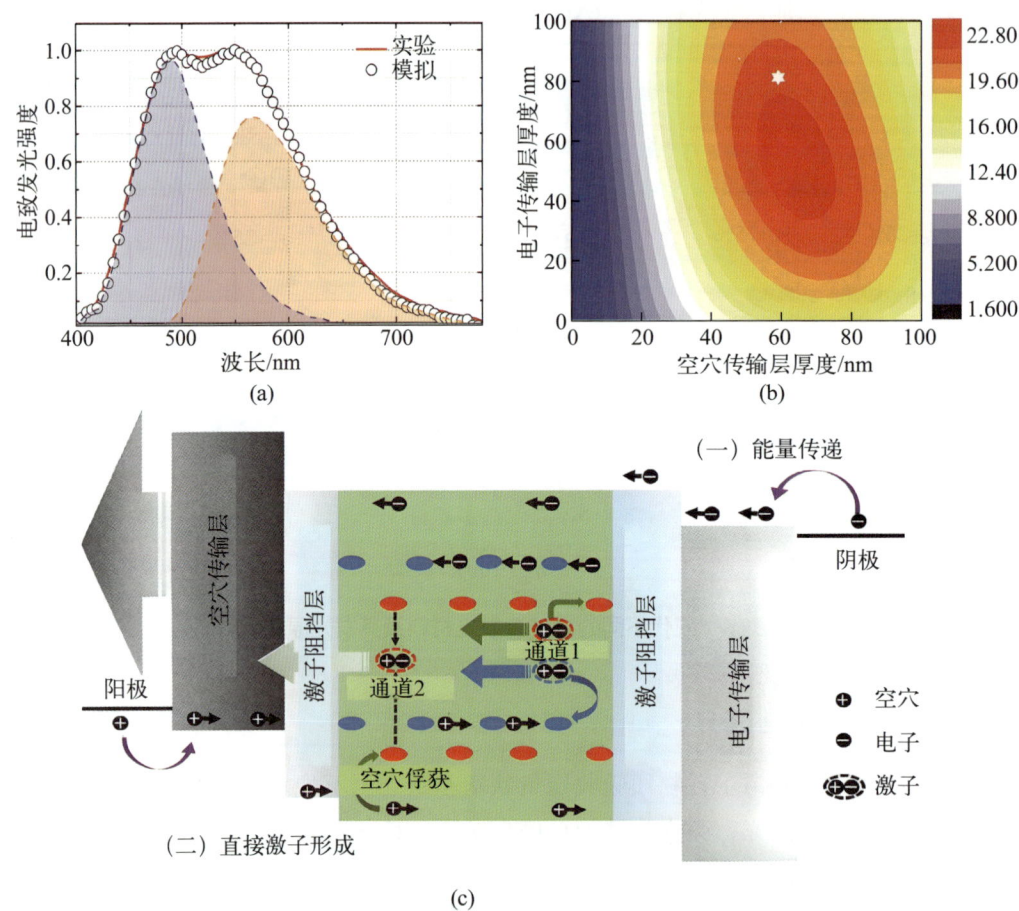

图 8-5 全荧光 OLED 器件的发射光谱（a）、传输层厚度和输出效率关系（b）和器件工作机理（c）[16]

(2) 磷光材料

与传统荧光材料不同的是，磷光材料在光照停止后仍然能够持续发光，具有与前述无机长余辉发光材料类似的性质。按照化合物类型，有机磷光材料主要可分为有机金属配合物和有机室温磷光材料两种。

对于有机金属配合物磷光材料，由于重金属原子具有相对较强的自旋轨道耦合，能够通过系间窜跃（ISC）实现三线态激子与单线态激子的转化，理论上实现 100% 的内量子效率。1998 年，马於光等首次报道了金属锇配合物磷光材料，并实现了电致发光[13]。随后，Forrest 等在有机金属配合物中加入了重金属铱，其强烈的自旋轨道耦合效应，使得单线态和三线态激子相互混杂，加快了三线态的衰减，实现了室温电致磷光[17]。上述磷光材料的出现也标志着 OLED 进入了第二个时代。相对于荧光，磷光得益于对激子能量的充分利用，磷光材料的发光效率普遍较高，尤其是红光和绿光发射电致磷光器件更是能兼顾高效和性能稳定等优点，实现了种类的多样化。然而其缺点也较为明显，一是有机金属配合物磷光材料主要借助金属铱和铂，重金属污染严重和制备成本较高的问题限制了该类材料器件的商业化应用；二是蓝色发射磷光材料的稳定性较差、发光效率偏低。因此，迫切需要研发新型高效环保的电致发光材料。

有机室温磷光材料最早于 2016 年被提出，其具有毒性低、效率高和易加工等优势，在长余辉发光材料、防伪和生物成像领域有着较好的应用前景。与有机金属配合物类似，室温磷光材料引入杂原子和重原子促进了激子的利用。然而，有机室温磷光材料还需要进行深入的研究去克服发光寿命短、非辐射跃迁损耗过大和重原子掺杂带来的效率降低等问题。2017 年，唐本忠院士团队提出了基于有机单分子双磷光发射的全新策略，通过调节两个能级接近但具有不同跃迁性质的三线态激子，实现了白光发射。苏州大学冯敏强等通过将蓝光激基复合物和两种磷光染料结合，成功制备出了基于单发光层的高效白光 OLED，如图 8-6 所示，流明效率和外量子效率分别高达 105lm/W 和 28.1%[18]。

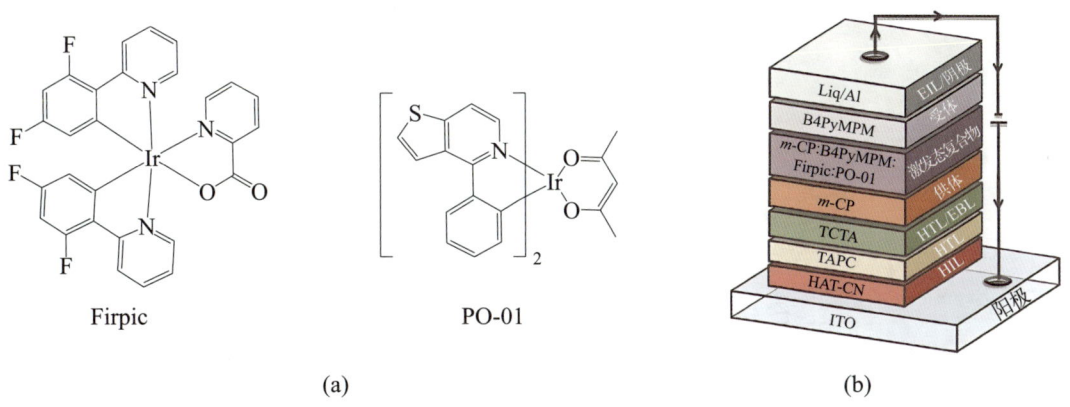

图 8-6　OLED 磷光材料分子结构和器件结构[18]

8.1.3　OLED 延迟荧光材料

延迟荧光材料的实现方式主要有三重态-三重态湮灭和热活化延迟荧光（TADF）两种。其中三重态-三重态湮灭是指两个三重态激子相互作用，产生一个基态和一个单重激发态的过程，后者可通过辐射跃迁实现发光。该现象最初在菲和芘溶液中被观察到。然而，苛刻的合成条件和较低的内量子效率限制了它的发展与应用。TADF 是另一种延迟荧光材料，早在 1961 年就有学者在四溴荧光素中首次观察到延迟荧光现象[19]。随着技术的发展与成熟，直到 2012 年，Adachi 教授等报道的咔唑给体-氰基苯受体 TADF 高效延迟荧光材料才正式标志着 OLED 进入了第三阶段[20]。

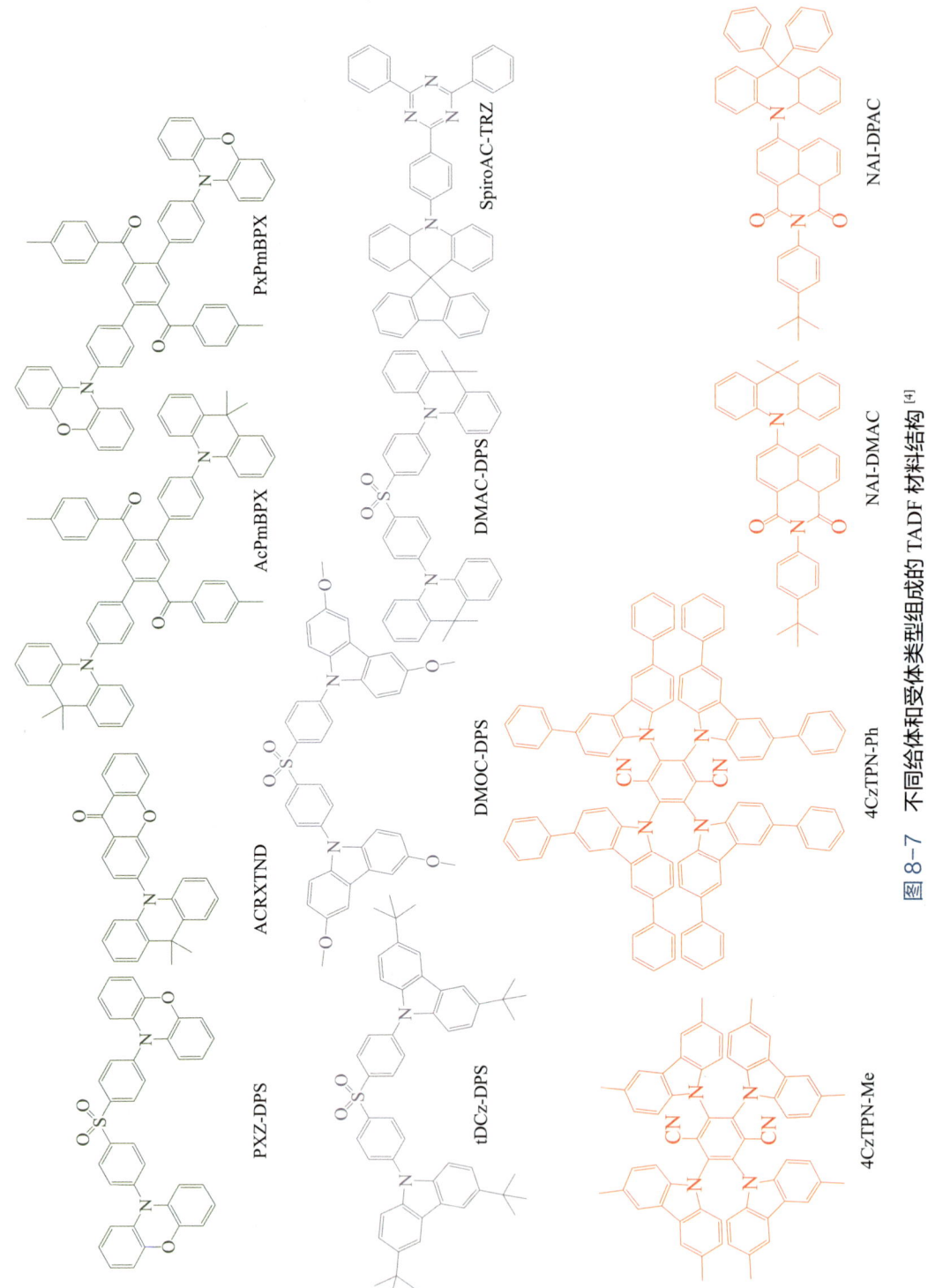

图 8-7 不同给体和受体类型组成的 TADF 材料结构[4]

TADF 荧光材料通常由给体（D）和受体（A）部分组成，D 单元结构刚性较大，如三苯胺类、吩噻类和咔唑类等，而 A 单元则富有多样性，如二苯酮、吡嗪、二苯砜和氰基等，图 8-7 为上述各类给体和受体组成的 TADF 材料结构。目前，基于 TADF 材料的外量子效率已经相当可观。2016 年，Wu 等制备的螺旋吖啶-三嗪在电致发光下，蓝光的外量子效率高达 37%，明显优于其他类型的材料[21]。2018 年，Yang 等将刚性吖啶给体与 1,8-萘酰亚胺受体结合，增加了结构刚性和强电荷转移，在 584nm 处发出了橙红色光，该材料的外量子效率高达 29.2%[22]。与其他荧光和磷光材料不同，TADF 材料发光的机理是利用反向系间窜跃（RISC）将三线态激子转换成单线态，从而以单线态形式辐射跃迁发光。由 Hunds 规则可知，单线态的激子能量一般高于三线态，且二者能隙在 500meV 以上。此时，由于能隙太大，三线态激子的反向系间窜跃过程难以实现。研究人员通过减少电子最高占据轨道和最低未占据轨道的重叠，使得 TADF 材料的能隙降低到 100meV 以下，从而实现反向系间窜跃过程，理论内量子效率为 100%。在实际过程中，如果三线态的激子反向系间窜跃速度较慢，则会造成其以非辐射跃迁回基态的能量损耗。图 8-8 为 OLED 器件中各类有机分子的能量转移过程，当激发态分子为不稳定态时，单线态与三线态能级之间存在系间窜越过程，且其自身之间也会伴随着非辐射内转换。具体而言，一部分能量以发热等形式的非辐射跃迁被损耗，S_1 以辐射跃迁形式回基态发出荧光，而 T_1 则辐射跃迁回基态发出磷光。

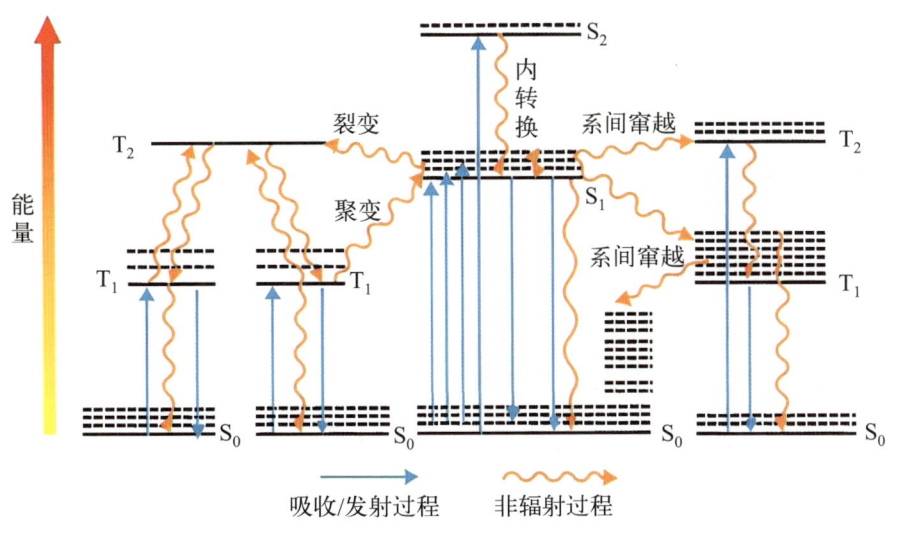

图 8-8　OLED 器件有机分子的能量转移过程[5]

8.2　II-VI族及钙钛矿量子点发光材料

上一节介绍了 OLED 器件的结构、机理和发展历程及其应用性能特点。然而，OLED 器件中的有机小分子或聚合物发光层如第三代 TADF 材料等存在发光光谱宽（半峰宽通常大于60nm)、颜色纯度较低的问题，导致其制备的显示器件色域窄，严重阻碍了其进一步应用。当然，窄带发射的OLED新材料也是近年来在有机发光材料领域的一个研究热点，此处不再详述。此外，OLED器件的制备工艺主要以真空蒸镀为主，成本较高且难以实现大面积的制备。为了克服应用障碍，国内外研究者探索出了其他发光效率和色纯度高的发光材料，如本小节重点介绍的量子点发光材料。

量子点指的是由一定数量的原子或分子组成的半导体发光纳米晶，其在三维空间上的尺寸一般为2～20nm[23]。常见的量子点由Ⅳ、Ⅱ-Ⅵ、Ⅳ-Ⅵ或Ⅲ-Ⅴ元素组成，例如硅量子点、硫化镉量子点、硒化镉量子点、磷化铟量子点以及新兴的钙钛矿量子点[24]。量子点发光材料的发光性能基于其自身的量子效应，通过控制量子点的形状、结构和尺寸来调节其能隙宽度、激子束缚能的大小等。随着量子点尺寸的逐渐减小，量子点的光吸收谱出现蓝移现象。尺寸越小，则光谱蓝移现象也越显著，即所谓的量子尺寸效应。因此可以通过控制制备工艺调控量子点的尺寸、结构与形状，带隙宽度和激子束缚能的大小等，从而调节发射波长，如图8-9所示。因此，具有可调谐发射、高效率和窄带发射等优势的量子点及其制作的量子点发光二极管（QLED）吸引了众多学者的关注，并在应用中展现出巨大优势。需要指出的是，考虑到量子点种类繁多，本章节主要介绍经典的Ⅱ-Ⅵ族量子点以及近几年研究者广泛研究的钙钛矿量子点。其次，考虑到碳量子点（CQDs）的独特荧光特性，我们这里将CQDs作为单独的一节（8.3节）来介绍。

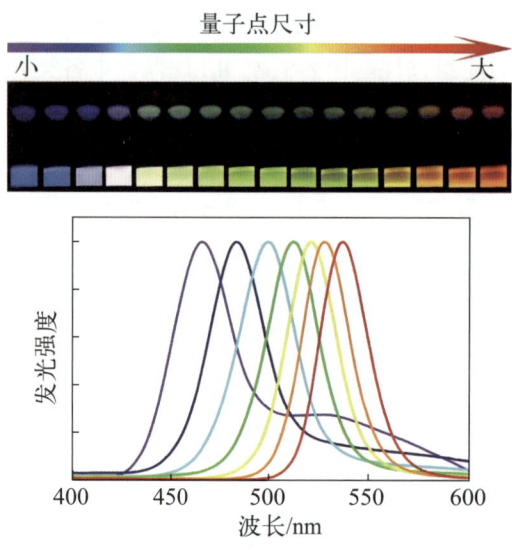

图8-9 不同尺寸量子点的发射特性发生改变[25]

8.2.1 Ⅱ-Ⅵ族量子点成核理论与制备

Ⅱ-Ⅵ族量子点是发现最早也是研究较为深入的一种量子点发光材料体系，主要包括镉系量子点（如二元CdS、CdSe、CdTe，三元ZnCdSe和四元ZnCdSeS等）、Zn系量子点（ZnSe和ZnS）和Hg系（HgS）等[26]。其中镉系量子点的发展较为成熟，表现出发光效率高、物理化学稳定性好和半峰宽窄等优异的光学性能。

根据结晶动力学和Lamer成核理论[27]，胶体量子点的制备可分为成核和生长两个步骤，如图8-10所示。在高温下，将溶剂快速注入前驱体中，溶液浓度的增加会诱导成核过程发生。当晶体生成时，溶液浓度急剧下降，低于"成核阈值"后进入晶粒生长阶段。当浓度继续降低到临界值时，伴随着奥斯特瓦尔德熟化的发生，具有更高表面能的小尺寸晶粒溶解在溶剂中，随后重新生长在尺寸较大的晶粒表面。随着时间的增加，反应溶液浓度不断减少，晶粒平均尺寸增加，直到体系达到平衡。

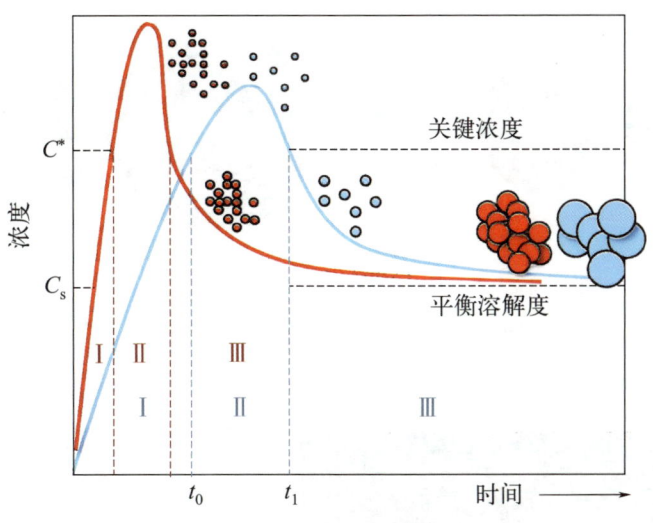

图 8-10　量子点的成核理论[27]

通常，Ⅱ-Ⅵ族量子点的表面缺陷较多且晶核不稳定，因此通常采用热注入法在量子点晶核上包覆壳层从而形成更稳定的核壳结构。热注入法也是制备量子点的常用方法[28]，其一般步骤是，首先，将过量的金属或硫等前驱体溶液在高温下注入表面活性剂溶液内，借助溶液内的过饱和度和自由能诱导量子点核的形成。随后，在纯化处理后的核上生长壳层，成核温度应高于壳层生长温度以避免量子点核的熟化与壳层的成核发生。核壳结构的量子点可以钝化表面缺陷，同时，适量增加的尺寸不仅可以降低非辐射复合跃迁过程发生的概率，还可以阻碍量子点之间的福斯特能量共振转移效应。为了制备高质量的量子点，在制备时需要尽可能地考虑众多影响因素，如外壳前驱体溶液、壳层材料和壳层厚度等，并采取更合适的制备方案。

8.2.2　Ⅱ-Ⅵ族量子点的修饰工程

当Ⅱ-Ⅵ族量子点的尺寸变小时，比表面积的增大会导致表面不饱和悬挂键大量产生，带来的晶格缺陷使得非辐射复合比重增加，从而严重影响量子点的发光效率。因此，众多学者针对量子点的表面缺陷引入了以表面配体修饰和壳层组分修饰为主的策略，增加发光效率的同时提升其稳定性，如图 8-11 所示。壳层组分修饰无疑是一种非常有效的方式，其隔离了外界水氧环境，减少了环境中不利因素对量子点稳定性的影响。此外，壳层包覆后的量子点能够降低非辐射损耗的发生，提升发光效率。壳层材料的选择非常重要，尤其需要匹配量子点核和壳层的晶胞参数与晶体结构。例如，可以用 ZnS、CdS 和 ZnSe 等壳层包覆 CdSe 量子点核，图 8-12 为核壳修饰后各种Ⅱ-Ⅵ族量子点的发光示意图，其发射光谱包含了红、绿和蓝等多种颜色。早在 1990 年，Kortan 等就在 CdSe 表面成功包覆了 ZnS 壳层，很好地抑制了量子点的表面态发射[29]。同时，壳层组分不仅避免了荧光猝灭，还降低了量子点表面载流子被表面缺陷捕获的概率，显著提升了发光效率。

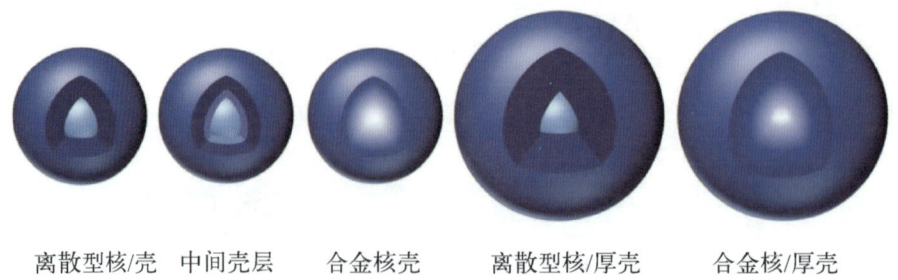

离散型核/壳　　中间壳层　　合金核壳　　离散型核/厚壳　　合金核/厚壳

图 8-11　量子点修饰工程的策略[27]

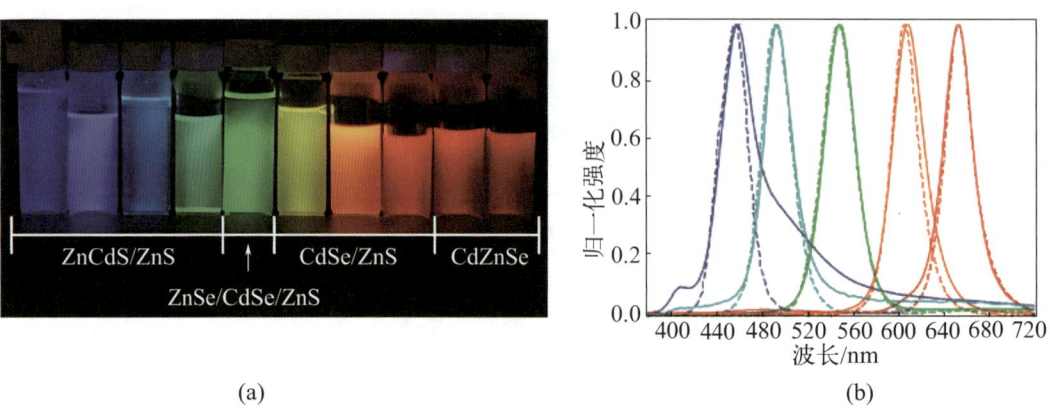

(a)　　　　　　　　　　　　　　(b)

图 8-12　核壳修饰后 Ⅱ - Ⅵ族量子点的发光（a）和发射光谱（b）[30]

除了壳层修饰之外，还可采用表面配体修饰将脂肪胺和脂肪酸等有机配体引入量子点的表面，从而抑制量子点表面缺陷效应，进而提升发光效率。有机配体与量子点表面有较强的结合力，亦可提升量子点的稳定性。2018 年，Sargent 等利用氯化油酸的羧基对壳层组分修饰的量子点进行钝化，修饰后的 QLED 亮度高达 460000cd/m²，在高注入电流区仍能保持高外量子效率，具有优异的性能[31]。

早期，QLED 器件的结构是量子点 - 聚合物双层结构，即在阴极和阳极之间夹住聚合物和量子点双层或二者的混合物。1994 年，Colvin 等利用 CdSe 量子点核聚苯乙烯制备了双层 QLED[32]。然而，该器件的外量子效率微乎其微，一方面是双层结构中的聚合物影响了量子点的发光，另一方面是量子点本身未经过核壳修饰，发光效率低且稳定性能差。随后 Schlamp 等将经过核壳组分修饰后的 CdSe/CdS 量子点制备成双层 QLED，外量子效率提升到了 0.22%[33]，但仍不能满足实际应用。主要的原因在于双层结构无法保证电子和空穴的有效传输，同时量子点和阴极的直接接触增加了荧光猝灭发生的概率。

2002 年，研究者基于 OLED 器件的结构将 CdSe/ZnS 核壳结构量子点夹在小分子有机物的中间，将其外量子效率进一步提升至 0.52%[34]。然而，小分子有机层迁移率较低，限制了器件的效率和运行稳定性。随后，研究者采用了有机 - 无机杂化材料作为电荷传输层，显著增加了 QLED 的性能。2009 年，Cho 等利用非晶 TiO₂ 作为电子传输层，所制备的红色

QLED 流明效率为 2.41lm/W[35]。2011 年，Qian 等进一步将电子传输层换成了 ZnO 纳米粒子，所制备的红、绿和蓝三基色 QLED 的外量子效率分别为 1.7%、1.8% 和 0.22%[36]。这种 QLED 器件结构也成了目前主流的结构之一。

QLED 发光机理可以大致解释为如下光物理过程，即通过施加电压，电子和空穴分别从阳极和阴极克服势垒经电荷传输层注入量子点发光层，随后形成受库仑吸引作用的电子-空穴激子对。传输材料对载流子传输速率和器件性能影响极大，常用的电子和空穴传输材料能级结构如图 8-13（a）所示。空穴传输层一般具有较强的空穴传输性能和较高的迁移率，同时具有良好阻挡电子的能力，而电子传输层则具有阻挡空穴的能力。典型 QLED 的能带结构如图 8-13（b）所示，不稳定的激子会通过辐射复合作用从激发态跃迁回基态，其能量一般等于或略小于量子点的带隙能量。同时也会在非辐射复合作用下释放一部分热能。

经过 20 余年的快速发展，Ⅱ-Ⅵ族量子点的性能已经有了显著的提升。相对于性能较差的蓝光 QLED，红光和绿光 QLED 更是具有 30% 左右的外量子效率，已经实现了商业化应用。1997 年，McEuen 等首次将 CdSe 量子点应用于 QLED，外量子效率仅为 0.22%[39]。Jang 等采用多重钝化策略，制备出了绿光和红光 Ⅱ-Ⅵ 族量子点，外量子效率分别提升到了 72% 和 34%[38]。图 8-14（a）和（b）分别为 CdSe 到 CdSe/ZnS/CdSZnS 绿光量子点结构钝化示意图、紫外可见吸收和发射光谱，图 8-14（c）和（d）分别为 CdSe/Cd/ZnS 到 CdSe/CdS/ZnS/CdSZnS 红光量子点结构钝化示意图、紫外可见吸收和发射光谱。可以看出经过钝化后的量子点呈现出宽带激发的特点，并且能够发射出窄带绿光和红光。进一步，利用该量子点封装了 QLED 器件，并与利用 $CaAlSiN_3:Eu^{2+}$ 红色和 β-SiAlON:Eu^{2+} 绿色荧光粉制备的 LED 进行了对比，两种 LED 的发射光谱如图 8-15（a）中所示。在发光效率方面，QLED 和荧光粉 LED 几乎一样，前者为 41lm/W，后者为 40lm/W。插图将两种 LED 的色域与 NTSC 1931 色域图对比，QLED 覆盖了 104.3% NTSC 色域，而荧光粉 LED 只有 85.6%，说明制备的 QLED 器件具有更好的显示性能。将上述绿光和红光量子点与有机硅混合均匀分散在蓝光 LED 芯片上制备了白光 QLED 器件，并利用 960 个白光 QLED 器件组成了 LCD 电视面板显示动物图案，成功展示了该量子点在显示领域具有良好的应用前景 [图 8-15（b）]。随着研究的不断深入，2014 年，Lee 等在 CdSe/ZnS 单层核壳结构基础上又添加了一层 ZnS 壳修饰，合成的双层核壳结构量子点发光效率为 80% 左右，所制备的 QLED 器件外量子效率提升到了 12.6%[40]。2019 年，Li 等通过"低温成核、高温长壳"策略制备了 ZnSe 和 ZnS 双层外壳修饰的 $Zn_{1-x}Cd_xSe$ 红色量子点，外量子效率高达 30%，且效率滚降现象不明显，达到了应用的工业需求[41]。对于蓝光 QLED，众多研究学者正在不断优化其性能。蓝光 CdS/ZnS 量子点的量子效率一般不超过 65%，而 CdSe/ZnS 和 $Zn_{1-x}Cd_xSe$/ZnS 量子点的量子效率进一步提升到了 75%。2013 年，Lee 报道的 CdZnS/ZnS 量子点，通过改变 Cd/Zn 元素比，成功将量子效率提升到了 98%，所制备的 QLED 器件外量子效率为 7.1%。2018 年，Shen 等制备的 ZnCdSe/ZnS/ZnS 双层核壳结构作为发光层，蓝光 QLED 器件的外量子效率提升到了 16.2%[42]。

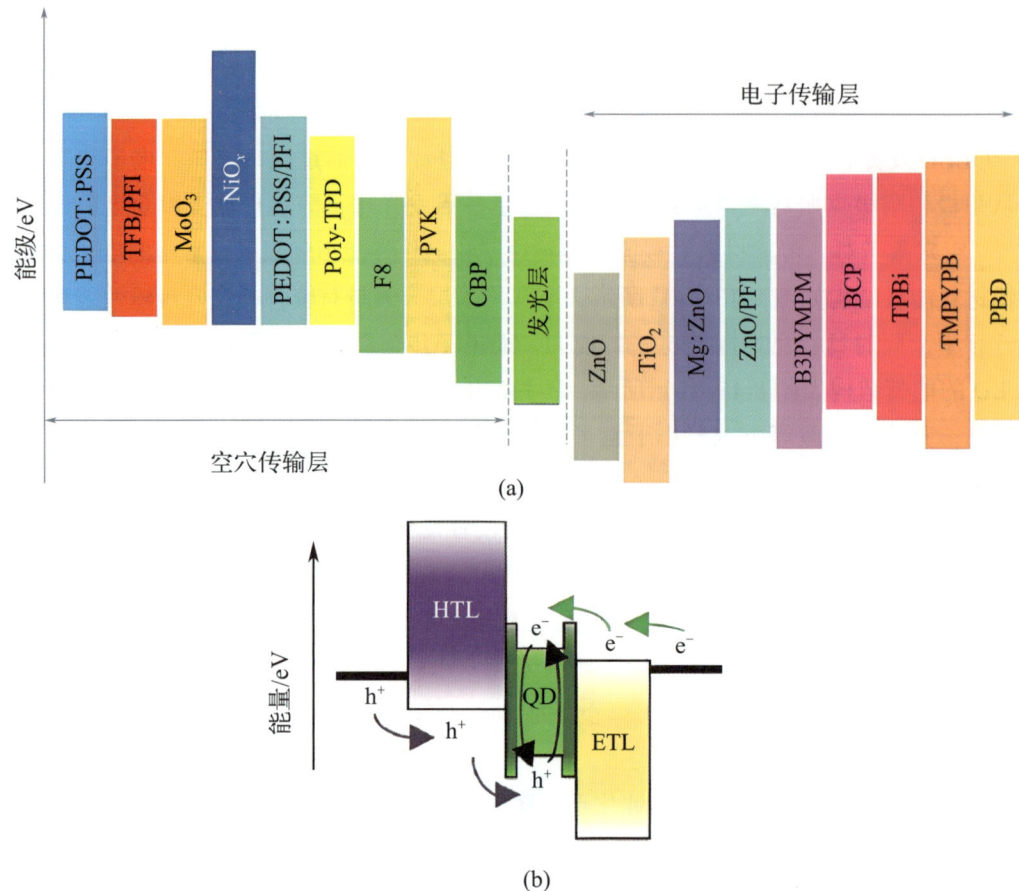

图 8-13 电子和空穴传输材料能级结构图（a）和 QLED 器件能带结构图（b）[37]

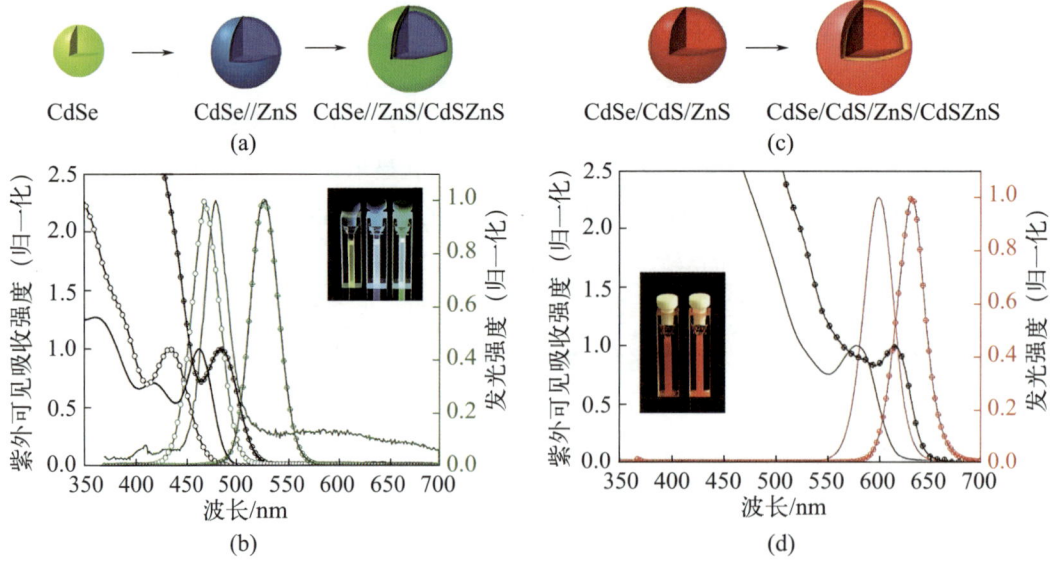

图 8-14 Cd 系绿光和红光发射量子点的钝化过程和吸收、发射光谱[38]

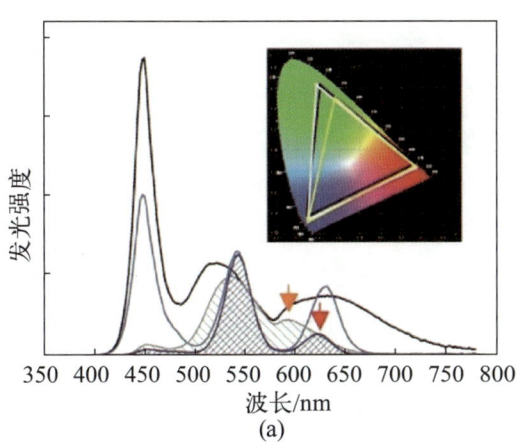

图 8-15 QLED（蓝线）和荧光粉 LED（灰线）的发射光谱（a）和电视面板中的动物图（b）

(a) 中插图分别显示了 QLED（白线，104.3% NTSC）、荧光粉 LED（黄线，85.6% NTSC）和 NTSC 1931（黑线）色域图；(b) 利用 960 个白光 QLED 器件作为 LED 背光源，在 46 英寸（1 英寸=2.54 厘米）液晶电视面板上展示了动物图案，插图为 QLED 背光源照片[38]

对于非镉系 Ⅱ-Ⅵ 族量子点，蓝光 QLED 同样也在快速发展。2020 年，Jang 等利用配体交换策略制备出的 ZnSe 非镉系 Ⅱ-Ⅵ 族量子点蓝光量子效率接近 100%，所制备的 QLED 器件外量子效率高达 20.2%[43]。尽管目前的蓝光 QLED 性能还稍显逊色，但经过众多学者的不断努力，其在照明和显示领域的应用成为可能。然而，重金属镉元素对环境的污染较大，发展受到限制，急需新的替代量子点材料。无重金属的量子点可以很好地改善环境污染的问题，绿色环保。其中，InP 量子点是一种典型的无重金属量子点，合适的带隙和较大的激子玻尔半径使得 InP 量子点具有可比拟镉系量子点的高量子效率，但其发射光谱的半峰宽稍大。2019 年，Jang 等优化了 InP 合成方法，使得其量子产率接近 100%，经过优化的 QLED 器件最大外量子效率为 21.4%，寿命长达一百万小时[44]。如图 8-16 所示为 InP/ZnS 量子点发射特性及其 CIE 色域图，表明 InP 非镉系 Ⅱ-Ⅵ 族量子点在照明和显示等领域同样有着潜在的竞争能力。

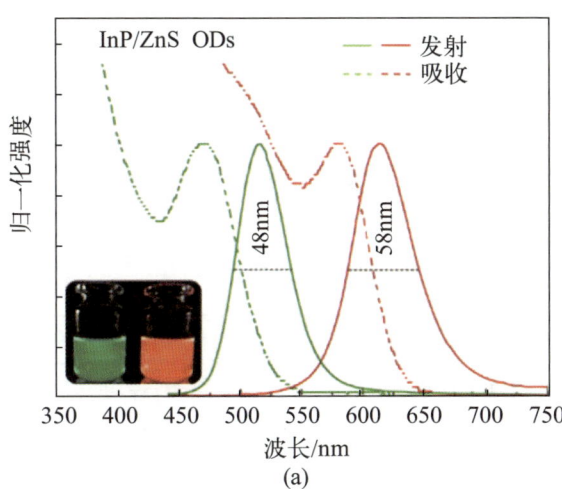
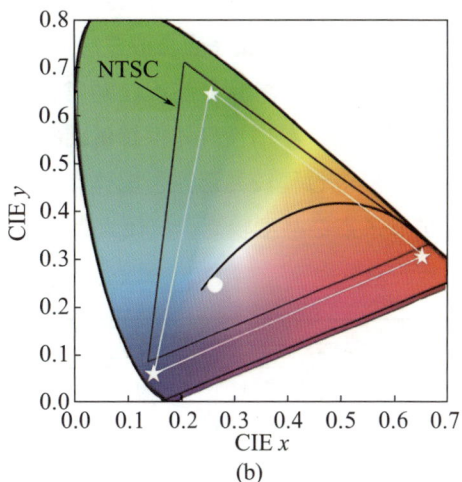

图 8-16 InP/ZnS 量子点发射特性及其显示应用[44]

8.2.3 金属卤化物钙钛矿量子点的制备与应用

与传统的Ⅱ-Ⅵ族半导体量子点相比，近年来在基础研究与应用中如日中天的金属卤化物钙钛矿量子点具有更高的量子效率、更窄的发射半峰宽，例如以$CsPbBr_3$为代表的量子点具有接近100%的光致发光量子产率（PLQY），半峰宽小于20nm，用其制备的LED器件色域能够达到标准色域的140%，在显示领域具有极大的应用前景。1958年，Møller首次报道了$CsPbX_3$钙钛矿的晶体结构[45]。然而，在后续的20年内，因制备工艺的限制，虽然研究者在玻璃中也发现了这类钙钛矿纳米晶的存在，但对于其液相合成和发光性能的研究一直没有推进。直到2015年，Maksym Kovalenko课题组首次利用热注入法成功制备出$CsPbX_3$（X=Cl、Br、I）钙钛矿量子点[46]，其再次进入研究者的视野，被广泛关注，图8-17所示为该课题组制备的不同卤素钙钛矿量子点胶体溶液及其可调谐发射特性。随后，国内曾海波、钟海政等课题组等分别报道了全无机及有机-无机杂化钙钛矿量子点的合成及其QLED器件，并将其应用于显示领域[47]。在这之后，国内外课题组的相关报道不断涌现，具有高消光系数、窄发射光谱、可调控的发射光谱以及良好的光致发光和电致发光特性的钙钛矿量子点成为一种新兴且热门的发光材料，并在太阳能电池、LED、生物标记、X射线成像、光电探测器等多个领域均展现出良好的应用前景。

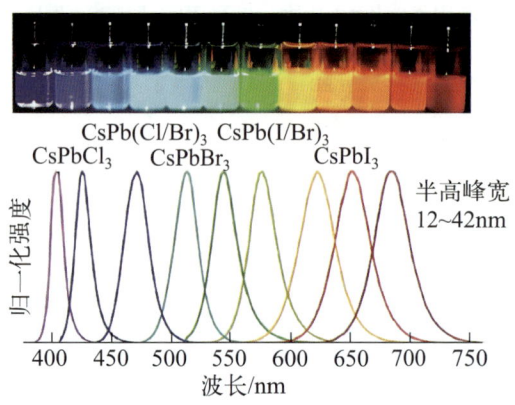

图8-17　不同卤素钙钛矿量子点胶体溶液及其可调谐发射特性[46]

金属卤化物钙钛矿的化学式可表示为ABX_3，A格位通常为Cs^+、FA^+以及MA^+等阳离子，B格位以Pb^{2+}为代表，X格位为Cl^-、Br^-和I^-等卤素离子。B位点和X位点形成正八面体结构$[BX_6]^{4-}$，A格位分布在正八面体的中心。与有机-无机杂化卤化物钙钛矿相比，全无机$CsPbX_3$钙钛矿量子点具有更高的化学稳定性。

经典的钙钛矿量子点合成方法主要包括热注入法、阴离子交换法和过饱和重结晶法等[48]，如表8-1所示。高温热注入法通常需要用到的试剂包括碳酸铯、十八烯、卤化铅和油酸、油胺等配体，在惰性气体保护的前提下，使用三口瓶完成钙钛矿量子点的成核与结晶生长实验。反应过程较为迅速，配体有利于钝化量子点的表面缺陷并促进反应的快速进行。生产的量子点结晶度较高，粒径大小较为均一。

表8-1　$CsPbX_3$钙钛矿量子点的各种制备方法及其特性

方法	温度	合成条件	优点
热注入法	高温	无水无氧,惰性气体氛围	工艺成熟,粒径均一
阴离子交换法	室温	良溶剂与不良溶剂	大气条件,可扩展性
室温饱和溶液再结晶	室温	良溶剂与不良溶剂	大气条件,可扩展性

阴离子交换法是通过将卤化铅溶解到十八碳烯中，与已合成好的钙钛矿甲苯溶液混合从而交换阴离子得到交换后的钙钛矿量子点。基于量子尺寸效应，阴离子的交换能少量改变量子点的带隙宽度和尺寸。因此，这种方法在不破坏原有晶体结构的同时，能快速制备出不同发射特性的钙钛矿量子点。

室温饱和溶液再结晶法是基于过饱和溶液结晶原理实现的，与热注入法相比，反应不需要惰性气体，且在室温即可生成量子点。首先将卤化铅或卤化铯溶解在 DMF、DMSO 等极性溶剂中制备成前驱体溶液。随后将前驱体溶液加入甲苯、乙酸乙酯等非极性溶液中。最后会有钙钛矿晶体逐渐析出，这是由于前驱体溶液基本不溶于非极性溶液中。过饱和重结晶法可操作性强、合成条件简单，可进行大规模量子点的制备。

钙钛矿量子点的能带主要由结构中的 B 位和 X 位决定，以 $CsPbX_3$ 量子点为例，其能级结构由 Pb 和卤素的原子轨道决定，带隙宽度、激子结合能与卤素种类息息相关。图 8-18（a）为 $APbX_3$ 量子点中价带和导带形成的分子轨道图[49]，可以看出钙钛矿量子点的价带顶主要由 Pb 6s 和 X np 反键杂化轨道组成，其中 X np 轨道贡献最大，而导带底则由以 Pb 6p 为主的反键轨道组成。此外，图 8-18（b）中的吸收和发射光谱则体现了 $CsPbBr_3$ 的量子尺寸效应[46]。随着尺寸的增加，量子点的吸收和发射光谱均发生了红移。目前主要有两种方法调控钙钛矿量子点的荧光特性。一是通过调控卤素来改变带隙进而调控发光。一般地，当 Cl^- 到 I^- 离子半径增加时，$CsPbX_3$ 量子点的晶格常数也会增加，带隙宽度与之相反。可以在合成时通过不同卤素的配体交换，在保持钙钛矿结构不变的情况下改变晶格常数和带隙宽度，调节发射波长。二是通过控制合成条件控制量子点的尺寸和形貌进而调控发光。钙钛矿量子点的发光同样也伴随着辐射复合和非辐射复合过程，当受到一定能量光子激发后，位于量子点基态上的电子会跃迁至激发态。随后，位于激发态上的电子一方面可直接与价带上的空穴复合并辐射出光子；另一方面也可弛豫到量子点表面的缺陷能级进行复合，从而实现缺陷态辐射发光，当然，在弛豫过程中也可以发生非辐射复合以热或振动的形式散发能量。

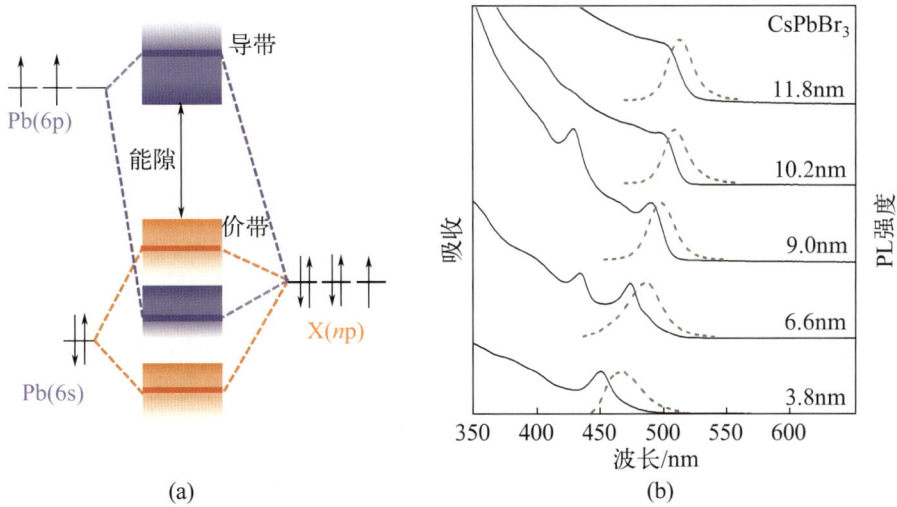

图 8-18 $APbX_3$ 量子点的价带和导带分子轨道图（a）和量子尺寸效应（b）[49]

8.2.4 钙钛矿量子点的应用与展望

与 OLEDs 和 QLEDs 类似，钙钛矿量子点发光二极管（PeQLEDs）同样采用阳极-空穴传输层-钙钛矿量子点发光层-电子传输层-阴极的夹层结构，发光机理也基本相似。2015 年，曾海波课题组采用热注入法通过调节尺寸和卤素比例合成了发射波长分别位于 452nm、514nm 和 583nm 的蓝、绿和橙光发射 $CsPbX_3$ 钙钛矿量子点，并将其制备成 PeQLEDs 器件，但器件外量子效率较低[23]。2017 年，Kido 等使用乙酸乙酯纯化后的绿光发射 $CsPbBr_3$ 量子点薄膜效率达到了 42%，所制备的 PeQLEDs 器件外量子效率达到了 8.73%，流明效率为 31.7lm/W[50]。2018 年，曾海波等使用了有机-无机杂化配体策略，有效抑制了 $Cs_{0.85}FA_{0.15}PbBr_3$ 量子点的非辐射复合，所制备的 PeQLEDs 器件的绿光外量子效率达到了 16.48%[51]。2021 年，宋等采用了双层电子传输层结构，将绿光 PeQLEDs 的外量子效率突破至 21.63%[52]。对于红光量子点，2018 年 Kido 等通过碘化油胺阴离子配体交换策略，报道了基于 $CsPb(Br/I)_3$ 的红光 PeQLEDs，外量子效率也达到了 21.3%。类似地，蓝光发射 PeQLEDs 的性能相对较差。2021 年，Dong 等制备的双壳层蓝光钙钛矿量子点外量子效率为 12.3%，其性能还有很大提升的空间[53]。

除了发光二极管之外，钙钛矿量子点在太阳能电池、光电探测器、光催化和激光器等领域也呈现出潜在的应用前景，尤其在光伏领域，钙钛矿量子点凭借着独特的优势逐渐崭露锋芒，不断提升着太阳能电池的光电转换效率。然而，无论是发展较为成熟的镉系量子点还是新型钙钛矿量子点都面临着一些问题，这也影响和限制了其在全色彩宽色域的高质量背光显示器和暖白光 LED 的应用。如前所述，对于镉系量子点，虽然红光和绿光 QLED 的外量子效率均超过 20%，且器件寿命也高达百万小时。但大多数的蓝光 QLED 效率不高，更为关键的是其寿命远远低于红光和绿光 QLED，这意味着下一代全色彩背光显示器件的发展与应用受到了限制，迫切需要开发出高效率和高稳定性的蓝光 QLED。而对于新型钙钛矿量子点来说，除了 Pb 元素的限制使用之外，如何提高其稳定性达到工业要求也一直是一个挑战。由于固有的离子晶体特征和较低的形成能，钙钛矿型量子点很容易受到外界刺激（诸如水分、光和热）从而发生降解和不同组分混合物的颜色偏移。因此，如何提高钙钛矿量子点发光材料的稳定性是近年来研究的热点之一。

因此，针对钙钛矿量子点稳定性差的问题，2021 年，Sargent 等开发了一种无机 KI 配体交换，其获得的 $CsPbI_3$ 量子点薄膜具有优良的相稳定性和更高的热传输能力，钙钛矿量子点 LED 显示出 23% 的创纪录外量子效率和 100 倍的运行稳定性改善[55]。2022 年，Chen 等将 SnO_2 纳米粒子替代了最常用电子传输层材料 ZnO，从而获得了 27.6% 的高外量子效率和较为稳定的 QLED，证实了 SnO_2 有成为高效稳定 QLED 电子传输层材料的潜力[56]。2022 年，彭俊彪等利用 $ZnCl_2$ 取代部分量子点长链配体油酸来修饰镉系蓝光量子点，有效钝化了蓝光量子点表面缺陷并提高了量子产率，为改善蓝光 QLED 提供了有效方案[57]。此外，研究者还在通过掺杂来提升钙钛矿量子点的稳定性，2017 年，Meng 等在 $CsPbBr_3$ 量子点中掺杂了 Al^{3+}，得到了稳定的蓝光发射[54]。Al^{3+} 和钙钛矿量子点晶格结构结合示意如图 8-19 (a)，图 8-19 (b) 和 (c) 分别为 Al^{3+} 掺杂前后 $CsPbBr_3$ 和 $CsPb(Br/I)_3$ 量子点的吸收光谱和发射光谱。杂质 Al^{3+} 的掺杂会改变颗粒尺寸和引入新的带隙，在量子限

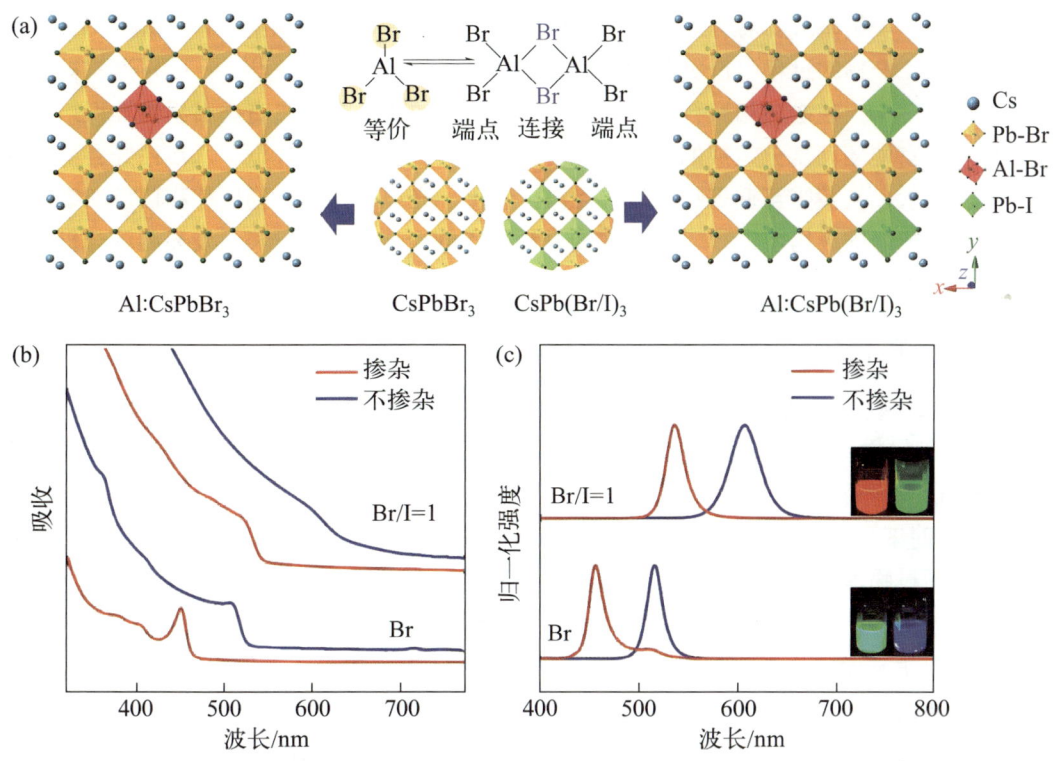

图 8-19 Al^{3+} 和量子点晶格结构结合（a）、掺 Al^{3+} 前后 CsPbBr$_3$ 和 CsPb(Br/I)$_3$ 量子点的吸收光谱（b）和发射光谱（c）[54]

域效应的影响下使得荧光光谱发生蓝移。同时，Al^{3+} 和 Br$^-$ 会形成 AlBr$_3$ 二聚体，所得到的掺 Al^{3+} 钙钛矿量子点既表现出了更好的蓝光发射稳定性，也限制了颜色漂移等问题的发生。2020 年，Liu 等优化了热注入法合成工艺，合成了高质量 CsPbBr$_3$@Cs$_4$PbBr$_6$ 复合结构纳米晶用于电致发光器件的制作，对于利用复合纳米材料提高稳定性有着重要的启发作用。

此外，卤化铅钙钛矿量子点的应用也因其铅毒性而受到很大的限制。铅的存在易造成地下水污染，与此同时，植物吸收钙钛矿材料中铅的能力比其他材料增强约十倍，阻碍了其在生物环境相关领域的应用。在人体危害方面，铅的可溶性盐对人体有害，长期接触可能影响中枢神经系统，引起与血液、肾脏、肝脏和肺部有关的疾病，甚至可能导致癌症。因此，用较小半径的 Mn^{2+} 或 Sn^{2+} 等金属离子取代 Pb^{2+} 从而有效解决铅毒性问题也是未来发展的一个重要趋势。2021 年，Deng 等采用两步热注入法合成了高达 48.5% 锰掺杂低铅钙钛矿纳米晶，量子效率达 84.4%[58]。该课题组还使用室温酸辅助水溶液反溶剂快速合成法，制备了量子产率接近 100% 的二维锡卤钙钛矿材料，合成方法简单易行，有利于其大规模合成及在固态照明和显示器领域的工业应用[59]。

8.3 碳点发光材料

碳点（carbon dots，CDs），也称为碳纳米点，是一类具有显著荧光性能的零维碳纳米材料，2004 年，美国南卡罗来纳大学 Xu 等利用电弧放电来制备单壁碳纳米管（SWCNTs），并在电泳法纯化产物的过程中首次发现了可以发出明亮荧光的碳量子点[60]。CDs 通常被认为是一种核壳结构，在碳核和聚合物壳之间没有清晰的边界，是由具有类石墨烯堆积结构的碳核和表面官能团两部分组成的纳米粒子。CDs 因其发光强、毒性低、水溶性好、易于合成、表面积大以及荧光可调等特性，在能源、催化、光电器件、生物医疗和信息加密等多个领域都有很好的应用前景[61]。本节主要介绍碳点的合成方法与分类、发光起源与机理以及应用与展望。

8.3.1 碳点的合成方法与分类

自从 CDs 材料被发现以来，研究者已经开发出了各种不同合成 CDs 的方法。根据碳源的不同，这些方法可以大致地分为"自上而下"（top-down）合成法和"自下而上"（bottom-up）合成法。

"自上而下"合成法是指将大尺寸的碳靶如石墨、碳纳米管、碳纤维、纳米金刚石和氧化石墨等通过物理或者化学方法（例如化学切割、放电、激光蚀刻和微波等）逐渐分解成小尺寸的碳纳米颗粒。2006 年，克莱姆森大学孙亚平课题组通过聚乙二醇钝化处理产物的表面，获得了发光效率为 10% 的 CDs[62]。此外，苏州大学康振辉课题组通过电化学方法，以石墨棒作为电解池的电极，以超纯水作为电解质，在 15～60V 直流电源下电解 120h 获得了 CDs 溶液[63]。"自上而下"合成法具有制备简单、规模较大的优点，但同时也存在产率低、尺寸和质量难以控制的缺点。"自下而上"合成法与"自上而下"合成法相反，利用分子或者离子状态等尺寸很小的碳材料合成出碳量子点。用"自下而上"法合成碳量子点，多采用有机小分子或低聚物作为碳源，常用的有柠檬酸、葡萄糖、聚乙二醇、尿素、离子液体等，常见的"自下而上"合成方法有化学氧化法、燃烧法、水热/溶剂热法、微波合成法、模板法等。自 2013 年以来，吉林大学杨柏课题组发展了一系列"自下而上"合成法，一个典型例子是利用柠檬酸和乙二胺为原料的水热法，将 CDs 的发光效率提升到了 80%[64]。研究者还以葡萄糖为原料通过水热碳化首先得到水焦炭前驱体，随后利用 NaOH/H_2O_2 氧化大规模合成了 CDs，产率高达 76.9%[65]。与上一种方法相比，"自下而上"法原材料更易获得、量子点产率更高[66]。

CDs 包含各种结构和形态，包括石墨烯量子点（GQDs）、碳量子点（CQDs）和碳聚合物量子点（CPDs）等，如图 8-20 所示。GQDs 通常是由"自上而下"裂解法合成，原料一般为石墨粉、碳纳米管和氧化石墨等材料；碳量子点则既可通过"自上而下"法合成，也可通过"自下而上"法制备；而 CPDs 与前面两种有差异，可看成是一种由碳元素组成的高分子材料，一般是"自下而上"法合成，表现出低结晶度、无定形颗粒等特点。此外，上述三种碳点材料结构存在相互转变的关系，由于具有石墨片层结构这一基本单元，石墨烯量子点本质上接近于完全剥离的 CQDs。当粒子经过随机聚集和结构转变后，某些石墨烯量子点会变成无定形的碳化聚合物点，类似地，CQDs 也可被认为是特殊形态的碳化聚合物点，本节将主要以 CQDs 为例介绍碳点发光材料的机理、应用和展望。在发光机制方面，碳点的发射涉及了可见与近红外下转换发光、上转换发光、手性发光、室温磷光和热活化延迟荧光等众多发光领域及其应用，后续小节有涉及的将做简短介绍，此处不再详述。

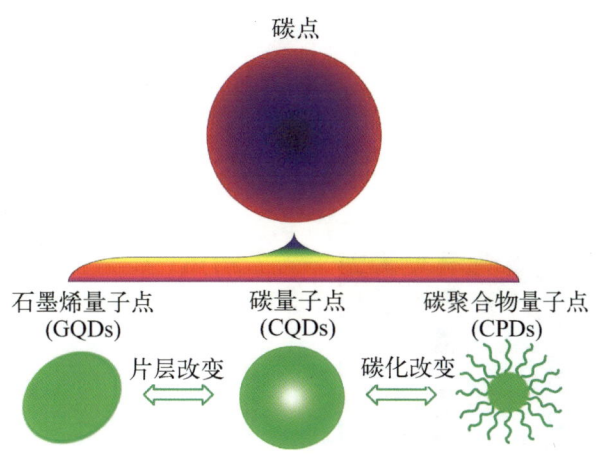

图 8-20　碳点的三种类型及其关系[66]

8.3.2　碳点的发光起源与机理

碳点的制备前体是对称性高的单组分芳香分子，因而在结构上表现出高结晶度的准球形，表面连接官能团或短链，内核则为多层原子掺杂石墨。层间稳定方式为共价键、超分子和疏水相互作用。类似于其他发光材料，碳点也具有一些独特的荧光特性，如紫外强吸收、上转换发光和激发依赖的发射特性等。例如，碳点中 C═C 双键的 π-π* 跃迁以及 C═O 键的 n-π* 跃迁会使 CQDs 在 245nm 和 350nm 左右具有较强的吸收。然而，由于芳香 π 系统不能有效发光，绝大多数 CQDs 在 250nm 波长附近的紫外光激发下没有发光现象[67]。此外，当 CQDs 表面 C═O/C═N 官能团较多时，发射波长在激发波长变化时会在多重发射的影响下同时发生改变；而当—NH_2 官能团数量占据优势时，其会阻碍电子跃迁使得量子点表面只发生 C═C 键的 π-π* 跃迁，激发依赖性发光特性则会消失。除了表面态官能团以外，尺寸分布也会使 CQDs 产生激发依赖的荧光特性。同时，研究者发现在合成 CQDs 过程中高温、酸性条件和反应时间过长会促进碳核结构的形成，也会使 CQDs 呈现出激发依赖的荧光特性。上转换的荧光特性使 CQDs 在生物成像方面有着重要的应用。Chen 等通过计算推测[68]，CQDs 吸收光子后，表面的 π 轨道电子会跃迁到高激发轨道，最后电子回到低能 σ 轨道的同时伴随着上转换发光现象的产生。基于以上发光现象，众多学者不断探寻碳点本质上的发光起源和机理，主要包括内部因素、外部因素两个方面。本节将主要介绍主导碳点发光的两种内部因素（共轭效应和表面缺陷效应）和其他外部因素发光机理。

(1) 共轭效应

从本质上来说，CQDs 的发光是来自石墨烯结构的碳核，因此，CQDs 发光通常会呈现出量子尺寸效应。当尺寸分布较大时，多重带隙会导致发射波长随着激发波长变化而红移或蓝移。当尺寸分布较为均匀时，则会抑制激发依赖的荧光特性。因此，量子尺寸效应是碳点发光机理中被广为认可的一种。然而，需要注意的是，其中的"尺寸"不是实际粒径，而是碳点 sp^2 石墨烯结构的有效共轭 π 域长度。也就是说，共轭 π 域的带隙才是石墨烯量子点的本征荧光中心，可以通过调节其长度来调控石墨烯量子点的发射波长。具体地，较大的有效共轭π域长度会减小带隙，从而引起发射波长的红移。Lee 等通过碱金属辅助电化学方法制备了不同尺寸的 CQDs，从而调控了其发射波长[69]。图 8-21（a）为不同尺寸 CQDs 在溶液中的发光照片，其发射波长和尺寸与带隙的关系分别如图 8-21（b）和（c）所示。可以看出，随着尺寸的增加，CQDs 发射波长会发生红移，这与共轭效应机理一致。

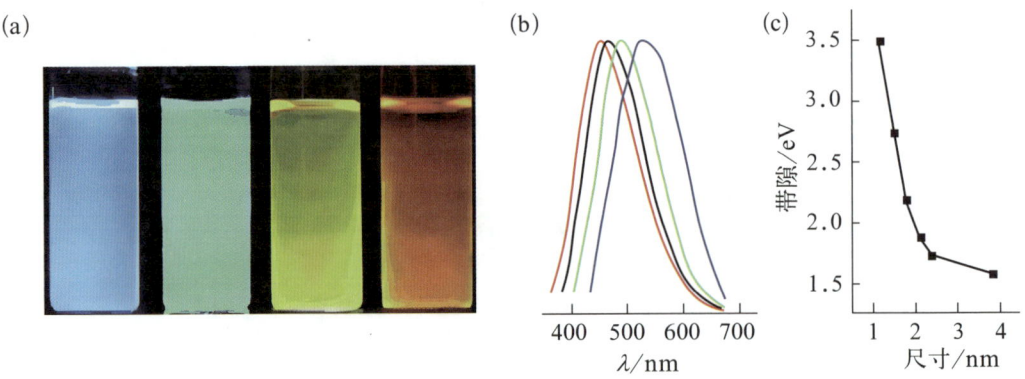

图 8-21　不同尺寸碳点的发光照片（a）、发射波长（b）和尺寸与带隙关系（c）[69]

（2）表面缺陷效应

由于表面存在含氧官能团，CQDs 的内部还存在着表面缺陷效应。也就是说，表面氧化程度的改变会影响碳点的荧光。当表面氧化程度大和缺陷较多时，CQDs 表面产生的激子会被缺陷俘获，从而跃迁回更低的轨道导致荧光的发射。Xiong 等以尿素和对苯二胺为原料通过水热法制备了 CQDs，量子产率可达 35%[70]。此外，通过硅胶柱色谱法在水溶液中分离出了从蓝光到红光多种发射的 CQDs，如图 8-22 所示。研究表明，这些不同发射的 CQDs 具有基本相似的尺寸大小和结构分布，但它们的氧化程度逐渐增加，导致带隙的减小从而引起发射波长的改变。和 Ⅱ-Ⅵ 族量子点类似，碳点的内部因素诸如量子尺寸效应和表面缺陷效应会显著影响 CQDs 的发光特性。因此，制备时需要严格控制反应条件，确保样品的尺寸和表面缺陷处于所需要的状态。

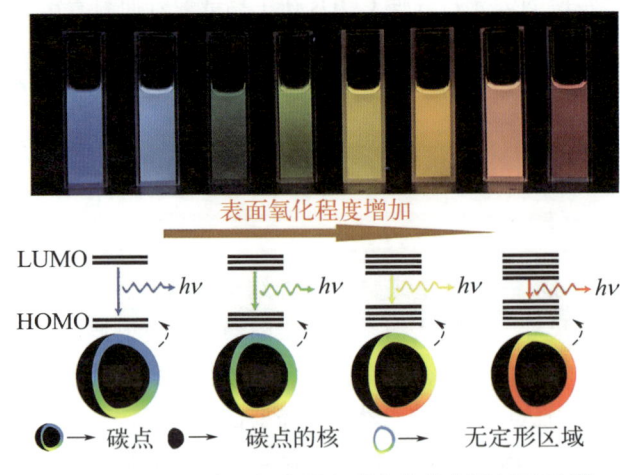

图 8-22　不同表面氧化程度碳点的荧光发射机理[70]

(3) 其他发光机理

以上两种内部因素共轭效应和表面缺陷效应分别解释了 CQDs 的尺寸和表面氧化程度对发光的影响。除了内部因素之外，CQDs 还存在以分子态为代表的外部因素发光机制。在将透析袋对 CQDs 溶液提纯时发现透析袋的内部和外部都观察到了同样的发射，这表明发光粒子源于渗透到袋子内的小分子[66]。发光的 CQDs 部分是脱离碳核独立存在的分子状态，它们通过物理化学作用吸附在 CQDs 的表面。研究发现，由于小分子会自发反应生成荧光粒子，大多数分子态是以"自下而上"法产生的。本质上，分子态是通过合成原料的有机反应形成的。具体地，柠檬酸脱水后会与其他小分子发生缩合反应形成荧光团，然后附着在温度升高后形成的碳核上，从而成为荧光来源。此外，为了阐释碳聚合物点具有较高荧光效率的现象，研究学者还提出了交联增强发射（CEE）效应[61]。根据作用实质，CEE 效应可分为共价键 CEE、超分子相互作用 CEE、离子键 CEE 和限域 CEE 等类型。目前，对于 CQDs 的发光机理还在不断深入探索中。

8.3.3 碳点发光材料的应用与展望

CQDs 发光材料具有可调谐发光、低毒性、优异的荧光性能和极佳的生物相容性等众多优点，被广泛应用于光电器件、荧光防伪、荧光传感、生物成像、光催化和医学治疗等领域。下面进行详细介绍。

(1) LED 器件

CQDs 的发光效率较高，在一些应用场景下可替代传统的稀土荧光粉或无机量子点等发光材料，作为发光层应用于白光 LED 和 QLED 器件中。2017 年，Wang 等通过溶剂热法制备了量子效率为 53% 的红光 CQDs 发光材料，与其他蓝光和绿光 CQDs 荧光粉共同作用制备的白光 WLED 显色指数高达 97，流明效率为 31.3lm/W[71]。图 8-23（a）和（b）分别为红绿蓝三基色 CQDs 荧光粉的示意图和发射光谱，制备出的白光 LED 器件及其发射光谱如图 8-23（c）和（d）所示，体现了 CQDs 在 LED 器件领域中的潜在应用价值。2018 年，Yuan 等报道了溶剂热法合成的多色 CQDs，原料为间苯三酚，作为发光层所制备的 QLED 器件亮度达到了 4762cd/m^2[72]。然而，CQDs 应用于光电器件还应进一步克服固态发光和固定波长下全发射这两个问题。2019 年，Sargent 教授等报道了一种含氧悬挂键较少的 CQDs，发射峰位于 433nm，半峰宽为 35nm，量子效率高达 80%，所制备的 CQD-LED 亮度可达到 5240cd/m^2，有望成为绿色环保量子点的代表性材料[73-74]。

(2) 荧光防伪

CQDs 表面具有较多易于改性的有机官能团，可以很好地与不同基体复合，从而应用于荧光防伪。Wu 等将稀土离子掺杂上转换材料与 CQDs 通过溶剂热法复合，得到的上转换 CQDs 材料在紫外光激发下发出蓝光，而在 980nm 激发下则可以实现可调谐发射，此类多模发光性能在防伪领域有着良好的应用前景[75]。Lin 等通过水热法制备了一种能在不同激发波长下发出多种颜色的 CQDs，原料为琥珀酸和三乙烯二胺，并且该 CQDs 在室温下还具有长余辉现象，在高级荧光防伪中具有潜在的应用价值[76]。如图 8-24 所示，将所制备的 MP-CQDs 与另一种具有三重发射模式的 m-CQDs 浸润到四叶草的叶和枝中，在 305nm 紫外灯激发下，四叶草的叶片发射蓝色荧光，而枝条则呈现青色荧光。随后，在 254~420nm

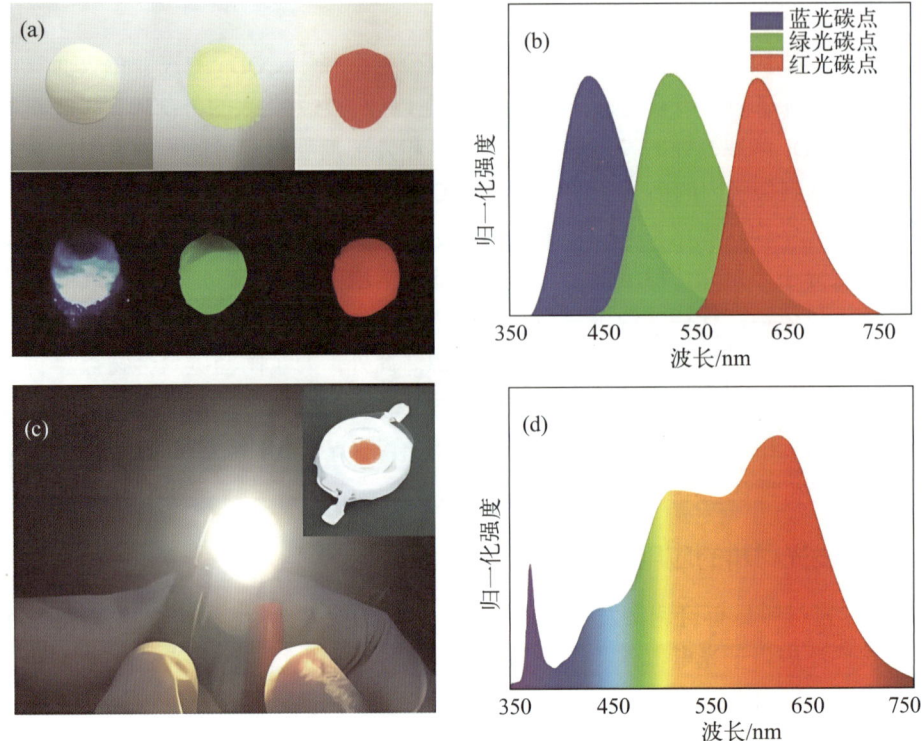

图 8-23 红绿蓝三基色碳点在荧光粉的示意图和发射光谱[71]

波段范围内激发下,由于CQDs的激发依赖性,四叶草的所有部分所呈现的颜色都发生了轻微改变。当停止激发时,在CQDs长余辉性质的影响下,四叶草的各部分都发生了或明显或轻微的颜色变化,证明了所制备的CQDs是一种十分具有潜力的荧光防伪油墨材料[77]。

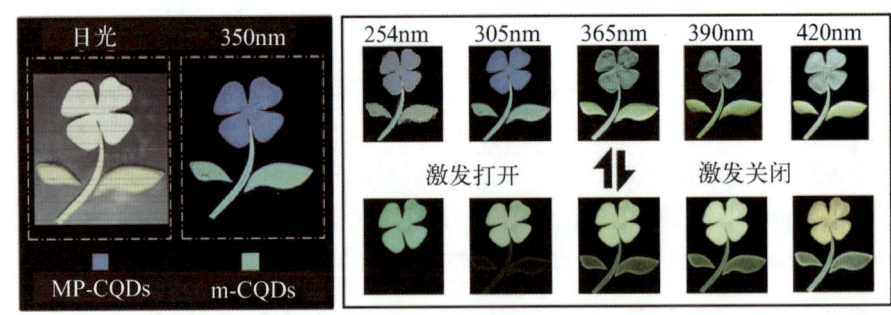

图 8-24 碳点在荧光防伪中的应用[76]

(3) 其他应用

除了上述光电器件和荧光防伪的应用之外,CQDs还可以应用于荧光传感和医学治疗等众多领域。由于表面具有众多易于与其他特定基团发生反应的官能团,CQDs能够检测到外界环境中某些能改变荧光特性的物质或变量,因此CQDs可以应用于荧光传感中。Zhang等报道了一种利用微波辅助热法制备的富氮CQDs,得益于2,4,6-三硝基甲苯(TNT)表面的硝基芳香环与氮基官能团发生强烈的配对反应,所制备的CQDs能够用于TNT的检测[78]。经过测试,荧光猝灭的响应时间为30s,检测范围为10nmol/L～1.5μmol/L。在医学治疗方面，CQDs 对于生物细胞毒性较低，相容性优异，且具有上转换荧光特性，具有独特的应用优势。Li 等以柠檬酸铵为碳源和亚精胺制备出了改性的 Spd-CQDs，如图 8-25（a）所示[79]。相较于游离的亚精胺，Spd-CQDs 能够破坏细菌的细胞膜，使其抗菌性增加 25000 倍。同时，在与细胞膜上的蛋白质结合后，Spd-CQDs 还能封闭外界与细菌的通道，加速伤口愈合。如图 8-25（b）所示，实验表明改性的 CQDs 在医学治疗领域有着潜在的应用价值。

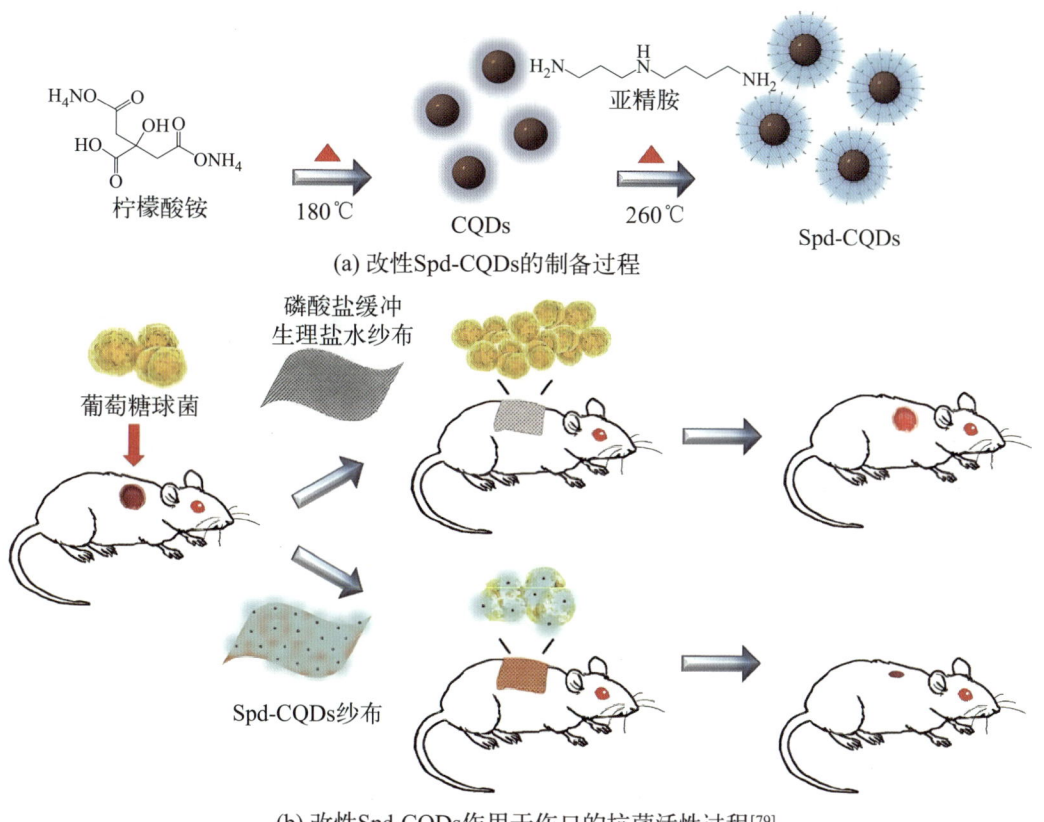

图 8-25　碳点在医学治疗中的应用

8.4　低维金属卤化物发光材料与展望

如前所述，以 $CsPbX_3$（$X=Cl^-$、Br^- 和 I^-）为代表的三维（3D）卤化物钙钛矿量子点因其发光效率高、荧光单色性好、带隙连续可调等优势，已经在发光二极管、太阳能电池、探测器等光电器件中实现应用展示，但较差的物理化学稳定性和铅毒性成了阻碍其实际应用的两个主要障碍。近年来，低维金属卤化物发光材料因其丰富的组成、结构与独特的荧光特性受到了研究者的广泛关注，特别是本书笔者课题组在这一领域做了部分开创性的研究。本节主要介绍低维金属卤化物发光材料的分类、制备与发光机理以及应用与展望。

8.4.1　低维金属卤化物发光材料的分类

铅卤钙钛矿的结构通式为 ABX_3（$X=Cl^-$、Br^- 或 I^-）。在理论上，判断能否形成稳定钙钛矿结构的方式之一是与离子半径紧密联系的容忍因子 t，公式如下：

$$t = \frac{r_A + r_X}{\sqrt{2} \times (r_B + r_X)} \tag{8-1}$$

式中，r_A、r_B 和 r_X 分别为 A 位阳离子、B 位金属阳离子和卤素阴离子 X 的离子半径。一般地，稳定钙钛矿结构的 t 值应在 0.78～1.05 区间范围内。因此，当 ABX_3 结构中 B 位阳离子被正一价（Cu^+、Ag^+、Na^+ 等）和正三价（Bi^{3+}、Sb^{3+}、In^{3+} 等）阳离子共取代时，会形成通式为 $A_2BB'X_6$ 的双钙钛矿结构。采用上述组成调控策略，研究者得到了一批以 $Cs_2AgInCl_6$ 为代表的非铅双钙钛矿结构的金属卤化物发光材料。进一步地，通过离子掺杂、形貌调控和多形态材料制备，卤化物双钙钛矿的研究形成了近年来金属卤化物发光材料领域的研究热点。

低维金属卤化物具有丰富的结构类型，其结构通式可以写作 $A_mB_nX_z$，A 位阳离子包含碱金属离子和各种有机阳离子，B 位阳离子主要是以 Pb^{2+} 为代表的 ns^2 电子构型主族金属离子以及近年来广泛研究的过渡金属离子[80]。B 位阳离子和 X 位卤素阴离子形成 B-X 卤化物多面体，主要包括 BX_6（八面体构型）、BX_5（四方锥体构型）和 BX_4（四面体构型）等，其构型与 A 位阳离子的体积和对称性密切相关。

根据 A 位阳离子的类型，可以将低维金属卤化物分为全无机低维金属卤化物和有机-无机杂化低维金属卤化物。虽然全无机低维金属卤化物具有较好的化学稳定性和热稳定性，但全无机低维金属卤化物结构类型单一。有机-无机杂化低维金属卤化物中有机阳离子的丰富性使其作为 A 位阳离子有更多的选择，从而可构建出化学组成与结构丰富的低维金属卤化物，实现独特的荧光特性。

根据电子维度，可以将低维金属卤化物分为二维（2D）、一维（1D）和零维（0D）金属卤化物。具体地说，如图 8-26 所示，经过（001）晶面剪裁后，3D 钙钛矿结构变成了层状 2D 金属卤化物，继续经（010）晶面剪裁，可以得到 1D 金属卤化物，最后经过（100）晶面剪裁 1D 金属卤化物结构演变成为 0D 金属卤化物[81]。低维金属卤化物中零维（0D）金属卤化物具有丰富的组成与结构，通常呈现出大斯托克斯位移的宽带发射，是目前光电材料的研究热点之一，特别是在固态照明器件、背光源显示及辐射探测等领域展现出重要的应用前景。

根据 B 位阳离子的类型，可以将低维金属卤化物分为 ns^2 电子构型和过渡金属离子类型。0D 金属卤化物是目前低维金属卤化物中研究最多的，这里以 0D 金属卤化物为例进行介绍。

(1) ns^2 电子构型金属卤化物

ns^2 电子构型金属卤化物主要包括由 $4s^2(Ge^{2+})$、$5s^2(In^{3+}$、Sn^{2+}、Sb^{3+}、$Te^{4+})$ 和 $6s^2(Pb^{2+}$、$Bi^{3+})$ 等离子构成的金属卤化物，其发光与 ns^2 孤对电子的立体活性以及 ns^2 电子构型金属离子配位环境密切相关。通常情况下，ns^2 孤对电子的立体活性越强（$4s^2 > 5s^2 > 6s^2$），化合物的发射波长越长。例如，在双楔构型 $Bmpip_2MBr_4(M=Ge^{2+}/Sn^{2+}/Pb^{2+})$ 体系中 [图 8-27 (a)][82]，由于 ns^2 孤对电子立体活性的差异性，$6s^2(Pb^{2+})$ 电子构型化合物发射波长位于 470nm，而 $4s^2(Ge^{2+})$ 和 $5s^2(Sn^{2+})$ 电子构型化合物的发射波长位于 660～670nm [图 8-27 (b)]；$6s^2(Pb^{2+})$ 电子构型 $(C_{13}H_{19}N_4)_2PbBr_4$ 化合物呈现出发射峰位于 460nm 的蓝光发射 [图 8-27 (c)][83]，而 $5s^2(Sn^{2+})$ 电子构型 $(C_9NH_{20})_2SnBr_4$ 化合物呈现出发射峰位于 695nm 的深红色发射 [图 8-27 (d)][84]。此外，在八面体构型 $(PMA)_3MBr_6(M=Sb^{3+}/Bi^{3+})$ 体系中也存在类似的规律，$5s^2(Sb^{3+})$ 电子构型化合物发射峰位于 640nm，而 $6s^2(Bi^{3+})$ 电子构型化合物发射峰位于 510nm[85]。

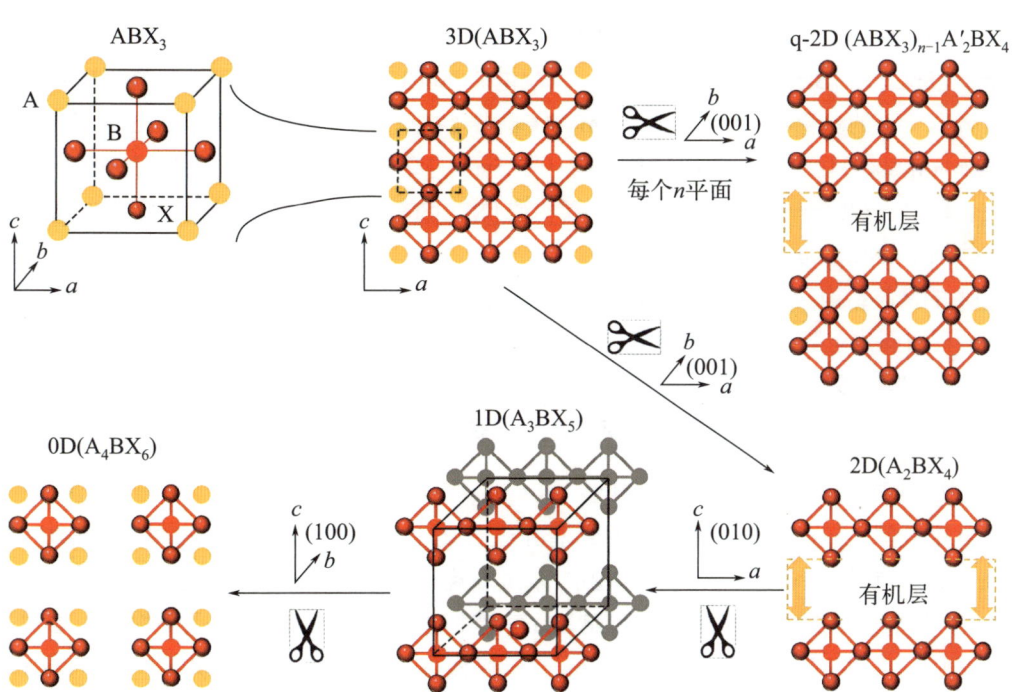

图 8-26　低维金属卤化物的剪切过程与晶体结构维度演变[81]

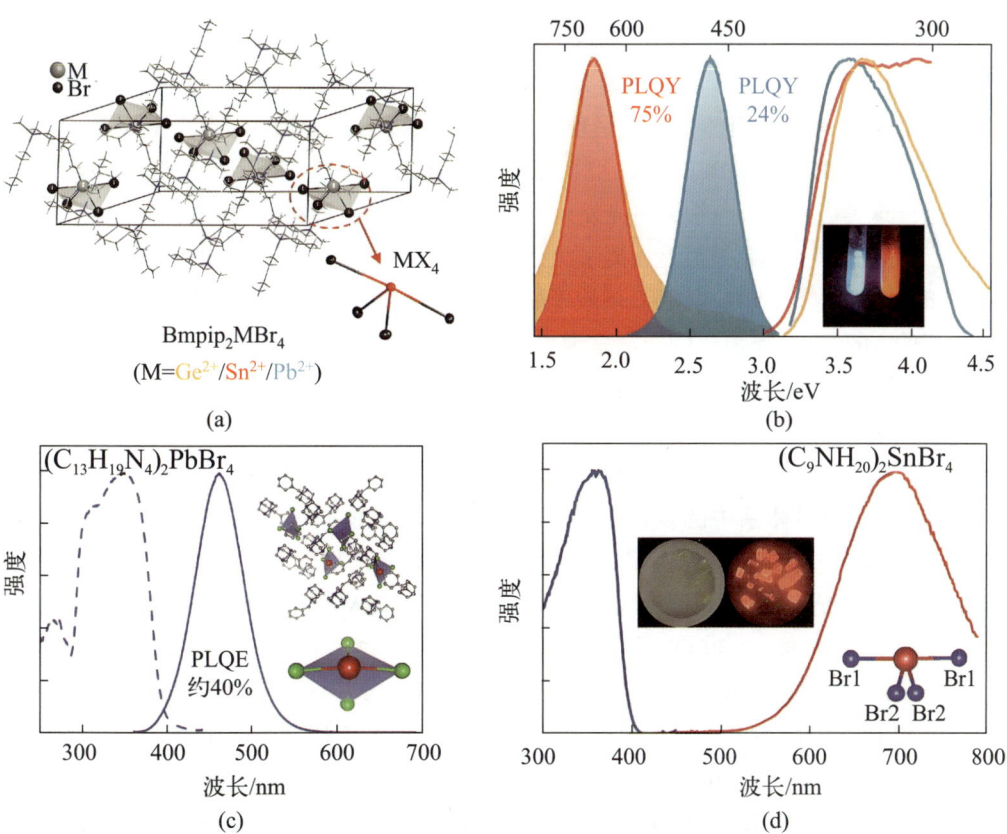

图 8-27　Bmpip$_2$MBr$_4$（M=Ge^{2+}/Sn^{2+}/Pb^{2+}）的晶体结构及荧光光谱[(a)、(b)]、(C$_{13}$H$_{19}$N$_4$)$_2$PbBr$_4$ 的荧光光谱(c)、(C$_9$NH$_{20}$)$_2$SnBr$_4$ 的荧光光谱(d)[82-84]

另外，ns^2 电子构型金属离子的配位数越低，化合物的发射波长越大。例如，在 [Bzmim]$_2$SbCl$_5$ 和 [Bzmim]$_3$SbCl$_6$ 体系中，六配位的 [SbCl$_6$]$^{3-}$ 八面体相较于五配位的 [SbCl$_5$]$^{2-}$ 四方锥体具有高的对称性。所以，[Bzmim]$_2$SbCl$_5$ 化合物呈现出发射峰位于 600nm 的红光发射，而 [Bzmim]$_3$SbCl$_6$ 化合物呈现出发射峰位于 525nm 的绿光发射[86]。早期，Vogler 教授在 Sb^{3+} 基化合物中也观察到了类似的现象，双楔构型 [NEt$_4$]SbCl$_4$ 化合物的发射波长位于 730nm，而八面体构型 [NEt$_4$]$_3$SbCl$_6$ 化合物的发射波长位于 520nm[87]。主要原因是，二阶 JahnTeller 效应，[SbCl$_4$]$^-$ 的基态结构偏离了最高对称（正四面体构型），sp 轨道杂化保持孤对电子的稳定，会使结构从正四面体构型（T_d）变形成双楔构型（C_{2v}）。与基态相反，在 sp 激发态中，由于能量的提升双楔构型会失去稳定性，弛豫到立体化学要求较低的高度对称正四面体结构，激发态下大的结构畸变消除基态结构扭曲使 [SbCl$_4$]$^-$ 化合物呈现出低能量的长波发射。

(2) 过渡金属离子类型金属卤化物

过渡金属离子类型金属卤化物主要是由 Cu$^+$、Cd^{2+}、Hg^{2+}、Zn^{2+}、Mn^{2+} 等离子形成的金属卤化物。其中，Cu$^+$ 基、Mn^{2+} 基、Zn^{2+} 基金属卤化物是目前研究最多的。典型的 Cu$^+$ 基化合物以全无机 Cs$_3$Cu$_2$X$_5$ 为主，例如 Zhang 等报道了 Cs$_3$Cu$_2$X$_5$ 系列化合物，Cs$_3$Cu$_2$I$_5$ 单晶和薄膜呈现出高效的蓝光发射（445nm），光致发光量子效率（PLQY）分别为 90% 和 60%；Cs$_3$Cu$_2$Cl$_5$ 呈现出绿光发射（515nm），PLQY 同样高达 90%[88]。基于 Cu$^+$ 丰富的配位能力，笔者课题组设计合成了系列杂化 Cu$^+$ 基金属卤化物，例如 (1,3-dppH$_2$)$_2$Cu$_4$I$_8$·H$_2$O、(18-crown-6)$_2$Na$_2$(H$_2$O)$_3$Cu$_4$I$_6$、(C$_8$H$_{20}$N)$_2$Cu$_2$Br$_4$、(DIET)$_3$Cu$_3$X$_3$，研究了其在固态照明及辐射探测领域的应用[89-92]。对于过渡金属 Zn^{2+}、Hg^{2+} 和 Cd^{2+} 基金属卤化物而言，其结构中金属卤化物多面体通常为四面体构型，呈现出超宽带发射。Saparov 等报道了基于 Zn^{2+} 和 Hg^{2+} 基 0D 卤化物 (C$_5$H$_7$N$_2$)$_2$HgBr$_4$·H$_2$O 和 (C$_5$H$_7$N$_2$)$_2$ZnBr$_4$，后者的量子产率为 19.1%[93]。值得一提的是，这类卤化物具有接近白光发射的光谱特性，具有潜在的照明应用价值。

Mn^{2+} 基金属卤化物是过渡金属离子类型金属卤化物中研究最为广泛的一类，其发光源于 Mn^{2+} 的 d-d 跃迁（$^4T_1$-$^6A_1$），其强烈依赖于配位环境 [图 8-28（a）][94]。根据晶体场理论，四配位构型的 Mn^{2+} 基金属卤化物通常呈现出典型的绿色发射（500~550nm）[95-96]；八面体构型的 Mn^{2+} 基金属卤化物通常呈现出典型的红色发射（560~650nm）[图 8-28（b）][97-99]。

目前为止，许多课题组撰写了关于 Mn^{2+} 基金属卤化物及 Mn^{2+} 掺杂的金属卤化物发光材料的综述[100-102]。如笔者课题组从 Mn^{2+} 的发光性质出发，详细总结了近年来关于 Mn^{2+} 在不同金属体系中的发光特性及其在不同研究领域的应用[94]。笔者课题组也报道了大量的 Mn^{2+} 基窄带发射金属卤化物[103-106]，如全无机的 Cs$_3$MnBr$_5$ 和有机无机杂化的 (C$_{10}$H$_{16}$N)$_2$MnBr$_4$ 金属卤化物[107]。在蓝光激发下，Cs$_3$MnBr$_5$ 呈现出明亮的窄带绿色发射，发射峰位于 520nm，PLQY 为 49%。在结构设计与材料创制方面，笔者课题组还报道了有机无机杂化卤化物 (C$_{10}$H$_{16}$N)$_2$Zn$_{1-x}$Mn$_x$Br$_4$，并以其为例提出了 Mn—Mn 键距的增大有利于提升量子产率这一设计原则[108]。图 8-29 为 Mn^{2+} 基金属卤化物 Mn—Mn 键距和 PLQY 的关系，分析了 [MnBr$_4$] 单元分别在 Cs$_3$MnBr$_5$、(C$_6$H$_{16}$N)$_2$MnBr$_4$、(C$_9$H$_{20}$N)$_2$MnBr$_4$、(C$_{10}$H$_{16}$N)$_2$MnBr$_4$ 和 (C$_{24}$H$_{20}$P)$_2$MnBr$_4$ 卤化物中的发光性能。结果表明，随着键距的增加，上述晶体结构的 PLQY 从 49% 增加到 98%。该观点也得到了其他学者的验证，为构建结构与性能之间的关系提供了理论指导。

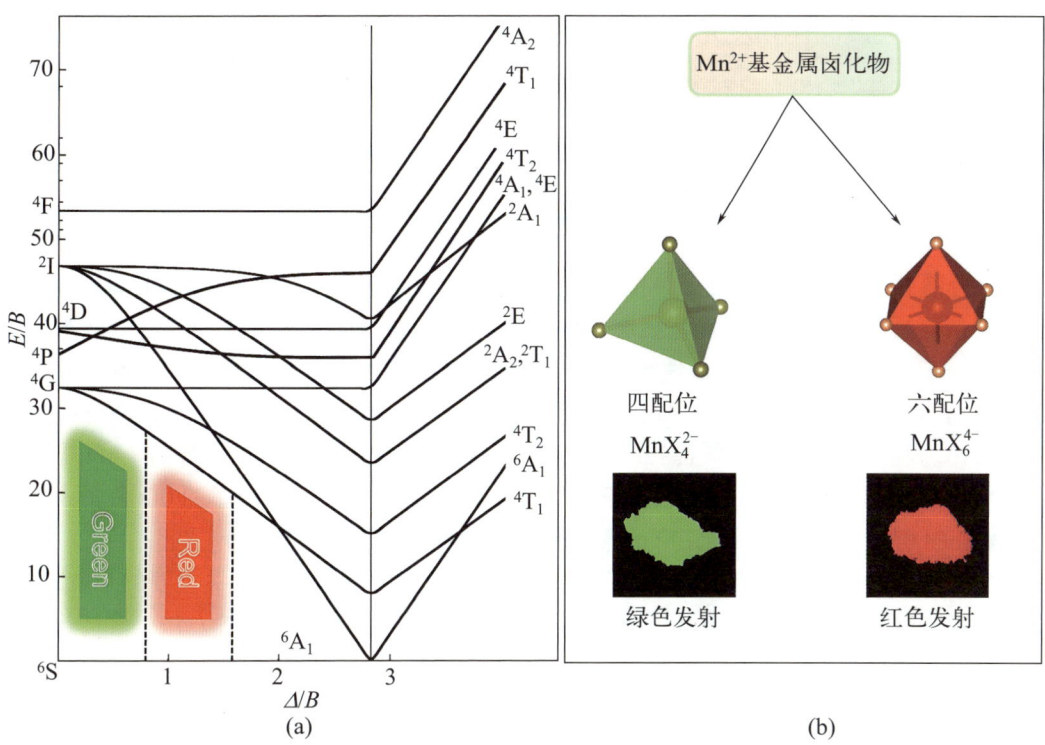

图 8-28 Mn^{2+} 的能级示意（a）和不同配位环境下 Mn^{2+} 基化合物的荧光特性（b）[94]

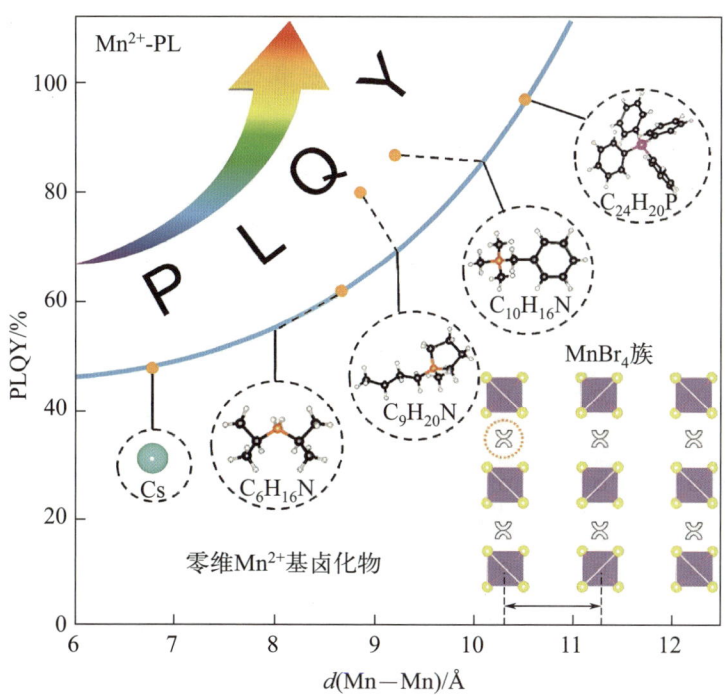

图 8-29 不同零维 Mn^{2+} 基金属卤化物中 Mn—Mn 键距和 PLQY 的关系 [108]

8.4.2 低维金属卤化物发光材料的制备与发光机理

低维金属卤化物发光材料的合成方法主要有液相法和固相法，详细介绍如下。

（1）液相法

液相法是低维金属卤化物的常用合成方法之一，也是相对于传统稀土荧光粉合成的特色和优势之一。首先，在适当的溶液体系中加入反应物的前驱体，通过升温、搅拌等方式使其充分溶解，形成均匀的前驱体溶液，随后对溶液进行挥发、降温等降低饱和溶液的溶解度，从而析出目标低维金属卤化物。对于制备低维金属卤化物的微晶，可以利用反溶剂生成。在 DMF、DMSO 等极性溶液中充分溶解前驱体，然后加入能溶于溶液但相比较前驱体而言对极性溶液溶解度更高的反溶剂，在搅拌后使得低维金属卤化物的微晶发生沉淀析出。利用反溶剂制备微晶操作快捷，可行性高，能制备出大批量样品。Ma 等也报道了将乙醚作为反溶剂注入 DMF 前驱体溶液中快速制备出高量子产率的 0D 金属卤化物 $(Ph_4P)_2SbCl_5$[109]。低维金属卤化物的薄膜则通常需要利用旋涂法来制备。

此外，单晶的制备和解析是研究新型低维金属卤化物发光材料至关重要的步骤之一。对于单晶的制备而言，众多学者利用各种不同的方式去培养单晶，如挥发法、溶剂热法和降温法等。顾名思义，挥发法指的是利用溶液的挥发性使其达到过饱和状态，从而析出目标单晶，也是最常用的制备方法。在实验中，一般要求溶剂有适当的沸点，挥发速度较快和较慢都会影响析晶的过程。溶剂热法是利用溶剂热机理，在高温密闭环境下，将前驱体在溶液中溶解后实现析晶的目的。降温法则是将前驱体溶于不与其发生反应的溶剂中，若溶剂的溶解温度高于沸点，则需要在惰性保护气体下加热，最后通过降温冷却使得溶解后的前驱体实现缓慢析晶。

（2）固相法

研究者借助金属卤化物，特别是有机-无机杂化金属卤化物具有低熔点的特征，可利用固相研磨法，包括机械力化学的方法来制备低维金属卤化物，这也是这类材料制备的特色和优势。这是因为有机前驱体的分解温度一般较低，简单的机械力化学方法也因此被发展成为制备低维有机-无机杂化金属卤化物的常用方法之一。具体操作步骤是将固相前驱体通过机械研磨、混合等方式充分反应，在不需要以溶剂为中间介质的情况下直接得到目标产物。例如，笔者所在课题组通过控制前驱体比例，利用固相机械研磨法制备了 Mn 掺杂的有机-无机杂化金属卤化物发光材料[110]。尽管机械化学法操作简单、方便快速，但适用的前驱体材料有限，并且难以制备高质量和大尺寸的单晶，这是其劣势。

一般而言，不同发光材料体系的发光机理千差万别，如掺杂离子发光、缺陷发光和环境变化引起的发光等。对于低维金属卤化物发光材料而言，其光致发光机理主要包括自陷激子（STEs）发光、离子发光和本征缺陷发光等。

（1）自陷激子发光

在低维金属卤化物中，独特的低维结构造就了局域自陷激发态的形成，也就是说，激子的自捕获发生概率会随着维度的降低而愈发增加。尤其在约束力最强的 0D 金属卤化物中最有利于自陷激发态的发生，这也使得其产生大的斯托克斯位移。目前，自限域激子（self-trapped excition，STEs）模型也是最受认可的用于解释低维金属卤化物发光特性的机理。

具体地说,对于 STEs 发光过程,首先形成由光激发导致的电子 - 空穴对,被称为自由激子(free exciton, FE),随后与声子(无机晶格振动)结合成耦合激子 - 声子对,如图 8-30 (a) 所示[111]。激子的运动会随着激子-声子耦合作用程度的增大而逐渐变慢,当激子-声子的耦合作用强过某一个临界点时,激子的运动会在晶格点被打断,从而导致激子的自陷,如图 8-30 (b) 所示。由于具有的能量更低,此时 STEs 比第一激发态更加稳定。

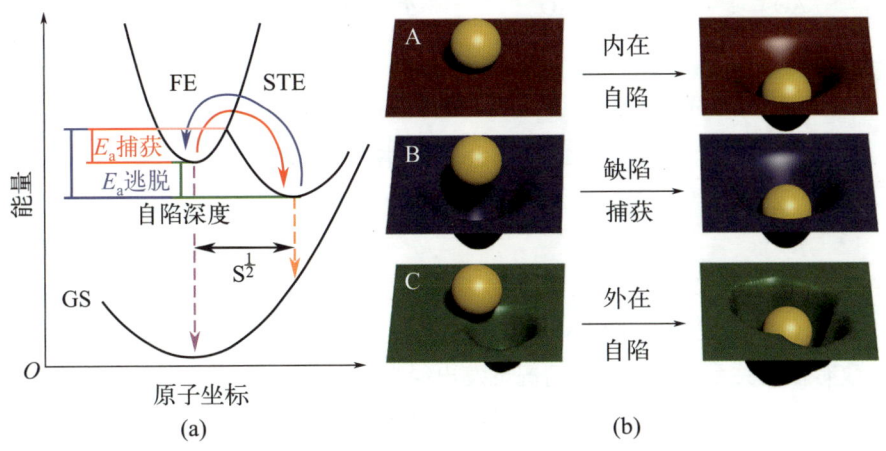

图 8-30 低维金属卤化物 STEs 模型坐标图和激子自陷[111]

由于缺陷的来源不同,STEs 与本征缺陷发光在本质上有着明显的区别。对于具有本征缺陷发光的化合物,其晶格内部存在众多低能量的缺陷,很容易捕获激子,从而形成与缺陷性质与数量紧密相关的发光。而 STEs 的基态则是完整的晶格,凭借着强烈的激子 - 声子耦合才实现晶格瞬时畸变。由于激发态具有较强的结构畸变,STEs 发射峰的半峰宽较大。根据式(8-2)可以对半峰宽有一个更好的评估:

$$FMWH = 2.36\sqrt{S}\hbar w_{phonon}\sqrt{\coth\frac{\hbar w_{phonon}}{2k_BT}} \quad (8-2)$$

式中,S 为电子 - 声子耦合参数,又称黄昆因子;$\hbar w_{phonon}$ 是声子频率;k_B 和 T 分别为玻尔兹曼常数和温度。可以看出,S 与半峰宽成正比。然而当 S 过大时,晶格内非辐射复合的概率会大大增加。

目前,STEs 模型已经能够较为完美地解释 2D 金属卤化物中的发光现象。然而,对于 0D 金属卤化物中寿命可长达数十微秒级别的现象而言,难以凭借传统意义上只有数十纳秒寿命的 STEs 模型来解释。为了更合理地解释 0D 金属卤化物中特有的发光特性,Kovalenko 等还提出了分子轨道理论用于解释激子跃迁行为,如图 8-31 (a) 所示[112]。通常情况下,在自旋轨道耦合作用下,$^1S_0 \rightarrow {^3P_0}$ 跃迁是禁止或部分允许,而被允许的 $^1S_0 \rightarrow {^1P_1}$ 和 $^1S_0 \rightarrow {^3P_{1,2}}$ 跃迁则分别对应于单线态和三线态激子跃迁,从而在三线态激子跃迁作用下使得微秒甚至毫秒级别的长寿命磷光发射成为可能。考虑到卤化物中不同的配体场会使得能量发生不均匀的变化,卤化物中的激子跃迁与自由离子中单线态和三线态激子跃迁不完全相同。进一步,Kovalenko 将上述理论结合为统一模型,如图 8-31 (b) 所示。每个激发态可劈裂成若干非简并态,从而反映了贡献原子态的性质,能够更加灵活地解释 0D 金属卤化物中的光学特性。这些理论仍在不断完善中,为帮助我们理解 0D 金属卤化物中的发光机理做出了重要贡献。

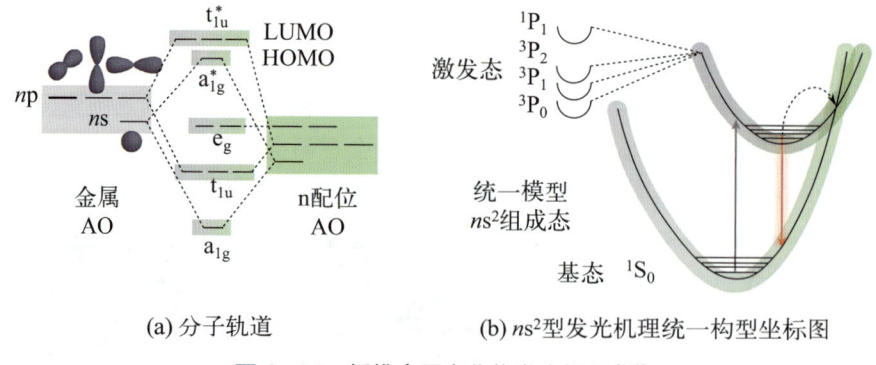

(a) 分子轨道　　　(b) ns^2 型发光机理统一构型坐标图

图 8-31　低维金属卤化物发光机理[112]

(2) 离子发光

除了 STEs 发光机制以外，某些金属卤化物发光材料中还存在着离子发光类型，如 Mn^{2+} 基金属卤化物的发光就是由 Mn^{2+} 的 d-d 跃迁所导致的。一般情况下，Mn^{2+} 的发光波长与配位数有很大关系，在四配位情况下发出绿光[113]（图 8-32），而在六配位下则呈现红光发射。同时，四面体内 Mn^{2+} 的发光还存在以下一些规律，包括：①弱晶体场和配位共价键会导致 Mn^{2+} 的发射较弱；②有机分子中的卤素会缩短 Mn^{2+} 的荧光衰减寿命；③晶体场强度和电子云重排效应会对发射光谱的半峰宽和位移有着巨大的影响等。

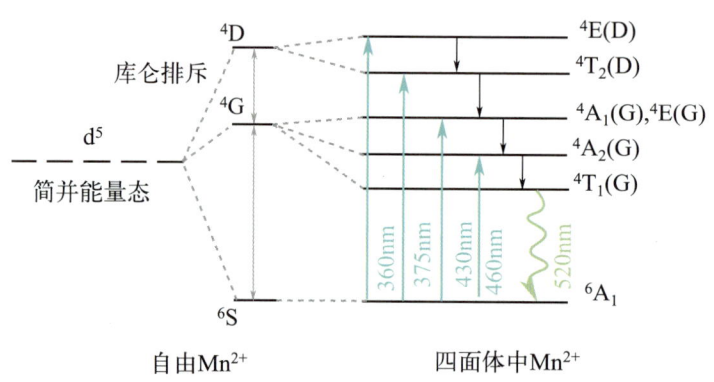

图 8-32　Mn^{2+} 基卤化物四面体配位中的能态分裂和能级跃迁[113]

在众多掺杂离子中，具有 ns^2 电子组态的主族金属离子因其孤对电子对金属配体配位环境具有强的立体化学效应，而呈现出丰富的荧光特性。特别是 Sb^{3+} 稳定、环境友好，具有强立体化学活性的孤对电子，其灵活性允许 Sb^{3+} 在丰富的配位环境中呈现出可调的发射特性。笔者课题组将 Sb^{3+} 掺入零维 $Cs_2InCl_5 \cdot H_2O$，实现了高效的宽带黄光发射，光致发光量子产率高达 95.5%[114]。而且，用卤素组分取代可将发射波长红移至橙红色区域。理论计算表明，金属卤化物 ns^2 型发光中心特有的单线态和三重态自捕获激子发射是调谐发光波长的原因。图 8-33 (a) 和 (b) 分别展示了 $Cs_2InCl_5 \cdot H_2O$:5% Sb^{3+} 在室温和 80K 时的激发发射光谱和发光机理。在 280nm 高能光激发下，Sb^{3+} 的电子会跃迁到单线态，其中一部分电子在发射出 450nm 光后弛豫回基态，其他电子则经系间窜跃过程到三重态，导致 580nm 黄光发射。而在 340nm 低能光激发下，450nm 光发射也归因于三重态激子的复合。唐江等将

Sb^{3+} 掺入 Cs_2SnCl_6 基质实现了橙红光发射,量子产率为 37%,并以此制备了显色指数为 81 的白光 LED 器件[115]。赵静等将 Sb^{3+} 掺入 $(PPA)_6InBr_9$ 体系实现了高效的橙红光发射,掺杂后效率最高提升至 53%,并制备出显色指数高达 92.3 的暖白光 LED[116]。

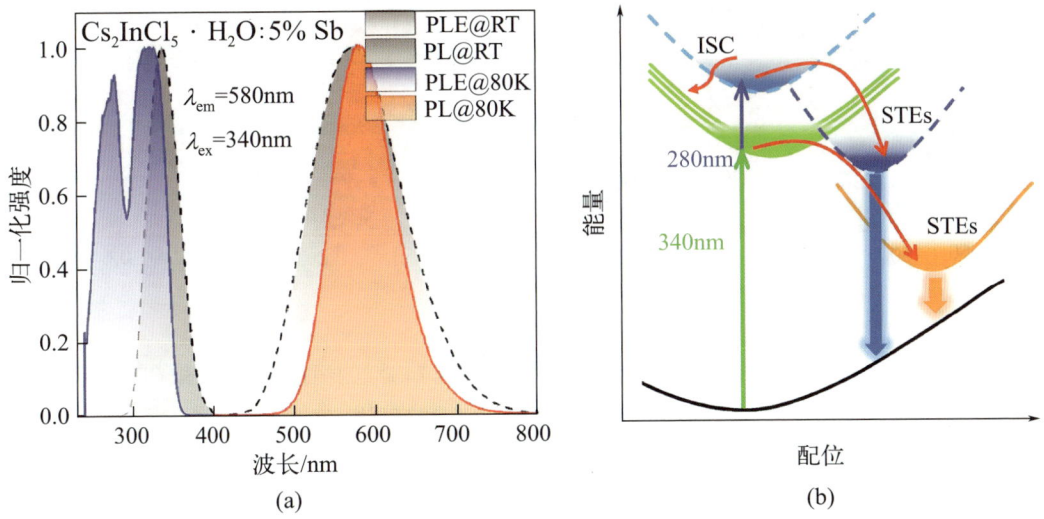

图 8-33 $Cs_2InCl_5 \cdot H_2O$:5% Sb^{3+} 在室温和 80K 时的激发发射光谱(a)和发光机理(b)[114]

(3) 本征缺陷发光

通常缺陷对于发光效率有着不利的影响,然而,在某些结构中的缺陷会在价带与导带之间引入新的能级,这些低能量的本征缺陷态很容易捕获激子从而实现发光。笔者课题组首次报道了具有本征缺陷发光的有机无机杂化金属卤化物 $(C_9NH_{20})_6Pb_3Br_{12}$,其中的铅卤八面体存在的形式为三聚体,理论计算和光谱特性研究表明位于 522nm 处的宽带绿光发射来自 V_{Pb}-V_{Br} 空位[117]。

8.4.3 金属卤化物发光材料的应用与展望

迄今为止,金属卤化物发光材料在可见光波段和近红外波段已经取得了阶段性的研究进展,大量高效、稳定的蓝色、绿色、黄色、橙色、红色及近红外发射金属卤化物被相继报道,其应用场景包括但不限于固态照明、背光源显示和 X 射线成像等领域,本节将做一个简短的介绍。

(1) 白光 LED 照明

与传统的无机稀土荧光粉相比,金属卤化物发光材料具有生产成本低、工艺简单和可调谐发射等优势,在照明领域有着潜在的应用价值。Ma 课题组报道的 0D 金属卤化物如绿光发射的 $(Ph_4P)_2MnBr_4$、黄光发射的 $(C_4N_2H_{14}Br_4)SnBr_6$ 和红光发射的 $(Ph_4P)_2SbCl_5$ 与商用蓝色荧光粉 $BaMgAl_{10}O_{17}$:Eu^{2+} 结合,所制备的白光 LED 实现了高达 99 的超高显色指数,相关色温为 4028K[118]。笔者课题组报道的 0D 全无机金属卤化物 $Cs_2InCl_5 \cdot H_2O$:Sb^{3+} 同样具有良好的发光性能,量子效率高达 95.5%。如图 8-34 所示,将其与商用蓝粉 $BaMgAl_{10}O_{17}$:Eu^{2+} 结合 365nm 紫外芯片封装得到的 LED 器件显色指数为 86,CIE 坐标为(0.3576,0.3547),相关色温为 4556K[119]。插图显示了 LED 器件在关闭和打开电源时的照片。

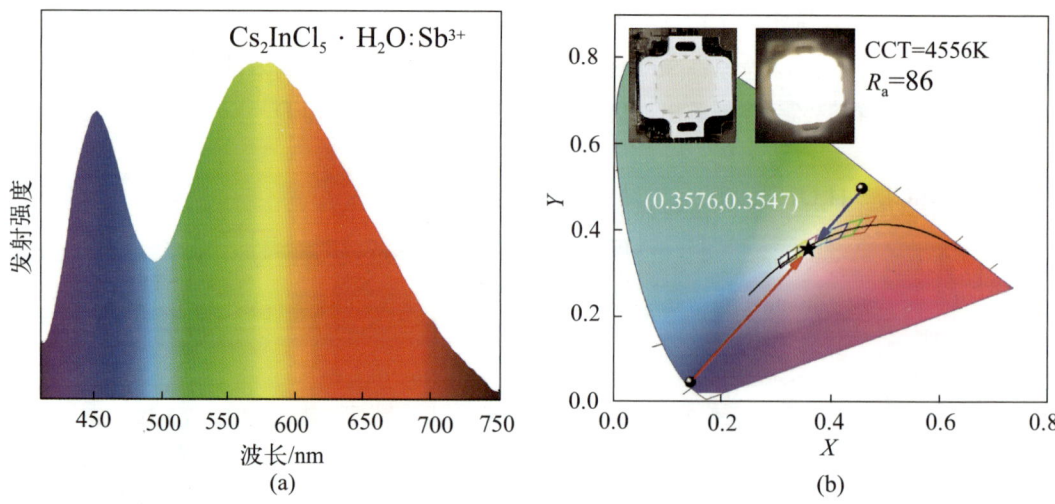

图 8-34 利用 $Cs_2InCl_5 \cdot H_2O:Sb^{3+}$ 卤化物所制备的白光 LED 的发射光谱（a）和 CIE 坐标（b）

插图为LED器件在关闭和打开电源时的照片[114]

（2）背光源显示

通常情况下，具有高量子效率、窄带发射和优异稳定性的发光材料对于提升 LED 背光显示器件的诸如色域、亮度等性能至关重要。因此，Mn^{2+} 基绿光发射 0D 金属卤化物在背光显示领域有着一定的应用前景。笔者课题组制备的 0D 全无机金属卤化物 Cs_3MnBr_5，在 520nm 绿光处的量子产率为 49%，半峰宽仅为 42nm。与商用荧光粉 $\beta\text{-SiAlON}:Eu^{2+}$ 相比，Cs_3MnBr_5 具有更窄的半峰宽和更高的色纯度。进一步，将其与商用红粉 $K_2SiF_6:Mn^{4+}$ 和 460nm 蓝光 LED 芯片封装成 LED 器件，具有 108.88lm/W 的流明效率和 104%NTSC 的色域，表明其在背光显示领域具有潜在的应用价值。此外，笔者课题组制备的 0D Mn^{2+} 基卤化物 $(C_{10}H_{16}N)_2MnBr_4$ 同样具有优异的性能，所制备的白光 LED 器件流明效率可达 120lm/W[108]。图 8-35（a）和（b）分别显示了利用该卤化物制备的白光 LED 器件发射光谱和热稳定性，CIE 坐标为 (0.3054，0.3088)。值得注意的是，该卤化物在温度为 150℃发光强度几乎没有猝灭。进一步，图 8-35（c）和（d）展示了所制备 LED 在 CIE 1931 系统中的色域和不同驱动电流下的实时热谱图。可以看出，该 LED 器件具备 104% NTSC 标准的色域。高效的量子效率和优异的热稳定性充分表明了 $(C_{10}H_{16}N)_2MnBr_4$ 卤化物在背光显示领域具有潜在的应用价值。

（3） X 射线成像

除了前文提到的稀土发光晶体、陶瓷和玻璃等材料可用于闪烁体，低维金属卤化物发光材料也可作为闪烁体应用于 X 射线成像，并成为近年来的热点研究领域。例如，Kovalenko 课题组将 0D 金属卤化物 $Bmpip_2SnBr_4$ 应用于 X 射线闪烁体领域[82]。Ma 课题组报道了单晶闪烁体 $(C_{38}H_{34}P_2)MnBr_4$ 用于制备柔性闪烁屏，光产额可达 79800ph/MeV，在信噪比为 3 时的最低检测限为 72.8nGy/s。所制备的柔性屏具有良好的柔韧性并且能够均匀地发光，在 X 射线成像领域具有良好的应用价值[119]。

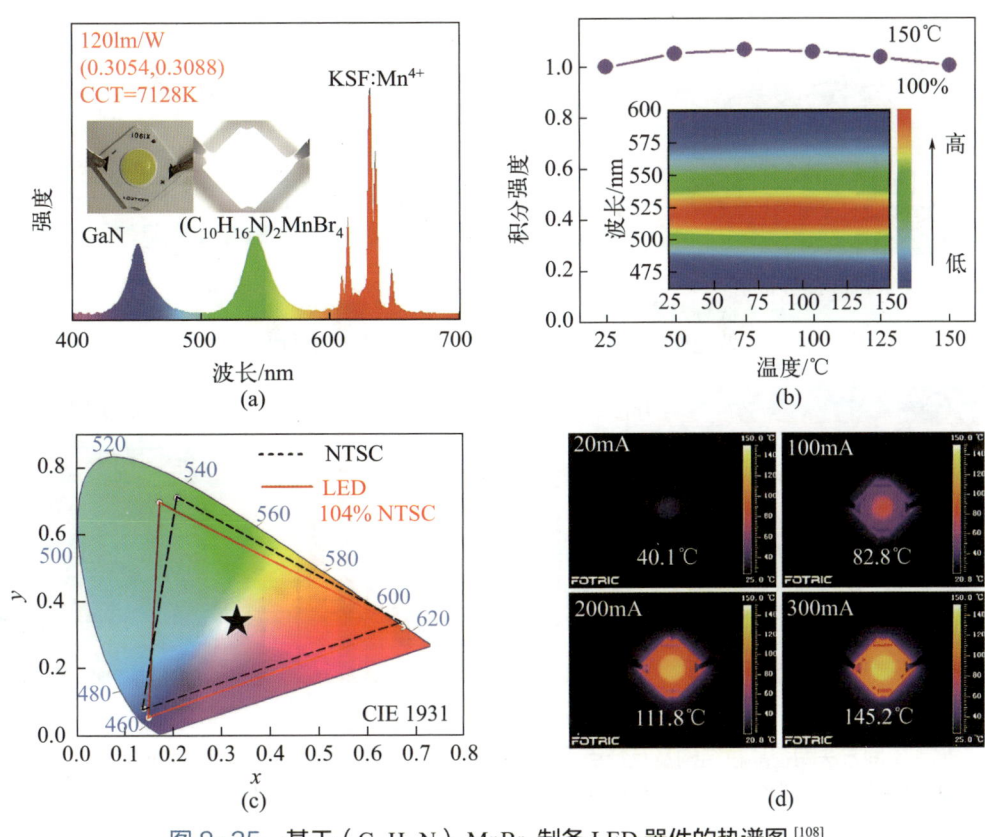

图 8-35 基于（$C_{10}H_{16}N$）$_2MnBr_4$ 制备 LED 器件的热谱图 [108]

(a) 发射光谱； (b) 热稳定性； (c) LED 器件的色域；
(d) 不同驱动电流下LED器件的热谱图

笔者课题组近年来也在金属卤化物闪烁材料领域开展了系列工作，包括开创性地采用籽晶诱导的冷烧结工艺，成功制备了一种具备择优生长特性的金属卤化物透明陶瓷基闪烁体，获得了高效的闪烁性能。如图 8-36（a）所示，传统固态烧结过程中会形成大量的孔隙和晶界散射，而冷烧结和籽晶诱导冷烧结则会有效减少陶瓷中的孔隙率和晶界散射，从而得到高 X 射线空间分辨率和高透明度的闪烁陶瓷。在该研究中，利用溶液法合成了 TPP_2MnBr_4（TPP：四苯基膦）单晶，冷烧结压制出大面积的（001）取向的织构化 TPP_2MnBr_4 透明陶瓷基闪烁体，其直径为 5cm，在 450~600nm 范围内具有超过 68% 的高光学透明度 [图 8-36（b）]。如图 8-36（c）和（d）所示，TPP_2MnBr_4 透明陶瓷基闪烁体获得了（78000±2000）ph/MeV 的光产额，8.8nGy/s 的低检测限，高能 γ 射线（662keV）的能量分辨率为 17%，空间分辨率为 15.7lp/mm，并进一步展示了其在 X 射线激发下拍摄电路板的照片。

此外，笔者课题组还合作开发了采用改进熔融法，制备出大尺寸的零维金属卤化物 ($C_{20}H_{20}P)_2MnBr_4$ 透明玻璃介质，并将其用于制作闪烁体材料，实现了大面积高透明材料的 X 射线成像 [121]。图 8-37（a）和（b）分别为所制备的 10cm 直径大面积闪烁体及其制备流程。将原料于 200℃下熔化，随后冷却即可得到玻璃陶瓷。图 8-37（c）和（d）分别展示了该玻璃陶瓷用于闪烁领域的示意和 X 射线激发下拍摄虾和带针虾的照片。进一步地，我们还创新性地提出了金属卤化物玻璃的原位重结晶方法，研制出高性能 X 射线闪烁金属卤化物玻璃陶瓷，在保持大尺寸、高透明等优点的情况下，微晶相的形成使其表现出近 10 倍的光产率提升 [122]。

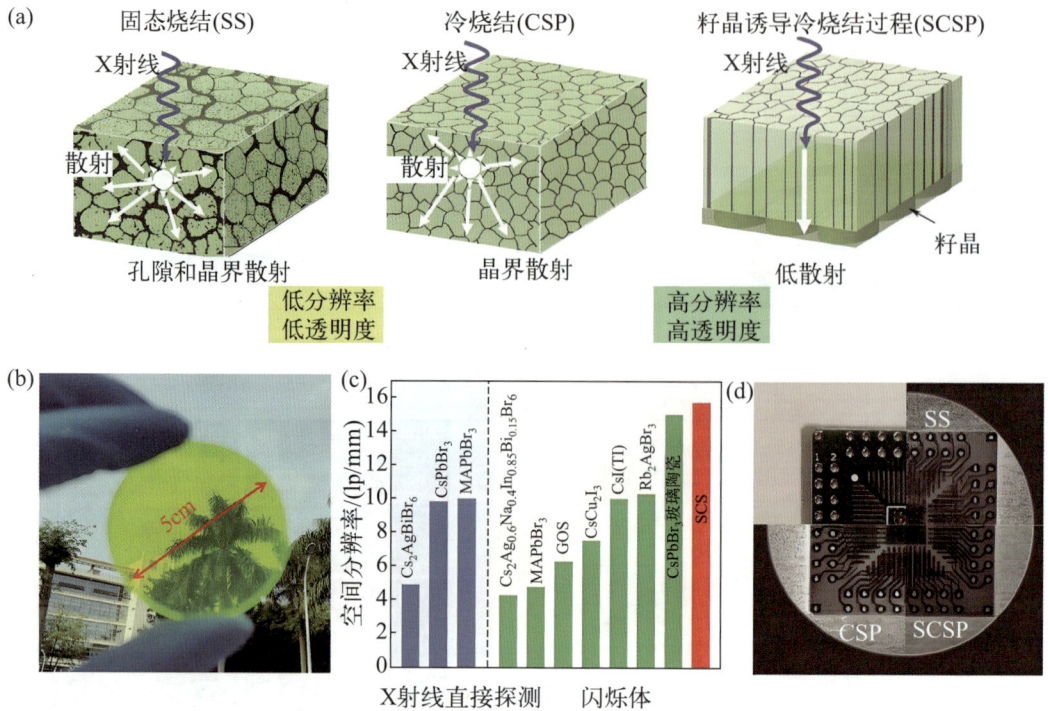

图 8-36　不同方法陶瓷晶粒结构及其特点（a）、制备的大面积 TPP_2MnBr_4 闪烁陶瓷照片（b）、X 射线探测器空间分辨率比较（c）和不同方法制备样品在 X 射线激发下拍摄电路板的照片（d）[120]

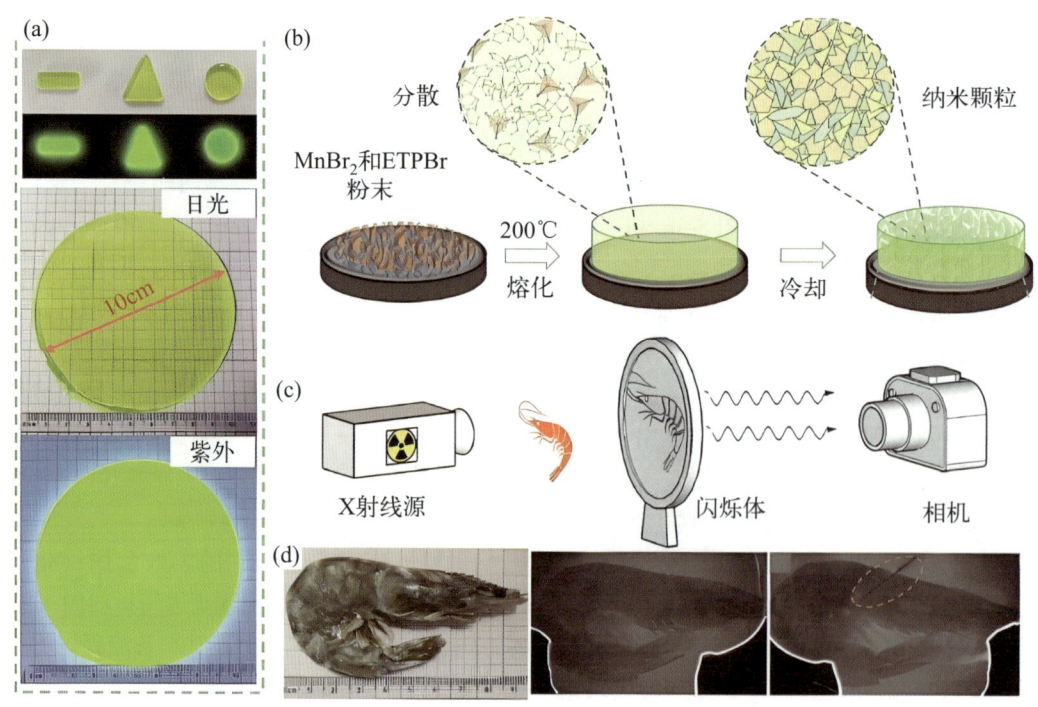

图 8-37　利用熔融法制备大面积卤化物玻璃陶瓷及其闪烁应用
(a) 日光和紫外线下制备的玻璃陶瓷； (b) 制备流程； (c) 闪烁应用示意和
(d) 虾和带针虾的X射线图片[122]

综上所述，低维金属卤化物作为一种新兴的发光材料体系，在发光机理、性能和应用领域等方面都有了较大的突破，表现出较大的发展潜力。然而，关于低维金属卤化物的研究目前还存在着众多问题和挑战：①虽然目前提出了统一的自陷激子发光模型用于解释低维（零维）金属卤化物中观察到的宽带大斯托克斯位移发射的荧光特点，然而，目前 0D Cu^+ 基金属卤化物的发光起源存在争议，尤其是具有双荧光中心发射的 0D Cu^+ 基金属卤化物，一部分学者认为是来自两种不同的自陷激子发射，而另一部分学者认为来自电荷跃迁。因此，关于其发光仍然需要进一步研究和实证。相同地，Sb^{3+} 掺杂金属卤化物体系的发光也存在争议，一部分学者认为 Sb^{3+} 掺杂引入的发光来自 Sb^{3+} 对应的电子跃迁，而另外一部分学者认为来自 Sb^{3+} 的 STEs 发射，可能需要通过更先进的光学表征手段进一步证明其发光的起源；②低维金属卤化物具有丰富的结构和光谱特性，但近红外发光低维金属卤化物的发展仍然处于起步阶段，探索性能优异的新型近红外发光 0D 金属卤化物依然值得关注；③低维金属卤化物发光材料在 X 射线探测领域已经取得了一定研究进展，但仍需不断提高闪烁体的各项性能指标，尤其是成像分辨率，用于满足日益增长的 X 射线探测需求。

习 题

8.1 OLED 的发光机理是什么？白光 OLED 的三种结构设计思路有哪些？
8.2 OLED 器件中发光材料经历了哪几代的发展？它们的特点分别是什么？
8.3 Ⅱ-Ⅵ族量子点类型主要包括哪些？并列出三种以上量子点修饰工程策略。
8.4 金属卤化物钙钛矿量子点的特性与优点是什么？并指出它的应用领域主要有哪些？
8.5 简述如何实现钙钛矿量子点的光谱调控，并与稀土离子发光调控对照阐述。
8.6 简述碳点的分类及其合成方法。
8.7 简述碳点发光材料的优点及其主要发光机理，并与稀土离子发光机理对照阐述。
8.8 简述按照 B 位阳离子尝试划分金属卤化物的类型，并分别举例说明。
8.9 简述低维金属卤化物发光材料的光致发光机理的类型，并与稀土离子发光机理对照阐述。
8.10 简述金属卤化物闪烁体相对于传统稀土闪烁体的优势与劣势。

参考文献